042 113-1
Bwg
30.7.74

DEUTSCHE LOKOMOTIVEN

218 439-8
DB

KLAUS-J. VETTER

DEUTSCHE LOKOMOTIVEN

Das große Buch der Dampfloks, Dieselloks und Elloks

→ Entwicklung
→ Technik
→ Einsatz

Redaktion:
Aurel Butz, Marcus Niedt

Satz:
A. Schmid, Freising
Repro:
Cromika s.a.s, Verona

Umschlaggestaltung:
Thomas Uhlig unter Verwendung von Bildern von Udo Paulitz, Udo Kandler und Uwe Miethe

Herstellung:
Thomas Fischer

Printed in Italy by Printer Trento

Alle Angaben dieses Werkes wurden von den Autoren sorgfältig recherchiert und auf den aktuellen Stand gebracht sowie vom Verlag geprüft. Für die Richtigkeit der Angaben kann jedoch keine Haftung übernommen werden. Für Hinweise und Anregungen sind wir jederzeit dankbar. Bitte richten Sie diese an:

GeraMond Verlag GmbH
Lektorat
Infanteriestraße 11a
80797 München
E-Mail: lektorat@geramond.de

Bildnachweis:
Vorsatz-Seite: D. Lindenblatt
Seite 2: H. Petersen
Nachsatz-Seite: C. Müller

Die Deutsche Nationalbibliothek verzeichnet diese Publikation in der Deutschen Nationalbibliografie, detaillierte bibliografische Daten sind im Internet über htttp://dnb.d-nb.de abrufbar.

Genehmigte Sonderausgabe

ISBN 978-3-86245-100-5

In guter Gesellschaft: die 10 001 zusammen mit der 18 316 und der 44 638 (hinten) im Juli 1967 im Bw Münster Ludwig Rotthowe

Inhalt

Inhalt

Die E 11 und die E 42 stellten die ersten neu konstruierten Elloks der DR dar. Im Jahr 1963 warten die E 42 011 und die E 11 033 im Bw Halle P auf ihren Einsatz SLG. Reimer

Im Juli 1995 präsentiert Siemens in Essen die ersten fertig gestellten Triebköpfe des ICE 2. Vom ICE 1 unterscheiden sie sich durch die Bugklappe mit der darunter verborgenen Scharfenbergkupplung
M. Werning

Der lange Weg zur Einh

Erfahrungen aus dem Ersten Weltkrieg prägten die **Entwicklung** der neuer

Die Väter der „Einheitslokomotiven" entwarfen nicht nur die Maschinen für die größte Bahnverwaltung der Welt, sie brachten auch jahrzehntealte Bemühungen um Normung und Austauschbau zu epochalem Erfolg

Der Weg zum Konstruktions- und Beschaffungssystem für Lokomotiven in der Zwischenkriegszeit war lang. Die ersten Eisenbahnen rollten hundert Jahre vorher in eine Welt, in der technische Normung noch fast völlig unbekannt war. Die bescheidene Maschinenproduktion fußte auf handwerklichen Methoden. An eine Arbeitsteilung im Sinne der Montage des Endprodukts aus zugelieferten Einzelteilen war allein schon aufgrund der Transportsituation nicht zu denken. Maßeinheiten waren regional verschieden, Meß- und Prüfungstechniken waren primitiv, verbindliche Beschreibungen von Werkstoffen fehlten völlig.

Nicht nur auf dem Gebiet des Eisenbahnwesens waren anarchische Strukturen für die frühkapitalistische Epoche bis in die zweite Hälfte des 19. Jahrhunderts typisch. Der Staat hielt sich mit Regelungen gegenüber dem expandierenden Bergbau-, Industrie- und Eisenbahnkapital zurück und beschränkte sich auf jenes Minimum, das im Interesse der öffentlichen Sicherheit und aus militärischen Rücksichten unerläßlich schien. Unter den Bedingungen der fast zügellosen Konkurrenz hätte keine Institution die Macht gehabt, detaillierte technische Standards für Maschinen und ihre Teile durchzusetzen, abgesehen allenfalls vom Armeebedarf.

AUFNAHMEN: SLG. SKRZYPNIK

Ein Muster der Vereinheitlichung war die 85: Sie entstand aus demKessel der 62 und dem Fahrwerk der 44

eitslok

/laschinen-Generation

Frühe Beispiele für das beginnende Normenwesen sind die Festlegung einheitlicher Gewinde für die Feuerwehrschläuche in Württemberg 1860, die Einführung des „Reichsformats“ für Ziegel 1872, die Festlegung der „Normalprofile eiserner Walzträger“ 1881 und die „Rohrnormalien des deutschen Vereins der Gas- und Wasserfachmänner“ 1882.

Die ab 1850 formulierten „Technischen Vereinbarungen über den Bau und Betrieb der Haupt- und Nebenbahnen Deutschlands“ waren zunächst noch weit davon entfernt, alle Abmessungen einzelner Bauteile zu reglementieren, aber auch die Fragen der Spurweite, des Lichtraumprofils, der Plazierung der Puffer und der Bauart der Kupplungen mußten ja erst einmal entschieden werden. In Deutschland gab es immer noch nicht die zur Normsetzung unerläßlichen landesweit gültigen Maßeinheiten: Erst ab 1865 gaben die genannten „Technischen Vereinbarungen“ außer englischen Fuß und Zoll auch Millimeter an, erst ab 1871 konnte auf die ausländischen Maßangaben verzichtet werden. Festzuhalten bleibt aus der Frühzeit der Normung ein bis heute bewährtes Prinzip: Vereinbarungen von Herstellern und Abnehmern bürgten für Relevanz und Durchsetzbarkeit besser als staatliche Vorschriften.

Loks als Handwerkskunst

Lokomotiven gehörten zu den kompliziertesten Produkten ihrer Zeit. Bei ihrer Herstellung konnte man zwar bereits auf einige Jahrzehnte Erfahrung mit Dampfmaschinen für Bergwerke, Industriebetriebe und Schiffe zurückgreifen, doch hatte sich die Konstruktion der Lokomotive an enge Platz- und Gewichtsgrenzen

Die erste gemeinsame Lok für die Länderbahnen war die G 12. Am 1. Oktober 1919 lieferte die Hanomag unter der Fabrik-Nummer 9000 die festlich geschmückte „Elberfeld 5578" ab

zu halten und der noch völlig unbekannten Dynamik des auf schmalem Gleis dahineilenden Fahrzeuges gerecht zu werden. Als die Herausforderung des Lokomotivbauers darin bestand, den „Dampfwagen" überhaupt zum Laufen zu bringen, konnte seine Sorge nicht sein, ob Einzelteile irgendwann mit denen einer anderen Maschine austauschbar sein würden oder ob der Austausch von Verschleißteilen vereinfacht werden konnte.

Der Pionierzeit folgten die Jahrzehnte schneller Ausbreitung der Eisenbahnen. Die Fahrzeugbeschaffung der besonders in Preußen weithin privatkapitalistischen Bahngesellschaften folgte keinen langfristig angelegten Plänen. Vielmehr griff man zur Erfüllung der betrieblichen Bedürfnisse auf die aktuellen Angebote der wetteifernden Hersteller zurück. So kauften viele Bahnen im Gebiet des Deutschen Bundes Lokomotiven fallweise von Firmen in Preußen, Bayern, Österreich und Württemberg. Der Begriff „Fließbandfertigung" war noch völlig unbekannt, die Herstellung der Maschinen beruhte weiterhin auf handwerklicher Einzelarbeit. Individuell auf jede einzelne Lokomotive zugeschnitten war auch die Reparatur- und Umbautätigkeit während der selten mehr als 25 Jahre währenden Betriebsdauer der Maschinen.

Als ein Vorläufer der späteren Einheitsmaschinen gilt die Lok Nr. 101 der Lübeck-Büchener Eisenbahn, die die kleine Lok 1924 in Seddin ausstellte

Die Wissenschaft im Maschinenbau

Von den achtziger Jahren des 19. Jahrhunderts an machten der Lokomotivbau und seine theoretische Fundierung in Deutschland und den Nachbarländern erhebliche Fortschritte. Die rasant wachsende Wirtschaft forderte immer schwerere Züge, während nicht zuletzt der internationale Prestigewettstreit die immer weitere Erhöhung der Schnellzuggeschwindigkeiten zum politischen Anliegen werden ließ. Das Tempo der Entwicklung ist kaum vorstellbar: Zwischen den preußischen S 1 und bayerischen B X, die bei ihrem Erscheinen dafür gelobt wurden, daß sie 170 t Zuglast in der Ebene kontinuierlich mit etwas mehr als 80 Kilometern pro Stunde befördern konnten, und den mehr als doppelt so schweren bayerischen S 3/6 und preußischen S 10.1, die in der Ebene 650 bzw. 450 t mit 100 km/h beförderten, liegen keine 25 Jahre!

Die Wissenschaft holte in den letzten beiden Jahrzehnten vor der Jahrhundertwende stark auf. Der Maschinenbau wurde nun akademisches Fach; der Wärmehaushalt des Dampfkessels, die Energieentfaltung im Zylinder, die Kinematik des Triebwerks und die Laufeigenschaften einer mehrachsigen Lokomotive wurden Gegenstände systematischer Erforschung. So erhielten die Konstrukteure das theoretische Rüstzeug nicht nur zu einer früher nie für möglich gehaltenen Steigerung der Lokomotivleistung, sondern auch zu einer virtuosen Bestimmung von Treibraddurchmessern, Achsanordnungen und Triebwerksformen für die optimale Lösung der unterschiedlichsten Traktionsaufgaben. Praxis und Wissenschaft arbeiteten Hand in Hand auch bei der Einführung von Speisewasservorwärmung und Dampfüberhitzung.

Die Dynamik der Entwicklung der Technik (nicht nur auf dem Gebiet des Eisenbahnwesens!) in der letzten großen Sturm- und Drangzeit des klassischen Maschinenzeitalters vor den Siegeszügen von Elektrotechnik und Chemie vertrug sich nur schlecht mit der Statik von Normensystemen. Immerhin: Das preußische Ministerium der öffentlichen Arbeiten genehmigte 1876 die ersten Musterzeichnungen für sogenannte „Normalien" in Form zweier 1B- und einer C-Lokomotive und eines für alle drei Typen vorgesehenen Tenders. Freilich waren die Spielräume der bestellenden Eisenbahn-Direktionen und ihrer Lieferanten

AUFNAHMEN: SLG. GOTTWALDT

groß, neben „Normal-Lokomotiven" durften „Spezial-Betriebsmittel" beschafft werden, und von einer freien Austauschbarkeit von Teilen zwischen verschiedenen Lokomotiven einer Gattung konnte keine Rede sein. „Erweiterte Normalien" vergrößerten die Freiheiten der Direktionen in den achtziger Jahren. Der preußische Maschinendezernent Robert Garbe sorgte 1902 für die Verwendbarkeit desselben Kolbenschiebers, derselben Stopfbüchsen, Stopfbüchsführungen, Kolbenstangen, Kreuzköpfe und Zylinderdeckel bei vier Lokomotivgattungen; ihm war es später auch zu verdanken, daß P 8 und G 10, zwei der zahlenstärksten Gattungen in Preußen und in Deutschland, den gleichen Kessel besaßen.

ARN. JUNG, LOKOMOTIV-FABRIK, G. m. b. H.
Jungenthal b. Kirchen a. d. Sieg.

E.-Heißdampf-Güterzug-Lokomotive mit 4-achsigem Tender,
geliefert an die Russische Sowjetregierung.
Spurweite 1524 mm, Leergewicht 96,5 To., Dienstgewicht 135 To.

Bei der Lieferung von 700 dieser Loks ab 1922 für die Sowjetunion wandten insgesamt 19 deutsche Hersteller erstmals die Prinzipien des Austauschbaues an

Kriegstechnologie und Normung

Nachdem bereits im September 1914 der erhoffte schnelle Sieg im Zwei-Fronten-Krieg verfehlt worden war und die deutsche Führung einen politischen Ausweg aus dem Krieg nicht gesucht und gefunden hatte, mußte sich das Deutsche Reich gegen eine erdrückende Übermacht von Feinden behaupten. Hierzu war eine erhebliche Leistungssteigerung der Wirtschaft, besonders der Rüstungsindustrie, notwendig. Das Konkurrenzprinzip mußte gegenüber den Notwendigkeiten einer engen Zusammenarbeit zwischen den Firmen zurücktreten. Unter Regie der „Dritten Obersten Heeresleitung" (Hindenburg/Ludendorff) wurde die deutsche Volkswirtschaft ab 1916 immer stärker reglementiert. Die Militärbehörden unternahmen den ersten großen Versuch einer Planwirtschaft in der Weltgeschichte. (Lenin erklärte die deutsche Kriegswirtschaft später zum Vorbild für die Sowjetunion!)

Bei der Herstellung von Waffen, Munition und anderen kriegswichtigen Produkten wurde die überbetriebliche Arbeitsteilung nun eine immer wichtiger. Man konnte sich an ein frühes Beispiel aus der Produktion von Heereswaffen erinnern: Die Fertigung von 10.000 Ge-

DEUTSCHE LOKOMOTIV-NORMEN

Einheitliche Benennung der Lokomotivteile
Gruppe: Ausrüstung des Führerhauses

Lonorm Tafel 4

Nr.	Benennung	Zeichn. Nr. nach LON 2
1	Führerhauslaterne	15.42
2	Sicherheitsventil	4.20
3	Kesseldruckmesser	4.36
4	Halter für Kesseldruckmesser	24.11
5	Druckmesserhahn	4.36
6	Eichdruckmesserhahn	4.38
7	Dampfentnahmestutzen	4.02
8	Lüftungsaufsatz	15.30
9	Haken zum Abheben des Führerhauses	15.40
10	Holzbedachung	15.08
11	Strahlpumpendampfventil	4.05
12	Dampfpfeife	4.24
13	Dampfpfeifenhahn	4.25
14	Pfeifenzug	23.14
15	Untersatz zur Dampfpfeife	3.62
16	Klappfenster in der Führerhaus-vorderwand	15.17
17	Kesselspeiseventil	4.13
18	Feuerlöschstutzen	4.15
19	Dampfheizventil	26.02
20	Zug zur Dampfheizeinrichtung	23.43
21	Absperrventil zur Speisepumpe	25.17
22	Dampfventil " "	25.16
23	" zum Hilfsbläser	4.42
24	Zug zum Speisepumpendampfventil	23.37
25	Hilfsbläserzug	23.23
26	Dampfventil zur Koch- und Wärme-einrichtung	26.74
27	Heizdruckmesser	26.15
28	Halter für Heizdruckmesser	26.14
29	Vorwärmerdruckmesser	25.21
30	Fernthermometer	4.41
31	Ferndruckmesser	4.40
32	Druckmesser für Bremsluftbehälter	22.79-80
33	" " Bremsleitung	" " "
34	" " Bremszylinder	" " "
35	Halter zum Bremsdruckmesser	22.69
36	" für Druckmesser	24.11
37	Luftpumpendampfventil	22.61
38	Zug zum Luftpumpendampfventil	23.36
39	Strahlpumpe	4.04
40	Halter zur Strahlpumpe	24.01
41	Fensterschirm	15.27
42	Drehfenster in der Führerhaus-vorderwand	15.16
43	Fahrplanrahmen	15.46
44	Seitliches Schutzfenster	15.29
45	Schiebefenster in der Führerhaus seitenwand	15.22
46	Reglerstopfbuchse	3.48
47	Reglerhandhebel	3.50
48	Wasserstandsanzeiger	4.28
49	Wasserstandsschutz	4.31
50	Wasserstandsmarke	24.39
51	Wasserstandsablaßhahn	4.47
52	Dampfventil zur Radreifenspritze	26.48
53	Strahlpumpe	26.47
54	Prüfhahn	4.33
55	Fangrohr	4.34
56	Laternenstütze zum Wasserstands-anzeiger	24.09
57	Untersuchungsschild	24.34
58	Kesselschild	24.30
59	Geschwindigkeitsschild	24.35
60	Ventil für Aschkasten-, Rauchkammer- und Kohlenspritze	4.44 4.45 26.44
61	Kohlenspritzschlauch	26.44
62	Rückschlagventil für Rauchkammer- und Aschkastenspritze	4.44 4.46
63	Halter für Kohlenspritzschlauch	26.44
64	Handschmierpumpe	25.21
65	Halter zur Handschmierpumpe	22.63 [illegible]
66	Dampfventil zum Läutewerk	26.38
67	Ventil zur Gegendruckbremse	22.71
68	Anstellhahn für Druckausgleicher	19.42
69	Halter zum Anstellhahn für Druckaus-gleicher	24.12
70	Handrad zum Drosselventil für Gegen-druckbremse	23.45
71	Dreiweghahn zum Preßzylinder	22.73
72	Zusatzbremshahn	2279-80
73	Halter für Zusatzbremshahn	22.60
74	Führerbremsventil	2274-80
75	Halter zum Führerbremsventil	22.60
76	Auslöseventil	22.75-80
77	Geschwindigkeitsmesser	26.31
78	Halter zum Geschwindigkeitsmesser	26.34
79	Hahn zum Sandstreuer	17.08
80	Halter zum Hahn für Sandstreuer	"
81	Schmierpumpe	26.21
82	Träger zur Schmierpumpe	26.25
83	Handstangenstütze	15.36
84	Feuertür	3.08
85	Steuerbock und Halter	21.42
86	Steuerschraube und Teile	21.44
87	Steuerrad	21.49
88	Spindelbock zum Kipprost	3.23
89	Führungsbock und Handhebel zum Zylinderventilzug	23.10
90	Holzversteifung der Führerhauswände	15.09
91	Tritte an der Stehkesselrückwand	15.48
92	Sitze	15.51
93	Werkzeugkasten im Führerhaus	17.21
94	Führerhausbodenbelag	15.10
95	Federnde Fußunterlage im Führer-haus	15.11
96	Dreiweghahn zur Dampfheizeinrichtung	26.04
97	Halter für Dreiweghahn	26.06
98	" " Ölflaschen	24.14
99	Teile zur Koch- und Wärmeeinrichtung	26.73
100	Halter " " " "	26.75
101	Schmiergefäß	10.36
102	Aschkastenzüge	23.03
103	Aschkastenbodenklappenzug	23.07
104	Waschluken mit Pilz	3.34

Für die deutschen Klein- und Privatbahnen entstanden die ELNA-Typen, die aber zu teuer waren

wehren für die US-Regierung aufgrund einer Bestellung des Jahres 1798 galt als erste Probe des modernen „Austauschbaus". Darunter versteht man eine Vereinheitlichung, die so weit geht, daß jedes Teil eines komplexen Produktes ohne Nacharbeit gegen das entsprechende eines anderen Exemplars ausgetauscht werden kann, auch wenn dieses von einem anderen Hersteller stammt. Die Fortschritte der Kriegstechnologie verlangten bereits ein hohes Niveau entsprechender Normungen: Außer Gewehren und Geschützen in nie gekannter Zahl wurden nun ja auch Maschinengewehre, Lastkraftwagen, Funkgeräte und schließlich sogar U-Boote in Serie gefertigt. Zwischen 1914 und 1918 baute die deutsche Industrie fast 50.000 Flugzeuge!

Die Gründung des „Normalienausschusses des Vereins deutscher Ingenieure" am 18. Mai 1917 gilt als Geburtsstunde jenes großen Normenwerkes, dessen Wirkung bis heute ungebrochen ist. Die vom ihm geschaffenen „Deutschen Industrie-Normen" sind mit der Abkürzung „DIN" seit Generationen in der Alltagssprache präsent.

Auch auf dem Lokomotivsektor ließ der Erste Weltkrieg die Mängel einer fehlenden Normung hervortreten. Häufig zitiert wurden die 1939 niedergeschriebenen Erinnerungen des langjährigen Baurtdezernenten Richard Paul Wagner: „Kleinere Schäden versuchte man aus den sorgsam beigestellten Ersatzteilkisten zu beheben; dabei zeigte sich, daß die sauber eingefetteten Ersatzteile nirgends passen wollten, weil sie nach den

DEUTSCHE LOKOMOTIV-NORMEN

Einheitliche Benennung der Lokomotivteile

Gruppe: Kessel

Lonorm Tafel 1

Nr.	Benennung	Zeichn. Nr. nach Lonorm 2	Nr.	Benennung	Zeichn. Nr. nach Lonorm 2	Nr.	Benennung	Zeichn. Nr. nach Lonorm 2	Nr.	Benennung	Zeichn. Nr. nach Lonorm 2	Nr	Benennung	Zeichn. Nr. nach Lonorm 2
1	Langkessel	2.01	27	Feuerlochring	2.20	53	Bügelanker	2.44	79	Lukenbügel	3.34	105	Blasrohrsteg	5.15
2	Vorderer Kesselschuß	2.01	28	Feuerlochschoner	3.11	54	Bügelankerstehbolzen	2.44	80	Lukenstift	3.34	106	Hilfsbläser und Teile	5.22
3	Hinterer Kesselschuß	2.01	29	Feuertür	3.08	55	Bodenanker	2.46	81	Reinigungsschraube	3.35	107	Funkenfänger	5.23
4	Rundnaht	2.01	30	Dom	2.22	56	Längsanker und Träger	2.42	82	Schmelzpropfen	3.37	108	Rauchkammerspritzrohr und Teile	5.27
5	Hinterkessel	2.01	31	Dohmlochring	2.22	57	Queranker	2.36u.38	83	Regler, Ventil-Schieberregler	3.42u.43	109	Paßbleche für Ausschnitte im Rauchkammermant.	5.28
6	Feuerbüchse	2.11	32	Dohmring außenliegend	2.21	58	Querankerutersätze	2.39	84	Reglerkopf mit Schieber, -ventil	3.44	110	Rauchkammerbodenschutz	5.30
7	Feuerbüchsrohrwand	2.11	33	Domring innenliegend	2.21	59	Blechanker an der Stehkesselrückwand	2.32	85	Reglerknierohr	3.45	111	Rauchkammertür	5.31
8	Feuerbüchsrückwand	2.11	34	Domunterteil	2.22	60	Blechanker an der Rauchkammerrohrwand	2.34	86	Reglerrohr	3.47	112	Verschluß zur Rauchkammertür	5.36
9	Feuerbüchsseitenwand	2.11	35	Domoberteil	2.22	61	Versteifung am Stehkesselmantel	2.35	87	Reglerstopfbuchse	3.48	113	Verschlußbolken zur Rauchkammertür	5.36
10	Feuerbüchsdecke	2.11	36	Dommantel	2.22	62	Laschenenden zum Kessel	2.09	88	Reglerwelle und Teile	3.49	114	Vorreiber zur Rauchkammertür	5.33
11	Feuerbüchsmantel	2.11	37	Domdeckel	2.22	63	Stehkesselträger	3.01	89	Halter für Reglerwelle	3.31	115	Schutzblech zur Rauchkammertür	5.31
12	Stehkessel	2.01	38	Domhaube	2.22	64	Schlingerstück	3.05	90	Untersatz zum Sicherheitsventil	3.57	116	Schonerblech zur Rauchkammertür	5.31
13	Stehkesselvorderwand	2.01	39	Domöse	2.26	65	Feuerschirm	3.12	91	Untersatz zum Wasserstandsanzeiger	3.58	117	Abstandhalter zur Rauchkammertür	5.31
14	Stehkesselrückwand	2.01	40	Domhaken	2.26	66	Feuerschirmträger	3.13	92	Untersatz zum Kesselspeiseventil	3.59	118	Löschefall	5.37
15	Stehkesselseitenwand	2.01	41	Wasserabscheider im Dom	2.27	67	Roststäbe	3.15	93	Untersatz zum Dampfentnahmestutzen	3.60	119	Entwässerungsstutzen an der Rauchkammer	5.39
16	Stehkesseldecke	2.01	42	Mannloch zum Dom	2.22	68	Kipproststäbe	3.16	94	Rauchkammer	5.01	120	Verstärkungsring a. d. Rauchkammertürwand	2.01
17	Stehkesselmantel	2.01	43	Dom zum Speisewasserreiniger	25.45	69	Rostbalken und Träger	3.18	95	Winkelring an der Rauchkammer	2.01	121	Laternenstütze a. d. Rauchkammer	24.06
18	Rohrteilung der Feuerbüchse	2.12	44	Einführungsdüse zum Speisewasserreiniger	25.39	70	Nietschrauben für Rostbalken	3.18	96	Rauchkammerschuß	2.01	122	Dampfsammelkasten	6.04
19	Rohrteilung der Rauchkammerrohrwand	2.13	45	Rieselblech zum Speisewasserreiniger	25.40	71	Vordere Welle mit Hebel zum Kipprost	3.21	97	Rauchkammertürwand	2.01	123	Überhitzereinheit	6.02
20	Heizrohr	2.14	46	Mannloch zum Speisewasserreiniger	25.34	72	Waschluke mit Deckel	3.31	98	Rauchkammerrohrwand	2.01	124	Überhitzerrohrsatz	6.02
21	Rauchrohr	2.16	47	Schlammsamler zum Speisewasserreiniger	25.36	73	Lukenuntersatz	3.31	99	Schornstein	5.06			
22	Brandring	2.17	48	Stehbolzen	2.28	74	Lukenpilz	3.31	100	Schornsteinaufsatz	5.09			
23	Dichtring	2.17	49	Deckenstehbolzen	2.30	75	Lukendeckel	3.31	101	Dampfeinströmrohr	5.12			
24	Vorschuh	2.14	50	Bewegliche Deckenstehbolzen	2.31	76	Waschluke mit Pilz	3.34	102	Ausströmkrümmer	5.17			
25	Bodenring	2.19	51	Barrenanker	2.45	77	Lukenfutter	3.34	103	Standrohr	5.19			
26	Feuerloch	2.01	52	Barrenankerstehbolzen	2.45	78	Lukenpilz	3.34	104	Blasrohr	5.15			

AUFNAHMEN: SLG. KNIPING, SLG. ENDISCH

Neubaumaßen der betreffenden Lokomotivgattung angefertigt waren und den jahrelangen Verschleiß nicht berücksichtigten. Also versuchte man sich vorerst zu behelfen, indem man aus stark beschädigten Maschinen die noch brauchbaren Teile entnahm. Bei dieser Plünderung ergab sich nun, daß nicht nur kein Einzelteil der einen Type für die andere paßte, sondern daß auch innerhalb einer Typenreihe durch bauliche Spielarten und durch Einzelfertigung ohne Lehrenhaltigkeit kaum zwei Teile gleich waren ..."

So kam es noch im Krieg am 13. Februar 1918 zur Gründung des Lokomotiv-Normen-Ausschusses. Seine Normblätter begnügten sich mit der Vereinheitlichung von Einzelteilen; die Festlegung ganzer Baugruppen oder gar Lokomotivtypen war nicht seine Aufgabe. Gründer des Ausschusses war der Hanomag-Direktor Erich Metzeltin (1871-1948). Er leitete das Gremium über drei bewegte Jahrzehnte bis zu seinem Tode.

Die Tätigkeit des Ausschusses hatte Bedeutung für wichtige Bauprogramme vereinheitlichter Lokomotiven noch vor der Schaffung der Einheitslokomotiven der Deutschen Reichsbahn. So entwickelte ein „Engerer Lokomotiv-Normen-Ausschuß" ein Typenprogramm aus sechs Tenderloks für Privat- und Kleinbahnen. Diese ELNA-Loks wurden bis weit in den Zweiten Weltkrieg hinein gebaut.

Ein gigantischer Exportauftrag wurde erstmals konsequent nach den Prinzipien des Austauschbaus verwirklicht: Sowjetrußland bestellte 1920 bei 19 deutschen Herstellern 700 Stück und bei einer schwedischen Firma 500 Stück einer E-Güterzuglok. Am 15. Februar 1922 fand die erste Probefahrt einer solchen Maschine statt. Sie war entsprechend dem Wunsch des Auftraggebers bei Borsig aus Teilen von allen 20 beteiligten Werken hergestellt worden. Von diesem Tag an war der Austauschbau aus dem deutschen Lokomotivbau nicht mehr wegzudenken.

Bei der weiteren Beschaffung der Länderbahnloks sowie bei den Großreparaturen der schon vorhandenen Exemplare brachte man fortan viele Teile auf genormte Maße oder baute neue Armaturen, Bremsausrüstungen oder Puffer in vereinheitlichter Ausführung ein. Der Vermerk „genormt" in den Reichsbahn-

Das Paradepferd der Einheitsloks war die Baureihe 01. Am 31. März 1929 stand in Frankfurt (Main) Hbf die von der AEG gebaute 01 074, die erste wenige Monate alt war

AUFNAHMEN: SLG. GOTTWALDT, SLG. KNIPPING (2)

Stolz warben die deutschen Lokfabriken mit den Einheitsloks für ihre Erzeugnisse

Betriebsbüchern von vielen tausend Länderbahnlokomotiven zeugt von dieser unauffälligen, aber außerordentlich wirksamen Investition.

Lokomotiven für ganz Deutschland

Die nach dem Zusammenbruch der Monarchien errichtete Republik hatte in ihrer Verfassung den Beschluß verankert, das durch Gebietsabtretungen verkleinerte Streckennetz der deutschen Länderbahnen dem Reich zu unterstellen. Nach vier Jahren Raubbau durch die Kriegsführung, nach den Aderlässen durch Waffenstillstand und Friedensvertrag und mitten in einer politisch und wirtschaftlich chaotischen Nachkriegszeit hatte das neue Verkehrsunternehmen erheblichen materiellen und organisatorischen Sanierungsbedarf. Im Krieg hatten aber auch viele zehntausend Facharbeiter in unzähligen Firmen gelernt, ihr metallverarbeitendes Handwerk mit einer früher ungekannten Präzision auszuüben. Moderne Fertigungs- und Meßtechniken standen auch für den Lokomotivbau zur Verfügung.

Der ab 1917 gebauten preußischen G 12 wurde wegen ihrer Lieferung auch nach Baden, Sachsen und Württemberg das Etikett einer „ersten Einheitslok" verliehen, was aber unzutreffend war, da sie noch nicht den Forderungen „Normung und Austauschbau" entsprach. Einheitsloks waren vielmehr erst die Maschinen, die von der Deutschen Reichsbahn bestellt und unter ihrer maßgeblichen Einflußnahme entwickelt worden waren, und zwar unter Beachtung der Festlegungen des Lokomotiv-Normen-Ausschusses und unter den Vorgaben einer durch Austauschbarkeit von ganzen Baugruppen eng verzahnten Typenreihung. Die maßgeblichen Institutionen waren auf der Seite der Verwaltung das Reichsbahn-Zentralamt Berlin und auf der Seite der Industrie das von den Herstellern gebildete Vereinheitlichungsbüro.

Bis zur Auslieferung der ersten Einheitsloks sollte keine Beschaffungspause eintreten. Zum einen duldete der Ersatz der Verluste durch Krieg und Waffenstillstand keinen Aufschub, zum anderen konnten Neulieferungen mit der immer weiter verfallenden Inflationswährung recht günstig bezahlt werden. Daher wurden mehrere Baureihen von Länderbahnlokomotiven in bemerkenswerter Stückzahl nachbestellt und einige noch von den Ländern in Auftrag gegebene Typen überhaupt erst an die Reichseisenbahnen ausgeliefert. Die Zahl dieser Lokomotiven wurde von der Summe der gebauten Einheitsloks erst 1940 übertroffen!

So ausgereift die hierfür ausgewählten Bauarten auch waren, jede Konstruktion war zwischen fünf und 15 Jahren alt, eine schon gegenwärtig geforderte oder in naher Zukunft fällige Leistungssteigerung konnten sie nicht erbringen. Eine Anpassung der Länderbahnlokomotiven an die Forderungen „Normung" und „Austauschbau" hätte viel Zeit erfordert; um größere Teile oder Baugruppen in mehreren Typen verwenden zu können, hätte man die angejahrten Konstruktionen weitgehend umarbeiten müssen.

Die Werkstättenreform der frühen zwanziger Jahre gab diesen Forderungen zur Durchsetzung moderner Fließbandverfahren im Ausbesserungswesen neue Schubkraft.

Auf der Deutschland-Ausstellug 1936 zeigte die Deutsche Reichsbahn in werkneue 03 256

Ein Prinzip und seine Grenzen

Die Jahrzehnte der schnellen Leistungssteigerung ab 1880 hatten dem Betrieb eine unerhörte Vielfalt von Kessel-, Triebwerks- und Laufwerksvarianten beschert. Das Reich übernahm 1920 Lokomotiven mit zwei bis acht angetriebenen Radsätzen, Naßdampfloks, Loks mit Dampftrocknern und solche mit verschiedenen Rauchkammer- und Rauchrohrüberhitzern. Es gab Zweizylinder-, Zweizylinderverbund-, Dreizylinder-, Vierzylinder- und Vierzylinderverbundloks sowie Lokomotiven mit geteilten oder doppelten Antriebseinheiten nach Mallet, Meyer und Hagans. Es gab Steuerungen mit Flachschiebern, Kolbenschiebern und Ventilen. Für den Antrieb der Schieber von Innenzylindern hatten Konstrukteure verschiedenste Lösungen gewählt.

Die Väter der Einheitslok, allen voran Richard Paul Wagner und sein Mitstreiter Hans Nordmann, glaubten diese Vielfalt in radikaler Weise begrenzen zu können: Die Heißdampflokomotive mit zwei Zylindern und einstufiger Dampfdehnung sollte künftig alle Anforderungen abdecken. Die Erhöhung der Achsfahrmasse auf 20 Tonnen sollte eine entsprechend großzügige Ausgestaltung der Maschinen ermöglichen, gute Werkstoffe und kräftige Bemessung beispielsweise der Stangenlager sollten den Rückgriff auf mehrzylindrige Triebwerke für hochbelastete Lokomotiven entbehrlich machen. Der Barrenrahmen sollte Stabilität und Maßhaltigkeit der Konstruktion für ihre ganze Lebensdauer garantieren. Vorbilder für diese Festlegungen lieferten die Bahnen in den USA: Dort setzte man ausschließlich auf die Heißdampf-Zwillings-Maschinen und hatte sie – unbeeinträchtigt von europäischen Profil- und Achslastbeschränkungen – zu größten Leistungen ertüchtigt.

Wagners Festlegungen blieben nicht unumstritten und galten nicht für die Ewigkeit. Gewiß wünschte sich niemand mehr eine Naßdampf-Atlantik oder die vierzylindrige Ausführung einer mittelschweren Güterzuglok, doch im Vergleich zur bayerischen S 3/6 und zur preußischen S 10.1, den gelungensten Heißdampf-Vierzylinder-Verbund-Schnellzugloks, konnte die 01 doch nur wegen ihrer schwereren Bauart bestehen. Bereits bei der schweren Güterzuglokomotive kehrte die Reichsbahn einige Jahre nach den Vergleichsfahrten zwischen der 43 (1'Eh2) und der 44 (1'Eh3) für die Großserie wieder zur dreizylindrigen Maschine nach dem Vorbild der G 12 und damit zum unge-

Die Jubiläums-Fabriknummer 21000 von Henschel & Sohn erhielt die 43 020

AUFNAHMEN: SLG. GOTTWALDT

liebten Innentriebwerk zurück. Bei der Erprobung von „Mitteldruckloks" mit 25 bar Kesseldruck war die Rückkehr zur Verbundmaschine unerläßlich. Am Vorabend des Zweiten Weltkrieges ging man auch bei den Schnellzuglokomotiven wieder auf drei Zylinder über; auf dem Papier gab es aber auch schon wieder Loks mit vier Zylindern. Wie so oft, nicht nur in der Technik, sondern beispielweise auch in der Gesetzgebung oder in der Kunst: Die Zeit ließ sich nicht aufhalten. Sie war über Dampftrockner, Rauchkammerüberhitzer, Domverbindungsrohre und Gleichstromzylinder für immer hinweggegangen, forderte nun aber die Auseinandersetzung mit Verbrennungskammer, Wasserkammern in der Feuerbüchse, Staubfeuerung, höheren Kesseldrücken, Ventilsteuerungen, Turbinenantrieb und Stromlinienverkleidungen. Das Zentralamt und der dort angesiedelte von R. P. Wagner geleitete „Engere Lokomotivausschuß" standen den meisten dieser Neuerungen sehr skeptisch gegenüber. Baureihenbezeichnungen wie 04, 05 und 61 und von Seiten der Industrie auf eigene Faust verwirklichte Loks wie die H 02 1001 und die T 18 1001 und 1002 zeugen dennoch von experimentellem Mut.

Das Spektrum der Loks schlug sich in der Werbung nieder. Krupps 06 war allerdings kein Referenzobjekt

Die Fertigung der Einheitsmaschinen ging in die Massenproduktion der Kriegslokomotiven über. Viele Festlegungen der zwanziger Jahre behielten ihre Gültigkeit bis zum Ende des deutschen Dampflokbaus in Ost und West. Die in politisch und wirtschaftlich schwierigen Zeiten durchgesetzten Prinzipien „Normung" und „Austauschbau" sind auch aus dem Bau von Elektro- und Dieselfahrzeugen nicht mehr wegzudenken.

ANDREAS KNIPPING

DEUTSCHE LOKOMOTIV-NORMEN

Einheitliche Benennung der Lokomotivteile

Gruppe: Steuerung (Heusinger)

Lonorm Tafel 2

Nr.	Benennung	Zeichn. Nr. nach LON 2	Nr.	Benennung	Zeichn. Nr. nach LON 2	Nr.	Benennung	Zeichn. Nr. nach LON 2
1	Zylinder	19.01	24	Kreuzkopfbolzen	20.05	47	Steuermutter	21.46
2	Vorderer Zylinderdeckel	19.13	25	Lenkeransatz am Kreuzkopf	21.25(20.05)	48	Zifferstreifen zur Steuerschraube	21.47
3	Hinterer "	19.16	26	Schieberschubstange	21.21	49	Steuerrad	21.49
4	Vorderer Schieberkastendeckel	19.20	27	Voreilhebel	21.24	50	Steuerstangenführung	21.54
5	Hinterer "	19.23	28	Lenkerstange	"	51	Treibzapfen	12.08
6	Vordere Kolbenstangenstopfbuchse	19.28	29	Gleitbahn	20.17	52	Gegenkurbel	12.10
7	Hintere "	19.29	30	Kuppelstange zwischen 1. und 2. Radsatz	20.20	53	Kuppelzapfen	12.09
8	Vordere Tragbuchse für Schieberstange	19.20	31	" " 2. " 3. "	20.21	54	Gelenkbolzen für Kuppelstangen	20.20+24
9	Hintere " " "	19.23	32	3. " 4. "	20.22	55	Schraubenstellkeil für Treibstange	20.10
10	Zylinderventil	19.44	33	Treibstange	20.10	56	Lagerschalen für Treibstange	"
11	Zylindersicherheitsventil	19.49	34	Fangbügel zur Treibstange	20.15	57	Stellkeilschraube für Treibstange	"
12	Kolben mit Stange	20.01	35	Schwingenstange	21.32	58	Schraubenstellkeil für Kuppelstange	20.20÷24
13	Kolbenschieber	21.07	36	Schwinge (mit Schwingenstein)	21.26	59	Lagerschalen für Kuppelstange	"
14	Schieberstange	21.12	37	Schwingenlager	21.28	60	Stellkeilschraube für Kuppelstange	"
15	Kreuzkopf zur Schieberstange	21.11	38	Steuerwelle	21.36	61	Schmiergefäß für Treibstange	20.14
16	Schieberbuchse	19.05	39	Aufwerfhebel	"	62	Schmiergefäße zu den Kuppelstangen	20.27
17	Vorderer Ausströmkasten	19.10	40	Steuerwellenlager	21.38			
18	Hinterer "	19.11	41	Steuerstange	21.50			
19	Kreuzkopf	20.05	42	Gleitbahn- u. Laufblechträger m. Schwingen- u. Steuerwellenlager	8.30			
20	Schmiergefäß zum Kreuzkopf	20.08	43	Steuerstangenhebel	21.36			
21	Zwischenstück " "	20.05	44	Rückzugfeder zur Steuerung	21.41			
22	Kreuzkopfgleitplatte	"	45	Steuerbock	21.42			
23	Kreuzkopfkeil	"	46	Steuerschraube und Teile	21.44			

AUFNAHMEN: SLG. KNIPPING (3), SLG. ENDISCH

Große Pläne und kein

Viel Zeit investierte der Lokausschuss in den **Typenplan** für die

Mit den Einheitslokomotiven wollte die Deutsche Reichsbahn ihren Betrieb straffen und die Kosten senken. Doch der Typenplan konnte nicht in die Tat umgesetzt werden

Die großen „Wagner-Windleitbleche" sind ebenso wie die Baureihe 01 noch heute der Inbegriff der Einheitslokomotiven. Doch ehe die erste 01 auf den Gleisen stand, gab es in der Hauptverwaltung der Reichsbahn und dem Reichs-Verkehrsministerium (RVM) viel zu tun. Bereits am 28. Januar 1921 fiel im RVM die Entscheidung, einen besonderen Ausschuss für die Entwicklung neuer Dampfloks für die Deutsche Reichsbahn zu gründen. Diesem Beschluss stimmten die Mitglieder des Lokomotiv-Normenausschusses, in

Auf dem Werkshof bei Henschel wartete die 44 022 auf ihre Abnahme durch die DRG

Geld

neuen Dampfloks

AUFNAHME: SLG. SKRZYPNIK

dem Vertreter der Industrie und der Bahn saßen, zu. Zu diesem Zeitpunkt hatte dieser Ausschuss schon einiges geleistet. Zu seinen ersten Aufgaben gehörte u.a. eine einheitliche Benennung der Bauteile einer Dampflok festzulegen, denn bei den einzelnen Länderbahnen gab es teilweise unterschiedliche Bezeichnungen. Nach dieser grundlegenden Arbeit wurde im April 1921 ein „Engerer Ausschuss für Lokomotiven zur Vereinheitlichung der Lokomotiven" gegründet, der dem RVM bei der Entwicklung neuer Maschinen zur Seite stehen sollte. Den Vorsitz übernahm Wilhelm Höfinghoff, der Vizepräsident des Eisenbahn Zentralamts (EZA). Mitglied in diesem Ausschuss war ab der 4. Sitzung auch Richard Paul Wagner, der als Bauart-Dezernent maßgeblichen Einfluss auf die Entwicklung hatte.

Bereits am 18. Mai 1921 hielt der „Engere Lokausschuss" seine erste Sitzung in Oldenburg ab. Wichtigster Tagesordnungspunkt war die Frage, wie die durch den Versailler Vertrag entstandenen Lücken im Fahrzeugpark geschlossen werden können. Da definitive Entwürfe für neue einheitliche Typen noch nicht vorlagen, stimmte der Ausschuss wohl oder übel der Beschaffung bewährter Länderbahn-Gattungen zu. Eine Entscheidung mit fatalen Folgen, denn es machte nachher wenig Sinn, die erst wenige Jahre alten Loks durch neue Einheitsloks zu ersetzen. Auch die Empfehlung des Ausschusses, das RVM möge Länderbahnloks nur bis zur Fertigstellung der neuen Typen bestellen, verhallte ungehört: Der Nachbau zog sich bis 1932 hin, als Krauss-Maffei die letzten zwölf Exemplare der bayerischen GtL 4/4 (Baureihe 98.10) ablieferte. Außerdem mussten die Nachliefe-

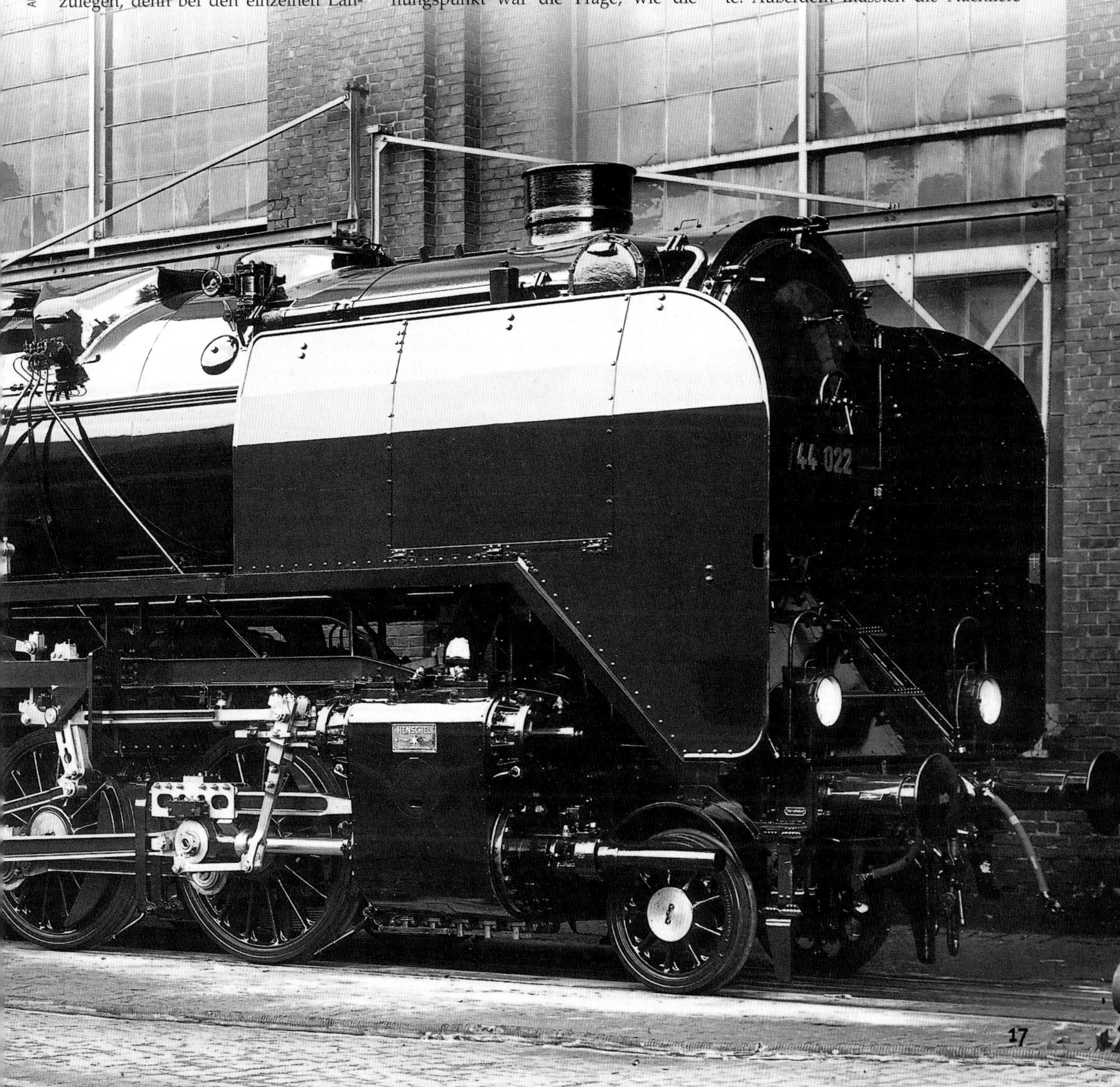

rungen später noch mit Normteilen nachgerüstet werden. Auch volkswirtschaftliche Aspekte zwangen die Reichsbahn zum Handeln. Durch die Umstellung der Rüstungsproduktion auf zivile Güter entstanden bei vielen Firmen freie Produktionskapazitäten, die sie mit dem Bau von Loks auffüllen wollten. So stiegen etwa Rheinmetall, Krupp und AEG in den Dampflokbau ein, anderenfalls hätten sie drastisch Personal abbauen müssen. Doch dies war nicht im Interesse der Reichsregierung, die deshalb die Reichsbahn zum Bau neuer Loks aufforderte.

Vorarbeit hatte schon der Chefkonstrukteur von Borsig, August Meister, geleistet, der im Auftrag des EZA einen ersten Typenplan aufstellte. Meister orientierte sich dabei an den letzten preußischen Dampfloks. Doch zunächst mussten grundsätzliche Entscheidungen getroffen werden.

Diese fielen auf der 2. Ausschusssitzung im September 1921 in Überlingen. Hier wurden die Begrenzungslinien, die zulässigen Achsdrücke, der Kesseldruck, die Raddurchmesser und die Anordnung der Bremse festgelegt. Außerdem beschloss das Gremium, für die neuen Maschinen generell den Barrenrahmen zu verwenden und Streckenloks mit einer Vorlaufachse auszurüsten. Der Barrenrahmen galt als Voraussetzung für den angestrebten Austauschbau. Der Ausschuss betraute nun August Meister und Paul Heise von Henschel mit der Ausarbeitung eines Typenprogramms. Auch Maffei sollte eine Entwurfsreihe vorlegen. Alle mussten ihre Entwürfe noch einmal überarbeiten, nachdem das RVM am 18. Oktober 1921 als höchsten zulässigen Achsdruck 20 t festgelegt hatte. Das RVM beabsichtigte, alle Hauptbahnen dafür zu ertüchtigen. Auf der 3. Sitzung des Ausschusses, die am 10. Mai 1922 in Hildesheim begann, wurden die Entwürfe von Heise und Meister diskutiert. Die Maffei-Reihe traf erst Wochen später ein, doch da waren die Würfel schon zu Gunsten der anderen Vorschläge gefallen. Zur Debatte standen dabei eine 2´C1´-Schnellzuglok und eine schwere 1´D1´-Personenzuglok, die beide wahlweise mit Zweizylinder- oder Vierzylinderverbund-Triebwerk angeboten wurden. Die anderen Maschinen, eine 2´C-Personenzuglok, drei Güterzugmaschinen (1´C, 1´D, 1´E), eine Personenzugtenderlok (1´C1´) sowie fünf Güterzugtendermaschinen (C, D, E, 1´D1´ und 1´E1´) waren grundsätzlich als Zwilling ausgeführt. Im Prinzip stimmten die Mitglieder den Entwürfen zu. Lediglich den vorgesehenen Belpaire-Kessel lehnten sie ab. Wieder griffen Heise und Meister zu Bleistift und Rechenschieber und überarbeiteten ihre Unterlagen bis zur Sitzung im September 1922.

Keine Chance für das Verbund-Triebwerk

Hier nun griff Bauart-Dezernent Richard Paul Wagner in das Geschehen ein. Wagner hatte dezidierte Ansichten, was die Konstruktion moderner Dampfloks betraf. Wagner plädierte zum einen für ein niedriges Feuer auf dem Rost, da damit Kohle gespart werden könne und die Schlackenbildung abnehme. Dies wiederum ermöglichte einen weiten Schornstein mit tiefen Blasrohr, das den Gegendruck in den Zylindern minimierte und einen Leistungsgewinn brachte. Ein weiteres Steckenpferd des streitbaren Dezernenten war die Rohrheizfläche. Er plädierte für lange Rohe und damit eine große indirekte Heizfläche zur Ausnutzung der Rauchgaswärme, was wiederum für einen guten Kesselwirkungsgrad sorgte, aber die Kesselreserve einschränkte. Erst 15 Jahre später sollte sich diese Ent-

AUFNAHMEN: SLG. KNIPPING (2), SLG. HÖRNEMANN

Baureihe 01 — S 36.20

Bauart	2'C1'h2
Länge über Puffer	23750 ... 23950 mm
Treibraddurchmesser	2000 mm
Kesseldruck	16 bar
Höchstgeschwindigkeit	120/130 km/h
Dienstmasse ohne Tender	108,9 ... 111,3 t
Leistung	1650 kW
Beschaffungszeit	1926 bis 1938
Stückzahl	231 (+ 10 durch Umbau aus 02)
Verbleib DB	171
Verbleib DR	70

Um die überforderten Länderbahn-Schnellzugloks zu entlasten, ließ die DRG als erste neue Bauart eine Schnellzuglok entwickeln. Sie sollte mit 20 t Achsfahrmasse genug Reibungsmasse haben, um eine vierfach gekuppelte Maschine entbehrlich zu machen. Obwohl diese Festlegung nicht unumstritten blieb, wurde die 01 eine der wichtigsten deutschen Schnellzugloks.

Baureihe 02 — S 36.20

Bauart	2'C1' h4v
Länge über Puffer	23750 mm
Treibraddurchmesser	2000 mm
Kesseldruck	16 bar
Höchstgeschwindigkeit	120 km/h
Dienstmasse ohne Tender	114,1 t
Leistung	1690 kW
Beschaffungszeit	1926
Stückzahl	10
Umbau in 01	10

Um auch die in Süddeutschland bevorzugte Verbundbauart zu erproben, ließ die Reichsbahn zehn Einheitspazifik als Vierzylinder-Verbund-Loks bauen. Da das Zentralamt selbst aber von dieser Variante wenig hielt, wurde die 02 mit geringer Sorgfalt durchgebildet. Ende der dreißiger Jahre baute das RAW Meiningen die Maschinen in Baureihe 01 um.

44 001 – 010 — G 56.20

Bauart	1'E h3
Länge über Puffer	22620 mm
Treibraddurchmesser	1400 mm
Kesseldruck	16 bar
Höchstgeschwindigkeit	70 km/h
Dienstmasse ohne Tender	114,1 t
Leistung	1405 kW
Beschaffungszeit	1926
Stückzahl	10
Verbleib DB	10

In der Gewichts- und Leistungsklasse der Baureihen 01/02 wollte die Reichsbahn frühzeitig auch eine schwere Güterzugmaschine erproben. Entsprechend der G 12 gab man einer Type ein Dreizylinder-Triebwerk, um die Belastungen der Treibstangenlager in Grenzen zu halten. Die zehn Loks bewährten sich, doch nachbestellt wurde zunächst die Baureihe 43 mit nur zwei Zylindern.

Einen Fortschritt für die Personale stellte der große Führerstand der neuen Einheitsloks dar. Alle Armaturen und Bedienelemente waren leicht zu kontrollieren bzw. zu bedienen

AUFNAHMEN: SLG. KNIPPING (3), SLG. GOTTWALDT

scheidung als schwerer Fehler entpuppen. Die spezifische Heizflächenbelastung legte der Ausschuss auf 57 kg/m²h fest. Doch damit war der Typenplan noch nicht vollständig. Schon bald zeigte sich, dass auch der Lokpark auf den Nebenbahnen dringend erneuert werden musste. Aus diesem Grund wurde neben der 20- und 17,5-Tonnen-Serie noch eine Fahrzeugreihe mit 15 Tonnen Achslast aufgelegt.

Zunächst räumte der Ausschuss der Entwicklung einer schweren Schnell- und Güterzuglok den Vorrang ein. Unklar war aber, ob die 2´C 1´-Maschine als h2- oder h4v-Lok gebaut werden sollte. Der Ausschuss beschloss von jeder Type zehn Exemplare zu beschaffen, die bis auf das Triebwerk gleich sein sollten. Anhand ausführlicher Tests sollte dann die Streitfrage - einfache oder doppelte Dampfdehnung - entschieden werden. Die unterlegene Baureihe wollte man später entsprechend umbauen. Doch wer sollte die neuen Maschinen konstruieren? An einzelne Firmen wollte und konnte man die Aufträge aus volkswirtschaftlichen Gründen nicht vergeben. So entstand das Vereinheitlichungsbüro (VB) in Berlin, das am 1. Oktober 1922 seine Arbeit aufnahm. Alle Lokfabriken entsandten in dieses Büro

Baureihe 43 G 56.20

Bauart	1'E h2
Länge über Puffer	22620 mm
Treibraddurchmesser	1400 mm
Kesseldruck	16 bar
Höchstgeschwindigkeit	70 km/h
Dienstmasse ohne Tender	110,8 t
Leistung	1850 kW
Beschaffungszeit	1927 bis 1928
Stückzahl	35
Verbleib DR	35

Wie bei der 01/02 glaubte das RZA auch bei der schweren Güterzugmaschine, die Belastungen des Lauf- und Triebwerks im oberen Leistungsbereiche mit einem Zwillingstriebwerk beherrschen zu können. Die ersten Vergleichsfahrten mit der Baureihe 44 schienen diese Meinung zu bestätigen, so daß die 43 weiterbeschafft wurde, jedoch nur in bescheidener Stückzahl.

Baureihe 80 Gt 33.17

Bauart	C h2t
Länge über Puffer	9670 mm
Treibraddurchmesser	1100 mm
Kesseldruck	14 bar
Höchstgeschwindigkeit	45 km/h
Dienstmasse	54,4 t
Leistung	420 kW
Beschaffungszeit	1927 bis 1929
Stückzahl	39
Verbleib DB	17
Verbleib DR	22

Außer der Typenreihe mit 20 t Achsfahrmasse war auch eine mit 17,5 t vorgesehen. Hieraus wurden zunächst Rangierloks verwirklicht. Mit Barrenrahmen und Überhitzer sollten auch sie den hohen aber teuren Standard der Einheitslokmaschinen halten. Da ein Ersatz der vielen Länderbahnloks noch nicht dringlich war, wurde die 80 nur in geringer Stückzahl gebaut.

Baureihe 81 Gt 44.17

Bauart	D h2t
Länge über Puffer	11080 mm
Treibraddurchmesser	1100 mm
Kesseldruck	14 bar
Höchstgeschwindigkeit	45 km/h
Dienstmasse	67,5 t
Leistung	630 kW
Beschaffungszeit	1928
Stückzahl	10
Verbleib DB	10

Als schwerere Rangierlok war die Baureihe 81 vorgesehen. Das hohe Ausrüstungsniveau der gelungenen Maschine wurde Mitursache für ihre geringe Verbreitung: Die Reichsbahn scheute die Kosten für eine weitere Beschaffung, so dass der Rangierdienst bis zur Verdieselung in den fünfziger und sechziger Jahren eine Domäne der Länderbahnloks blieb.

Kraft und Eleganz sind typisch für das Triebwerk der Baureihe 01

Konstrukteure, die an den Einheitsloks arbeiteten. Erster Chef des VB wurde August Meister. Auch die Lieferung der neuen Maschinen wurde nun strikt reglementiert. Nach einem festen Schlüssel wurden die Kontingente auf alle Hersteller verteilt.

Im Herbst 1922 nahm dann endlich die Schnellzug-Pazifik auf den Reißbrettern Gestalt an. Dabei beschritten die Ingenieure neue Wege. Zunächst entwickelten die Konstrukteure einheitliche Bauteile und Baugruppen, wie Achslager, Zylinder, Kolben, Schieber, Armaturen, Radsätze, Federn usw., die bei mehreren Typen Verwendung finden sollten.

Nach diesen Vorarbeiten wurde aus jeder Baureihen-Gruppe eine sogenannte Muttertype ausgewählt und vollständig durchkonstruiert. Wagner definierte die Muttertypen als die Loks, *„bei denen die zu erwartenden Schwierigkeiten im voraussichtlich größten Umfang vorhanden waren und aus dem Wege geräumt wurden, so dass die Übertragung der Bauarteinzelheiten auf die Tochtertypen stets eine Erleichterung“* darstellte. Bei den Güterzugmaschinen mit 20 Tonnen Achslast wurde die 1´E h3-Lok zur Muttertype für die anderen Tender- und Schlepptendermaschinen. Bei den Personenzugloks wählte das VB die 2´C2´Lok, die spätere Baureihe 62, zur Muttertype. Bei den Rangiermaschinen begann man mit der Entwicklung des Dreikupplers (BR 80) „wegen der Gewichtsschwierigkeiten“, wie Wagner erklärte. Die Vereinheitlichung machte auch vor den Kesseln nicht halt. Mit möglichst wenigen Bauformen wollte die DR auskommen. Zur Reduzierung der Kosten sollten wiederum viele Kümpelteile bei allen Dampferzeugern verwendet werden. Vier unterschiedlich große Kessel mit 1900, 1800, 1700 und 1500 mm Durchmesser sollten genügen. In ihren Proportionen glichen sich die Dampferzeuger sehr stark. Bei allen betrug das Verhältnis zwischen Rost- und Heizfläche etwa 1 : 50.

Nach den Vorstellungen des VB sollten alle Streckenloks einen Oberflächenvorwärmer der Bauart Knorr erhalten. Die Rangiermaschinen hingegen wurden nur mit zwei saugenden Strahlpumpen ausgestattet.

Auch die Triebwerke wurden streng normiert. Für die insgesamt 20 vorgesehenen Typen genügten 12 Zylinder, die einen Durchmesser von 450, 500, 570, 600, 650 und 720 mm besaßen.

Auch bei der Entwicklung des Barrenrahmens achtete man auf so wenige Ausnahmen wie möglich. Alle Loks der 20-Tonnen Reihe erhielten Rahmen aus

AUFNAHMEN: SLG. KNIPPING (3), SLG. GOTTWALDT

Baureihe 87 — Gt 55.17

Bauart	E h2t
Länge über Puffer	13300 mm
Treibraddurchmesser	1100 mm
Kesseldruck	14 bar
Höchstgeschwindigkeit	45 km/h
Dienstmasse	85,6 t
Leistung	690 kW
Beschaffungszeit	1928
Stückzahl	16
Verbleib DB	16

Baureihe 24 — P 34.15

Bauart	1'C h2
Länge über Puffer	16995 mm
Treibraddurchmesser	1500 mm
Kesseldruck	14 bar
Höchstgeschwindigkeit	90 km/h
Dienstmasse ohne Tender	57,4 t
Leistung	680 kW
Beschaffungszeit	1928 bis 1940
Stückzahl	95
Verbleib DB	42
Verbleib DR	5

Baureihe 64 — Pt 35.15

Bauart	1'C1' h2t
Länge über Puffer	12400/12500 mm
Treibraddurchmesser	1500 mm
Kesseldruck	14 bar
Höchstgeschwindigkeit	90 km/h
Dienstmasse	70,9 t
Leistung	700 kW
Beschaffungszeit	1928 bis 1940
Stückzahl	520
Verbleib DB	281
Verbleib DR	120

Mit der Baureihe 87 erfüllte die DRG spezielle Erfordernisse einer einzelnen Strecke und erbrachte zugleich den Nachweis, dass das Einheitsprogramm auch die Ableitung von Sondertypen aus dem Baukasten zuließ: Bei der 87 wurde aufgrund der engen Radien der Hamburger Hafenbahn die Antriebskraft zu den äußeren Kuppelradsätzen mit Zahnrädern übertragen. Der Kessel stammte von der 86.

Entgegen den ursprünglichen Plänen entwickelte die Reichsbahn noch eine Typenreihe für Nebenbahnloks mit 15 t Achsfahrmasse zu. Die einzige Schlepptendermaschine dieser Klasse war die 24. Sie entsprach in Triebwerk und Kessel völlig der Baureihe 64, erreichte aber wegen der fehlenden hinteren Laufachse nicht deren gute Laufeigenschaften.

Eine der erfolgreichsten Einheitslokomotiven wurde die 64. Sie entsprach bis auf die Nachlaufachse und die Vorratsbehälter fast völlig der 24. Über die anfängliche Zweckbestimmung hinaus war sie auch im Hügelland und im Nahverkehr auf Hauptstrecken gut einsetzbar. Die späteren Lieferungen erhielten Krauss-Helmholtz-Gestelle für eine bessere Führung der Laufachsen.

100 mm starken Platten, während die 15-Tonnen-Maschinen und die leichten Rangierloks Rahmen aus 70 mm starken Platten bekamen. Die großen Loks aus der 17,5-Tonnen-Serie, wie die Baureihe 62, rüstete man mit Rahmen aus 90 mm dicken Platten aus.

Schwarz und Rot – die neuen Farben der Dampfloks

Noch während diese grundsätzlichen Fragen geklärt wurden, schritten die Arbeiten an den beiden großen Schnellzug-Baureihen voran. Die Reichsbahn stellte ein anspruchsvolles Leistungsprogramm auf. Sie sollten einen 800 t schweren D-Zug mit 110 km/h in der Ebene befördern. Im Frühjahr 1925 waren die Vorarbeiten für die beiden Baureihen weitestgehend abgeschlossen und in den Werkhallen von Henschel, Borsig, AEG und Maffei entstanden die ersten 20 Einheitsloks. Unklarheit bestand beim „Engeren Lokausschuss" noch über die Farbgebung der Maschinen. Wiederum gab Wagner den entscheidenden Impuls. Auf der 8. Sitzung im März 1925 schlug er vor anstelle der olivgrün-roten Lackierung die Maschinen mit einem schwarzen Kessel und Führerhaus und einem roten Triebwerk in Dienst zu stellen. Wagner argumentierte, dadurch können teuer importierte Farbstoffe gespart und die Lackierung beschleunigt werden. Rund 15 Tage dauerte das Lackieren einer grünroten Länderbahnmaschine. Das klassische Rot-Schwarz der deutschen Dampfloks war geboren. Der Ausschuss stimmte diesem Vorschlag zu. Im Oktober 1925 war es dann soweit: Henschel präsentierte mit der 02 001 die erste Einheitslok der Deutschen Reichsbahn. Stolz wurde sie auf der Münchener Verkehrsausstellung der Öffentlichkeit vorgestellt. Einige Zeit später, am 17. Januar 1926, übergab Borsig schließlich die

Eine reine Nietkonstruktion war der 2´2´T 32-Tender, der noch Gleitlager besaß

AUFNAHMEN: SLG. KNIPPING (3), SLG. RAMPP

Baureihe 86 Gt 46.15

Bauart	1'D1' h2t
Länge über Puffer	13820/13920 mm
Treibraddurchmesser	1400 mm
Kesseldruck	14 bar
Höchstgeschwindigkeit	70/80 km/h
Dienstmasse	84,2/83,0 t
Leistung	760 kW
Beschaffungszeit	1928 bis 1943
Stückzahl	775
Verbleib DB	401
Verbleib DR	164

Diese Nebenbahntenderlok war eine gelungene Konstruktion. Nachdem sie weite Verbreitung auf den Nebenbahnen der deutschen Mittelgebirge gefunden hatte, wurde sie ab 1938 auch eine Universallok für die annektierten Gebiete. Auch bei der 86 machten die nicht ganz befriedigenden Laufeigenschaften den Übergang auf Krauss-Helmholtz-Lenkgestelle notwendig.

Baureihe 62 Pt 37.20

Bauart	2'C2' h2t
Länge über Puffer	17140 mm
Treibraddurchmesser	1750 mm
Kesseldruck	14 bar
Höchstgeschwindigkeit	100 km/h
Dienstmasse	117,5 t
Leistung	1235 kW
Beschaffungszeit	1928 bis 1932
Stückzahl	15
Verbleib DB	7
Verbleib DR	8

Die erste Streckenlok der 17,5 t-Klasse erwies sich nach Laufeigenschaften, Verbrauch und Leistung als eine der besten Einheitsloks. Sie hätte viele Aufgaben von Länderbahnloks im Personen-, Eil- und leichten Schnellzugdienst übernehmen können. Die Weltwirtschaftskrise vehinderte die Beschaffung. Die 1928 gebauten 15 Loks wurden teilweise erst nach Jahren abgenommen.

Baureihe 99⁷³ K 57.9

Bauart	1'E1' h2t für 750 mm Spur
Länge über Puffer	10540 mm
Treibraddurchmesser	800 mm
Kesseldruck	14 bar
Höchstgeschwindigkeit	30 km/h
Dienstmasse	56,7 t
Leistung	600 kW
Beschaffungszeit	1928 bis 1933
Stückzahl	32
Verbleib DR	22

In keinem anderen Jahr wurden so viele Einheitslokgattungen neu vorgestellt wie 1928. Darunter war auch die erste Schmalspurbauart, eine kräftige 1'E1'-Tendermaschine für die 750 mm-Bahnen des Erzgebirges. Einige der von Hartmann in Chemnitz gelieferten Maschinen sowie Nachbauten aus den fünfziger Jahren sind noch heute in Betrieb!

01 001 an die Deutsche Reichsbahn-Gesellschaft. Bereits sieben Tage zuvor hatte Borsig allerdings die 01 008, die die Jubiläums-Fabriknummer 12.000 trug, fertiggestellt. Bis zum März 1926 hatte die DRG alle zehn 01 und 02 abgenommen. Umgehend wurden die Maschinen eingehenden Tests unterzogen. Während die LVA Grunewald die 01 001 und die 02 002 vor dem Messwagen untersuchte, mussten die anderen Maschinen in den Bahnbetriebswerken Erfurt P, Hamm und Hof ihre Leistungsfähigkeit unter Beweis stellen. Wie dieses Versuche ausgingen, ist bekannt : Wagner gelang es mit nicht ganz fairen Tricks - erinnert sei hier an die ungenügende Entwicklung des Verbundtriebwerks - die Überlegenheit der 01 gegenüber ihrer Verbund-Schwester zu beweisen.

Zeitgleich mit der 01 und der 02 entstanden bei Henschel, Schwartzkopff und der Maschinenfabrik Esslingen die ersten zehn Prototypen der Baureihe 44. Entgegen den ursprünglichen Planungen verfügte die Reichsbahn-Hauptverwaltung noch die Entwicklung von zehn Zweizylinder-Maschinen der Bau-

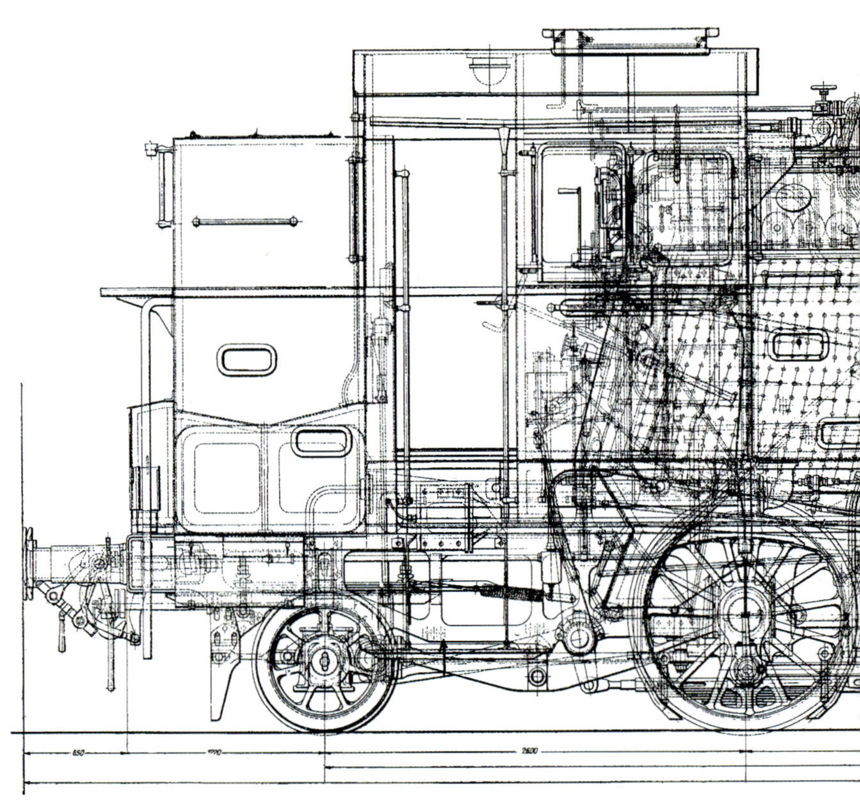

Rechts: Die Längsansicht einer Nebenbahn-Tenderlok der Baureihe 86 der ersten Serie, die mit Bissel-Achsen geliefert wurde

Baureihe 03 S 36.17(18)

Bauart	2'C1' h2
Länge über Puffer	23905 mm
Treibraddurchmesser	2000 mm
Kesseldruck	16 bar
Höchstgeschwindigkeit	130 km/h
Dienstmasse ohne Tender	99,6/100,3 t
Leistung	1460 kW
Beschaffungszeit	1930 bis 1937
Stückzahl	295
Verbleib DB	145
Verbleib DR	86

Weil der Ausbau der Strecken für 20 t Achsfahrmasse nur langsam voranschritt, wurde eine leichtere Schnellzuglok mit 17,5 t Achsfahrmasse erforderlich. Der Aufbau der 03 folgte weitgehend dem der 01. Ihre Bilanz kann sich ohne Zweifel sehen lassen: Keine Lokomotivgattung in Europa hat von 1930 bis 1980 so viele Laufkilometer vor Schnellzügen erzielt wie die 03!

Baureihe 99^{22} K 57.10

Bauart	1'E1' h2t für 1000 mm Spur
Länge über Puffer	11636 mm
Treibraddurchmesser	1000 mm
Kesseldruck	14 bar
Höchstgeschwindigkeit	40 km/h
Dienstmasse	65,8 t
Leistung	515 kW
Beschaffungszeit	1931
Stückzahl	3
Verbleib DR	1

Für Meterspurbahnen in Thüringen wurde eine weitere Schmalspur-Einheitslok entwickelt. Den Kessel konnte man von der Rangierlok der Baureihe 81 übernehmen. Zwei Exemplare blieben im Zweiten Weltkrieg in Norwegen; die in der DDR verbliebene 99 222 wurde zum Vorbild einer Nachbauserie und ist noch heute im Einsatz.

Baureihe 04 S 36.18

Bauart	2'C1' h4v
Länge über Puffer	23905 mm
Treibraddurchmesser	2000 mm
Kesseldruck	25 bar, später 20 bar
Höchstgeschwindigkeit	130 km/h
Dienstmasse ohne Tender	106,3 t
Leistung	1700 kW
Beschaffungszeit	1932
Stückzahl	2

Breit angelegte Versuche begleiteten die gesamte Entwicklung der Einheitsloks. In diesem Zusammenhang wurden auch Maschinen mit höherem Kesseldruck erprobt. Die beiden Mitteldruck-Schnellzug-loks 04 001 und 002 entsprachen weitgehend der 03, mit der man sie verglich. Sie wurden später in 02 101 und 102 umgezeichnet. Die Explosion der 02 101 beendete 1939 das Mitteldruck-Experiment.

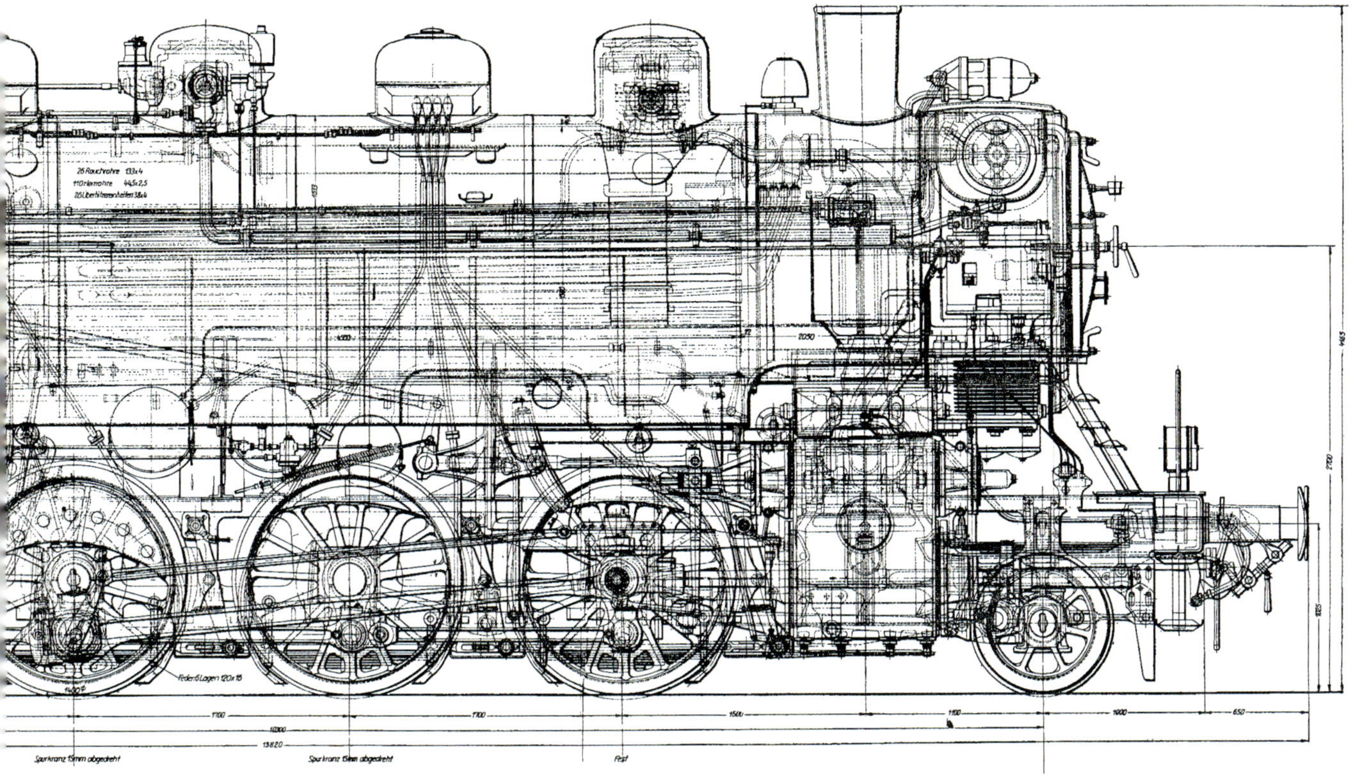

44 011 und 012 G 56.20

Bauart	1'E h4v
Länge über Puffer	22620 mm
Treibraddurchmesser	1400 mm
Kesseldruck	25 bar, später 16 bar
Höchstgeschwindigkeit	80 km/h
Dienstmasse ohne Tender	114,9 t
Leistung	1870 kW
Beschaffungszeit	1932
Stückzahl	2
Verbleib DB	1
Verbleib DR	1

Neben der 04 001 und 002 sowie der 24 069 und 070 wurden auch zwei schwere Güterzugmaschinen der Baureihe 44 als Mitteldruckloks gebaut. Wie die 04 erhielten sie Vierzylinder-Verbund-Triebwerke. Die Erprobung aller Mitteldruckloks ergab keine Vorteile bei Leistung und Wirtschaftlichkeit, die den erhöhten Aufwand für die 25-bar-Kessel rechtfertigten.

Baureihe 85 Gt 57.20

Bauart	1'E1' h3t
Länge über Puffer	16300 mm
Treibraddurchmesser	1400 mm
Kesseldruck	14 bar
Höchstgeschwindigkeit	80 km/h
Dienstmasse	127,4 t
Leistung	1103 kW
Beschaffungszeit	1932
Stückzahl	10
Verbleib DB	9

Zur Abschaffung des Zahnradbetriebes auf der Höllentalbahn benötigte die Rbd Karlsruhe eine Sonderbauart. Entsprechend dem Baukastenprinzip des Einheitsprogramms konnte man für die schwere Güterzugtenderlok auf vorhandene Baugruppen zurückgreifen: Trieb- und Laufwerk entsprachen weitgehend der Baureihe 44, der Kessel bis auf die Rauchkammer dem der Baureihe 62.

Baureihe 99^{32} K 46.8

Bauart	1'D1' h2t für 900 mm Spur
Länge über Mittelpufferkupplung	10595 mm
Treibraddurchmesser	1100 mm
Kesseldruck	13 bar
Höchstgeschwindigkeit	50 km/h
Dienstmasse	43,7 t
Leistung	340 kW
Beschaffungszeit	1932
Stückzahl	3
Verbleib DR	3

Für die mecklenburgische Strecke Bad Doberan – Arendsee (ab 1938 Bad Kühlungsborn) wurde die dritte schmalspurige Einheitsbaureihe gebaut. Sie erhielten aber im Gegensatz zu den anderen Schmalspurloks einen Blech- statt Barrenrahmen. Die drei kleinen Lokomotiven sind auch im 21. Jahrhundert immer noch aktiv!

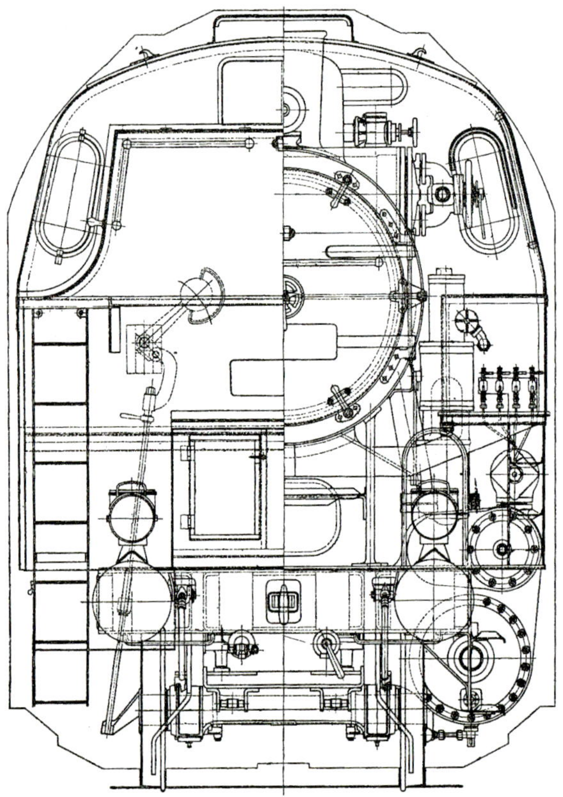

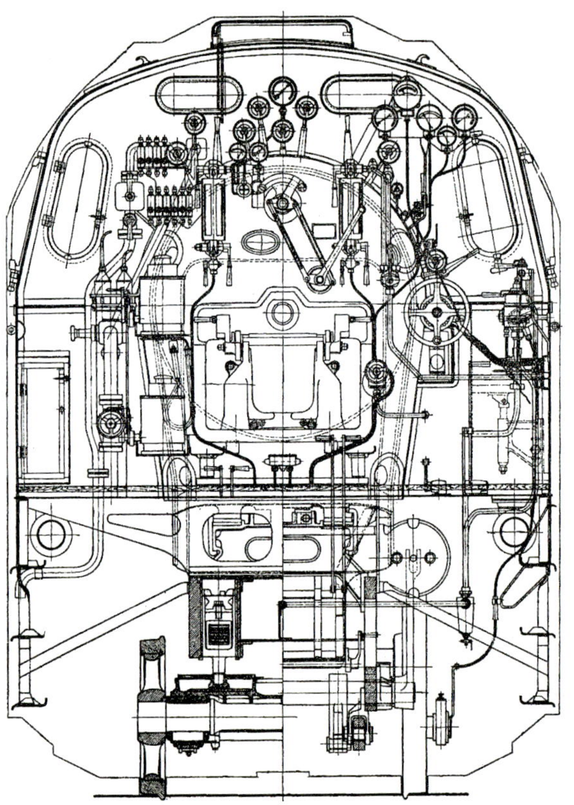

AUFNAHMEN: S. 16, 17 SLG. KNIPPNIG (5), SLG. ENDISCH, SLG. SCHÜTZE; SLG. KNIPPING (3), SLG. ENDISCH

Baureihe 71	**Pt 24.15**
Bauart	1'B1'h2t
Länge über Puffer	11800 mm
Treibraddurchmesser	1500/1600 mm
Kesseldruck	20 bar
Höchstgeschwindigkeit	90/100 km/h
Dienstmasse	55,3 t
Leistung	420 kW
Beschaffungszeit	1934/1936
Stückzahl	6
Verbleib DB	6

Baureihe 84	**Gt 57.18**
Bauart	1'E1'h2/3 t
Länge über Puffer	15550/15950 mm
Treibraddurchmesser	1400 mm
Kesseldruck	16 bar
Höchstgeschwindigkeit	70/80 km/h
Dienstmasse	119,9 t
Leistung	1048 kW
Beschaffungszeit	1935 bis 1937
Stückzahl	12
Verbleib DR	12

Baureihe 89	**Gt 33.15**
Bauart	C n/h 2t
Länge über Puffer	9600 mm
Treibraddurchmesser	1100 mm
Kesseldruck	14 bar
Höchstgeschwindigkeit	45 km/h
Dienstmasse	43,4 t (n)/ 44,1 t (h)
Leistung	235 kW (n) /385 kW (h)
Beschaffungszeit	1935 und 1938
Stückzahl	10
Verbleib DR	2

Das RZA und das Vereinheitlichungsbüro entwickelten eine leichte zweifach gekuppelte Tenderlok, die mit den ständig verbesserten Triebwagen mithalten sollte. Die 71 hatte abweichend vom Einheitsstandard einen Blechrahmen. Erneut testete man einen höheren Kesseldruck. Weder die ersten beiden Loks noch die vier Nachbauten mit größeren Zylindern und Treibrädern bewährten sich.

Für die auf Normalspur umgebaute Müglitztalbahn wurde eine leistungsfähige Tenderlok benötigt, die Kurvenradien bis zu 100 m befahren konnte. BMAG und O&K bauten zwei Varianten, eine dreizylindrige mit Schwartzkopff-Eckhardt-Lenkgestellen und eine zweizylindrige mit Luttermöller-Zahnradantrieb der äußeren Kuppelachsen wie bei der 87.

Mit der Baureihe 89 bereicherte die Reichsbahn ihr Einheitslokprogramm erneut um eine Splittergattung. Mit der großenteils geschweißten leichten Rangiermaschine (mit Blechrahmen) sollte abschließend die Wirtschaftlichkeit von Nass- und Heißdampfloks im Rangierdienst verglichen werden. Die Ausführung mit Überhitzer erwies sich dabei als überlegen.

Die Ansichten von vorn und hinten sowie ein Querschnitt der Baureihe 86

reihe 43. Hier sollte die Frage geklärt werden, ob das billigere Zweizylinder-Triebwerk dem Drilling überlegen sei. Schon bei der Entwicklung der Baureihe 43 griff die strikte Vereinheitlichung. Von den insgesamt 453 Zeichnungen mussten nur 268 neu aufgestellt werden.

Kraftprobe: Der Vergleich zwischen der 43 und der 44

Erst 1927 rollten die von Henschel und Schwartzkopff gelieferten 43er an. Analog zu den Schnellzugloks mussten sich die schweren Güterzugmaschinen vor dem Messwagen (43 007 und 44 004) und im harten Betriebseinsatz in den Bw Erfurt G und Rothenkirchen bewähren. Die Ergebnisse der LVA waren eindeutig: Bis etwa 1500 PSi verbrauchte die 43 rund 4 % weniger Dampf als die Drillingsmaschine. Die 43 erreichte bei 1000 PSi mit 10 % den besten Wirkungsgrad aller Einheitsloks. Die DRG bestellte bis 1928 noch weitere 25 Exemplare der Baureihe 43. Auf den Bau weiterer 44er verzichtete die Reichsbahn, denn es gab noch genug preußische G 12 für den schweren Güterzugdienst. Allerdings hatte die 43 eine entscheidenden Nachteil: Durch die großen Zylinder entstanden Kolbenkräfte, die die Stangen, Kreuzköpfe, Zapfen und Lager enorm beanspruchten.

AUFNAHMEN: SLG. KNIPPING (3), SLG. HÖRNEMANN

Lediglich im schweren Schnellzugdienst konnten sich die neuen Einheitsloks durchsetzen

Die neuen und modernen Maschinen waren aber ein Luxus für die DRG. Sie musste sich auf die Beschaffung der wichtigsten Typen beschränken. Einen besonders großen Bedarf gab es an schweren Schnellzugmaschnien, so dass bis 1931 nur die Baureihe 01 in nennenswerten Stückzahlen (insgesamt 101 Maschinen) beschafft wurde. Da die mächtigen Dampfloks mit ihren großen Windleitblechen das Rückgrat im schweren Schnellzugverkehr bildeten, wurden sie zum Inbegriff der Einheits-

05 001 und 002 S 57.19

Bauart	2'C2'h3
Länge über Puffer	26265 mm
Treibraddurchmesser	2300 mm
Kesseldruck	20 bar
Höchstgeschwindigkeit	175 km/h
Dienstmasse ohne Tender	118,5 t
Leistung	2500 kW
Beschaffungszeit	1935
Stückzahl	2
Verbleib DB	2

Die Erfolge der Schnelltriebwagen forderten die Konstrukteure heraus, Dampfloks für bisher nicht erschlossene Geschwindigkeiten zu bauen. Borsig lieferte zwei vollverkleidete Drillingsmaschinen für höchste Geschwindigkeiten mit einem Treibraddurchmesser von 2300 mm. Die 05 002 erreichte am 11. Mai 1936 eine Rekordgeschwindigkeit von 200,4 km/h.

Baureihe 41 G 46.18/20

Bauart	1'D1'h2
Länge über Puffer	23905 mm
Treibraddurchmesser	1600 mm
Kesseldruck	20 bar, später 16 bar
Höchstgeschwindigkeit	90 km/h
Dienstmasse ohne Tender	103,2 t
Leistung	1400 kW
Beschaffungszeit	1936 bis 1941
Stückzahl	366
Verbleib DB	220
Verbleib DR	124

Für die Erhöhung der Güterzuggeschwindigkeiten brauchte die DRG kurzfristig eine Eilgüterzuglok. Ihr Grundaufbau stammte weitgehend von der 03. Neu war eine Vorrichtung zur wahlweisen Einstellung der Achsfahrmasse: Mit umsteckbaren Bolzen konnten die Laufräder mehr oder weniger entlastet werden, so dass den vier Treibradsätzen eine Achsfahrmasse von 18 oder 20 t gegeben werden konnte.

Baureihe 44 G 56.20

Bauart	1'E h3
Länge über Puffer	22620 mm
Treibraddurchmesser	1400 mm
Kesseldruck	16 bar
Höchstgeschwindigkeit	80 km/h
Dienstmasse ohne Tender	109,8/110,2 t
Leistung	1405 kW
Beschaffungszeit	1937 bis 1944
Stückzahl (ohne Nachbauten)	ca. 1730
Verbleib DB	ca. 1240
Verbleib DR	ca. 335

Die Anhebung der Güterzuggeschwindigkeiten gab Anlass, auf die Baureihe 44 zurückzugreifen. Sie sollte im Mittelgebirge die G 12 ersetzen, die bei vergleichbarer Konstruktion schwächer und nur für 65 km/h zugelassen war. Die etwas modernisierte 44 wurde nun ein großer Erfolg. Sie wurde bis weit in den Krieg hinein gebaut.

Treibrad ⌀ / Achsdruck	2000 mm	1750 mm	1500 mm	1500 mm	1500 mm
20 t	Reihe 01, 02	Reihe 62	—	—	—
18 t	Reihe 03	—	—	—	—
15 t	—	—	Reihe 64	Reihe 24	Reihe 71

Treibrad ⌀ / Achsdruck	1600 mm	1600 mm	1400 mm	1400 mm	1400 mm
20 t	Reihe 45	Reihe 41	Reihe 85	Reihe 43, 44	—
18 t	Reihe 45	Reihe 41	Reihe 84	—	—
15 t	—	—	—	Reihe 50	Reihe 86

Treibrad ⌀ / Achsdruck	1100 mm	1100 mm	1100 mm		
20 t	—	—	—	—	—
18 t	Reihe 87	Reihe 81	Reihe 80	—	Treibrad ⌀ 1000 mm, Achsdruck 10 t: Schmalspur 1000 mm Reihe 99
15 t	—	—	Reihe 89	—	Treibrad ⌀ 800 mm, Achsdruck 9 t: Schmalspur 750 mm Reihe 99

Anspruch und Wirklichkeit: Ideen und umgesetzte Projekte aus dem Typenplan der DRG

loks, obwohl sie im Fahrzeugpark der DRG eher eine Nebenrolle spielten, wie der Oberingenieur im VB, Alfons Meckel, 1931 resümierte. Den seinerzeit vorhandenen 520 Einheitsloks standen rund 24.100 Maschinen aus der Länderbahnzeit gegenüber. Dennoch waren die neuen Loks wirtschaftlich ein Erfolg. In den Unterhaltungskosten lagen sie deutlich unter dem Durchschnitt. Für die Instandsetzung einer 01 musste die DRG 251 Mark auf 1000 Lokkilometer veranschlagen. Der Reichsbahn-Durchschnitt lag bei 324 Mark.

Drei auf einen Streich: Neue Loks für die Nebenstrecken

Außer im Schnellzugdienst prägten die Einheitsloks Ende der zwanziger Jahre das Bild auf den Nebenbahnen. Dort setzte man 1925 ein Sammelsurium an Länderbahnloks ein, das kaum einen wirtschaftlichen Betrieb ermöglichte. Fast 50 zum Teil völlig veraltete Baureihen zuckelten über die Strecken abseits der Magistralen. Bereits im Mai 1925 beauftragt der Lokausschuss das VB mit der Entwicklung zweier Tender- und einer Schlepptendermaschine mit 15 t Achsdruck. Während die Baureihen 64 und 86 auf kürzeren Strecken zum Einsatz kommen sollten, war die 24 für längere Umläufe gedacht. Auch hier profitierte die Reichsbahn von ihren Vereinheitlichung. Die Baureihe 24 war im Prinzip nichts anderes als eine 64er ohne Schleppachse, aber dafür mit Schlepptender. Kessel und Triebwerk waren identisch. Das beschleunigte die Entwicklung rasant. Von den insgesamt 501 Baugruppen der Baureihe 64 mussten

AUFNAHMEN: SLG. KNIPPING (3), SLG. GOTTWALDT

Baureihe 45	**G 57.18/20**
Bauart	1'E1' h3
Länge über Puffer	25645 mm
Treibraddurchmesser	1600 mm
Kesseldruck	20 bar, später 16 bar
Höchstgeschwindigkeit	90 km/h
Dienstmasse ohne Tender	125,5 t
Leistung	2060 kW
Beschaffungszeit	1937 und 1940 bis 1941
Stückzahl	28
Verbleib DB	27
Verbleib DR	1

61 001	**St 37.18**
Bauart	2'C2' h2t
Länge über Puffer	18475 mm
Treibraddurchmesser	2300 mm
Kesseldruck	20 bar
Höchstgeschwindigkeit	175 km/h
Dienstmasse ohne Tender	129,1 t
Leistung	1070 kW
Beschaffungszeit	1936
Stückzahl	1
Verbleib DB	1

05 003	**S 37.19**
Bauart	2'C2' h3
Länge über Puffer	27000 mm
Treibraddurchmesser	2300 mm
Kesseldruck	20 bar
Höchstgeschwindigkeit	175 km/h
Dienstmasse ohne Tender	129,5 t
Leistung	(Versuche nicht abgeschlossen)
Beschaffungszeit	1937
Stückzahl	1
Verbleib DB	1

Zusammen der 41 wurde eine schwere Drillingslok mit veränderbarer Achsfahrmasseentwickelt, die schwere Güterzüge im Hügelland zügig befördern sollte. Bei der Baureihe 45 stieß der von R. P. Wagner bevorzugte Langrohrkessel endgültig an seine Grenzen. Im übrigen überforderte die Feuerung bei der 45 auch den Heizer. Die 45 bleibt als größte deutsche Dampflok in Erinnerung.

Die Popularität der 05 ließ die Konkurrenz nicht ruhen: Der Lokhersteller Henschel und die Waggonfabrik Wegmann stellten als Alternative zum Schnelltriebwagen einen komfortablen Leichtbauzug mit einer Hochgeschwindigkeits-Tenderlok vor. Der in violett und silber gehaltene Henschel-Wegmann-Zug pendelte zwischen Berlin und Dresden.

Eine der interessantesten Loks war die 05 003. Der Führerstand war vorne angeordnet. Der Kessel war umgedreht, der Stehkessel lief also voraus, die Rauchkammer zeigte nach hinten. Da das Personal keinen Zugang zum Tender hatte, entschied man sich für eine Steinkohlenstaubfeuerung, die sich aber nicht bewährte. Die Lok wurde gegen Kriegsende zu einer normalen Maschine umgebaut.

Mit einem sehenswerten Zug schnaufte am 12. Juli 1934 die 24 067 auf der Kanonenbahn von Treysa nach Eschwege bei Malsfeld vorbei

AUFNAHMEN: SLG. KNIPPING (2), SLG. GOTTWALDT, SLG. REINSHAGEN

nur 94 neu entworfen werden. Bereits Ende Februar 1928 lieferte Schichau die erste 24 ab. Dabei hatte der Lokausschuss die Unterlagen erst am 17. Januar 1928 endgültig abgenommen. Im April 1928 folgte die 64 001 von Borsig und wenige Monate später, im Juli 1928, die 86 001. Bis 1930 wuchs der Bestand auf 63 Exemplare der BR 24, 234 Maschinen der BR 64 und 16 Loks der BR 86 an.

Im Rangierdienst hingegen griff das Einheitslok-Programm nicht. Zwar konnten 1927/28 insgesamt 37 Maschinen der Baureihe 80 und zehn Vierkuppler der Baureihe 81 beschafft wer-

Baureihe 06 S 48.18/20

Bauart	2'D2' h3
Länge über Puffer	26520 mm
Treibraddurchmesser	2000 mm
Kesseldruck	20 bar
Höchstgeschwindigkeit	140 km/h
Dienstmasse ohne Tender	141,8 t
Leistung	2060 kW
Beschaffungszeit	1939
Stückzahl	2
Verbleib DB	2

Parallel zur 45 und mit demselben feuerungstechnisch kaum beherrschbaren und schadanfälligen Langrohrkessel wurde auch eine schwere Stromlinien-Schnellzuglok geschaffen. Die beiden mit jahrelanger Verzögerung von Krupp erst kurz vor Kriegsbeginn gelieferten Maschinen ließen jedes innovative Element vermissen und galten als missglückt.

61 002 St 38.18

Bauart	2'C3' h2t
Länge über Puffer	18825 mm
Treibraddurchmesser	2300 mm
Kesseldruck	20 bar
Höchstgeschwindigkeit	175 km/h
Dienstmasse ohne Tender	146,3 t
Leistung	1070 kW
Beschaffungszeit	1939
Stückzahl	1
Verbleib DR	1

Als für den Henschel-Wegmann-Zug eine zweite Lok benötigt wurde, wählte Henschel eine verbesserte Ausführung mit Drillingstriebwerk und dreiachsigem Nachlaufgestell für größere Vorräte. Der Gedanke einer wirtschaftlich plausiblen Konkurrenz zum Dieseltriebzug war nun immer weniger zu realisieren: Die Maschine für den Vierwagen-Zug war nun allein schon schwerer als ein dreiteiliger SVT.

Baureihe 50 G 56.15

Bauart	1'E h2
Länge über Puffer	22940 mm
Treibraddurchmesser	1400 mm
Kesseldruck	16 bar
Höchstgeschwindigkeit	80 km/h
Dienstmasse ohne Tender	86,9 t
Leistung	1195 kW
Beschaffungszeit	1939 bis 1944
Stückzahl (ohne Nachbauten)	ca. 3146
Verbleib DB ca.	2564
Verbleib DR ca.	356

Aus dem bescheidenen Projekt eines Fünfkupplers als Ersatz für die G 10 wurde eine der erfolgreichsten Lokomotiven der Welt. Mit dem Krauss-Helmholtz-Gestell verlor die 50 auch etwas oberhalb der zugelassenen Höchstgeschwindigkeit nicht die Laufruhe und die niedrige Achsfahrmasse erlaubte einen freizügigen Einsatz.

den, doch gegen die Übermacht der Länderbahn-Maschinen hatten sie im Betriebsalltag keine Chance. Gleichwohl bestand das Typenprogramm ein weitere Bewährungsprobe. Für den Rangierdienst im Hamburger Hafen wurde eine leistungsfähige Maschine benötigt. Unter Zuhilfenahme zahlreicher Teile der Baureihen 80 und 81 sowie des 86er-Kessels, der nur eine verlängerte Rauchkammer erhielt, entstand die mit Luttermöller-Endachsen ausgerüstete Baureihe 87. Lediglich 238 der 452 Zeichnungssätze mussten neu angefertigt werden. Orenstein & Koppel lieferten davon insgesamt 16 Maschinen.

Aber auch für die Schmalpurbahnen entwickelte des Bauartdezernat unter Wagner neue, strikt vereinheitlichte Typen. Während die Baureihe 99.73 für die sächsischen Strecken fast eine komplette Neukonstruktion darstellte (351 neue Zeichnungssätze von 451), war die 99.22 für die Meterspur weniger aufwendig. Hier mussten nur 476 der 480 Baugruppen überarbeitet werden. Als auch noch die RBD Schwerin für den Molli Bedarf an einer neuen Schmalspurlok anmeldete, wich Richard Paul Wagner erstmals von seiner Linie der strikten Vereinheitlichung ab. Er ließ Orenstein & Koppel bei der Entwicklung fast völlig freie Hand und forderte lediglich die Verwendung von Normteilen.

Wie die Rangierloks hatte auch die Baureihe 62 keine Chance bei der Reichsbahn. Bereits 1927 waren die Vorarbeiten an der 2´C2´-Tenderlok als Muttertype für die Personenzugmaschinen abgeschlossen. Henschel baute zwar 1928 insgesamt 15 Maschinen, doch die Reichsbahn nahm vorerst nur zwei 62er ab. Die als „abgehackte 01" bezeichnete Tenderlok gehörte zu den besten Entwicklungen des VB. Mit 1680 PSi und einem Wirkungsgrad von 9,5 Prozent war sie top. Doch der DRG fehlte zum einen das Geld, und zum anderen gab es genug preußische T 18, so dass Henschel die anderen 13 Loks erst 1931 an die DRG verkaufen konte.

Misserfolge im Großformat: Die Baureihen 06 und 45

Zu diesem Zeitpunkt hatte die Reichsbahn erhebliche Stückzahlen einer vorher nicht geplanten Einheitslok beschafft – der Baureihe 03. Da der Ausbau der Hauptstrecken auf 20 t Achslast mangels Kapital nicht wie geplant voranging, musste der Typenplan um eine „leichte" Schnellzuglok ergänzt werden. In Anlehnung an die 01 entstand so die Baureihe 03, deren Prototypen Borsig 1930 lieferte.

Zwei Jahre später griff das VB wieder in die Schubladen und konstruierte aus dem Fahrwerk der 44er und dem Kessel der 62er die schwere 1´E1´-Tenderlok der Baureihe 85, die auf der Höllenthalbahn zum Einsatz kam. Zwar entstanden in den dreißiger Jahren noch die Baureihen 05, 71, 84 und 89, doch sie spielten keine Rolle im Betriebsdienst.

Erst der Aufbau eines engmaschigen Schnellzugverkehrs zwang die Reichsbahn zum Handeln, denn die maximal 50 km/h schnellen Güterzüge standen den Reisezügen förmlich im Wege. Neue Güterzugloks mussten her. Außerdem bestand Bedarf an einer deutlich stärkeren Schnellzuglok. Das Konzept des Zentralamtes sah eine dreizylindrige 1´E1´-Güterzugmaschine und eine 2´D2´h3-Schnellzuglok vor. Auf der Grundlage der 1´E1´-Maschine sollte noch eine 1´D1´h2-Güterzuglok entstehen. Auch hier achtete die Reichsbahn darauf, dass die Maschinen in vielen Bauteilen übereinstimmten. Die beiden Güterzugmaschinen besaßen zunächst Vorrang. So rollten 1936 die Prototypen der Baureihe 41 und 45 an. Während die 41er die in sie gesetzten Erwartungen erfüllte und sich als echte Universalma-

AUFNAHMEN: SLG. KNIPPING (3)

Baureihe 01^{10} S 36.20

Bauart	2'C1'h3
Länge über Puffer	24130 mm
Treibraddurchmesser	2000 mm
Kesseldruck	16 bar
Höchstgeschwindigkeit	150 km/h
Dienstmasse ohne Tender	114,3 t
Leistung	1560 kW
Beschaffungszeit	1939 bis 1940
Stückzahl	55
Verbleib DB	55

Baureihe 03^{10} S 36.18

Bauart	2'C1'h3
Länge über Puffer	23905 mm
Treibraddurchmesser	2000 mm
Kesseldruck	16 bar
Höchstgeschwindigkeit	150 km/h
Dienstmasse ohne Tender	103,2 t
Leistung	1320 kW
Beschaffungszeit	1940 bis 1941
Stückzahl	60
Verbleib DB	26
Verbleib DR	19

Baureihe 23 (alt) P 35.18

Bauart	1'C1'h2
Länge über Puffer	22940 mm
Treibraddurchmesser	1750 mm
Kesseldruck	16 bar
Höchstgeschwindigkeit	80 km/h
Dienstmasse ohne Tender	80,1 t
Leistung	1500 kW
Beschaffungszeit	1941
Stückzahl	2
Verbleib DR	2

Die Experimente der dreißiger Jahre hatten der DRG nicht zu einer neuen Schnellzuglok-Generation verholfen. Unter Zeitdruck aktualisierte man kurz vor Kriegsausbruch die 01 und 03: Die Leistung wurde durch eine Stromlinienverkleidung, die Laufeigenschaften bei höheren Geschwindigkeiten durch ein Drillingstriebwerk verbessert. Wirkliche Innovationen insbesondere beim Kessel blieben aus.

Neben der 01^{10} wurde eine Schnellzuglok mit geringerer Achsfahrmasse für notwendig gehalten, so daß auch die 03 eine Neuauflage mit drei Zylindern und Stromlinienverkleidung erhielt. Als sie geliefert wurde, gab es wegen des inzwischen begonnenen Krieges aber keinen Schnellverkehr mehr. Die 03^{10} wurde in verschiedenen Diensten verschlissen.

Ende der dreißiger Jahre bestand vordringlicher Bedarf an einer Nachfolgerin für die P 8 und verschiedene Länderbahnloks sowie österreichische Typen ähnlicher Leistung. Die weitestgehend von der Baureihe 50 abgeleitete 23 kam aber kriegsbedingt über zwei Musterloks nicht hinaus. DB und DR beschafften nach 1945 unter derselben Reihenbezeichnung modernere 1'C1'-Loks.

schine entpuppte, erwies sich die 45 als Flop. Wagners Philosophie vom Langrohrkessel hatte die Grenzen erreicht. Dies zeichnete sich zwar bereits bei den Baureihen 01 und 03 ab, doch die 7500 mm langen Heiz- und Rauchrohre der 45 markierten das Ende der Möglichkeiten. Zwar lag die Zughakenleistung der 45 rund 25 % über jener der Baureihe 44, doch das wurde mit einem unerhörten Instandhaltungsaufwand erkauft. Die 1939 ausgelieferte 06, die den gleichen Kessel wie die Baureihe 45 besaß, war ebenfalls ein Misserfolg.

Anders die Baureihen 23 und 50, die in der zweiten Hälfte der dreißiger Jahre entstanden. Da hier der Rost zur Verfeuerung minderwertiger Kohle größer ausgelegt werden sollte, musste die Strahlungsheizfläche größer ausgelegt werden. Außerdem begrenzten die zulässige Achslast und die Größe der Maschine indirekt die Rohrlänge. Mit Erfolg, beide Baureihen zählen zu den gelungensten Einheitsloks. Im Vorfeld ihrer Entwicklung mehrte sich bereits der Widerstand gegen Wagners Dogmen. Besonders Friedrich Witte forderte immer wieder die Anwendung neuer Bauteile, wie z.B. der Verbrennungskammer, die Wagner als „Verlegenheitslösung eines Ingenieurs" brüsk ablehnte.

Vor der nagelneuen 03 1001 versammelte sich der Lokausschuss zu einem Erinnerungsbild

Nachdem sich die wirtschaftliche Lage der Reichsbahn Ende der dreißiger Jahre wieder gebessert hatte, stellte das Zentralamt im Frühjahr 1939 ein umfassendes Beschaffungsprogramm vor, mit dem der Fahrzeugpark endlich grundlegend modernisiert werden sollte. Zwischen 1940 und 1943 wollte man 5520 Maschinen aus insgesamt 13 Baureihen beschaffen. Doch der Zweite Weltkrieg verhinderte diesen Plan. Dabei war auch die Beschaffung einer modernisierten und mit einem Dreizylindertriebwerk ausgerüsteten Schnellzug-Maschine mit Stromlinienverkleidung geplant. Neben der 01.10 bestellte die Reichsbahn auch die leichtere 03.10. Doch die Baumuster wurden erst fertig, als die Panzer schon rollten. Lediglich die angearbeiteten Maschinen der Baureihen 01.10 und 03.10 wurden dann noch fertiggestellt. Alle anderen Aufträge stornierte die Reichsbahn zu Gunsten der Baureihen 44, 50 und 86. Sie wurden mehr und mehr vereinfacht, bis nur noch die Kriegsloks der Baureihen 42 und 52 aus den Werkhallen rollten. Richtige Einheitsloks waren sie nicht mehr. Das sah man ihnen schon an den fehlenden Windleitblechen an. DIRK ENDISCH

AUFNAHMEN: SLG. KNIPPING (2), SLG. SCHÜTZE (2)

Baureihe 19^{10} S 46.18

Bauart	1'D1' h8e
Länge über Puffer	23775 mm
Treibraddurchmesser	1250 mm
Kesseldruck	20 bar
Höchstgeschwindigkeit	175 km/h
Dienstmasse ohne Tender	109,3 t
Leistung	1250 kW
Beschaffungszeit	1942
Stückzahl	1

Mitten im Krieg lieferte Henschel eine der interessantesten Maschinen. Die 19 1001 war eine Schnellfahrlok mit Einzelachsantrieb. Vier Dampfmotoren mit je zwei in V-Form angeordneten Zylindern trieben die ungewöhnlich kleinen Räder an. Den Kessel übernahm man fast unverändert von der 44, mit der Stromlinienverkleidung war sie äußerlich der 01^{10} und 03^{10} ähnlich.

Baureihe 52 G 56.15

Bauart	1'E h2
Länge über Puffer	22975/23055 mm
Treibraddurchmesser	1400 mm
Kesseldruck	16 bar
Höchstgeschwindigkeit	80 km/h
Dienstmasse ohne Tender	75,9/76,5 t
Leistung	1190 kW
Beschaffungszeit	1942 bis 1945
Stückzahl (ohne Nachbaut. u. Exporte)	ca. 6212
Verbleib DB	ca. 736
Verbleib DR	ca. 1500

Nach dem Zusammenbruch des Verkehrswesens hinter der Ostfront Ende 1941 wurde aus der Baureihe 50 eine fließbandmäßig herstellbare „entfeinerte" frostgeschützte Kriegslok abgeleitet. Die 52 kam zwar zu spät, um das Kriegsglück des Nazireiches zu wenden, wurde aber eine außerordentlich brauchbare und beliebte Lokomotive, die in halb Europa gute Dienste leistete.

Baureihe 42 G 56.18

Bauart	1'E h2
Länge über Puffer	23000 mm
Treibraddurchmesser	1400 mm
Kesseldruck	16 bar
Höchstgeschwindigkeit	80 km/h
Dienstmasse ohne Tender	96,9 t
Leistung	1323 kW
Beschaffungszeit	1943 bis 1945
Stückzahl (ohne Nachbauten)	ca. 844
Verbleib DB	ca. 705
Verbleib DR	ca. 48

In Anlehnung an die 52, aber eher für das Leistungsprogramm der 44, wurde eine schwerere Kriegslok konstruiert. Als die Serienlieferung begann, wurde der deutsche Machtbereich schon so schnell kleiner, daß neue Lokomotiven kaum mehr benötigt wurden. Aufgrund ungünstiger Laufeigenschaften hielt sich die Beliebtheit der 42 in Grenzen.

Einheitslok im Bild

Jahrzehntelang waren die gewaltigen Maschinen mit den großen Windleitblechen Symbol für die Eisenbahn schlechthin.

Die große Zeit der Dampflok

wurde geprägt von Richard Paul Wagner mit seinen imposanten Einheitstypen

Geballte Kraft: Fast 18.000 PS stark sind die acht 01er, die 1933 vor dem Lokschuppen des Bw Hannover Hbf stehen AUFNAHME: SLG. GOTTWALDT

Warten auf den Start: Der Heizer der Halberstädter 03 086 wartet 1937 in Halle (Saale) auf die Abfahrt seines D-Zuges nach Wesermünde-Lehe AUFNAHME: FRITZE, SLG. SCHÜTZE

Verladen: Per Gotha-Schwerlast-Anhänger rollt die fabrikneue 03 256 zur Deutschland-Ausstellung 1936 in Berlin AUFNAHME: SLG. HÖRNEMANN

Nordlicht: Im Hafen der Kleinstadt Barth rangiert die 64 273. Die beiden Fischer im Hintergrund interessiert das kaum AUFNAHME: SLG. RAMPP

Alt und neu: Während die 01 004 den D 4 in Hagen Hbf beschleunigt, legte die betagte 55 007 eine Rangierpause ein AUFNAHME: SLG. REINSHAGEN

01 004

Typenvielfalt: Für Sachsens Schmalspurbahnen entstand die Baureihe 99.73, für Hauptstrecken mit leichten Oberbau die 03. Am 30. Juni 1935 rumpelt die 99 740 mit ihrem P 2924 durch Malter, der Kreuzkopf der 03 242 blieb im November 1970 nur kurz ruhig AUFNAHME: SLG. SCHÜTZE, SCHÜTZE

Maßgeschneidert: Eigens für die Hamburger Hafenbahn entwickelte die DRG die Baureihe 87, deren Frontpartie Stärke verriet AUFNAHME: SLG. HÖRNEMANN

Vater der Einheitslokomotiven

Erinnerung an **Richard Paul Wagner** – den „Lokomotivpapst"

Die Eisenbahnfreunde von heute kennen ihn wohl besser als seine Kollegen von heute: Der Dampflok-Dezernent R. P. Wagner im Reichsbahn-Zentralamt Berlin galt von 1922 bis 1942 im deutschen Lokomotivbau als „harter Knochen"

Wagner wird gern als der „Vater der Einheitslokomotiven" angesehen, denn er war während zweier Jahrzehnte zuständig für die Bauart der Dampf- und Öllokomotiven bei der Deutschen Reichsbahn. Doch er hatte viele Weggefährten, Mitstreiter, Gehilfen und Kritiker bei der Eisenbahn und bei der Industrie, von denen hier einige Namen genannt werden sollen.

Die ersten Stationen seiner eigenen Karriere im Eisenbahnwesen sind rasch aufgezählt: Richard Felix Paul Wagner wurde als Sohn eines angesehenen Fuhrherrn am 25. August 1882 in Berlin geboren. Das war ein Jahrgang mit Franz Kruckenberg, dem späteren Erbauer des „Schienenzeppelins". Ab Oktober 1901 studierte Wagner an der Technischen Hochschule in Charlottenburg die Fächer Maschinenbau und Eisenbahnmaschinenwesen, machte 1906 sein Ingenieur-Diplom mit Prädikat und legte im Frühjahr 1909 als Bester seines Jahrgangs die Prüfung zum Regierungsbaumeister ab. Von dem Geld des damit verbundenen Staatspreises bereiste er die Eisenbahnen in Mittel- und Nordamerika, deren geradlinige Lokomotiven tiefe Eindrücke bei ihm hinterließen. Dann trat er als „Maschinese" bei der Preußischen Staatsbahn ein.

An der Technischen Hochschule Charlottenburg studierte Wagner Maschinenbau

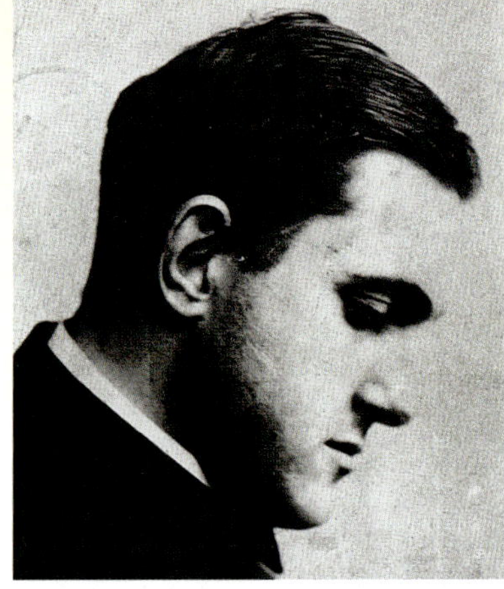

R. P. Wagner 1909, als er seine Prüfung zum Regierungsbaumeister ablegte

Im Ersten Weltkrieg hat Richard Paul Wagner im Felde freiwillig bei den Maschinenämtern Sedan, Conflans und Lille in Nordfrankreich gedient. Dort hat er seine Erfahrungen mit den unterschiedlichen deutschen Loktypen gesammelt, die noch als Einzelstücke angefertigt worden waren. Nach dem Krieg wurden diese Erkenntnisse einer ganzen Generation ausgewertet: Normung, Typisierung und Austauschbau wurden zu den wichtigsten Leitsätzen des modernen Maschinenbaus erhoben.

Im April 1920 wurden die acht deutschen Länderbahnen zu einer „Reichseisenbahn" vereinigt. Zu diesem Zeitpunkt ist Wagner im Alter von 37 Jahren zum Vorstand der Versuchsabteilung für Lokomotiven im Ausbesserungswerk Grunewald bestellt worden. Bei den damaligen Testfahrten mit den jüngsten Dreizylinder-Konstruktionen der preußischen Lokgattungen G 12 und G 8.3 und mit zahlreichen anderen Maschinen sind Wagner weitere Erkenntnisse zugewachsen, die ihn zu einem strikten Verfechter der Zwillingslok gemacht haben. Damals wurden auch die preußische Gattung P 10 und die sächsische Gattung XX HV miteinander verglichen.

Schwere und schwierige Einheitslokomotiven

Zwei Jahre später wurde der Regierungsbaurat Wagner am 1. Oktober 1922 in das Eisenbahn-Zentralamt Berlin versetzt und dort im April 1923 zum Dezernenten für die Bauart der Dampf- und Öllokomotiven bestellt. Sein Vorgänger, der Regierungsbaurat Hinrich Lübken, trat nach einer kurzen Einarbeitungszeit in den Ruhestand. Zu dieser Zeit hatte das Reichsverkehrsministerium bereits beschlossen, im Lokomotivbau grundsätzlich von der Vielfalt der Länderbahntypen abzukommen. Man wollte von einem möglichst nahen Zeitpunkt an für jeden Verwendungszweck auf den Hauptstrecken nur noch jeweils eine Reichsbahntype bauen und im ganzen Land einheitlich verwenden.

Zu diesem Zweck arbeiteten Fachleute ab Mai 1921 im „Engeren Ausschuß für Lokomotiven zur Vereinheitlichung der Lokomotiven" in Zusammenarbeit mit den Lokomotivfabriken Borsig, Henschel und Maffei mehrere Typenprogramme für solche Einheitslokomotiven aus. In einer recht unglücklichen Manier wurde dabei der süddeutsche Einfluß auf die Konzeption der neuen Maschinen bald zurückgedrängt.

Die grundsätzlichen Entscheidungen traf damals im Berliner Verkehrsministerium der Maschinenreferent, Ministerialrat Friedrich Fuchs (1871 – 1958). Er hatte zuvor bei den Reichseisenbahnen in Elsaß-Lothringen gedient. Fuchs setzte in Absprache mit dem Baudienst den Achsdruck der geplanten Baureihen von 17 auf 20 t herauf und tat damit den Schritt in eine neue Leistungsklasse.

Der persönliche Einfluß Wagners auf die Sacharbeit im Lokausschuß wuchs, als die Detailkonstruktion der Einheitsloks ab 1. Oktober 1922 von einem gemeinsamen „Vereinheitlichungsbüro"

AUFNAHMEN: SLG. GOTTWALDT

der deutschen Lokomotivindustrie in Berlin-Tegel übernommen wurde. Das Büro stand unter der Leitung des Borsig-Chefkonstrukteurs August Meister (1873 – 1939), mit dem Wagner eine intensive Arbeitspartnerschaft – vielleicht sogar eine Freundschaft – verband.

Wie das Konstruieren damals genau funktionierte, ist ein Kabinettstück der deutschen Verwaltungsgeschichte gewesen: Wagner stand nicht selbst am Brett, aber er sagte den Zeichnern seine Meinung. Diese Position war aber eigentlich von den Vorgaben des Ministeriums abhängig, doch das kontrollierte nicht jeden Satz nach. Die Männer der Industrie hatten eigene Ansichten durch ihre Exportlieferungen, sie hüteten sich jedoch davor, einen so wichtigen Kunden wie die Reichsbahn zu belehren. Wenn die „unglückliche" Lokomotive dann fertig war, wies jeder die Verantwortung für das Resultat weit von sich.

Wagner war von seinen Ansichten überzeugt. Die unkomplizierten amerikanischen Lokomotiven hatten ihm eingeleuchtet. Er war hart und kompromißlos, nicht selten auch ungnädig. Die süddeutschen Konstrukteure von Vierzylinder-Verbundtriebwerken erhielten kaum noch eine Chance. Ein Mann wie Wagner besaß nicht nur Bewunderer. Wie sein alter Spottname „Kunibald" entstand, ist nicht mehr aufzuklären, doch er hat ihn mit Würde getragen.

Die Baureihe 01 trug deutlich die Handschrift des streitbaren Bauart-Dezernenten Wagner

August Meister und Richard Paul Wagner (Mitte) mit dem Vereinheitlichungsbüro 1923

Hohe Ziele, kleine Stückzahlen

Noch während die Konstruktionstätigkeit 1923 auf vollen Touren lief, beschafften andere Männer bei der Eisenbahn draußen zahlreiche ältere Lokomotivtypen nach den Länderbahnzeichnungen weiter. Sie wollten Arbeit geben und Sachwerte mit dem billigen Geld der Inflation schaffen. Damit wurden durch sogenannte „Reichsbahnbauarten" der preußischen Gattungen P 8, G 8.2 oder G 10 viele Lücken im Fahrzeugpark gestopft, die eigentlich von den Einheitsloks geschlossen werden sollten.

Erst 1924 gingen die Aufträge über Baumuster der schweren Einheitslokreihen 01/02 für den Schnellzugdienst und der Reihen 43/44 für den Güterzugdienst – jeweils zum Vergleich unterschiedlicher Triebwerksformen – heraus. Im September 1925 erschien mit der Lokomotive 02 001 von Henschel die erste deutsche Einheitslok auf den Schienen. Sie wurde noch auf der Münchner Verkehrsausstellung 1925 präsentiert.

Bald darauf forderte die – gerade aus dem Verkehrsministerium herausgelöste – Hauptverwaltung der Reichsbahn auch die Entwicklung von Einheitsloktypen für Nebenbahnen. Die neuen Baureihen 24, 64 und 86 entstanden und wurden in etwas größerer Zahl beschafft. Es folgten eine Typenfamilie von Rangierlokomotiven mit den Baureihen 80, 81 und 87 sowie die überflüssige „Kurzstrecken-Schnellzuglok" der Baureihe 62. Aber auch mit Hochdruck- und Mitteldruckmaschinen, Turbinenloks, Kohlenstaubfeuerungen und mit den ersten Motorlokomotiven der Reichsbahn war das „Bauartdezernat" unter Wagner in jener Zeit intensiv befaßt. Als wissenschaftliche Mitarbeiter wirkten dort unter anderem Friedrich Witte, Leopold Niederstraßer, Paul Roth, Friedrich Röhrs, Erwin von Kirchbach.

Die von der DRG bestellten Stückzahlen schrumpften in der Weltwirtschaftskrise auf ein Minimum zusammen. Von 22 Lokfabriken blieben 1930 nur neun übrig. Bis dahin waren überhaupt erst 500 Einheitslokomotiven geliefert worden, doch die Reichsbahn besaß mehr als 23 500 Dampfloks. Ein gewisser Einschnitt im Bauprogramm war im Jahre 1930 zu konstatieren, denn nun war ungeplant die Baureihe 03 mit einer Achslast von 17 t erforderlich, weil der Ausbau der Hauptstrecken für die schwere Baureihe 01 zu langsam vorankam. Im gleichen Jahr wurde August Meister als Leiter des „Vereinheitlichungsbüros" in Berlin von G. Ludwig aus dem Hause Maffei abgelöst, unter dessen Fittichen schon Alfons Meckel (1896 – 1974) von Borsig als Nachfolger aufgebaut wurde.

Die nächsten Entwicklungen dieser zweiten Phase im Einheitslokprogramm ab 1932 waren die Baureihe 85 für die Höllentalbahn, die Reihe 71 als Triebwagenersatz und die Reihe 89 für den Rangierdienst. Ab 1934 waren auf Wunsch von Friedrich Fuchs noch die Stromlinienlokomotiven 05 und 61 zu entwickeln,

1930 lieferte Borsig die ersten drei Loks der neuen Baureihe 03. Die 03 stand bei Bundesbahn und DDR-Reichsbahn noch bis in die 1970er- beziehungsweise 1980er-Jahre im Einsatz

bevor er in den Ruhestand trat. Diese Sondermaschinen trugen den persönlichen Stempel von Adolf Wolff bei Borsig (05) und von Georg Heise bei Henschel (61); ähnlich übrigens ab 1937 auch die Dampfmotorlokomotive 19 1001 von Richard Roosen und Ulrich Barske, die bei Henschel entstand.

Der „Lokomotivpapst" und seine Dogmen

Betrachten wir einmal die Stufen von Wagners Karriereleiter bei der Reichsbahn: Oktober 1924 Oberregierungsbaurat, 1929 Ehrenmitglied der britischen Institution of Locomotive Engineers, 1931 Ehrendoktor der Technischen Hochschule zu Aachen, 1935 Direktor bei der Reichsbahn. Wagner war hart zu sich selbst und zu anderen, doch im wirklichen Leben war er ein Mensch wie viele andere auch: Er wohnte in Berlin-Lichterfelde, Victoriastraße 9. Seine 1909 in London geschlossene Ehe mit einer Deutsch-Engländerin war gescheitert, und wenn er später einmal die Familie zufällig in der Berliner S-Bahn traf, grüßte er knapp. Wagner war ein unverwechselbarer großer Mann, im

Wagner (Mitte) bei einer Besichtigung der 61 001 bei Henschel in Kassel

dunkelblauen Anzug stets gut gekleidet, immer eine Virginia-Zigarre in der Hand, lebensfroh und sarkastisch zugleich. Im Sommer 1936, nach der Rekordfahrt der Lokomotive 05 002 mit 200 km/h Höchstgeschwindigkeit, machte sich Wagner wohl Hoffnungen, den vakanten Posten von Friedrich Fuchs als Referent für Maschinenbau in der Hauptverwaltung zu übernehmen.

Doch dort setzte man im Oktober 1936 als Nachfolger von Fuchs im Maschinenreferat den Reichsbahndirektor und späteren Ministerialrat Karl Günther (1888 – 1967) ein. Dieser war nach Wagner ab 1922 schon Vorstand der Grunewalder Versuchsabteilung gewesen und hatte sich danach als Einkäufer bewährt. Er hatte Wagner sozusagen „auf dem Nebengleis" überholt. Günther trat von Fuchs die Erbschaft der Entwicklung der Baureihen 06, 41 und 45 an, die einen verstellbaren Achslastausgleich für Strecken von 18 und 20 t Tragfähigkeit besaß. Um bei diesen großen Maschinen eine gute Brennstoffausnutzung zu erreichen, ließ Wagner sie mit besonders langen Kesselrohren entwerfen. Das erwies sich als Fehlschlag, denn diese Rohrheizfläche brachte nur wenig Verdampfungsleistung. Die Betriebspraxis und die Behar-

Bei einer Probefahrt mit der 23 002 waren auch Wagner und Alfons Meckel (2. v. r.) mit dabei

Im Bw Saßnitz wartete am 21. Juni 1932 die 62 008 auf neue Einsätze

AUFNAHMEN: SLG. GOTTWALDT (4), SLG. HÖRNEMANN

rungsfahrten vor dem Grunewalder Meßwagen ließen das immer wieder deutlich erkennen.

Dennoch gelang es dem Versuchsdezernenten im Reichsbahn-Zentralamt, Professor Hans Nordmann (1879 – 1957), nicht, sich mit seinen Befunden gegen den robusten „Kunibald" durchzusetzen. Nach den alten Beamtenregeln mußten beide gemeinsam die Versuchsberichte unterschreiben, und so wurde mancher Kompromiß geschlossen. Wagner lehnte den Einbau von Feuerbüchs-Verbrennungskammern seit dem ersten Tag im Amt ebenso brüsk ab wie die zweistufige Dampfdehnung in einer Verbundmaschine. Auf seinem Gebiet hatte er das letzte Wort. Im April 1938 wurden Wagner und Nordmann gleichzeitig zu „Abteilungspräsidenten" ohne direkte Leitungsfunktion ernannt; ihr Abteilungsleiter im Zentralamt blieb weiterhin der agile Straßenrollermann Johann Culemeyer.

Die Baureihen 06 und 45 wurden ab 1937 nur in kleinen Stückzahlen gebaut, denn die Reichsbahn besaß immer noch genug Lokomotiven. Außerdem war die Stahlzuteilung für die DR knapp. Zeitgleich zeichnete man in Berlin fleißig an zwei Versionen der nutzlosen Reihe 84 für die kurvenreiche Strecke Heidenau – Altenberg herum. Das Tempo der Fahrzeugbeschaffung änderte sich erst 1938 mit der wachsenden Aufrüstung, nach dem deutschen Einmarsch in Österreich und in die Tschechoslowakei. Eine erste Transportkrise trat im Winter 1938/39 ein, und die Beschaffungszahlen für Lokomotiven der Baureihen 41 und 44 wurden nun etwas angehoben. Es entstanden 1939 rasch die Stromlinien-Schnellzugloks der Reihen 01.10 und 03.10 mit Dreizylindertriebwerken sowie die Güterzuglok der Baureihe 50 für Strecken mit niedriger Tragfähigkeit. Letztere wurde schon im Hinblick auf einen möglichen Kriegseinsatz mit vergrößerter Rostfläche projektiert. Ihr Kessel konnte sodann für die Baureihe 23 von 1940 verwendet werden, die als längst fälliger Ersatz für die preußische Gattung P 8 gedacht war.

Oscar R. Henschel beklagte sich bei Hermann Göring mit Erfolg über Wagner

Im Herbst 1939 wurde, gleichlaufend mit dem zweiten „Vierjahresplan" des Dritten Reiches, ein 5520 Exemplare umfassendes Beschaffungsprogramm für Einheitsloks der Baureihen 01.10/03.10, 23, 24, 41, 44, 45, 50, 62, 64, 81, 86 und 89 sowie für die neuen Reihe 82/83 aufgestellt. Dezernent Wagner konnte sich damit bestätigt fühlen und endlich auf eine quantitative Durchsetzung seiner Lokomotiven im Einsatzbestand hoffen, doch es blieb bei dem Stück Papier. Mit dem Kriegsbeginn zwang der Stahlmangel zu Umbestellungen, so daß bis 1941 nur noch die Güterzugmaschinen der Baureihen 44, 50 und 86 gefertigt wurden.

Einheitslok oder Kriegslok?

Bald nach dem deutschen Überfall auf die Sowjetunion steckte der Nachschub mit der Eisenbahn im winterlichen Osten fest. Man brauchte mehr und andere Lokomotiven als bisher. Die Industrie unter der Führung von Oscar R. Henschel (1900 – 1982) beklagte sich bei Reichsmarschall Hermann Göring über den „Lokomotivpapst Wagner" und die Baugrundsätze der Reichsbahn. Als sich im März 1942 der junge Rüstungsminister Albert Speer in den Lokomotivbau einschaltete, war die Zeit des eigenwilligen „Kunibald" beim Reichsbahn-Zentralamt Berlin abgelaufen. Speer setzte auf die „Selbstverantwortung der Industrie", und er machte Gerhard Degenkolb (1892 – 1954) zum „Vorsitzer des Hauptausschusses Lokomotiven". Er gab Degenkolb diktatorische Vollmachten und sorgte für die nötigen Stahlkontingente, damit dieser eine einfache „Kriegslokomotive" in Riesenstückzahlen bauen konnte. Die Produktion der Reihen 44 und 86 wurde nach Entfeinerungen eingestellt; die Baureihe 50 wurde ab Sommer 1942 in eine stark veränderte Reihe 52 übergeleitet.

Richard Paul Wagner wollte den erzwungenen Vereinfachungen an der Einheitslokomotiven nicht zustimmen

AUFNAHMEN: SLG. GOTTWALDT

Friedrich Witte (heller Mantel) übernahm den Posten des Bauart-Dezernenten

und bat „aus gesundheitlichen Gründen" um die Versetzung in den Ruhestand. Am 1. Oktober 1942 räumte er – gerade 60 Jahre alt – offiziell seinen Posten. Zum Nachfolger als Bauartdezernent im Reichsbahn-Zentralamt wurde der Oberreichsbahnrat Friedrich Witte (1900 – 1977) bestellt und zum Reichsbahndirektor ernannt. Witte war früher selbst einmal „Hilfsarbeiter" bei Wagner. Friedrich Witte besaß die notwendige Flexibilität und Härte, um gemeinsam mit Meckel und anderen das Kriegslokomotivprogramm auch zu einem Erfolg für die Reichsbahn werden zu lassen. Für Wagner blieb eine Ironie des Schicksals: Von den Baureihen 50/52 wurden binnen drei Jahren mehr Exemplare hergestellt als von allen übrigen Einheitslokomotiven zusammen.

Der Pensionär Richard Paul Wagner zog sich zunächst nach Pommern zurück, am Kriegsende wohnte er in der Oberpfalz. Gestützt auf seinen internationalen Ruf, regte die englische Besatzungsbehörde seine Wiederbeschäftigung an. Bei der Bielefelder Generaldirektion der Reichsbahn im Vereinigten Wirtschaftsgebiet leitete Wagner von Oktober 1946 bis Oktober 1948 noch die Beschaffungsplanungs- und Einkaufsabteilung, dann wurde er als Ministerialdirigent endgültig pensioniert. Danach wirkte er im Fachausschuß Lokomotiven der Deutschen Bundesbahn mit, aber ohne großen Einfluß zu besitzen. Hier hatte Friedrich Witte als Befürworter von Verbrennungskammer, Mischvorwärmer, Blechrahmen und Schweißtechnik nun die Macht; damals entstanden bereits die Neubaulokomotiven der Baureihen 82, 23 und 65.

Was bleibt von „Kunibald"?

Läßt man die Baureihen 42 und 52 einmal außer Betracht, dann sind von 1925 bis 1942 mehr als 7200 Einheitslokomotiven für die Deutsche Reichsbahn gebaut worden. Große Stückzahlen haben nur die Baureihen 50 und 44 sowie – mit einigem Abstand – die Reihen 86 und 64 erreicht. Selbst die Lieferzahlen der Reihen 01 und 03 waren nicht überwältigend. Sie standen bis in die siebziger Jahre in den beiden deutschen Staaten unter Dampf. Heute sind überproportional viele davon in unseren Eisenbahnmuseen zu betrachten, etliche dampfen sogar noch im Traditionsbetrieb.

Über das Lebenswerk Wagners wurde schon 1950 in dem Buch „25 Jahre deutsche Einheitslokomotiven" von Stockklausner und Weinstötter berichtet. Am 14. Februar 1953 ist Richard Paul Wagner nach kurzer Lungenkrankheit in Velburg bei Amberg (Oberpfalz) verstorben. Seine Grabstätte besteht heute nicht mehr.

Als Pensionär besuchte Wagner noch Sitzungen des Lokausschusses der Bundesbahn

Nachdem das Leben und Wirken von „Kunibald" Wagner in einem Buch eingehend beschrieben worden war, hat die Stadtverwaltung von Velburg im Jahre 1982 auf dem Friedhof eine Gedenkplakette angebracht, die an den „Vater der Einheitslokomotive" erinnert. Dieser Richard Paul Wagner war ein Mann, der es auch seinen Freunden nicht immer leicht gemacht hat. ALFRED GOTTWALDT

Gedenkstein für den „Vater der Einheitslokomotiven" in Velburg, 1982

AUFNAHMEN: SLG. GOTTWALDT

Mit den langen Heiz- und Rauchrohren scheiterte Wagner bei der 45 – die Loks waren im wahrsten Sinne des Wortes ein riesiger Mißerfolg

Die zweite Type der Kriegslok, die Baureihe 42, wurde ab 1943 gebaut
Slg. Andreas Knipping

Massenware

Wie aus den Einheitsmaschinen die **Kriegsloks** entstanden

Binnen gut zwei Jahren lieferte die „großdeutsche" Industrie rund 7000 stark vereinfachte Dampfloks, die vor allem für den Nachschub in den von Deutschland besetzten Gebieten benötigt wurden

Zunächst durch den radikalen Sparkurs seit der Verpfändung der Reichseisenbahnen an die Reparationsgläubiger ab 1924 und dann aufgrund der Weltwirtschaftskrise ab 1929 wurde die Beschaffung der Einheitsloks in so engen Grenzen gehalten, daß sie die Zugförderung zunächst nicht wesentlich prägten. Erst ab Mitte der dreißiger Jahre nahmen die Bestellungen zu, doch sie konnten den eingetretenen Rückstand nicht ausgleichen. Noch Ende 1938 waren die Einheitsloks nur im Schnellzugdienst (mit etwas mehr als 500 Loks der Baureihen 01 und 03) und auf den Nebenbahnen (mit knapp 700 Maschinen der Baureihen 64 und 86) wirklich präsent. Im Laufe des Jahres 1939 konnte endlich die bescheidene Zahl von 170 Einheitsgüterzugloks durch Neuzugänge der Baureihen 41, 44 und 50 auf 560 erhöht werden.

Im selben Jahr 1939 stellte das Reichsbahn-Zentralamt (RZA) Berlin ein großzügiges Beschaffungsprogramm auf. Mit 5520 neuen Dampflokomotiven in den Jahren von 1940 bis 1943 sollten Engpässe beseitigt, viele Länderbahnloks abgelöst und die Überalterung des Lokbestandes im „angeschlossenen" Österreich und den annektierten Gebieten der Tschechoslowakei und Polens behoben werden.

Für tiefe Temperaturen völlig ungeeignet

Im September 1939 begann mit dem Angriff auf Polen der Zweite Weltkrieg. Für eine Anpassung der Lokomotivproduktion an die Bedingungen eines langen und kräftezehrenden Krieges sahen Politik und Verwaltung noch keinen Anlaß, wollten die Generale doch mit raschen Vormärschen motorisierter Verbände und massierten Luftschlägen die gewünschten militärischen Erfolge ohne große volkswirtschaftliche Opfer erzielen. Die schnellen Erfolge bei den „Blitzkriegen" gegen Dänemark, Norwegen, die Niederlande, Belgien, Frankreich, Jugoslawien und Griechenland schienen auch 1940/41 noch eine annähernd friedensmäßige Beschaffungspolitik zu rechtfertigen. Allerdings wurde der Schwerpunkt nun bereits auf die Güterzugloks der Baureihen 44 und 50 verlagert, und das RZA stornierte die Bestellungen für die anderen Baureihen.

Der im Juni 1941 begonnene Krieg gegen die Sowjetunion brachte die Wende im Zweiten Weltkrieg. Das Konzept des „Blitzkrieges" versagte in dem weiten Raum zwischen der Aufmarschlinie in Ostpolen und den Eroberungszielen im Zentrum Rußlands. Im Spätherbst des Jahres 1941 und vor allem nach dem Wintereinbruch kam es hinter der fast bis Leningrad und Moskau vorgeschobenen Front zur militärischen Katastrophe, an der Transportprobleme erheblichen Anteil hatten. Zu hunderten standen die alten preußischen Länderbahnlokomotiven mit Frostschäden auf den provisorisch umgespurten Strecken „im Osten". Ihre Speise- und Luftpumpen, ihre Speisewasservorwärmer, ihre Schmiereinrichtungen und ihre frei am Kessel entlangführenden Rohrleitungen waren für den Dauerbetrieb bei Temperaturen von 25 oder 35 Grad unter dem Gefrierpunkt nicht geschaffen; ihre hinten offenen Führerhäuser boten dem Personal vor eisigen Stürmen kaum Schutz. Zugleich forderte die Kriegsmaschinerie im gewaltsam vergrößerten Reich und in den besetzten Gebieten zwischen der französischen Atlantikküste und dem Balkan immer höhere Transportleistungen. Allmählich spürbar wurde im übrigen die Beeinträchtigung des Bahnbetriebes durch alliierte Luftangriffe und den Partisanenkrieg.

Die politische und militärische Führung forderte nun den schnellen Übergang von der traditionellen Lokbeschaffung zur Massenproduktion einer vereinfachten und wintertauglichen

Die nagelneue 52 1325 wartete im Bw Lissa auf ihren Einsatz, doch vorher spielte sie in einem Propagandafilm mit

AUFNAHME: SLG. SCHÜTZE

Durch Stuttgart-Bad Cannstatt fuhr 1944 die 52 1501, die noch keine Windleitbleche besaß

„Kriegslokomotive“. Mit Machtkämpfen zwischen Ministerien und Behörden und mit Profilierungsversuchen der Herstellerwerke verging kostbare Zeit. Im Ergebnis mußten Reichsverkehrsministerium und Reichsbahn-Zentralamt im März 1942 ihre Federführung bei der Lokomotiventwicklung an den „Hauptausschuß Schienenfahrzeuge“ bei Albert Speers Reichsministerium für Bewaffnung und Munition abgeben. Gerhard Degenkolb, Ingenieur aus der Maschinenindustrie und „alter Kämpfer“ der NSDAP, wurde zum Vorsitzenden dieses Ausschusses bestellt und mit umfassenden Vollmachten ausgestattet, um bei der Industrie die Lieferung von nicht weniger als 15.000 Kriegslokomotiven im Laufe von nur zwei Jahren zu erwirken. Die Hersteller bildeten die „Gemeinschaft Großdeutscher Lokomotivfabriken“ und mußten nach einem Jahrhundert Konkurrenz in einer bis dahin nicht gekannten Intensität zusammenarbeiten. Kessel, Tender und Einzelteile wurden auch bei Werken in Auftrag gegeben, die bisher nicht am Lokomotivbau beteiligt waren.

Nach Erörterung vieler Vorschläge wurde entschieden, die Kriegslok aus der sehr erfolgreichen und bereits bei vielen Firmen gebauten Baureihe 50 abzuleiten. Die Kesselproportionen der 50 waren günstig, weil man bei ihr Rost und Feuerbüchse im Hinblick auf minderwertigere Brennstoffe großzügig bemessen hatte. Im Hinblick auf die notwendigen Zuggeschwindigkeiten verwarf man Entwürfe für laufachslose Fünfkuppler.

Probeweise rüstete die Deutsche Reichsbahn die beiden Baumuster 42 0001 und 0002 mit einem Brotan-Kessel aus

Hauptabmessungen der normalspurigen Kriegsdampflokomotiven

		52	52 Kon	42	3. Kriegslok[4]	WD 2-8-0	WD 2-10-0	S 160
Bauart		1'E h2	1'E h2	1'E h2	1'E1a' h3 (+ h2)	1'D h2	1'E h2	1'D h2
Treibraddurchmesser	mm	1400	1400	1400	1500	1435	1435	1448
Achsfahrmasse	t	15	15	18	20	15,7	13,7	16
Länge über Puffer	mm	22940	27735[1]	23000	26400	19355	20625	18600
Achstand mit Tender	mm	19000	23185[2]	19000	22400	16200	17400	16306
Kesseldruck	bar	16	16	16	16	15,8	15,8	15,8
Heizfläche	m^2	177,8	177,8	211	283	156	181	164
Zylinderdurchmesser	mm	2 x 600	2 x 600	2 x 630	3 x 520 + 2 x 280	2 x 482	2 x 482	2 x 482
Kolbenhub	mm	660	660	660	660 + 260	711	711	660
Wasser	m^3	30	13,5[3]	30	36	22,7	22,7	24,6
Kohle	t	10	9	10	12	9	9	8

Anmerkungen: 1) 26 205mm mit vierachsigen Tender; 2) 21755 mm mit vierachsigen Tender; 3) 16 m^3 mit Rückgewinnung; 4) Entwurf GGL

Fließender Übergang

Es dauerte aber noch viele Monate, bis aus der Baureihe 50 über viele Stufen der Entfeinerung die Kriegslok 52 abgeleitet war. Die großen Windleitbleche entfielen, die Umlaufbleche wurden verkürzt, die Speichenlaufräder wurden durch Scheibenräder ersetzt, Speisepumpe und Vorwärmer mußten einer zweiten Strahlpumpe weichen, die vorderen Seitenfenster des Führerhauses wurden weggelassen. Mit der glatten Rauchkammertür ohne das Handrad des Zentralverschlusses verlor die 50 das klassische „Gesicht" der Einheitslok. Grau lackierte und nur noch mit Farbe beschriftete späte 50er wurden „Übergangskriegsloks" genannt

AUFNAHME:N DOH/SLG. WOLLNY, SLG. SKRZYPNIK

Im September 1972 setzte die Griechische Staatsbahn noch immer die amerikanischen Kriegsloks vom Typ S 160 ein (Hauptbahnhof Athen)

und mit den Buchstaben „ÜK" hinter der Nummer gekennzeichnet. Auch die letzten Lieferungen der 44 und 86 wurden in die „Entfeinerung" einbezogen und als „ÜK"-Loks geliefert.

Der Verzicht auf Achsstellkeile, der Blechrahmen anstelle des Barrenrahmens, der nach den Prinzipien des modernen Kesselwagenbaus gefertigte Wannentender, das geschlossene Führerhaus und der Frostschutz für Kessel und Speiseeinrichtungen markierten weitere Schritte von der 50 hin zur Kriegslok. Der Speisedom entfiel, ein Sanddom mußte genügen. Die Druckausgleich-Kolbenschieber wurden durch Schieber mit Plattendruckausgleicher ersetzt. Insgesamt wurden im Laufe von Monaten mehrere hundert einzelne Sparmaßnahmen verfügt. Als dann das Triebwerk aus Walzprofilen mit angeschweißten Stangenköpfen zusammengesetzt wurde, ging man mit der Numerierung endlich zur 52 über und schickte im September 1942 die 52 001 von Borsig auf Vorführfahrt. Es gibt aber kein Bauartmerkmal, das eine 52 verbindlich von einer 50 unterscheidet. Bis alle Werke von Belgien und Frankreich bis nach Polen und in der „Ostmark" auf den vollständigen 52er-Standard umgestellt waren, wurden noch viele Kompromißloks z.B. mit Kastentendern oder Barrenrahmen geliefert.

Die Entwicklungsarbeit an der 52 ging weiter: Hauptausschuß und Industrie erprobten Ventilsteuerungen und neuartige stehbolzenlose Kessel und ließen von Henschel Maschinen mit Kondenstendern zur Rückgewinnung des Speisewassers in trockenen südsowjetischen Gebieten bauen. Alternativ zum Wannentender wurde der drehgestelllose „Floridsdorfer Steifrahmentender" verwendet. Die Windleitbleche wurden im Betrieb allzusehr vermißt; nachträglich bzw. später wieder ab Werk angebrachte einfache kleine Bleche beiderseits der Rauchkammer erfüllten ihren Zweck genauso gut wie die alten großflächigen Bleche und verdrängten nach 1945 fast völlig die „Elefantenohren" der klassischen Einheitsloks.

Der Krieg konnte durch den organisatorisch-technischen Kraftakt „Kriegslokomotive" nicht mehr gewonnen werden: Die Sowjetunion hatte genauso wie das britische Weltreich dem deutschen Angriff standgehalten, und durch die Kriegserklärung an die USA hatte Hitler im Dezember 1941 endgültig ein Kräfteverhältnis geschaffen, das einen deutschen Sieg unmöglich machte. Als der zweite „im Osten" zu meisternde Winter begann, gab es gerade einmal 100 Kriegsloks. Als Stalingrad Ende Januar 1943 fiel, waren von der 52 etwa 300 Stück geliefert. Als Ende März 1943 etwa 750 Maschinen geliefert waren, mußte die Wehrmacht bereits weite Teile der Ukraine räumen, das von der Reichsbahn zu bedienende Streckennetz wurde nun rasch kleiner.

Die Baureihen 42 und 52 waren nicht die einzigen europäischen Kriegsloks. Der erste Staat, der Anlaß zur Beschaffung spezieller Lokomotivtypen für den Einsatz hinter den Fronten sah, war Großbritannien. 1939 bestellte das Kriegsministerium (War Department = WD) für Nachschubtransporte 240 Loks mit der Achsfolge 1'D ähnlich der Klasse 8 F der London Midland & Scottish Railway. Als 1940 die ersten fertig wurden, hatten die Engländer sich bereits aus Frankreich zurückziehen müssen. 208 Loks wurden bis 1942 gebaut und kamen u.a. in Ägypten, der Türkei, dem Irak und Italien zum Ein-

Schrittweise wurde die Baureihe 50 entfeinert, ehe die Produktion gänzlich auf die 52 umgestellt wurde. Die 50 2924 besaß bereits Frostschutz

AUFNAHMEN: SLG. SCHÜTZE, KNIPPING

Kriegslokomotiven in Europa

satz. Als ab 1942 die Invasion über den Kanal auf den Kontinent geplant wurde, ließ das genannte Ministerium eine spezielle entfeinerte Kriegstype entwickeln, die „Standard WD 2-8-0" oder „Austerity" (Sparsamkeit). Von dieser 1'D-Maschine wurden 935 Stück gebaut. Ab Sommer 1944 wurden sie vor allem in Frankreich, Belgien und den Niederlanden, später aber auch am Niederrhein (Bw Kleve) eingesetzt.

Es folgten 377 äußerst einfache Cn2t „Standard WD 0-6-0" mit Innentriebwerk und Satteltank zwischen 1943 bis 1947.

Bis in die vierziger Jahre hatten britische Bahnen insgesamt erst zwei Lokomotiven mit fünf angetriebenen Radsätzen besessen! Der Krieg führte zur Bestellung des ersten Serien-Fünfkupplers. Die „Standard WD 2-10-0" war der „WD 2-8-0" sehr ähnlich. 152 Loks wurden gebaut. Der Siegeszug der Alliierten brachte die 1943/44 gebauten Maschinen Ende 1944 in die Niederlande und 1945 in die deutschen Bahnbetriebswerke Krefeld und Hohenbudberg. In Griechenland waren einige der Fünfkuppler bis in die siebziger Jahre im Einsatz.

Die USA hingegen begannen ihre Produktion spezieller Kriegslokomotiven mit einer 1'D1'h2 für Meter- und Kapspur. 1036 Maschinen und etliche Nachbauten kamen ab 1942 buchstäblich in aller Welt zum Einsatz. Die S 118 oder „Mac Arthur" dürfte die einzige je gebaute Lokomotivtype sein, die auf allen Kontinenten eingesetzt war! Noch 1942 folgten 200 schwere normalspurige 1'D1'h2 mit der Bezeichnung S 200 vornehmlich für den Nahen und Mittleren Osten. Größere Verbreitung in Europa fanden 380 Cn2t-Rangierloks (Baujahre 1942 bis 1944), die nach dem Krieg noch lange in Österreich, Frankreich, Griechenland und England eingesetzt wurden. Jugoslawien ließ die S 188 sogar nachbauen.

Die klassische Kriegslok der Alliierten im Zweiten Weltkrieg war aber die amerikanische S 160, eine unverwüstliche 1'Dh2, die zwischen 1942 und 1944 in 2120 Exemplaren gebaut wurde. Sie kam mit der Invasion in großen Stückzahlen nach Europa. Am 12. Mai 1945 waren allein 110 Stück im Bw Mainz-Bischofsheim und 31 im Bw Bebra beheimatet. Die S 160, die wegen ihrer Laufgeräusche den Spitznamen „Klapperschlangen" erhielten, waren u.a. in Österreich, Jugoslawien, Polen, der Tschechoslowakei, Ungarn, Griechenland und der Türkei noch in den siebziger Jahren im Einsatz.

Der Blick auf die Kriegsloks des Westens zeigt, wie relativ die Gültigkeit mancher traditionellen Festlegungen ist: In Deutschland galt es von den zwanziger Jahren an als unumstößlich, daß ein zügiger Güterverkehr auf Hauptstrecken nur mit Fünfkupplern zu bewältigen sei. Die westlichen Invasionsarmeen aber meisterten ihre Transportbedürfnisse auf dem langen Weg vom Atlantik bis zur Elbe im wesentlichen mit Vierkupplern, die mit Rücksicht auf das britische Lichtraumprofil sogar schmaler und niedriger als deutsche Lokomotiven gebaut waren. Auch nach dem Krieg galten die Loks als universell einsetzbar und ließen auch in den griechischen und türkischen Gebirgen und in den polnischen und nordböhmischen Industrierevieren so schnell keinen Zug stehen. AK

Die „War Department" Nr. 73755 ist heute eine Museumslok in den Niederlanden, wo die britische Kriegslok nach 1945 noch einige Zeit im Einsatz war

Die Produktion der 52 erreichte im September 1943 mit einer Monatsleistung von fast 500 Stück ihren Höhepunkt. Diese Zahl entsprach der Summe aller in den fünf Jahren von 1926 bis 1930 insgesamt gelieferten Einheitsloks! Solche Bauerfolge waren nur durch den Einsatz von Zwangsarbeitern und KZ-Häftlingen aus allen besetzten Ländern möglich. Ab 1942 und besonders ab 1943 erschwerten alliierte Luftangriffe die

Der von der Wiener Lokfabrik Floridsdorf entwickelte Kastentender fand nicht die Verbreitung des Wannentenders

Für Filmaufnahmen nutzte die Reichsbahn im Bw Lissa die 52 1325. Da die Maschine dabei sehr leicht verschmutzte, wurde kurzerhand die 52 4504 (links) zur „52 1325" umgezeichnet

Lokfertigung immer mehr. Die Hersteller mußten in immer stärkerem Maße die Fertigung von Lokomotiven auf andere Werke oder die Herstellung einzelner Baugruppen und Teile auf mehr oder weniger fachfremde Zulieferbetriebe verlagern. Da die Lokfabriken sogleich Aufträge über jeweils hunderte Maschinen erhielten, wurden schon sehr bald Loks mit Ordnungsnummern im hohen vierstelligen Bereich geliefert. So wurde zwar eine höchste Nummer 52 7792 vergeben, doch blieben Nummern bereits ab 52 124 frei. Bis Kriegsende konnten an die Deutsche Reichsbahn 6212 Lokomotiven der Baureihe 52 geliefert werden, weitere 24 an Kroatien, 15 an Serbien, 100 an Rumänien und zehn an die Türkei. Nach 1945 wurden vor allem in Polen noch bedeutende Stückzahlen nachgebaut.

Die zweite Kriegsdampflok

Die Arbeit an Kriegsloks war aber mit der Schaffung der Baureihe 52 nicht beendet. Auch die Herstellung von Elektroloks für Reichsbahn und Industrie, von Werksdampfloks und Grubenloks, von Personen- und Güterwagen sowie von Straßenbahnwagen wurde auf die Fertigung vereinheitlichter und vereinfachter Kriegstypen umgestellt. Aber auch die Entwicklung der Dampflokomotive für die Betriebsbedingungen des Krieges ging weiter. Gewünscht war eine schwerere Güterzuglok etwa im Leistungsbereich der 44, aber ohne deren aufwendiges Drillingstriebwerk, die auf Strecken mit 18 t Achsfahrmasse eingesetzt werden konnte. Polnische und sowjetische Güterzugloks wurden zur Gewinnung von Anregungen für eine solche zweite Kriegslok begutachtet. So kam es zur Entwicklung der Baureihe 42. Mit stärkerem Kessel und Triebwerk als die 52, der sie in vieler Hinsicht glich, besaß sie wieder einen Barrenrahmen und Achsstellkeile. Allerdings war der Barrenrahmen stark vereinfacht. Von einer Variante mit dem stehbolzenlosen Brotankessel wurden nur zwei Stück gebaut. Diese beiden im Juli 1943 fertiggestellten Loks fielen durch ihre vierstelligen Ordnungsnummern 42 0001 und 0002 auf. Die Lieferung der Großserie begann erst im Januar 1944 mit der Nummer 42 501. Im Betrieb war die 42 nicht mehr wirklich erforderlich. In dem nun schnell kleiner werdenden deutschen Machtbereich standen Lokomotiven inzwischen in ausreichender Zahl zur Verfügung. 844 Loks konnten bis Kriegsende geliefert werden, später wurden im besetzten Deutschland und in Österreich weitere Maschinen fertiggestellt. An Beliebtheit und Lebensdauer konnte die 42 mit der 52 nicht mithalten. Zwar war ihre Leistung höher, doch waren die Laufeigenschaften und der Brennstoffverbrauch unbefriedigend.

Völlig an der Entwicklung der Kriegslage vorbei arbeiteten Reichsbahn, Rüstungsministerium und Herstellerwerke dann noch intensiv am Entwurf einer dritten Kriegslok. Dabei wurden nun vorurteilslos alle modernen Errungenschaften des internationalen Dampflokbaus diskutiert, von denen man in den dreißiger Jahre nicht viel hatte wissen wollen. Die Hersteller legten u.a. Entwürfe der Bauarten 1'E2' h3, (1'C)D h4, 1'F h3, 1'G h2 und 1'E1' h3 vor. Chancen der Verwirklichung hätte am ehesten der nach Eingang aller Vorschläge konzipierte Entwurf der Gemeinschaft Großdeutscher Lokomotivfabriken vom Februar 1944 gehabt: Er sah eine im Vergleich zur 45 optimierte 1'E1' mit zuschaltbarem Hilfsantrieb auf der Schleppachse vor, hergestellt in weitgehender Anwendung der Schweißtechnik und selbstverständlich mit Verbrennungskammer.

Die politische und militärische Führung verlor aufgrund der schweren Niederlagen in der zweiten Hälfte 1944 jedes Interesse an weiteren Lokomotiven. Aber das 1942/43 mit Phantasie und Macht organisierte System zur Fließbandfertigung der 42 und 52 war nicht schlagartig auf den Bau von Panzern oder Flugzeugen umzustellen. So wurden auch von Januar bis April 1945 noch Maschinen in ein immer größeres Chaos hinein abgeliefert. Viele Kriegsloks waren nur wenige Wochen oder Monate in Betrieb.

ANDREAS KNIPPING

AUFNAHMEN: SLG. SCHWARZ, SLG. SCHÜTZE

Abgesang

Einheitslokomotiven bei **Bundes- und Reichsbahn:** Erinnerungen in Farbe

Mit einem schweren Güterzug am Haken donnerte am 20. Januar 1975 die 044 216 am Abzweig Ruhrtal vorbei. Noch konnte die DB auf ihre Jumbos nicht verzichten. Zwei Jahre später erlosch das Feuer Aufnahme: Wagner

24 067

Das Bw Rheydt setzte die letzten „Steppenpferde“ der Bundesbahn im Rangierdienst ein, wo sich am 2. November 1965 die 24 067 nützlich machte AUFNAHME: KRANTZ

Oben: Im Bw Helmstedt pausierten im Juni 1968 die 41 037 und die 01 165, die auf ihren Interzonenzug nach Berlin wartete. Die Loks, das Bw und die Interzonenzüge sind längst Geschichte. Unten: Das gilt auch für das Raw Warschauer Straße in Berlin, wo 1968 die ehemalige 80 003 den Verschub erledigte. Rechts: Acht Jahre später bewies die 044 334 bei Bad Driburg eindrucksvoll ihre Kraft AUFNAHMEN: REINSHAGEN, KRANTZ, WAGNER

Links: Im Winter 1974 glänzte der Kreuzkopf einer 50er im Abendlicht. Oben: Fünf Jahre zuvor hatten Schlosser in Ulm gerade das Triebwerk der 050 350 aufgearbeitet. Anschließend wurde die Lok ohne Tender in den Rundschuppen geschoben. Unten: In Frankfurt (Oder) stand 1967 die 42 1881 (Bw Angermünde). Die Tage der als „Kohlenfresser" verrufenen Kriegslok waren bereits gezählt AUFNAHMEN: STRONER, KRANTZ, BLASCHKE/SLG. KRANTZ

Oben: Im Wasser des Schlackesumpfes im Bw Osterfeld Süd spiegelte sich am Abend des 10. Juli 1974 das Triebwerk der 044 424 aus Gelsenkirchen-Bismarck. Rechts: Die 044 669 des Bw Ottbergen bespannte am 29. Mai 1976 den letzten Güterzug nach Altenbeken. Unten: Ein echtes DRG-Nummernschild mit breiten Ziffern trug im März 1969 noch die 03 214, die in Halle (Saale) auf die Abfahrt wartete AUFNAHMEN: WAGNER, KIEPER, PAULITZ

044 669-0
Letzte Fahrt
BR 044
n. Altenbeken
29.05.1976

Frischer Wind

Durch **Umbau und Rekonstruktion** verbesserten Bundes- und Reichsbahn nach dem Krieg die Leistung der Maschinen

Nach nicht einmal 15 Jahren mußten die Deutsche Bundesbahn und die Deutsche Reichsbahn ihre Einheitslokomotiven modernisieren. Die Ideen waren in Ost und West die gleichen, die Ergebnisse aber unterschiedlich

St 47 K hieß das Kürzel, das die Kesselprüfer bei der Bundes- und der Reichsbahn zu Beginn der fünfziger Jahre fast zum Verzweifeln trieb. Dieser ab 1938 für den Bau der Dampferzeuger verwendete Stahl war ein tückischer Werkstoff, doch das ahnte damals niemand. Die Deutsche Reichsbahn verwendete den Stahl, da er im Gegensatz zum bis dahin üblichen Werkstoff St 34 eine höhere Festigkeit besaß. Dadurch konnten die Wandstärken der Kessel bei gleichem Betriebsdruck reduziert und so Leergewicht gespart werden. Diesen Effekt nutzte die Reichsbahn erstmals bei den Baureihen 41 und 50. Die 41er besaß einen Kessel, der fast baugleich mit dem der Baureihe 03 war, aber im Unterschied zum 03er-Dampferzeuger für 20 und nicht für 16 kp/cm² ausgelegt war.

Doch der neue Kesselstahl entpuppte sich schon nach wenigen Jahren als betriebsgefährdend: St 47 K war nicht alterungsbeständig. Schon 1940 wiesen die Dampferzeuger der Baureihe 41 Risse

AUFNAHME: LINDENBALT

Bis zum Ende der Dampftraktion kamen die Öl-41er zum Einsatz (Rheine, 19. Mai 1977)

und Verschleißerscheinungen auf, die völlig untypisch waren. Die Werkstoff-Experten erkannten das Problem sehr schnell - durch das Kaltverformen zur Steigerung der Festigkeit wurde der Stahl zu spröde und alterte durch Beanspruchung viel schneller als beispielsweise St 34. Die Reichsbahn reagierte noch während des Zweiten Weltkrieges: Am 31. August 1941 ordnete sie an, den Betriebsdruck bei der Baureihe 41 auf 16 kp/cm² zu reduzieren - wodurch allerdings die Leistung sank - und die St 47 K-Kessel besonders zu überwachen. Außerdem bestellte sie umgehend 40 Ersatzkessel für die 41er und wies die Lokfabriken an, für die laufenden Aufträge auf die weitere Verwendung von St 47 K zu verzichten.

Doch damit war das Problem nur vertagt. Ab 1950 mußten sich die Deutsche Bundesbahn (DB) und die Deutsche Reichsbahn (DR) wieder mit dem Thema befassen, denn die Schäden traten nun wieder vermehrt auf. Die Versuche in den Ausbesserungswerken, die Anrisse und Abzehrungen auszuschweißen oder durch das Einsetzen von Flicken zu beheben, schlugen fehl. Der spröde Stahl ließ sich nicht schweißen.

Als dann am 28. April 1955 der Kessel der 41 229 bei einer Druckprobe bereits bei 11,5 kp/cm² riß, zog das Bundesbahn-Zentralamt (BZA) Minden die Notbremse. Es verbot sofort das Einschweißen von Flicken in die St 47 K-Kessel und setzte sich für den Bau eines neuen Dampferzeugers ein. Der zuständige Bauart-Dezernent der DB, Friedrich Witte, plädierte für die Entwicklung eines neuen geschweißten Hochleistungskessels für die Baureihen 01.10, 03.10. und 41. Aufgrund der Verbrennungskammer besaß dieser Dampferzeuger eine deutlich größere spezifische Heizflächenbelastung als die Wagner-Konstruktion mit 57 kg/m²h. Dadurch hob man die Leistung der Maschinen an. Bei dieser Gelegenheit konnten auch bauarttypische Mängel an den hochbelasteten und in absehbarer Zeit unverzichtbaren Dampfloks beseitigt werden. Auch die Zweizylinder-01er fanden Aufnahme in das Modernisierungsprogramm. Sie besaßen zwar keine Kessel aus St 47 K, aber der Wagner-Langrohrkessel setzte der 01 Leistungsgrenzen.

Optisch und technisch ausgereift waren die Reko-01er der Deutschen Reichsbahn. Die 01 0529 rückte am 29. Mai 1978 in ihr Heimat-Bw Saalfeld ein

AUFNAHME: LINDENBALTT

Bereits 1950/51 hatte die Bundesbahn fünf 01er mit einem neuen Stehkessel mit Verbrennungskammer ausgerüstet. Diese Maschinen erzeugten dank der deutlich vergrößerten Strahlungsheizfläche und der verkleinerten Rohrheizfläche wesentlich mehr Dampf und konnten so länger am Limit gefahren werden. Zu diesem Zeitpunkt liefen bereits die Arbeiten an einem Hochleistungskessel für die Baureihe 01.10. Die ersten dieser neuen Dampferzeuger lieferte Henschel im Herbst 1953 mit den Fabrik-Nummern 28 903 und 28 907 an das Ausbesserungswerk (AW) Braunschweig, das für die Modernisierung der 01.10 zuständig war. Als erste Umbaulok stellte die DB schließlich am 23. November 1953 die 01 1052 in Dienst. Neben dem neuen Kessel besaß die Maschine jetzt auch einen Mischvorwärmer, neue Druckausgleich-Kolbenschieber der Bauart Müller und Sandkästen auf den Umläufen. Zunächst genoß die 01.10 absolute Priorität. Die Mehrheit der 01.10 erhielt 1954/55 den neuen Kessel. Kein Wunder, bildeten doch die dreizylindrigen Kraftprotze das Rückgrat im schweren Schnellzugdienst auf den nichtelektrifizierten Strecken.

Nach der 01.10 widmete sich die DB der zweiten Stütze des schweren Schnellzugdienstes - der 03.10. Zwischen 1953 und 1957 erbrachten die Dreischläger die höchsten Laufleistungen aller DB-Maschinen! 1000 Kilometer pro Tag waren bei

der 03.10 keine Seltenheit. Für ihre Langläufer bestellte die DB am 9. April 1956 bei Krupp in Essen die neuen Verbrennungskammerkessel, die auf dem Dampferzeuger der 01.10 basierten. Der 03.10-Kessel war aber so konzipiert, daß er auch zur Modernisierung der 41er genutzt werden konnte. Im Unterschied zur 01.10 besaß die 03.10 aber einen Heißdampfregler. Eine Entscheidung mit fatalen Folgen, wie sich zeigen sollte.

Unbeliebte Maschinen

Wiederum übernahm das AW Braunschweig den Umbau. Rund 250.000 Mark investierte die DB in jede 03.10, deren Umbau von 1957 bis 1959 dauerte. Doch die neuen Maschinen entlockten den Personalen böse Flüche: Zwar lieferte der Kessel reichlich Dampf, doch er neigte sehr stark zum Wasserreißen - dem berüchtigten „Kotzen“. Der Heißdampfregler entpuppte sich als ein echter Fehlschlag: In den Ventilsitzen brannte sich nach dem Wasserüberreißen oft Kesselschlamm fest, der das Betätigen des Reglers oft unmöglich machte. Auch eine Spüleinrichtung zum Reinigen der Ventilsitze brachte nur teilweise Abhilfe. Die häufigen Pannen schlugen sich natürlich in deutlich geringeren Laufleistungen nieder.

Zeitgleich mit der 03.10 begann die Modernisierung der Baureihe 41, von der bis 1962 insgesamt 103 Maschinen umgebaut wurden. Mit den neuen Hochleistungskesseln veränderte sich auch das Aussehen der eleganten Maschinen. Die Frontschürze entfiel zugunsten eines Trittblechs vor der Rauchkammer. Die DB paßte alle ihre Umbau-Loks konsequent der Optik der Neubau-Maschinen an. Was nun besser aussah, ist reine Ansichtssache.

Last but not least verfügte die Bundesbahn die Neubekesselung ihrer Zweizylinder-01, deren Umbau 1958 begann. Richtig zufrieden konnte die DB mit ihren Hochleistungskesseln aber nicht sein. Zwar waren die neuen Dampferzeuger wesentlich belastbarer als die Wagner-Röhren, doch die im Gegensatz zu den Einheitsloks verkleinerte Rostfläche rächte sich nun. Eigentlich sollten damit die Stillstandsverluste reduziert werden, doch bei Langläufen setzte der kleinere Rost der Verbrennung Grenzen. Besonders die Personale der 01.10 klagten über verschlackte Feuer und Probleme bei der Feuerführung. Ähnliches berichteten auch die Heizer auf der 41er. Abhilfe schuf erst die Ölhauptfeuerung mit der die DB seit 1956 experimentierte. Zunächst ließ die Bundesbahn die 01 1100 mit einer Ölhauptfeuerung ausrüsten. Nach ihrer Abnahme am 13. Juli 1956 unterzog das BZA Minden die Maschine zahlreichen Tests und entwickelte die Ölfeuerung zur Serienreife. Nur ein Jahr später begann dann der Umbau zahlreicher 01.10 und 41, die nun zu den stärksten Dampfloks der DB gehörten. Die Öler waren ihren Kohle-Schwestern überlegen, wie das BZA Minden nach umfangreichen Versuchsfahrten festgestellt hatte. Während die Zylinderleistung der kohlegefeuerten 41 237 maximal 2050 PS erreichte, brachte es eine Öl-Maschine auf 2139 PS. Dank Hochleistungskessel und Ölhauptfeuerung verabschiedeten sich 01.10 und 41 erst am Ende der Dampftraktion von den DB-Gleisen. Anders die 03.10 – es mag paradox klingen, aber der neue Kessel mit Heißdampfregler machte die Maschinen derart unbeliebt, daß nach 1966 kein Bw die 03.10 mehr haben wollte und die Loks 1966 alle ausgemustert wurden.

Und was war mit den St 47 K-Kesseln der Baureihe 50? Diese ersetzte die Bundesbahn kurzerhand durch Dampferzeuger der Baureihe 52, die aus St 34 bestanden. Auf die Kriegsloks konnte die DB aufgrund der vielen 50er verzichten. Bereits 1954 rollte die letzte DB-52er auf das Abstellgleis.

Schlechte Kohle

So einfach lagen die Dinge bei der Reichsbahn in der DDR nicht. Sie konnte weder auf die 50er noch auf die 52er verzichten. Wie im Westen hatten auch die Reichsbahnausbesserungswerke (Raw) ab Mitte der fünfziger Jahre massive Probleme mit den Kesseln aus St47K. Die Lage bei der 03.10 und 41 war so ernst, daß die Hauptverwaltung der Maschinenwirtschaft (HvM) den Bau von 23 Ersatzkesseln nach den alten Zeichnungen genehmigte. Doch damit waren die Probleme der DR nicht gelöst. Die Kessel der Einheitsloks litten nicht nur an einer zu geringen spezifischen Heizflächenbelastung, sie waren auch für die Verfeuerung von Steinkohle ausgelegt. Doch die fehlte für die Loks. Stattdessen mußten die Heizer Unmengen an Braunkohle in die Feuerbüchsen schaufeln. Dadurch sank die Leistungsfähigkeit der Maschinen weiter. Diese Mißstände veranlaßten die HvM zu einer großangelegten Modernisierung des Dampflokparks – der „Rekonstruktion“ von insgesamt 747 Maschinen. Unter diesem exakt definierten Begriff ver-

Kesselabmessungen der Baureihen 01.10 und 01.5

Der Kessel der 01.5 lieferte mehr Dampf als der der 01.10 (Neuhaus am 21. Juni 1986, Gera 1981)

Baureihe		01.10	01.5
Kesselüberdruck	kp/cm²	16	16
Rostfläche	m²	3,96	4,87
Strahlungsheizfläche	m²	22,0	23,5
Heizrohrdurchmesser	mm	54 x 2,5	54 x 3
Anzahl der Heizrohre		119	125
Rohrlänge zwischen den Rohrwänden	mm	5000	5500
Heizrohrfläche	m²	91,55	103,7
Rauchrohrdurchmesser	mm	143 x 4,25	140 x 4,5
Anzahl der Rauchrohre		44	43
Rauchrohrheizfläche	m²	92,96	97,7
Verdampfungsheizfläche	m²	206,51	224,5
Verhältnis Strahlungs- zu Rohrheizfläche		1 : 8,3	1 : 8,5
Wasserraum im Kessel*	m³	10,5	11,4
Dampfraum*	m³	4,8	5,5
Verdampfungsoberfläche*	m²	14,50	15,68
Verdampfungsleistung	t/h	14,47	16,8
spezifische Heizflächenbelastung	kg/m²h	75	75

*) Angaben bei 150 mm Wasserstand über der Feuerbüchsdecke

AUFNAHMEN: KRANTZ, PAULITZ, W. BÜGEL (2)

Welche 03.10 ist die schönere? Die Bundesbahn-Lok 03 1008 (Kassel 1966) sieht ohne Umlaufschürze und mit dem wuchtigen Kessel eher aus wie eine Güterzugmaschine. Da wirkt die 03 0046 (Berlin Leninallee im Juni 1978) trotz ihres großen Mischvorwärmers deutlich gefälliger

stand die Reichsbahn nicht nur den Einbau eines modernen Verbrennungskammerkessels, sondern die konstruktive Überarbeitung der Maschinen zur Beseitigung baureihentypischer Mängel mit dem Ziel, die Leistungsfähigkeit zu steigern und die Instandhaltungskosten zu senken.

Modernisierte Einheitsloks

Baureihe	Bundesbahn	Reichsbahn
01	50 [1]	35 [2]
01.10	54 [3]	-
03	-	52
03.10	25	16 [4]
23	-	1
41	103 [5]	80
50	-	208 [6]
52	-	200

1) Insgesamt 51 Maschinen. Der Neubaukessel der 01 122 (ausgemustert nach einem Unfall 1965) wurde 1969 in die 01 131 eingebaut
2) 28 Loks zwischen 1964 und 1965 mit Ölhauptfeuerung ausgerüstet
3) 34 Loks zwischen 1956 und 1958 mit Ölhauptfeuerung ausgerüstet
4) 16 Loks zwischen 1965 und 1972 mit Ölhauptfeuerung ausgerüstet; 03 1077 und 03 1088 nachträglich mit Reko-Kesseln ausgerüstet
5) 40 Loks zwischen 1958 und 1961 mit Ölhauptfeuerung ausgerüstet
6) 72 Loks zwischen 1966 und 1971 mit Ölhauptfeuerung ausgerüstet

Im Schnellzugdienst konnte die Bundesbahn erst in den siebziger Jahren auf die 01.10 verzichten. Mit einer mächtigen Dampffahne zog 012 063 bei Elbergen ihre Bahn. Die Reichsbahn rüstete 52 ihrer 03er mit einem Reko-Kessel aus. Dazu gehörte 03 2117 (Vahldorf am 7. September 1980)

Den Auftakt machte dabei die Baureihe 50. Hier hatte das für die Unterhaltung der Fünfkuppler zuständige Raw Stendal seit 1956 massive Probleme bei der Ausbesserung der St 47 K-Kessel. Die dringend benötigten Loks fehlten im Zugdienst. Auf der Basis des Dampferzeugers der Neubaulok 23.10 entstand 1957 der erste Reko-Kessel (Typ 50E), von dem 1957 noch zehn Exemplare gebaut wurden. Umgehend rüstete das Raw Stendal damit die Baureihe 50 aus. Die erste Reko-Lok, die spätere 50 3501, nahm die Reichsbahn am 12. November 1957 ab. Bis 1962 rekonstruierte Stendal insgesamt 208 Maschinen. Im Unterschied zu den alten Wagner-Kesseln besaßen die Reko-Kessel der DR einen deutlich vergrößerten Rost, der der Braunkohlenfeuerung geschuldet war, einen Aschkasten der Bauart Stühren mit seitlichen Luftklappen zur Verbesserung der Verbrennung, eine Mischvorwärmeranlage mit der Verbund-Mischpumpe und einen Seitenzugregler.

Für die Baureihen 03.10 und 41 entwickelte die Versuchs- und Entwicklungsstelle der Maschinenwirtschaft (VES-M) Halle (Saale) den Reko-Kessel 39 E, der auch bei der Modernisierung der ehemaligen P 10 Verwendung fand. Der zweite Kessel lehnte sich stark an

AUFNAHMEN: PAULITZ, W. BÜGEL

den ersten an, fiel aber aufgrund seiner notwendigen höheren Dampfleistung in den Abmessungen größer aus. Die Entwicklung des Kessels überschattete dabei ein schwer Unfall: Am 10. Oktober 1958 zerknallte im Bahnhof Wünsdorf zwischen Dresden und Berlin der Dampferzeuger der 03 1046. Dabei kam der Lokführer ums Leben. Die Schweißnähte hatten versagt. Die Rekonstruktion der 03.10 und 41 wurde nun mit Hochdruck vorangetrieben.

Kein Dampfmangel

Während das Raw Meiningen im Januar 1959 mit der Rekonstruktion der 03.10 begann, trafen zeitgleich in den Ausbesserungswerken Karl-Marx-Stadt und Zwickau die ersten 41er ein. Anschließend untersuchte die VES-M gründlich die 41 261 vor dem Meßwagen. Der Reko-Kessel erwies sich dabei als eine gelungene Konstruktion, mit dem die 41er wieder an ihre alten Leistungen vor 1941 anknüpfte. In Sachen Verdampfungsleistung übertraf der 39E-Kessel sein Bundesbahn-Pendant deutlich. Er erzeugte knapp eine Tonne mehr Dampf pro Stunde als der Neubaukessel aus dem Westen. Überhaupt: Probleme mit einem zu knappen Rost oder bei der Dampferzeugung gab es mit den Reko-Kesseln nie.

Zur Hochform liefen die Ingenieure der VES-M und des Raw Meiningen bei der Rekonstruktion der 01 auf. Hier holten sie das Optimum an Leistung aus der Maschine heraus. Unter der Regie von Max Baumberg entstand der leistungsfähigste deutsche Dampflokkessel, der für frischen Wind auf den Fahrgestellen der Pazifiks sorgte. Zwischen 1962 und 1965 baute dann das Raw Meiningen insgesamt 35 Maschinen zur 01.5 um. Mit ihrer spitzen Rauchkammertür, dem höher gesetzten Kessel und der durchgehenden Domverkleidung war die Silhouette der Reko-01 unverwechselbar.

Doch das Reko-Programm der DR ging noch weiter. Auch die Bremslok 23 001 der VES-M und 200 Maschinen der Baureihe 52 erhielten neue Kessel. Das Raw Stendal rüstete sie allerdings mit dem 50E-Dampferzeuger aus. Den offiziellen Schlußstrich zog die DR eigentlich mit der Abnahme der 52 8200 am 18. Dezember 1967.

Kessel-Zweitverwertung

Doch ein gutes Jahr später ging die Rekonstruktion in die Verlängerung: Durch das frühzeitige Ausscheiden der Baureihe 22 wurden Reko-Kessel des Typs 39E frei, mit denen das Raw Meiningen ab 1969 noch 52 Maschinen der

Die 01 210 des Bw Hof besaß einen Neubaukessel der Deutschen Bundesbahn

Baureihe 03 ausrüstete. Die letzte von ihnen, die 03 058, wurde erst am 21. Oktober 1975 abgenommen. Wie die Bundesbahn rüstete auch die DR einige Maschinen ihrer wichtigsten Baureihen mit einer Ölhauptfeuerung aus. Ab 1964 brauchten die Heizer der 01.5, der 03.10 und der 50.35 nicht mehr die Schaufel zu schwingen. Eigentlich sollten die Öler die letzten Dampfloks der Reichsbahn sein. Doch die Ölkrise Anfang der achtziger Jahre vereitelte diese Pläne. Stattdessen dampften zum Schluß die rekonstruierten 41er, 50er und 52er durch die Lande. Die erste Reko-Baureihe war dann auch die letzte: Die Dampflokzeit auf den Regelspurgleisen Deutschlands beendete am 29. Oktober 1988 die 50 3559 – eine Rekolok.

Dirk Endisch

Kesselabmessungen der Baureihen 41 (DB) und 41 (DR)

Nicht nur im Aussehen unterschiedlich: 41 360 (Winterberg, 1988) und 41 1185 (Halberstadt, 1995)

Baureihe		41 (DB)	41 (DR)
Kesselüberdruck	kp/cm²	16	16
Rostfläche	m²	3,9	4,23
Strahlungsheizfläche	m²	21,2	21,3
Heizrohrdurchmesser	mm	54 x 2,5	54 x 2,5
Anzahl der Heizrohre		80	112
Rohrlänge zwischen den Rohrwänden	mm	5200	5700
Heizrohrfläche	m²	64,0	98,3
Rauchrohrdurchmesser	mm	143 x 4,25	143 x 4
Anzahl der Rauchrohre		42	36
Rauchrohrheizfläche	m²	92,3	86,7
Verdampfungsheizfläche	m²	177,5	206,3
Verhältnis Strahlungs- zu Rohrheizfläche		1 : 7,37	1 : 8,68
Wasserraum im Kessel*	m³	10,25	10,6
Dampfraum*	m³	4,3	4,05
Verdampfungsoberfläche*	m²	13,3	14,2
Verdampfungsleistung	t/h	13,3	14,2
spezifische Heizflächenbelastung	kg/m²h	75	70

*) Angaben bei 150 mm Wasserstand über der Feuerbüchsdecke

AUFNAHMEN: KRANTZ, W. BÜGEL, ENDISCH

Der Wiederbeginn

Die **Neubaudampfloks** der DB und DR

Nach dem Zweiten Weltkrieg haben beide deutsche Staatsbahnen viele Aufgaben. Eine lautet: Auffrischung des Dampflokbestandes. Dafür lassen Bundes- wie Reichsbahn noch einmal neue Maschinen konstruieren. Die entstandenen Loktypen jedoch waren und blieben Produkte einer Übergangszeit

Doppelpack Gleich zwei Lösungen hat die Deutsche Reichsbahn für den Lokmangel parat. Ältere Maschinen wie die 01 werden rekonstruiert, daneben ordern die Verantwortlichen neue Baureihen wie die 65^{10}. Im Mai 1978 treffen sich die 01 0501 und die 65 1076 in Gera Hauptbahnhof D. Lindenblatt

Nachteile An der Baureihe 10 hat die Deutsche Bundesbahn nur wenig Freude. Die schnittigen Maschinen kommen zu spät und sind auch noch für viele Strecken zu schwer, so dass der Betriebseinsatz kaum mehr als zehn Jahre dauert. Im Juni 1967 steht die 10 001 in Altenbeken W. Walper

Serienlieferung Unter den Neubauloks der DB erreicht allein die 23 größere Stückzahlen. Insgesamt 105 Loks rollen bis 1959 auf die Gleise, die letzten halten sich bis 1975 im Plandienst. Im Dezember 1972 schleppen eine 23 und eine 50 einen Güterzug bei Gailenkirchen G. Wagner

Flexibilität Für schwere Personenzüge beschafft die DR die 65^{10}. Nach anfänglichen Schwierigkeiten bewährt sich die Tenderlok, sowohl vor Doppelstockzügen im Berufsverkehr als auch im gemischten Dienst. Im Mai 1978 wartet die 65 1049 im Bw Saalfeld auf neue Aufgaben G. Wagner

Ersatz Mit der Baureihe 82 nimmt die DB im Oktober 1950 die erste Vertreterin des Neubaulokprogramms in den Bestand auf. Die Maschine löst unter anderem die Baureihe 87 ab, eine nur in wenigen Exemplaren gebaute Type mit Luttermöller-Achsen. Im Bw Hamburg-Wilhelmsburg hält Carl Bellingrodt beide Reihen auf einem Bild fest: die 82 031 auf der Drehscheibe, eine weitere 82 im Schuppen und die 87 001 im Vordergrund Slg. D. Hörnemann

Leistungsträger Auch die Schmalspurbahnen in der DDR bekommen neue Lokomotiven, zum Beispiel die Baureihe 99^{23-24} für 1.000-Millimeter-Strecken. Als die 99 7233 im September 1984 durch Wernigerode schnauft, sind die Neubaumaschinen längst zum Rückgrat des Harzbahnverkehrs geworden D. Lindenblatt

Klassenprimus Unter den Neuentwicklungen der DR ragt die 23^{10}, spätere 35, besonders hervor. Die Lok wird mit schweren Personenzügen ebenso fertig wie mit flotten Eilzügen. Im September 1977 hat die 35 1074 mit ihrem Nahverkehrszug in Pößneck oberer Bf eine leichtere Last am Haken W. Bügel

Abgesang Im Mai 1975 ist das Ende der DB-23er absehbar. Die 23 020 steht bereits abgestellt im Bw Crailsheim, und auch ihre Schwesterlokomotive auf dem Strahlengleis bleibt nicht mehr allzu lange im Plandienst G. Wagner

Ein neues Kapitel

Der Weg zu den Neubaudampflokomotiven

Nach dem Zweiten Weltkrieg benötigten beide deutsche Staatsbahnen neue Dampflokomotiven. Grundlage blieb die Einheitslok der Reichsbahn. Als durchgehend geschweißte und vereinfachte Konstruktionen waren die Neubauloks auch Abkömmlinge der Kriegsloks. An ihrer Entwicklung waren Männer beteiligt, die schon die Loks der Reichsbahnzeit mitgestaltet hatten

Der deutsche Eisenbahnfreund der zweiten Hälfte des zwanzigsten Jahrhunderts wusste zwischen drei Generationen von Dampflokomotiven zu unterscheiden: Länderbahn-, Einheits und Neubauloks. Die älteste Generation, die Privatbahnloks aus den Jahren 1835 bis etwa 1880, hatte er nicht mehr kennen gelernt von ihnen hatten nur wenige noch im 20. Jahrhundert nennenswerte Dienste geleistet. Nicht wegzudenken aus der Zugförderung bis in die sechziger Jahre waren aber die „Länderbahnloks", von denen manche, wie die preußischen P 8 und G 10, zu Tausenden beschafft wurden und andere, wie die bayerische S 3/6 oder badische IV h, durch besondere Vollendung auffielen.

Soeben fertig gestellt: die 23 001 und die 82 032 im Jahre 1950 bei der Firma Henschel
Slg. A. Gottwaldt

Die Einheitslokomotiven

In den zwanziger Jahren hatte die aus den Länderbahnen vereinigte Deutsche Reichsbahn mit der Schaffung der „Einheitslokomotiven" ein wichtiges Kapitel Technikgeschichte geschrieben. Schnell waren sich seinerzeit die leitenden Herren im Reichsverkehrsministerium, im Zentralamt Berlin und im „Lokausschuss" in einem Punkt einig: Auch die besten Länderbahnloks sollten nicht unbegrenzt nachgebaut werden, statt dessen wollte man neue Lokomotiven für das ganze staatliche Schienennetz im Deutschen Reich entwickeln. Für diese Neukonstruktionen galten (teilweise stillschweigend, teilweise aber auch nach langer Diskussion ausdrücklich formuliert) mindestens folgende Grundsätze:

- Die Einheitsloks entsprechen kompromisslos den Forderungen der Normungsbewegung, d. h., jedes Teil

Der Weg zur Serienreife West

1945
Von 17.700 vorhandenen Dampfloks sind nur 6.700 betriebsfähig.

1945-47
Aus vorhandenen Teilen werden 57 Loks der Kriegsbauarten fertig gestellt.

1947
Auf Empfehlung des Reichsbahnzentralamts Göttingen bestellt die bizonale Reichsbahn 40 Loks der Baureihe 52 mit verschiedenen Versuchsausführungen insbesondere der Führerhäuser, Vorwärmer und Speisepumpen. Die Loks werden als 52 124-143 und 875-892 sowie als 42 9000 und 9001 mit Rauchgasvorwärmer von 1948 bis 1951 geliefert.

17.9.1947
Die Hauptverwaltung der Eisenbahn in der britischen Zone in Bielefeld ordnet die Wiederbegründung des „Fachausschusses Lokomotiven" an, der als Gremium von Spezialisten aus Theorie, Betrieb und Werkstättendienst bereits die Entwicklung der Einheitsloks maßgeblich geprägt hatte.

11.5.1948
Der Fachausschuss tritt in Göttingen erstmals zusammen. Die Hauptverwaltung weist ihn darauf hin, dass künftige Lokomotiven vor allem preiswert in Beschaffung und Betrieb zu sein hätten. Der Ausschuss plädiert für gewindelos eingeschweißte Stehbolzen und gibt damit grünes Licht für den vollständig geschweißten Kessel.

6.12.1947
Die Hauptverwaltung bittet den Ausschuss um eine „Neubauplanung auf lange Sicht".

27./28.7.1948
Zweite Sitzung des Lokausschusses in Finnentrop. Der Vorsitzende Friedrich Witte und Reichsbahnrat Müller vom Zentralamt Göttingen erzielen Einigkeit über die künftige Anwendung der Verbrennungskammer. Entsprechende Umbauten kleiner Stückzahlen von 01, 44 und 50 sollen Versuche ermöglichen. Der Heißdampfregler wird vorgeschlagen. Witte befürwortet den Blechrahmen, während der als Gast teilnehmende frühere Vorsitzende R. P. Wagner am Barrenrahmen festhalten möchte. Als künftige Gattungen werden (in enger Anlehnung an ältere Typenprogramme) vorgeschlagen:

- eine 2'C1'h2,
- eine 1'D1'h3,
- eine 1'C1'h2,
- eine 1'C h2,
- die überarbeiteten 41, 44 und 50,
- eine 2'C2'h2t,
- eine 1'C1'h2t,
- eine E h2t,
- eine 1'D1' h2t,
- eine 1'E1' h2t,
- eine C h2t und
- eine D h2t.

Der Kesseldruck soll stets bei 16 at liegen. Die Überhitzung auf 385° C soll garantiert sein.

19.-21.10.1948
Auf der dritten Sitzung in Hammersbach werden die mit den Festlegungen „Blechrahmen" und „Verbrennungskammer" bereits skizzierten „neuen Baugrundsätze" vervollständigt: Man wünscht nun auch vereinfachte Feuertüren, Wasserstände und Pfeifen, die Befestigung des Steuerbocks am Rahmen statt am Kessel, den generellen Einbau von Mischvorwärmern, Aschkästen der Bauart Stühren mit großen Lufteintritten und die feste Anbringung der Spitzenlaternen.

Neubau- und Einheitslok einträchtig nebeneinander: die 023 029 und die 003 281 im Juli 1970 in Ulm G. Wagner

einer Maschine ist problemlos gegen das entsprechende einer anderen Lok austauschbar; möglichst viele Teile und Baugruppen sind bei mehreren Typen verwendbar.

- Regelform der Einheitslok ist die Zwillingsmaschine (und nicht die in Süddeutschland beliebte Vierzylinder-Verbundlok!)
- Der Rost ist annähernd quadratisch zu gestalten (und demgemäß nicht mehr lang gestreckt oder trapezförmig zwischen die Kuppelachsen zu zwängen).
- Alle Loks haben Überhitzer.
- Alle Loks haben Barrenrahmen (anstelle des billigeren, aber weniger maßhaltigen Blechrahmens).
- Alle Streckenloks werden von Laufachsen geführt.

Mit einem Sonderzug kehrt die 065 001 am 26. April 1970 aus dem Odenwald nach Darmstadt zurück W. Reinshagen

Eine der Versuchsloks von 1947: die 42 9001 in Kassel; rechts steht Piero Crosti, einer der Erfinder des Franco-Crosti-Kessels
Slg. A. Gottwaldt

- Alle Streckenloks bekommen Speisepumpe und Oberflächenvorwärmer.
- Loks für höhere Geschwindigkeiten erhalten Windleitbleche.

Diesen Festlegungen entsprachen die Baureihen 01, 03, 24, 43, 62, 64, 80, 81, 86, 87, 99^{22} und 99^{73}. Die mehrzylindrigen 02 und 44 (Vorserie) blieben Außenseiter, mit denen man die Richtigkeit der Hauptlinie beweisen wollte.

Für die Zeit ab Mitte der dreißiger Jahre lassen sich weitere Festlegungen definieren:

- Schneller laufende oder für hohe Zuglasten bestimmte Loks erhalten drei Zylinder.
- Lokomotiven für Höchstgeschwindigkeiten oberhalb von 140 km/h werden stromlinienförmig verkleidet.

Dem so erweiterten Bündel von Grundsätzen folgten dann die Baureihen 01^{10}, 03^{10}, 05, 06, 23 (alt), 41, 44 (1937 neu aufgelegt), 45, 50, 84 und 85.

Die Kriegslokomotiven

Die Zeitgeschichte führte die Feder für das nächste Kapitel deutscher Lokbauhistorie. Nachdem der „Ostfeldzug“ vor Moskau und Leningrad ins Stocken geraten war, leitete der „Hauptausschuss Schienenfahrzeuge“ im Reichsministerium für Bewaffnung und Munition die

Die Kriegslok der Baureihe 52 verband Sparsamkeit mit Einfallsreichtum. So verbesserte das geschlossene Führerhaus endlich die Arbeitsbedingungen des Personals
H. Maey/Slg. A. K.

8.12.1948
Die Hauptverwaltung beschließt, zunächst die „23 neu“ (1'C1' h2), „78 neu“ (2'C2' h2t), „93 neu“ (1'D2' oder 2'D2' h2t) und „94 neu“ (E h2t) zu beschaffen.

4.3.1949
Das Zentralamt Göttingen fordert bei Henschel, Krauss-Maffei, Krupp, Esslingen und Jung Entwürfe zu den genannten Typen an. Die Loks „sollen bei ansprechender äußerer Formgebung ein möglichst glattes ruhiges Äußeres zeigen“. Die Führerhäuser sollen hinten geschlossen sein, die Bedienungselemente übersichtlich angeordnet werden.

5./6.4.1949
Die vierte Sitzung des Lokausschusses in Kirchheim/Teck beschäftigt sich vor allem mit Mischvorwärmern. Erste Erfahrungen mit Nachbau-52ern liegen vor. Der Henschel-Mischvorwärmer hat sich am besten bewährt, bedarf aber noch der endgültigen Ausformung.

5./6.9.1949
Die fünfte Sitzung in Volkach kann bereits den fast fertigen Entwurf der 82 begutachten. Zugleich berät man über einen Vorschlag des Raw Mülheim-Speldorf, aus 52ern durch Austausch von Lauf- und Triebwerk 1'C1'-Loks herzustellen. Im Hinblick auf den Stand der anspruchsvollen Neubauplanung werden aber solche Billiglösungen verworfen. Wenig später wird die Entwicklung der 2'C2't gestoppt, weil die in Entwicklung befindliche 23 ausreichend gute Rückwärtsfahreigenschaften verspricht.

4.10.1950
Henschel liefert die 82 023 als erstes Exemplar einer E h2t mit 1.400 mm Treibraddurchmesser für 70 km/h und vollständig geschweißtem Kessel ohne Verbrennungskammer für 14 at Kesseldruck. Auch der Blechrahmen ist vollständig geschweißt. Die Beugniot-Gestelle erlauben eine hervorragende Kurvengängigkeit auch ohne Sonderkonstruktionen im Antriebsbereich. Die 82 besitzt zwei Strahlpumpen, doch kann sowohl ein Oberflächenvorwärmer als auch ein (noch nicht als serienreif erkannter) Mischvorwärmer eingebaut werden.

7.12.1950
Henschel liefert die 23 001 als erstes Exemplar einer 1'C1' h2 mit 1.750 mm Treibraddurchmesser für 110 km/h, vollständig geschweißtem Kessel mit Verbrennungskammer, 16 at Kesseldruck und Heißdampfregler. Der Blechrahmen ist ebenfalls vollständig geschweißt. Die 23 besitzt den alten Knorr-Oberflächenvorwärmer, doch ist der Einbau eines Mischvorwärmers möglich.

28.02.1951
Krauss-Maffei liefert die 65 001 als erstes Exemplar einer 1'D2' h2t mit 1.500 mm Treibraddurchmesser für 85 km/h, vollständig geschweißtem Kessel mit Verbrennungskammer und 14 at Kesseldruck. Der Blechrahmen ist vollständig geschweißt. Die 65 besitzt den alten Knorr-Oberflächenvorwärmer, doch kann auch ein Mischvorwärmer eingebaut werden.

Ab 1951
Mit der Lieferung weiterer Loks der 23, 65 und 82 beginnen Serienbau und Regelbetrieb von Neubaudampfloks in der Bundesrepublik Deutschland. Eine intensive Erprobungs- und Entwicklungsarbeit geht weiter. Sie führt zu zahlreichen Änderungen der genannten Baureihen, zu erfolgreichen Umbauten vorhandener Lokbauarten und zur Schaffung von zwei weiteren Neubaugattungen, der 10 und der 66. A.K.

Die 23 105 war die letzte Dampflok, welche die DB erwarb. Ab Mitte der achtziger Jahre kam die Lok im Nostalgieverkehr zum Einsatz, wie hier bei Velden G. Wagner

Dieser Vierkuppler der Firma Krupp verblüffte 1940 das Zentralamt Berlin: Die Maschine mit nur 1.530 mm Treibraddurchmesser beförderte D-Züge so schnell wie die Einheits-Pazifikloks Slg. A. Knipping

Lieferung der Baureihe 50 mittels laufender Entfeinerungsanordnungen über in die Massenfertigung von Kriegslokomotiven der Baureihe 52. Technologisch steht auf ihrer Visitenkarte:

- Schweißung fast aller Baugruppen (entsprechend den vor allem beim Elok- und Triebwagenbau schon bewährten Fortschritten der Schweißtechnik),
- geschweißter Blechrahmen anstelle des aufwändigen Barrenrahmens,
- Verzicht auf Speisepumpe und Oberflächenvorwärmer (jedoch Erprobung von einfacheren und preiswerteren Mischvorwärmern),
- geschlossene Führerhäuser,
- Verzicht auf Achsstellkeile,
- Verzicht auf Windleitbleche, später jedoch Anbau kleiner Bleche,
- Stahlfeuerbüchse anstelle der Kupferfeuerbüchse.

Diesem Ausstattungsprofil entsprach nach der 52 auch die schwerere 42.

Internationaler Vergleich

Als die Waffen schwiegen, konnten die Fachleute von Bahn und Industrie in Ost und West unvoreingenommen Bilanz aus 20 Jahren Lokomotivbau ziehen und endlich auch ohne nationale Scheuklappen die Fortschritte des Lokomotivbaus etwa in den USA oder in Frankreich würdigen.

Kein Zweifel: Die Einheitsloks hatten sich bewährt. Aber: Die Kessel der größeren Typen litten unter einem grundsätzlichen Problem. Die von der Wärmeübertragung her wertvolleren Heizflächen der Feuerbüchsen waren im Verhältnis zur Rohrheizfläche zu klein bemessen (siehe Kasten). Damit ließ die Dampferzeugung bei hoher Belastung zu wünschen übrig. Die bei den Baureihen 06 und 45 bis auf 7.500 mm gesteigerte Rohrlänge führte im Übrigen zu zahlreichen Kesselschäden.

Die Vergrößerung der unmittelbar vom Feuer berührten Strahlungsheizfläche war durch eine im Ausland längst bewährte Konstruktion möglich: die Verbrennungskammer. Hierbei handelt es sich um eine kastenartige Verlängerung der Feuerbüchse in den Langkessel hinein. Sie lässt die Rohre des Kessels nicht direkt in Höhe der Verbindungsnaht zwischen Steh- und Langkessel beginnen, sondern erst innerhalb des Langkessels. Sie können damit kürzer gehalten werden, was die Spannungen durch Ausdehnung und das Durchhängen vermindert. Die Feuerbüchsrohrwand ist nicht so großer Hitze ausgesetzt wie beim hergebrachten Kessel. Zudem haben die Flammen einen längeren Weg vor sich, auf dem sie Wärme abgeben – das Feuer wird effektiver genutzt. Allerdings muss man dazu den

Heizflächen und Heizflächenbelastungen

Unter der Heizfläche versteht man allgemein die Oberfläche von Wandungen, Rohren etc., die der Wärmeübertragung dienen. Auf der einen Seite wird Wärme abgegeben, auf der anderen aufgenommen.

Die Heizfläche der Dampflokomotiven setzt sich aus der Strahlungsheizfläche der Feuerbüchse und der Rohrheizfläche der Heiz- und Rauchrohre zusammen. Beide zusammen ergeben die Verdampfungsheizfläche. Bei der 23^{10} der Deutschen Reichsbahn liegt die Strahlungsheizfläche bei 17,9 m^2, die Rohrheizfläche bei 141,7 m^2, zusammen erreicht sie 159,6 m^2.

Die Strahlungsheizfläche – auch Feuerbüchsheizfläche genannt – ist hoch wirksam. Diese Erkenntnis setzte sich jedoch erst nach 1920 durch. In Deutschland versäumte man beim Bau der Einheitsloks diese Entwicklung und baute stattdessen Langrohrkessel – in der Hoffnung, dadurch wärmewirtschaftliche Vorteile zu erreichen. Richtig wäre es gewesen, die Feuerbüchse lang und schmal zu halten – möglichst durch Einschaltung einer Verbrennungskammer unmittelbar vor der Rohrwand. Bei den Langrohrkesseln trafen die Verbrennungsgase mit sehr hoher Temperatur auf die Rohrwand und die Rohre, so dass Schäden wie zum Beispiel Rohrlaufen leichter entstehen konnten. Lange, schmale Feuerbüchsen und Verbrennungskammern sorgten hingegen dafür, dass die Temperatur an der Rohrwand sank. Die DB und DR (Ost) bevorzugten Verbrennungskammern.

Bei den Einheitslokomotiven der Deutschen Reichsbahn war die Heizflächenbelastung auf 57 kg/m^{2}h begrenzt. Das heißt: Pro Quadratmeter Heizfläche und je Stunde durften 57 kg Wasser verdampft werden. Freilich waren die 57 kg ein theoretischer Wert, den kein Heizer und kein Lokführer überprüfen konnte. Bei höheren Belastungen drohten angeblich Schäden. Schon Länderbahnloks wie die P 8 ließen aber schadfreie Belastungen von bis zu 70 kg/m^{2}h zu, auch die Einheitsloks wurden oft weit über die theoretische Kesselgrenze hinaus strapaziert. Diese Werte erreichte man mit Verbrennungskammer-Kesseln wieder in den fünfziger Jahren.

A. Knipping/A.M. Räntzsch

Heizflächenverhältnisse deutscher Dampflokomotiven im Vergleich:
Angegeben ist das Verhältnis zwischen feuerberührter Strahlungsheizfläche (Feuerbüchse und ggf. Verbrennungskammer) und Rohrheizfläche (Heiz- und Rauchrohre im Langkessel)

Baureihe	Verhältnis
P 8/ G 10 (1906/1910)	1 : 9,1
T 16^1 (1914)	1 : 9,9
G 12 (1917)	1 : 12,4
01 (1926)	1 : 13,6
41 (1936)	1 : 11,8
44 (1937)	1 : 12
06/45 (1937/1939)	1 : 15,6
50/23 alt/52 (1939/41/42)	1 : 10,2
42 (1943)	1 : 9,3
23 DB (1950)	1 : 8,1
82 DB (1950)	1 : 8,7
65 DB (1951)	1 : 8,4
25 001 DR (1954)	1 : 8,8
65^{10} DR (1954)	1 : 8,4
25 1001 DR (1955)	1 : 6,9
23^{10}/50^{40} DR (1956)	1 : 7,9
22/03^{10}/41/03 Reko DR (1957 ff.)	1 : 8,7
10 DB (1957)	1 : 8,8

hinteren Schuss des Langkessels zur Aufnahme der Verbrennungskammer in der Regel konisch formen. Der von den „Vätern der Einheitsloks“ Richard Paul Wagner und Hans Nordmann gepflegte dogmatische Widerstand gegen den Einbau von Verbrennungskammern war nicht aufrechtzuerhalten.

Kein Zweifel: Auch die Kriegsloks hatten sich bewährt. Die mit Rücksicht auf *schlechte* Kohle großzügige Bemessung von Rost und Feuerbüchse bei der 50 und damit auch bei der 52 garantierte mit *guter* Kohle eine hervorragende Verdampfungsleistung. Die Heizflächenverhältnisse wichen von denen der klassischen Einheitslok endlich vorteilhaft ab. Die Schweißung auch im Bereich des Kessels brachte im Vergleich zur hergebrachten Nietung keine erhöhten Risiken oder Schadanfälligkeiten. Die teure Kupferfeuerbüchse konnte problemlos durch eine Stahlfeuerbüchse ersetzt werden. Der Blechrahmen der 52 war ausreichend maßhaltig. Das geschlossene Führerhaus wurde vom Personal nicht nur im „russischen Winter“ geschätzt. Auch hier gab es aber Anlass zu Änderungen:

- Auch im Geschwindigkeitsbereich bis zu 80 km/h erkannte man die Windleitbleche als unentbehrlich. Die schon während der Kriegsloklieferung eingeführten kleinen Bleche beiderseits der Rauchkammer genügten aber völlig. Die Schürze über dem Pufferträger und die großen Bleche, die das Aussehen der „Wagner“-Loks so sehr geprägt hatten, waren überflüssig.
- Achsstellkeile waren für das präzise Zusammenspiel von Fahr- und Triebwerk auf Dauer unentbehrlich.
- Auf die Kohleersparnis durch Speisewasservorwärmung wollte man nicht verzichten. Anstelle des teuren und pflegeintensiven Oberflächenvorwärmers in Form eines kleinen Röhrenkessels sollte aber ein Mischvorwärmer genügen.

Drei Lokgenerationen auf einem Bild: Länderbahnlok 094 184, Einheitslok 053 061 (nur mit Tender) und Neubaulok 082 021 im Juli 1971 im Bw Koblenz-Mosel D. Lindenblatt

Nachkriegskonzeptionen

Zwischen 1945 und 1948 konnte in Deutschland keine Dampflok gebaut werden. Verbote der Besatzungsmächte

Der Weg zur Serienreife Ost

14.12.1945
Die in Berlin amtierende Dienststelle des alten Reichsbahn-Zentralamts fragt bei der Borsig GmbH Berlin-Tegel nach Vorschlägen für neue Dampflokbauarten. Friedrich Fuchs, weiland Lokomotivreferent der Hauptverwaltung, befürwortet eine 1'D-Universallok für Personen- und Güterzugdienst.
12.3.1946
Borsig offeriert eine 1'D h2 mit 1.600 mm Treibraddurchmesser, Mischvorwärmer und Wannentender.
31.12.1946
In der sowjetischen Besatzungszone und Berlin werden 7.567 Dampfloks gezählt. Davon stehen nach Abzug von Fremdloks, Kolonnenloks zur Verfügung der Besatzungsmacht sowie schadhaften und in Ausbesserung befindlichen Loks 2.150 Maschinen dem Betrieb zur Verfügung.
31.3.1947
Fachleute des Maschinendienstes erarbeiten eine geheime „Denkschrift über Bestand und Bedarf an Lokomotiven in der sowjetisch besetzten Zone" vor. Sie kommt zu dem (fragwürdigen!) Ergebnis, der vorhandene Lokbestand reiche nach entsprechender Wiederaufarbeitung im Prinzip aus. Eine generelle Neubeschaffung sei nicht erforderlich. Allenfalls zum Ersatz der P 8 (38^{10}) sei die Beschaffung und Erprobung einer 1'D zu empfehlen. Von 4.576 ermittelten Loks hätten noch 3.640 eine Kupferfeuerbüchse. Diese seien durch Stahlfeuerbüchsen zu ersetzen, die der schwefelhaltigen Braunkohle besser standhielten.
Januar 1950
Die Erprobung der Kohlenstaublok 58 1208 bei der Versuchsanstalt Halle beginnt. Die alte G 12 ist nach dem Vorschlag von Hans Wendler, früher bei Borsig, seit 1948 beim Technischen Zentralamt der DR, umgebaut worden. Im Gegensatz zu Versuchsloks der Vorkriegszeit wird der Kohlenstaub nicht mehr mechanisch zugeführt, sondern vom Saugzug der Maschine in die hermetisch abgedichtete Feuerbüchse gesaugt. Nach vielen Änderungen bewährt sich das System. Etwa 130 weitere Loks werden umgebaut. Doch wird nur eine Lok mit Staubfeuerung neu gebaut (25 1001).
Mai 1950
Die DR fordert beim VEB Lokomotivbau Elektrotechnische Werke Hennigsdorf die Erarbeitung des Projekts einer Lokomotive „für Reisezugdienst des Berg- und Flachlandes und im mittelschweren Güterzugdienst". Das Laufwerk soll sowohl für einen Treibraddurchmesser von 1.600 mm als auch für einen solchen von 1.750 mm geeignet sein. Des Weiteren sollen eine 1'D1't oder 1'D2't und eine schwere Meterspurlok für die Harzbahnen entwickelt werden.
Mai 1951
Die DR gibt dem Zentralen Konstruktionsbüro Wildau des VEB Lokomotivbau Karl Marx Babelsberg den Auftrag zur Durchbildung einer 1'D-Lok.
3.12.1951
Der wissenschaftlich-technische Beirat Schienenfahrzeuge legt ein umfangreiches Gutachten über Wirtschaftlichkeit und Realisierbarkeit verschiedener Arten von Triebfahrzeugen vor. Sonderbauarten von Dampflokomotiven werden verworfen. Für Großdiesellloks ist die Treibstofflage zu ungewiss. Die erneute Elektrifizierung ist noch Zukunftmusik. Daher gibt der Ausschuss Regeldampfloks und Kohlenstaubloks die höchsten Prioritäten.
26.9.1952
Der „vorläufige Lokausschuss" tritt erstmals zusammen. Er berät über die Hauptabmessungen einer (mit der 1'D verwandten) 1'D2' h2t für den großstädtischen Berufsverkehr und über eine E h2 für den Rangierdienst ähnlich der DB-82. Im Hinblick auf den Platzbedarf der Braunkohlevorräte soll sie einen zweiachsigen Schlepptender erhalten.

Eine schwere Tenderlokomotive für fast alle Betriebsbedürfnisse: die 65^{10} (bei Manebach im August 1976) G. Wagner

und die desolate Situation in den Hersteller- und Zulieferwerken verhinderten dies größtenteils. Im Übrigen waren mit der Reparatur der zahlreichen mehr oder weniger beschädigt abgestellten Loks sehr viel schneller Vorteile für den Not leidenden Betrieb zu erzielen. Doch die skizzierten Bewertungen von Licht- und Schattenseiten der Einheits- und Kriegsloks ließen schon durchaus absehbar werden, wie die Nachkriegsloks aussehen könnten.

Noch in einer weiteren Hinsicht war man klüger als bei der Konzeption der Einheitsloks in den zwanziger Jahren. Sowohl in den Westzonen als auch in der Sowjetzone nahm man Abstand von umfassenden Typenprogrammen.

In den ersten Reichsbahnjahren hatten die Zeichenbüros der Lieferfirmen und der Bahn viel nutzlose Arbeit geleistet, als sie Loks für verschiedenste Aufgaben entworfen und mit großer Mühe sichergestellt hatten, dass Kessel, Zylinderblöcke und andere Baugruppen für mehrere Typen gemeinsam nutzbar wären. Da entstanden auf dem Papier die 1'D-Güterzuglok und die 1'D1'-Tenderlok mit gleichem Grundaufbau und die mit ihnen wiederum eng verwandte E-Verschiebelok und entsprechend das System 1'C / 1'C1't / Dt. Da sah man die mit 01 und 44 verwandte schwere 1'D1' und die Schlepptendervariante zur 62 vor. Gebaut wurden all diese Typen nicht. Für manche fehlte der Bedarf, an anderen ging die Zeit vorbei. Allein die Erhöhung der Güterzuggeschwindigkeiten in den dreißiger Jahren ließ viele Entwürfe zu Makulatur werden.

Beim Neubeginn konzentrierte man sich alsbald auf die Bauarten, die im

Ein Versuch, der problematischen Brennstofflage in der DDR zu begegnen: die preußische S 10^1 mit Kohlenstaubfeuerung und Kondenstender Slg. A. Gottwaldt

Spektrum der vorhandenen Länderbahn- und Einheitsloks wirklich benötigt wurden. Den meisten Beteiligten war wohl auch klar, dass die Dampflok auf manchen Feldern keine Chancen mehr haben würde. So musste man angesichts der Erfolge der Kleinloks und der Wehrmachtsdieselloks kaum mehr über leichte Rangierdampfloks sprechen. Zunächst ausreichend war (jedenfalls in der amerikanischen und der britischen Zone) die Zahl der 1'E-Güterzugloks. Auch die Fortentwicklung der Schnellzuglok durfte angesichts der allgemeinen Notlage keinen ersten Rang genießen.

Personell setzten die beiden deutschen Staatsbahnen bei ihren Neubaulok-Programmen auf Kontinuität. Die Herren beider verantwortlicher Gremien hatten an denselben Hochschulen studiert, sie kannten sich aus den Dienststellen der alten Reichsbahn und sie pflegten bis in die fünfziger Jahre durchaus noch lebhafte fachliche Kontakte. Eine scharfe Trennung zwischen den Entwicklungslinien „Ost" und „West" gab es also zunächst nicht.

Andreas Knipping

Die Schmalspurloks der Reihe 99^{23-24} basierten auf Vorkriegsmaschinen M. Niedt

Juli 1952
Der VEB Lokomotivbau Karl Marx Babelsberg beginnt (abseits der „großen" Neubaudiskussion!) mit der Auslieferung von 24 Nachbauloks der Baureihe 99^{77} für 750 mm Spurweite mit der Achsfolge 1'E1'. Anstelle des Barrenrahmens wird ein geschweißter Blechrahmen verwendet, Vorwärmer und Speisepumpe entfallen zugunsten einer zweiten Strahlpumpe.

6.11.1952
Das Zentrale Konstruktionsbüro der LOWA unter Leitung von Johannes Töpelmann legt dem vorläufigen Lokausschuss Typenskizzen für folgende Gattungen vor:
2'C1' h4v für 140 km/h, 1'C1' h2 für 110 km/h, 1'E h2 ähnlich Baureihe 42, E h2-Rangierlok mit zweiachsigem Tender, 1'D2' h2t mit 1.250 mm Treibraddurchmesser für Nebenbahnen, 1'D2' h2t mit 1.600 mm Treibraddurchmesser für Hauptbahnen, 1'C2' h2t mit 1.500 mm Treibraddurchmesser.
Die Loks sollen sämtlich Verbrennungskammer, Mischvorwärmer und Heißdampfregler erhalten. Die Orientierung an Vorbildern der DB wird nicht verschwiegen.
Zur im Bau befindlichen 1'D sind die leitenden Gremien längst auf Distanz gegangen. Sie wissen: Die Personenzüge im Flachland mit einem Vierkuppler zu bespannen, ist sinnlos. Der Eigenwiderstand des langen Lauf- und Triebwerks führt zu einem unwirtschaftlichen Betrieb. Erst bei Steigungen ab 10 Promille ist die 1'D einer P 8 überlegen. Gerade im Steigungsbereich wird das Triebwerk aber den auf nur fünf Radsätzen unterzubringenden Kessel zu schnell erschöpfen. So wird die „Universallok" weder die P 8 noch die 41 ersetzen können.

1953
Das Programm für die vorrangigsten Beschaffungen enthält nun die leichte und die schwere 1'D2't (65^{10} und 83^{10}), eine 1'C1'-„Ersatz-P 8" (23^{10}) und eine mit ihr eng verwandte 1'E (50^{40}).

1954/55
Der VEB Lokomotivbau Karl Marx Babelsberg liefert die 1'D-Lok 25 001 und 1001. Sie sind als Versuchsträger interessant und nützlich. Die Erste hat einen annähernd quadratischen Rost für Braunkohlestückfeuerung, eine Verbrennungskammer und einen Stoker (mechanische Rostbeschickung), die Zweite hat Staubfeuerung und zur Verlängerung des Brennweges eine lang gestreckte Feuerbüchse zwischen den Rädern wie frühere preußische Typen. Die Loks haben geschweißte Blechrahmen, Heißdampfregler und Mischvorwärmer.

Frühjahr 1954
Der VEB Lokomotivbau Karl Marx Babelsberg liefert die 65 1001 als erstes Exemplar einer 1'D2'-Lok mit 1.600 mm Treibraddurchmesser. Die Lok hat Blechrahmen, Heißdampfregler, Mischvorwärmer und automatische Umsteuerung. Die 65 1002 folgt alsbald. Beide weisen wegen übereilter Fertigstellung erhebliche Mängel auf.

Januar 1954
Umfragen bei den Direktionen ergeben: Anstelle einer schwereren 1'E (18 t Achsfahrmasse ähnlich BR 42) wird fast überall nur die leichtere 50^{40} (15 t Achsfahrmasse wie BR 50) gewünscht. Für die Mittelgebirgsdirektionen soll zusätzlich eine 1'E1' h3 mit Kohlenstaubfeuerung gebaut werden. Die 2'C1' wird fallen gelassen. Inzwischen leitet Dipl.-Ing. Hans Schulze die Entwicklungsarbeit.

1954
Die ersten 1'E1'-Meterspurloks nach Vorkriegsvorbild für den Harz (99^{23}) und die erste kleinrädrige 1'D2' h2t (83 1001) werden fertig.

Ab 1955
Mit der Lieferung der weiteren 26 Exemplare der 83^{10} und der ersten 24 Loks einer etwas überarbeiteten 65^{10} beginnen Serienbau und Regelbetrieb von Neubaudampfloks in der DDR. 1956 erscheinen die ersten Exemplare der beiden weiteren Neubaugattungen 23^{10} (1'C1' h2) und 50^{40} (1'E h2). Die intensive Erprobungs- und Entwicklungsarbeit geht weiter. Sie führt zu zahlreichen Änderungen der genannten Baureihen während der weiteren Lieferung und zu sehr weit reichenden und erfolgreichen Umbauten vorhandener Lokomotiven. A.K.

Verjüngungskur

Die Neubaudampflokomotiven der **Deutschen Reichsbahn**

Nach jahrelanger Unterbrechung erhielt auch die Deutsche Reichsbahn in der DDR neue Dampflokomotiven. Binnen sieben Jahren kamen 318 braunkohletaugliche Maschinen für das Normalspurnetz in den Bestand. Stars waren sie nicht, aber wirtschaftliche und zweckmäßige Fahrzeuge

Improvisationen waren nach Kriegsende das Gebot der Stunde bei der Deutschen Reichsbahn in der Sowjetischen Besatzungszone (SBZ). Der viel zitierte Befehl Nummer 8 der Sowjetischen Militär-Administration vom 11. August 1945, dem zufolge ab 1. September 1945 der Bahnbetrieb an die deutschen Eisenbahner übergeben werden sollte, war ein kluger Schachzug. Die deutschen Eisenbahner waren von diesem Tag an für das Funktionieren des Betriebs in vollem Umfang selbst verantwortlich. Rollten die Räder nicht, wurden sie unnachsichtig zur Rechenschaft gezogen. Trotz desolater Fahrzeuge musste nach Möglichkeiten gesucht werden, Züge mit Lokomotiven zu bespannen. Hohe Anforderungen stellte man damals an die Qualität der Transporte nicht. Wichtig waren befahrbare Strecken, lauffähige Wagen und einigermaßen funktionstüchtige Lokomotiven. Entscheidend war nur, Züge über die Strecken zu bringen.

Im Bannstrahl der Politik

Die Deutsche Reichsbahn und somit in erster Linie die Eisenbahner in der Sowjetzone wurden schon kurz nach Kriegsende in mehrfacher Hinsicht Opfer der großen Politik. Die Besatzungsmacht demontierte Gleise und

Mit der Umzeichnung 1970 gab die Reichsbahn der 23^{10} die Nummer 35. Im August 1984 wird die 35 1113 – bereits Traditionslok – im Bw Nossen gedreht B. Schwarz

transportierte Fahrzeuge als Reparationsleistung ab. Viele Strecken und Fahrzeuge waren zerstört und mussten ausgebessert werden. Die beginnende Eiszeit in den Beziehungen zwischen Ost und West sorgte dafür, dass Rohstoffe im Osten fehlten, da die bisherigen Warenströme nicht mehr fließen durften. Vor allem das Fehlen der vornehmlich aus dem Ruhrgebiet oder dem Saarland stammenden Lokomotivkohle bereitete Probleme. Deutsche Dampflokomotiven waren von ihrer Bauart her grundsätzlich nur für Steinkohlefeuerung eingerichtet. Nun musste in der SBZ quasi über Nacht Braunkohlefeuerung eingeführt werden.

Problem Braunkohle

Die fehlende Steinkohle war für mehrere Jahre – auch, nachdem bereits die DDR entstanden war – ein zentrales Problem im Eisenbahnwesen. Es musste nach Wegen gesucht werden, damit die Braunkohle auf längere Sicht einen brauchbaren Ersatz darstellte. Dabei erwies sich Rohbraunkohle als wenig geeignet; bessere Ergebnisse brachten Briketts. Da Braunkohle aber einen niedrigeren Heizwert als Steinkohle besitzt, mussten die Heizer noch mehr Kohle als sonst üblich schaufeln, um auf eine ausreichende Maschinenleistung zu kommen. Allzu oft befand sich auf den Tendern für die Lokomotivfeuerung weitgehend unbrauchbarer, zerriebener Brennstoff. Kleine, glühende Stücke fielen durch die Roststäbe und überhitzten den Aschkasten. Aus den Schornsteinen kam ein wahrer Funkenregen.

Nach einigen gescheiterten Versuchen schaffte man es zu Beginn der fünfziger Jahre, durch Anwendung des „Toten Feuerbetts" die Probleme zu entschärfen. Es bestand aus einer Schutzschicht aus Steinen, die sich über den Roststäben befand. Diese Schicht ließ zwar genügend Verbrennungsluft hindurchtreten, verhinderte aber das zu frühe Durchfallen der noch glühenden kleinen Kohleteile.

Bevor die Probleme der Lokomotivfeuerung nicht geklärt waren, hatte es kaum Sinn gehabt, sich über den Neubau von Dampflokomotiven Gedanken zu machen. Als klar wurde, dass die Deutsche Reichsbahn auf lange Sicht nicht mehr zur Steinkohle zurückkehren würde und zugleich die Feuerungstechnik angepasst war, konnte man diesem Thema wieder näher treten.

Die ostdeutschen Lokomotivfabriken lieferten schon bald nach Kriegsende Fahrzeuge ab, die das Land aber als Reparationsleistung in Richtung UdSSR verließen. Außerdem waren Maschinen für Trümmerbahnen gefragt. An die – eigentlich dringend erforderliche – Verjüngung des Lokbestandes der Deutschen Reichsbahn war zunächst nicht zu denken.

Die Demontagen zweiter Streckengleise führten dazu, dass auch höher belastete Verbindungen nur noch eingleisig befahrbar waren. Die Höchstgeschwindigkeiten der Vorkriegszeit waren nicht mehr erreichbar. Der Oberbau war vielerorts in schlechtem Zustand. Angesichts dessen erschien es als sinnvoll, eine neue Lokomotivbauart zu beschaffen, die nur eine Geschwindigkeit bis maximal 100 km/h erreichte und mit einer Achsfahrmasse von höchstens 18 Tonnen auskam. Schnelles Anfahren war erstrebenswert, um die eingleisigen Abschnitte rasch für Gegenzüge zu räumen. Als Richtwert für die neue Bauart galt, dass sie in der Lage sein sollte, Züge von 1.000 Tonnen Masse in der Ebene mit 80 km/h zu befördern.

Der Meister kann genüsslich eine dampfen: Seine 23^{10} liefert mehr Leistung und verbraucht weniger Kohle B. Reichert

Die Idee von der Universallok

Schon Ende der vierziger Jahre geisterte das Projekt einer solchen flexibel einsetzbaren Universallok durch die Fachwelt. Sie sollte einen Kompromiss darstellen gegenüber den Forderungen des Reise- und des Güterverkehrs.

Gute Erfahrungen hatte man mit der Reichsbahn-Einheitslok der Baureihe 41 gemacht. Mit vier Kuppelachsen und 90 km/h Höchstgeschwindigkeit stellte sie eine Art Universallok dar. Durch das aufwändige Gesamtkonzept der 41 kam ihr Nachbau jedoch nicht in Frage.

Als sich die Verhältnisse in der DDR so weit normalisiert hatten, dass an den Neubau von Dampfloks gedacht werden konnte, begann man 1951/52 zunächst damit, eine solche Mehrzweckbauart zu entwickeln. Die Anforderungen wurden aber gegenüber der 41 verändert. Der Loktyp sollte nicht nur 90 km/h, sondern 100 km/h erreichen und einfacher als die 41 gebaut sein. Wie bei früheren Projekten war die Achsfolge 1'D geplant. Schon einer höheren Entwicklungsstufe gehörte der Plan an, die Maschinen entweder mit Rädern

Einige Versuche und Veränderungen waren nötig, dann besaß die DR mit der 65^{10} eine gute und zuverlässige Lok J. Högemann

von 1.600 mm für Einsätze in Gebieten mit stärkeren Steigungen oder 1.750 mm Durchmesser für Flachlandstrecken auszustatten. Damit verabschiedeten sich die Techniker von der Universallok schon wieder, noch bevor sie verwirklicht war. Ungewöhnlich war die Wahl der Achsfolge 1'D indes nicht, denkt man an die vielen amerikanischen Maschinen des Typs S160, welche ab 1944 mit der US-Army auf den Kontinent kamen. Auch sie stellten anspruchslose Universalloks dar.

Start mit Schmalspur

Sieht man von ein paar Maschinen ab, die kurz nach dem Krieg aus vorhandenen Teilen der Baureihen 42, 44 und 52 gefertigt werden konnten, erhielt die Deutsche Reichsbahn bis 1952 keine neuen Lokomotiven. Erst 1951 war es möglich, beim VEB Lokomotivbau „Karl Marx" Babelsberg einige Schmalspur-Dampfloks für 750 mm Spurweite in Auftrag zu geben. Es handelte sich um die Lokomotiven 99 771 bis 99 794, die zwischen 1952 und 1956 gebaut wurden. Zwischen 1954 und 1956 folgten die Meterspurlokomotiven 99 231 bis 99 247.

So unscheinbar diese Beschaffung von Schmalspurfahrzeugen wirkt: Sie waren in gewisser Weise Wegbereiter für die folgenden Regelspurloks. An der 99^{77} konnte man Erfahrungen über die Schweißtechnik im Lokbau sammeln. Die 99^{23} erhielten einen Mischvorwärmer und somit ein Aggregat aus der neuzeitlichen Dampfloktechnik. Mit beiden Neuerungen musste man zunächst viel Lehrgeld bezahlen. Aber dies zahlte sich letztlich aus.

Erstes Normalspur-Programm

Während das Institut für Schienenfahrzeuge in Berlin-Adlershof noch an den Plänen zur Baureihe 25, der 1'D-Universallok, arbeitete, kristallisierte sich heraus, dass man nicht mit dieser einen Bauart auskommen könnte, um den Lokbestand der DR aufzufrischen. Schon 1952 existierte deshalb ein komplexeres, vom Zentralen Konstruktionsbüro des Lokomotiv- und Waggonbaus der DDR (Lowa) entworfenes Programm, das sieben Loktypen enthielt. In ihm war jedoch keine Bauart mit der Achsfolge 1'D enthalten – die so genannte Universallok war schon überholt, bevor an ihren Bau zu denken war.

Paradepferd der sieben Typen war die Vierzylinder-Verbund-Schnellzuglok der Baureihe 01^{20}. Sie zeigte, wie weit die Abkehr von den Vorstellungen der Reichsbahn-Einheitsloks aus den zwanziger Jahren gehen sollte. Keine Zweizylinder-Schnellzuglok analog der technischen Vorstellungen Wagners war angedacht, sondern ein Fahrzeug mit laufruhigem Vierzylinder-Triebwerk und sparsamer Verbundwirkung der Dampfmaschine. Aber dies sollte nicht der einzige Bruch mit dem technischen Konzept der klassischen Einheitsloks sein. Der Ersatz der P 8 stand schon seit mehr als zehn Jahren auf der Wunschliste der Maschinentechniker. Die Reichsbahn griff nun das Konzept der 23^{0} auf und ließ es weiter entwickeln.

Zunächst bestand in der DDR Bedarf an einer schweren Güterzuglok mit der Achsfolge 1'E, die als 42^{10} in Zweizylinder-Ausführung im Typenprogramm Eingang fand. Zugunsten universeller Einsetzbarkeit verzichtete man aber auf sie und wandte sich stattdessen einer leichten 1'E-Lok nach dem Muster der Baureihe 50 zu, die infolge ihrer geringen Achsfahrmasse auch auf Strecken mit schwachem Oberbau verkehren konnte und damit konzeptionell unmittelbar von der Baureihe 50 abstammte.

Zwei Tenderloks mit der Achsfolge 1'D2' waren für Haupt- bzw. Nebenbahnen geplant, ferner eine 1'C1' h2- oder 1'C2' h2-Lok als Ersatz für die Baureihe 64. Eine Nachfolgebauart für die verschiedenen E-Kuppler der Baureihe 94 rundete das DR-Neubau-Programm ab.

Gemeinsam war allen diesen Typen, dass sie uneingeschränkt für die Verfeuerung von Braunkohlen tauglich sein mussten. Eine hohe Kesselleistung wollte man erreichen und strebte hierzu an, die Strahlungsheizfläche zu erhöhen – das heißt, die hoch wirksame Heizfläche der Feuerbüchse. Die Zeit der Langrohrkessel Wagnerscher Prägung war passé. Keine Rede sollte auch mehr sein von der künstlichen Grenze von 57 kg/m²h Heizflächenbelastung der Kessel – es durften auch 70 kg verdampftes Wasser pro Quadratmeter sein. Hohe Wirtschaftlichkeit und eine unempfindliche Konstruktion waren die weiteren Maximen. Große Vorräte sollten einen freizügigen Einsatz ermöglichen.

Typenprogramm der Deutschen Reichsbahn 1952/53

Verwendungszweck	Achsfolge	Bemerkung
Schnellzüge	2'C1' h4v	geplant als 01^{20}
Personenzüge	1'C1' h2	Ersatz für P 8, gebaut als 23^{10}
Güterzüge	1'E h2	geplant als schwere 42^{10}, gebaut als leichte 50^{40}
Reisezüge Hauptbahnen	1'D2' h2	Tenderlok für schweren Vorortverkehr, gebaut als 65^{10}
Nebenbahndienst	1'D2' h2	Ersatz für ehem. Privatbahnfahrzeuge, gebaut als 83^{10}
Universelle Tenderlok	1'C1' h2	ggf. 1'C2' h2; Ersatz für Baureihe 64; nicht gebaut
Tenderlok Rangierdienst, Güterzugdienst	E h2	Ersatz für Baureihe 94; nicht gebaut

Dieses erste Typenprogramm vom 3. November 1952 wurde noch mehrfach modifiziert. 1953 stimmte der damalige Generaldirektor der Deutschen Reichsbahn, Erwin Kramer, diesem Programm zu. Auf die 01^{20}, die Ersatz-64 und den E-Kuppler verzichtete die DR. Da die Schienenfahrzeugindustrie der DDR ab 1953 von den umfangreichen Reparationslieferungen entlastet war, konnten nun die von der Reichsbahn dringend benötigten Neubau-Dampfloks in Angriff genommen werden.

Probelok 25

Die Pläne der Baureihe 25 lagen seit 1952 quasi fertig in den Schubladen, deshalb realisierte man zunächst zwei Lokomotiven dieser Gattung. Auch wenn die 25 schon gar nicht mehr zu den von der DR favorisierten Typen gehörte, war ihr Bau durchaus sinnvoll. Probleme wie die Feuerungstechnik, die Anwendung der Schweißtechnik vor allem in Verbindung mit dem Bau hoch beanspruchter Blechrahmen waren mit diesen Probeloks bestens zu studieren.

Die 25 001 entstand als rostgefeuerte Lok mit Stoker, die 25 1001 als Kohlenstaub-Lok. Mit Rücksicht auf die unterschiedlichen Feuerungen erhielten diese Fahrzeuge voneinander abweichende Feuerbüchsen. Bei der 25 001 verwendete man eine 800 mm lange Verbrennungskammer, um den Anteil der Strahlungsheizfläche zu erhöhen. Die 25 1001 musste mit Rücksicht auf einen langen Brennweg des Kohlenstaubs eine lange, schmale Feuerbüchse erhalten.

Die 25er verfügten über Mischvorwärmer und Heißdampfregler. Wegweisend für die DR-Neubaudampfloks wurde auch ihr vollständig geschweißter Blechrahmen. Obwohl die 1'D-Maschinen mit einem Krauss-Helmholtz-Gestell ausgerüstet waren, das für eine seitliche Verschiebung des ersten Kuppelradsatzes in Abhängigkeit vom seitlichen Ausschlag des führenden Laufradsatzes sorgte, erscheint die Höchstgeschwindigkeit von 100 km/h als zu optimistisch angesetzt. Bei gleichem Kuppelraddurchmesser von 1.600 mm durfte beispielsweise die Baureihe 41 nur 90 km/h schnell fahren – und auch bei der 65^{10} wählte man letztlich diesen niedrigeren Wert.

Die ersten Probefahrten der 25 001 waren bereits absolviert, als sie zur Leipziger Herbstmesse 1954 der Öffentlichkeit präsentiert werden konnte. Auf derselben Messe war aber auch schon die 65 1001 zu sehen – und damit die Erste der neuen 1'D2'-Hauptbahn-Tenderloks aus dem gebilligten Typenprogramm.

Die Lokomotivbauwerke „Karl Marx" Babelsberg am 7. Juni 1958: Gerade wird die Jugendlok „V. Parteitag", eine 23^{10}, fertig gestellt Slg. M. Reimer

Zu früh in Serie gegangen, litt die 83^{10} Zeit ihres Loklebens an Mängeln. Im April 1969 treffen sich die 38 2833, die 83 1013, die 83 1004 und die 58 1411 im Bw Saalfeld Slg. R. Heym

Die normalspurigen Neubaudampfloks

Baureihe 23^{10}	P 35.18
Bauart	1'C1' h2
Baujahre	1956-59
Länge über Puffer	22.660 mm
Kesselüberdruck	16 bar
Höchstgeschwindigkeit vorw./rückw.	110/50 km/h
Dienstmasse (Lok und Tender)	138,0 t
Reibungslast	54,7 t
maximale Achsfahrmasse	18,3 t
Leistung am Zughaken max.	920 kW bei 50 km/h
Zylinderdurchmesser	550 mm
Kolbenhub	660 mm
Kuppelraddurchmesser	1.750 mm
Wasservorrat	28 m³
Kohlevorrat	10 t
beschaffte Stückzahl	113
Betriebseinsatz	1957-77

Baureihe 25^{0} (Ursprungszustand)	P 45.17
Bauart	1'D h2
Baujahr	1954*
Länge über Puffer	23.300 mm
Kesselüberdruck	16 bar
Höchstgeschwindigkeit vorw./rückw.	100/50 km/h
Dienstmasse (Lok und Tender)	156,6 t
Reibungslast	70,4 t
maximale Achsfahrmasse	Lok: 17,6 t Tender: 18,0
t	
Leistung	k.A.
Zylinderdurchmesser	600 mm
Kolbenhub	660 mm
Kuppelraddurchmesser	1.600 mm
Wasservorrat	30 m³
Kohlevorrat	12 t
beschaffte Stückzahl	1
Betriebseinsatz	s. 25.10

Baureihe 25^{10}	P 45.18
Bauart	1'D h2
Baujahr	1955 (25 1001); 1958 (25 1002; Umbau aus 25 001)
Länge über Puffer	23.835 mm
Kesselüberdruck	16 bar
Höchstgeschwindigkeit vorw./rückw.	100 / 50 km/h
Dienstmasse (Lok und Tender)	164,1 t
Reibungslast	72,0 t
maximale Achsfahrmasse	Lok: 18,0 t Tender: 18,7
t	
Leistung	k.A.
Zylinderdurchmesser	600 mm
Kolbenhub	660 mm
Kuppelraddurchmesser	1.600 mm
Wasservorrat	27,5 m³
Kohlenstaubvorrat	26 m³ (11,5 t)
beschaffte Stückzahl	1
Betriebseinsatz	1955-67

AUFNAHMEN: SLG. G. SCHÜTZE (3)

tschen Reichsbahn im Überblick

Baureihe 50^{40}	**G 56.15**
Bauart	1'E h2
Baujahre	1956-60
Länge über Puffer	22.600 mm
Kesselüberdruck	16 bar
Höchstgeschwindigkeit vorw./rückw.	80/50 km/h*
Dienstmasse (Lok und Tender)	136,7 t
Reibungslast	73,4 t
maximale Achsfahrmasse	Lok: 15,0 t Tender: 16,0 t
Leistung am Zughaken max.	960 kW bei 35 km/h
Zylinderdurchmesser	600 mm
Kolbenhub	660 mm
Kuppelraddurchmesser	1.400 mm
Wasservorrat	28 m³
Kohlevorrat	10 t
beschaffte Stückzahl	88
Betriebseinsatz	1957-80

*) 50 4001 und 50 4002: 70 / 50 km/h

Baureihe 65^{10}	**Pt 47.17**
Bauart	1'D2' h2
Baujahre	1954-57
Länge über Puffer	17.500 mm
Kesselüberdruck	16 bar
Höchstgeschwindigkeit vorw./rückw.	90/90 km/h
Dienstmasse	113,0 t
Reibungslast	71,0 t
maximale Achsfahrmasse	17,9 t
Leistung am Zughaken max.	875 kW bei 47 km/h
Zylinderdurchmesser	600 mm
Kolbenhub	660 mm
Kuppelraddurchmesser	1.600 mm
Wasservorrat	16 m³
Kohlevorrat	9 t
beschaffte Stückzahl	88
Betriebseinsatz	1955-79

Baureihe 83^{10}	**Gt 47.15**
Bauart	1'D2' h2
Baujahr	1955
Länge über Puffer	15.000 mm
Kesselüberdruck	14 bar
Höchstgeschwindigkeit vorw./rückw.	60/60 km/h
Dienstmasse	92,4 t
Reibungslast	59,5 t
maximale Achsfahrmasse	14,9 t
Leistung am Zughaken max.	630 kW bei 25 km/h
Zylinderdurchmesser	500 mm
Kolbenhub	660 mm
Kuppelraddurchmesser	1.250 mm
Wasservorrat	14 m³
Kohlevorrat	8 t
beschaffte Stückzahl	27
Betriebseinsatz	1955-72

Wegen vieler Mängel verzögerten sich weitere Probefahrten der 25 001 bis ins Jahr 1955. Mitte 1955 ging auch die 25 1001 mit ihrer Kohlenstaubfeuerung nach dem System Wendler in Betrieb. Während sich die Kohlenstaub-25 als verhältnismäßig brauchbar erwies, enttäuschte der Stoker der 25 001. 1957/58 erhielt dieses Fahrzeug deshalb ebenfalls eine Kohlenstaubfeuerung und die neue Nummer 25 1002. Es zeigte sich, dass die 25 in vielen Punkten verbesserungsbedürftig war. Sieht man von den versagenden Reglern und Vorwärmern ab, so stellte sich alsbald heraus, dass der geschweißte Rahmen zu schwach ausgeführt war – eine Folge des Zwanges, die Achsfahrmasse auf 18 Tonnen zu begrenzen. Ab 75 km/h enttäuschten die Laufeigenschaften.

Obwohl beide Lokomotiven nicht generell als Fehlkonstruktionen zu bezeichnen waren, sondern im Prinzip eine zweckmäßige Bauart darstellten, sorgte ihre extreme Reparaturanfälligkeit dafür, dass sich der Betriebseinsatz zum Fiasko entwickelte. Zahlreichen Abstelltagen standen nur wenige Betriebstage gegenüber. 1967 wurden beide Loks endgültig abgestellt und 1969 verschrottet.

Hauptbahntenderlok 65^{10}

Noch bevor die beiden 25er abgeliefert waren, bestellte die Reichsbahn am 23. Dezember 1953 je zwei Baumuster der 1'D2'-Typen 65^{10} und 83^{10}. Nicht einmal ein Jahr später sollten diese Erprobungsträger zur Verfügung stehen: die erste 65^{10} am 15. November 1954, die erste 83^{10} am 12. Dezember. Zumindest bei der 65^{10} ließ sich dieses ehrgeizige Ziel einhalten, so dass die erste Maschine sogar schon bei der Leipziger Herbstmesse 1954 präsentiert werden konnte.

Sorgenkind 65 1001

Auch die knapp 1.500 PS starke, von LEW Hennigsdorf gebaute 65 1001 war anfänglich ein Sorgenkind. Hauptsächlicher Verwendungszweck dieses Vierkupplers sollten schwere Personenzüge im Einzugsbereich großer Städte sein. Mit Doppelstockzügen sollte er auch Industriestandorte wie Leuna bedienen. Die Achsfahrmasse lag bei fast 18 Tonnen, so dass Einsätze nur auf Hauptbahnen möglich waren. Die Vorräte waren auf beachtliche neun Tonnen Kohle und 16 Kubikmeter Wasser bemessen, so dass Einsätze bis 120 Kilometer Distanz möglich waren.

Die technischen Neuerungen dieser Personenzuglok waren der schon von der 25 bekannte Regler- und Vorwärmertyp. Darüber hinaus war aber die Schweißtechnik bei Rahmen und Kessel bereits verbessert worden. Beim Kessel beider 1'D2'-Tenderlok-Typen musste man auf eine Verbrennungskammer verzichten, um die Baulänge gering zu halten. Von außen auffällig: Die seitlichen Wasserkästen reichten nicht an das Führerhaus.

Die neuen Heißdampfregler und die Mischvorwärmer verursachten bei der in Adlershof konstruierten Tenderlok außerordentlich viele Schwierigkeiten. Anfangs erreichte die 65 1001 bei Versuchsfahrten nicht wie geplant deutlich über 1.000 PS Leistung am Zughaken, sondern nur 615 PS – obendrein begleitet von Dampfmangel. Änderungen der Luftzuführung und der hinteren Rohrwand brachten eine weitgehende Beseitigung der Mängel, so dass am Ende der Tests feststand, die 65^{10} werde den Anforderungen gewachsen sein. Nach den Verbesserungen ließen sich bei der 65 1001 Leistungen von 1.340 PSi bei 73 km/h indizieren, während am Zughaken maximal 1.050 PSe verfügbar waren. Weder der Kohlen- noch der Dampfverbrauch lagen günstiger als bei den zum Vergleich herangezogenen Einheitsloks. An der 65^{10} zeigte sich bei den Versuchsfahrten, dass noch Möglichkeiten zu einer wärmetechnischen Verbesserung bestanden. Die Probleme der neuen Aggregate beeinträchtigten trotz mancher Verbesserungen zunächst auch noch die Einsätze der ab 1955 in Serie gebauten 65^{10}. Die dringend benötigten Maschinen stellten daher in der Anfangszeit keine große Hilfe im Zugförderungsdienst dar. Nach dem Ausheilen der Kinderkrankheiten änderte sich dies jedoch.

Nebenbahntenderlok 83^{10}

Etwa gleichzeitig mit den Plänen der 65^{10} entstanden jene für die leichte Nebenbahn-Tenderlok Baureihe 83^{10}. Die Baureihenbezeichnung 83 tauchte schon zur Reichsbahnzeit auf, und auch die Deutsche Bundesbahn verwendete sie für ein Projekt. In der DDR sollte die Baureihe 83 eine besonders leichte und universell einsetzbare, dabei aber verhältnismäßig starke Nebenbahnlok werden. Hauptziel war es, einen Ersatz für zahlreiche von den verstaatlichten Klein- und Privatbahnen übernommene Dampflokomotiven zu schaffen. Der Park dieser Bahnen war überaltert. Die rund 1.000 PS starke 83^{10} ermöglichte nicht nur eine Verjüngung des Lokbestandes, sondern auch eine Leistungs- und Effizienzsteigerung. In diesem Zusammenhang wollte man auch einen Ersatz für die Baureihe 86 schaffen. Weder die Laufruhe noch die Größe der Vorräte hatten bei diesem Loktyp jemals vollständig befriedigt. Eine besonders leistungsfähige Nebenbahnlok blieb

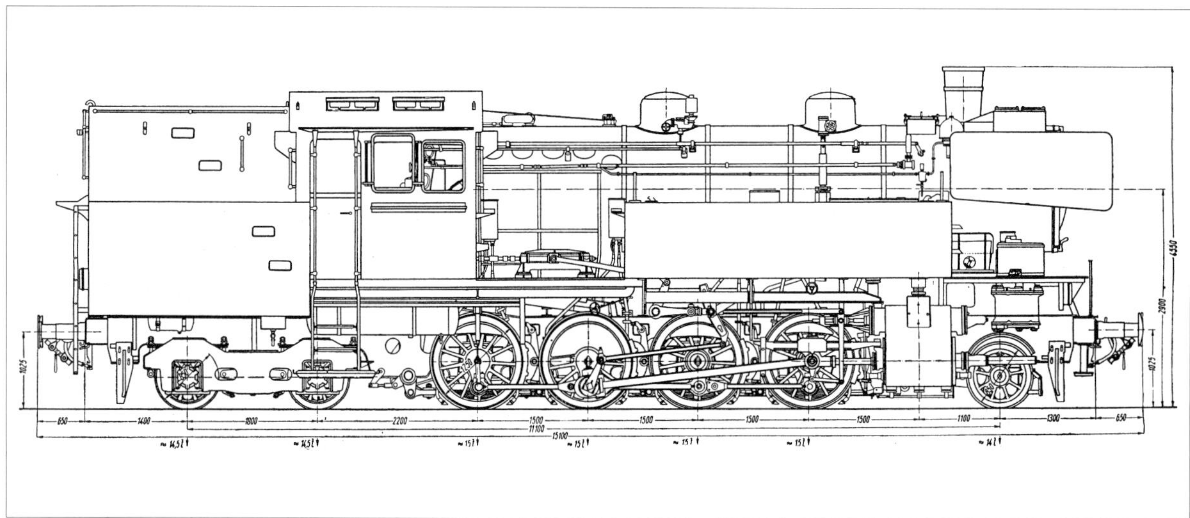

Die 83^{10} in der Längsansicht. Aufgrund ihrer ungewohnten Proportionen hatte sie bei Eisenbahnern schnell ihren Spitznamen weg: das „hässliche Entlein“ A.M. Räntzsch

daher immer ein Wunschkandidat des Maschinendienstes. Für die Lösung dieser Aufgabe war 1955 in der Tat noch eine Dampflok die sinnvollste Lösung, da entsprechend leistungsfähige und dabei leichte Dieseltriebfahrzeuge damals nicht zur Verfügung standen.

Lieferung unter Zeitdruck

Im VEB Lokomotivbau „Karl Marx“ Babelsberg (LKM) entstanden 1955 die 83 1001 und die 83 1002. Die Produktionsplanung des volkseigenen Betriebs sah mit Rücksicht auf die Forderungen der DR vor, dass die 25 bestellten 83^{10} bis Ende 1955 abgeliefert werden: Im Winter 1955/56 sollten schon die ersten 65^{10} gebaut werden, so dass die Kapazitäten des LOB zu diesem Zeitpunkt frei sein mussten. Für die 83^{10} erwies sich dies als problematisch, da ihr Serienbau völlig überstürzt begann, noch bevor erste Ergebnisse aus der Erprobung der beiden Baumusterloks vorlagen. Änderungen waren deshalb nicht möglich. Diese Verfahrensweise rächte sich und war letztlich der Hauptgrund dafür, dass der 83^{10} Zeit ihres kurzen Lebens ein schlechter Ruf vorauseilte.

Die ab April 1955 von der Fahrzeugversuchsanstalt Halle erprobte 83 1001 wies erhebliche Mängel auf – besonders gravierend waren wieder jene des Mischvorwärmers und des Heißdampfreglers. Es zeigten sich überdies mehrere wirkliche Konstruktionsmängel, etwa ein ungünstiger Zylinderdurchmesser und eine zu gedrängte Bauweise.

Die 83^{10} war als reiner Nebenbahntyp konzipiert. So ist auch zu erklären, dass diese 15 Meter langen, rund 100 Tonnen schweren und – rechnerisch – mit fast 1.000 PS Zylinderleistung ausgestatteten Tenderloks lediglich für eine Geschwindigkeit von 60 km/h ausgelegt waren. Ihr Kuppelraddurchmesser betrug nur 1.250 mm. Diese kleinen Räder waren in erster Linie dafür verantwortlich, dass die 83^{10} sehr schnell – für eine Dampflok sogar ungewöhnlich schnell – beschleunigte, aber eben nur bis 60 km/h ausgefahren werden durfte. Auffallend an ihr waren die reichlich bemessenen Vorräte von acht Tonnen Kohle und 14 Kubikmetern Wasser. Durch diese Mengen hoffte man, kleine Lokstationen an Nebenbahnen auflassen und so die Kosten senken zu können.

Ohne Verbrennungskammer

Der Kessel war zwar ohne Verbrennungskammer ausgeführt, durch seine kurze Ausführung mit nur 3.800 mm Rohrlänge verfügte die 8310 aber dennoch über einen relativ hohen Anteil an

Frühling in Thüringen: Auf dem Weg von Weimar nach Glauchau passiert die 65 1076 am 27. Mai 1978 mit ihrem Personenzug Gera-Kaimberg J. Högemann

Strahlungsheizfläche. Letztlich nützte ihr aber diese Eigenheit nichts, denn konstruktive Details des Kessels sorgten dafür, dass er bei stärkerer Anstrengung regelrecht leer gepumpt wurde, so dass Dampfmangel auftrat.

Sieht man von der 83 1002 ab, die wegen Streitigkeiten mit LKM bis 1957 beim Hersteller verblieb, wurden alle 83^{10} bis spätestens Oktober 1955 abgenommen. Einige Probleme konnten erst in einem längeren Ertüchtigungsprozess beseitigt werden.

Erfahrungswerte

Verschiedene Mängel, die der 83^{10} anhafteten, ließen sich zumindest noch so rechtzeitig erkennen, dass man die Konstruktion der 65^{10} vor dem Serienbau in einigen Details abändern konnte. Zwischen Dezember 1955 und November 1957 nahm die Deutsche Reichsbahn die Hauptbahn-Maschinen der Baureihe 65 bis zur Ordnungsnummer 1088 ab. Damit war die Serie abgeschlossen. Weitere fünf 65^{10} gingen als Werkloks an die Leuna-Werke. 65 1004 besaß zeitweise eine Kohlenstaubfeuerung.

Eine neuerliche Untersuchung, die an der 65 1072 durchgeführt wurde, zeigte, dass durch die Änderungen vor der Serienfertigung sowohl der Dampf- wie auch der Kohlenverbrauch reduziert waren. Der Kesselwirkungsgrad stieg. Die Lok erreichte 1.455 PS Zylinderleistung und 1.165 PS Zughakenleistung bei 50 km/h.

Die Schlepptenderloks: 23^{10} und 50^{40}

Die Konstruktion der beiden Schlepptender-Dampfloktypen der Baureihen 23^{10} und 50^{40} entstand wiederum beim Institut für Schienenfahrzeuge in Berlin-Adlershof unter der Leitung von Johannes Töpelmann. Die Erfahrungen aus dem Bau und der Erprobung der 25, 65^{10} sowie 83^{10} konnte man für die beiden neuen Gattungen noch auswerten.

In den Babelsberger Werkhallen entstanden die jeweils ersten beiden 23^{10} und 50^{40} gleichzeitig. Wie schon die Baureihen 50^{0} und 23^{0} der Reichsbahnzeit vor 1945, handelte es sich auch bei den 1'C1' h2- und 1'E h2-Typen aus der Produktion des DDR-Schienenfahrzeugbaus um nahe Verwandte. Der Kessel, das Führerhaus und der Tender sind bei der Personen- und bei der Güterzuglok gleich ausgeführt. Die Kessel waren sogar tauschbar. Bedingt durch den Einbau einer Verbrennungskammer betrug die Rohrlänge nur 4.200 mm. Die Kessel er-

Die 50.40 eignete sich besonders für den schweren und mittelschweren Güterzugdienst. Im September 1978 ist die 50 4007 in Mecklenburg im Einsatz König, Slg. G. Schütze

wiesen sich als sehr gelungen: Bei einer Heizflächenbelastung von 70 kg/m²h erzeugten sie pro Stunde elf Tonnen Dampf.

Beide Loktypen wurden mit dem geschweißten Schlepptender 2'2'T28 gekuppelt, der außer 28 Kubikmetern Wasser zehn Tonnen Kohle fasste.

Die 50 4002 wurde bereits Ende 1956 abgenommen, die 50 4001 Ende Januar 1957. Von der 1'E-Bauart wurde gefordert, dass sie einen 1.000 Tonnen schweren Güterzug noch mit 20 km/h über eine Steigung von zehn Promille befördert; bei der messtechnischen Untersuchung stellte man später fest, dass diese Forderung zu erfüllen war.

Ersatz für die P 8: die 23^{10}

Anfang 1957 lieferte LOB die ersten beiden Ersatz-P 8, die 23 1001 und 23 1002 ab. Die mit 1.750 mm hohen Kuppelrädern ausgestattete 23^{10} war für 110 km/h zugelassen. Gegenüber der P 8 erzielten diese Fahrzeuge um 45 bis 60 Prozent höhere Zugkräfte und waren auch der 23^{0} aus dem Jahr 1940 deutlich überlegen.

Die Erprobung beider Gattungen begann alsbald. Es zeigte sich, dass die Luftzuführung zum Aschkasten gut gelöst war. Die Verhältnisse lagen sogar günstiger als bei den Vergleichstypen 23^{0} und 50^{0}. Der Kesselwirkungsgrad war ebenfalls besser. Die 50^{40} erzielte ab etwa 600 PS Zughakenleistung gegenüber der 50^{0} eine Brennstoffersparnis von 8,6 Prozent. Die neue 1'E-Lok konnte als wärmewirtschaftlich geglückte Konstruktion an den Zugförderungsdienst übergeben werden. Sie eignete sich besonders für den schnellen und mittelschweren Güterzugdienst, auch für Personenzüge auf leichteren Hügelstrecken. Das Problem einer auf nur 70 km/h begrenzten Höchstgeschwindigkeit betraf nur die Baumuster.

Mit der 23^{10} sollte insbesondere auch eine Entlastung des knappen 03-Bestandes der DR erfolgen. Es existierte die Forderung, auf 20 Promille Steigung noch 300 Tonnen mit 30 km/h zu befördern, auf 5 Promille dieselbe Last mit rund 80 km/h, wobei die Heizflächenbelastung bei 60 kg/m²h lag. Bei Versuchen erreichte die 23^{10} am Zughaken 1.260 PS bei 50 km/h. Auch die 23^{10} arbeitete bei höheren Geschwindigkeiten wirtschaftlicher als die verglichene Einheitslok – in diesem Fall die 23^{0}.

Während für die Personenzug-Bauart die Serienreife schon Ende 1957 erreicht sein musste, um den Bau größerer Stückzahlen einleiten zu können, sollte die Produktion der 50^{40} erst beginnen, wenn die 23^{10} abgeliefert waren. Der gleichzeitige Bau verschiedener großer Loktypen wäre in dem relativ kleinen Werk Babelsberg nicht sinnvoll gewesen.

Die guten Laufeigenschaften und die Leistungsfähigkeit führten dazu, dass die 23^{10} vor allem in den ersten Einsatzjahren öfter Schnellzüge bespannte.

Der Betriebseinsatz

BR 23^{10}: Die Ablösung der S 10 und eines Großteils der P 8! Mit ihrer Indienststellung ersetzte sie außer um Berlin die alten Typen. Vor Personen- und auch Schnellzügen zeigte sie ihre Vielseitigkeit. Später kam die 23^{10} auch nach Berlin. Erst mit dem Aufkommen der Dieselkonkurrenz rückte die Lok ins zweite Glied, doch das Ende dauerte bis 1977.

BR 25: Die beiden Maschinen hatten mehr Abstell- als Einsatztage. Weder im Bw Senftenberg noch in Arnstadt konnten die Einzelstücke vor Reisezügen überzeugen.

BR 50^{40}: Mit ihrem Blechrahmen war sie für die schweren Getreidezüge im Norden zu schwach. Dennoch konzentrierte sich dort, bis auf wenige kurzzeitige Ausnahmen, ihr Einsatzgebiet. Die Rbd Greifswald und vorrangig und letztlich Schwerin setzten sie bis 1980 ein.

BR 65^{10}: Diese flinke Lokomotive bewährte sich über Jahre im Berufsverkehr vor schweren Doppelstockzügen. Teilweise auch im Wendezugdienst um Berlin, Dresden oder Halle/Leipzig. Aber auch in anderen Regionen zog sie viele Reisezüge und ersetzte die BR 38 oder 78. Erst Ende der sechziger Jahre kam sie zu kleineren Dienststellen, um auf Nebenbahnen noch fast ein Jahrzehnt, auch im gemischten Dienst, ihre Zuverlässigkeit unter Beweis zu stellen.

BR 83^{10}: Vorrangig in den Rbd Halle und Magdeburg war diese Reihe zu finden. Doch aufgrund ihrer Schadanfälligkeit war sie unbeliebt. Und oft musste sie Leistungen übernehmen, für die sie nicht gedacht war. So hauchte sie ihr Dampflokleben auf den steigungsreichen Strecken um Saalfeld und Haldensleben 1972 aus.

Michael Reimer

Änderungen an der Serie

Auffallendste Änderung der Serienmaschinen gegenüber den jeweils zwei Prototypen der Baureihen 23^{10} und 50^{40} war der Entfall des Speisedoms. Durch die innere Speisewasseraufbereitung konnte er entfallen, so dass die Lokomotiven auf dem Kesselscheitel nur noch einen Dampfdom und einen Sandkasten aufwiesen. Die äußerst negativen Erfahrungen mit der 65 und 83 führten dazu, dass die Serien-23^{10} einen konventionellen Nassdampfregler Bauart Schmidt & Wagner erhielten. Die Mischvorwärmer waren bis zum Serienbau bereits verbessert. Die mit anderen Typen gesammelten Erfahrungen zahlten sich bei der 23^{10} aus: Die zwischen Mai 1958 und Oktober 1959 abgenommenen Maschinen 23 1003 bis 23 1113 waren zuverlässig und leistungsfähig. Sie erfüllten die Anforderungen in vollem Umfang.

Güterzuglok 50^{40}

Die Serienfahrzeuge 50 4003 bis 50 4088 wurden ab November 1959 abgenommen. Im Gegensatz zur 50 4001 und 4002 waren die Serienloks nicht nur für 70 km/h, sondern – wie die Baureihe 50^{0} – für 80 km/h Höchstgeschwindigkeit zugelassen. Die 50^{40} bewährte sich wie die 23^{10} von Anfang an.

Für die 50 4087 ist das Abnahmedatum 31. Dezember 1960 verzeichnet, für die 50 4088 der 4. Januar 1961. Die 50 4088 war die letzte an die Deutsche Reichsbahn gelieferte Neubau-Dampflok; in Westdeutschland war mit der 23 105 schon am 4. Dezember 1959 die letzte neue Dampflokomotive in Dienst gestellt worden.

Fünf Typen, 318 Maschinen

Während bei der DB binnen neun Jahren nur 168 neue Dampflokomotiven in fünf Bauarten entstanden, brachte es die Deutsche Reichsbahn bei ihren Neubeschaffungen zumindest auf 318 normalspurige Fahrzeuge in ebenfalls fünf Bauarten, wobei bis auf die von LEW gefertigten ersten beiden 65^{10} alle vom Lokomotivbau Babelsberg stammten. Wenn auch diese recht beachtliche Stückzahl längst nicht ausreichte, um den Lokpark der DR in erheblichem Umfang zu erneuern, so gingen von diesen Fahrzeugen doch immerhin Impulse in Richtung einer Verjüngung des Gesamtbestands und einer Rationalisierung sowie Steigerung der Wirtschaftlichkeit aus.

Das Ende des Dampflokbaus

In Westdeutschland ließ die DB den Bau der einzigen wirklich erfolgreichen ihrer neuen Dampflokgattungen noch weiter führen, als bereits zahlreiche Diesel- und Elektroloks neu gebaut worden waren. In der DDR beendete man den Dampflokbau für die DR im Jahr 1960 konsequent zugunsten der neuen Traktionsarten. In kurzer Folge entstanden beim Schienenfahrzeugbau der DDR zu Ende der fünfziger Jahre die Diesellloktypen V 15, V 60 und V 180 sowie die Elektroloks E 11/E 42. Im neuen Jahrzehnt begann der Serienbau dieser Gattungen. Obwohl die Mehrzahl der DR-Neubaudampfloks zweckmäßige und leistungsfähige Fahrzeuge waren, sorgten die modernen Traktionsarten somit für ein abruptes Ende ihres Serienbaus – gerade zu der Zeit, als die Schienenfahrzeugindustrie der DDR ihre aufgrund der Unterbrechung nach dem Krieg unvermeidlichen Anfangsschwierigkeiten beim Bau modern konzipierter Dampfloks überwunden hatte. Die 83^{10} verursachte – sieht man von den Probefahrzeugen der Baureihe 25 ab – als einziger Typ überdurchschnittliche Schwierigkeiten, die aber samt und sonders auf die vorzeitige Aufnahme des Serienbaus zurückzuführen waren. Auf den Weiterbau der 83^{10} verzichtete man, weil alsbald Dieseltriebfahrzeuge ihre Aufgaben übernehmen sollten.

Beim Ende des Dampflokbaus hatte man seitens der DR allerdings nicht beachtet, dass die Entwicklung der Dieselloks V 180 und V 100 zur Serienreife noch dauern würde. Die V 180 erfüllte das Leistungsprogramm der 23^{10}. Die 50^{40} und 65^{10} konnte sie ebenfalls ersetzen. Ihr Serienbau begann aber erst 1963 – und da waren noch einige Schwachstellen an der neuen Lok zu beseitigen.

Zu früh gestoppt

Alles in allem entsteht der Eindruck, die Produktion der DR-Neubau-Dampfloks wurde etwas zu früh eingestellt. Selbst bei der 83^{10} mussten zu Beginn der sechziger Jahre nochmals Verbesserungen durchgeführt werden, weil sich die Lieferung der Ersatzlok V 100 erheblich verzögerte. So mancher Dampflok-Veteran erfreute sich allerdings mangels Neubauloks eines zumindest bis in die zweite Hälfte der sechziger Jahre ausgedehnten Lebens. ANDREAS M. RÄNTZSCH

In Saalfeld über Jahre ein vertrauter Anblick: eine 65^{10}, hier 65 1049, verlässt den Bahnhof mit einem Personenzug (27. März 1978) G. Wagner

Gerundet Die kurvigen Linien und Zierleisten an der 10 sind typisch für die Wirtschaftswunderzeit. Für das Personal interessant: Das geschlossene Führerhaus schützt vor Wind und Wetter H. Stemmler

Fata Morgana des Schienenstrangs

Der Fotograf **Ludwig Rotthowe** und die Baureihe 10

Nur wenige Jahre begegnet Ludwig Rotthowe der 10 im Betriebsdienst. Als er 1967 die 10 001 im Bw Münster ablichtet, hat sie ihre besten Zeiten schon hinter sich
Alle Bilder dieses Beitrags: L. Rotthowe

Mit verwandtschaftlicher Hilfe kommt Ludwig Rotthowe im Mai 1964 nach Kassel, um eine 10 zu „erwischen“. Kurz nach seiner Ankunft trifft er auf die 10 001, die den D 283 von Frankfurt ins Nordhessische gebracht hat

Er hat die Bundesbahn in unzähligen Schwarz-Weiß-Bildern dokumentiert – auch die Neubaudampfloks. Eine Maschine zieht Ludwig Rotthowe gleich von vorneherein in ihren Bann: die Baureihe 10

Den Anfang bildet Ende der fünfziger Jahre ein auffällig farbiges Kalenderfoto im Büro der Volkshochschule. Es zeigt eine ungewöhnliche und geheimnisvolle Dampflok. Die elegante Teilverkleidung mit den silbern glänzenden Zierstreifen, knallrote Räder mit weißen Radreifen, die spitze Rauchkammertür und darüber ein Schornstein mit einer Krempe. Für den jugendlichen Betrachter sorgt die seltsame Loknummer 10 001 für weitere Verwirrung. Der durch die Schnellzuglokbaureihen 01 und 03 begrenzte Münsterländer Horizont wird mächtig erschüttert. Auch die Dozenten der Schule können bezüglich der außergewöhnlichen Maschine keine Erklärungen geben, es ist wohl kein Eisenbahnfan dabei. Diese Begegnung bleibt also geheimnisvoll und füllt die kommenden Jahre wie eine Art Fata Morgana des Schienenstrangs.

Die Zeit vergeht, das Schulerlebnis ist fast vergessen. Doch plötzlich, 1961, ist es wieder da. Im Buch „Geliebte Dampflok“ von Karl-Ernst Maedel präsentiert sich auf Seite 59 die 10 001 in ihrer vollen Schönheit. Der Bildtext dazu: „Die Reihe 10 ist die letzte neu entwickelte Dampflokgattung der DB. Die zwei 1957 gebauten Maschinen stehen am Ende einer Entwicklung, die mit den alten Loks von 1840/41 ihren Anfang nahm.“

Die Informationen verdichten sich. Nach Bebra soll jetzt Kassel die Heimat

Im Oktober 1967 rollt die 10 001 bereits als Einzelgängerin über die Gleise. Umso eifriger verfolgen die Eisenbahnfreunde die Einsätze. Der Eilzug Bebra – Rheine, hier bei Sprakel, ist allerdings schon die letzte Planleistung

Im April 1966 erlebt Ludwig Rotthowe in Kassel die Ausfahrt der 10 002. Von der Schwesterlok unterscheidet sich die Maschine nur durch Details, zum Beispiel die beiden Elektropfeile auf der Rauchkammertür

dieser eleganten Loks sein. Die beiden Schwestermaschinen befördern nun die Frankfurter Schnellzüge über die Main-Weser-Bahn. Also ab nach Kassel!

Hilfe durch Onkel Fritz

Leicht gesagt, schwerer getan. Rückfahrten für größere Entfernungen sind für unseren Eisenbahnfreund noch so eine Art Luxusartikel. Aber da gibt es ja den Onkel Fritz. Zwar nicht der mit der Zipfelmütze und den Maikäfern von Max und Moritz, dafür aber stolzer Besitzer eines Lloyd-Alexander! Das eigentliche Ziel wird schamhaft verschwiegen. Dafür werden Kassels Vorzüge in den rosigsten Farben geschildert. Neben der Stadt gibt es ja auch noch die Wilhelmshöhe mit den herrlichen Parkanlagen, den künstlichen Ruinen und gigantischen Wasserspielen, über denen der Herkules thront. Kurzum, frei nach einem berühmten Satz: „Erst Kassel sehen und dann sterben."

Die holden Verwandten lassen sich begeistern, die Propaganda trägt Früchte, eigentlich schon reichlich. Vollgepackt rollt die Fuhre an einem schönen Frühlingssonntag im Wonnemonat Mai 1964 vom Münster- ins Hessenland. Erstaunlich, dass fünf Erwachsene in das eher zierliche Fahrzeug passen.

Ausgerechnet der Schienenfan spielt auf der Straße den Navigator. Kein Wunder, dass so wie rein zufällig der Hauptbahnhof in Kassel erreicht wird. Leider zeigen hier die Bahnsteiganlagen eine gähnende Leere. Der clevere und redegewandte Onkel Fritz muss wieder 'ran, und das mit Erfolg! Sein Interview eines einsamen Eisenbahners auf dem Bahnsteig bringt die aktuellen

Der Autor

Ludwig Rotthowe, geboren 1937 in Telgte, absolvierte eine Lehre als Fotograf. Nach der Arbeit als Luftbildtechniker in Münster übernahm er als abschließende Berufsaufgabe die Leitung der Fotogruppe beim Staatsarchiv.

Eisenbahnen fotografiert Ludwig Rotthowe seit den fünfziger Jahren. Besonders die Veröffentlichung seiner Schwarz-Weiß-Aufnahmen von Lokomotiven, Personen und vom Betriebsdienst der DB in den Büchern von Karl-Ernst Maedel machte ihn bei Eisenbahnfreunden bekannt. Seit 1976 tritt er auch als Alleinautor mit Werken an die Öffentlichkeit. Ein neues Buch ist zurzeit in Vorbereitung.

Schienenstars der fünfziger und siebziger Jahre: Bei einer Sonderschau im Oktober 1974 begegnen sich die 10 001 und die 103 136 in Kassel Hauptbahnhof

In der Abenddämmerung wartet die 10 001 mit ihrem Eilzug nach Kassel in Münster (Herbst 1967)

In guter Gesellschaft: die 10 001 zusammen mit der 18 316 und der 44 638 (hinten) im Juli 1967 im Bw Münster

Fahrzeiten der ersehnten Baureihe an den Tag. Glück muss wohl auch im Spiel sein, mit einem Frankfurter Schnellzug soll die Traumlok bald kommen.

Ein Star zum Anfassen

Und dann ist es soweit! Eine Fata Morgana wird Wirklichkeit: In voller Größe, Schönheit und Eleganz rollt Lok 10 001 mit ihrem Zug an den Kopfbahnsteig und wird ein paar Meter vor dem Prellbock gefühlvoll von ihrem Meister abgebremst. Da steht sie nun, das geheime Objekt der Begierde ist Realität geworden. Und was für eine! Man kann den Star jetzt nicht nur anschauen, sondern auch anfassen, die Wärme fühlen, die Maschine riechen, hören und natürlich fotografieren. Dass ein gütiges Schicksal genau diese Lokomotive später einmal sogar planmäßig im Eilzugdienst nach Münster bringen sollte, davon wagt man in diesen ehrfürchtigen Augenblicken nicht einmal zu träumen.

Kommen wir schnell zum Schluss. Versprochen ist versprochen, die Wilhelmshöhe mit all ihren vollmundig angekündigten Attraktionen findet ein interessiertes und dankbares Publikum. Mit gewisser Erleichterung registriert der verrückte Lokfreund die zufriedenen Gesichter seiner normal gebliebenen Verwandten. Dem guten Geist des Unternehmens, dem pfiffigen Onkel Fritz, sei dafür besonders gedankt. LUDWIG ROTTHOWE

Kegelförmige Rauchkammer, bauchige Schürze, schnittige Windleitbleche: Die 10 sieht so gar nicht aus wie die anderen DB-Schnellzugloks. Im Mai 1964 steht die elegante Maschine in Kassel Hauptbahnhof

Zwischen Währungsreform

Die Neubaudampflokomotive

Mehr Leistung, weniger Aufwand – das forderte die DB für die Entwicklung neuer Dampflokomotiven. Unter der Leitung von Friedrich Witte entstanden ab Ende der vierziger Jahre fünf Konstruktionen. Doch kaum waren sie serienreif, fiel das Endurteil über die Dampflok

Als im Mai 1945 die Waffen schwiegen, bot sich den Alliierten wie auch den besiegten Deutschen in fast allen Bereichen der Volkswirtschaft und so auch auf dem Gebiet des Eisenbahnwesens ein katastrophales Bild. Außer funktionstüchtigen Strecken, Brücken, Bahnhöfen und Signalanlagen, außer Kohle, Strom und Öl fehlten der in vier Zonen aufgegliederten Reichsbahn auch betriebsfähige Lokomotiven und Wagen. Zur schnellen Verbesserung der desolaten Fahrzeugsituation konnte der Neubau von Lokomotiven kein Mittel erster Wahl sein, denn es standen ja unzählige Maschinen unterschiedlichster Beschädigungszustände auf den Abstellgleisen. Ihre Reparatur hatte Vorrang. Da die momentanen Betriebsverhältnisse unterschiedliche Geschwindigkeiten der Zugarten kaum mehr zuließen, war es auch fast gleichgültig, welche einigermaßen leistungsfähige Lok man nun reaktivierte. Eine P 8 oder eine G 10 war für den Betrieb genauso ein Gewinn wie eine 01 oder eine 50.

In allen Zonen hatten die Besatzungsbehörden den Lokneubau verboten. Trotzdem wurden in den Westzonen einige Loks der Kriegsbauarten aus vorhandenen Teilen fertig gebaut. Wirklich erforderlich waren diese Maschinen nicht. Alsbald stellte sich nämlich heraus, dass auf den Streckennetzen der amerikanischen und der britischen Zone mehr Dampfloks vorhanden waren als nötig. Kurz vor der Kapitulation waren viele Fahrzeuge in Richtung Westen verlagert worden. Später konnte

und Wirtschaftswunder

er Deutschen Bundesbahn

auch die französische Zone vom westdeutschen Loküberhang profitieren, während die sowjetische Zone deutlich knapper bestückt war, einen echten Lokmangel aber erst aufgrund von Zugriffen der Besatzungsmacht erlitt.

Moderner und wirtschaftlicher

Als die Bahn „im Westen" 1947/48 wieder über eine systematische Beschaffungspolitik für Triebfahrzeuge nachdenken konnte, ging es nicht um die Füllung kriegsbedingter Lücken. Man strebte nach einer Modernisierung des Lokbestandes, um unter den Vorzeichen einer verschärften Konkurrenz zwischen den Verkehrsträgern den Bahnbetrieb wirtschaftlicher zu gestalten. Auch wenn künftig die Elektro- und Dieseltraktion große und vielleicht sogar vorrangige Bedeutung gewinnen sollten, war eine Strukturverbesserung im Dampflokbestand unabdingbar. Die Federführung lag in der Bizone ab 1947 wieder beim „Fachausschuss Lokomotiven", den es schon bei der Königlich Preußischen Eisenbahn-Verwaltung und bei der Deutschen Reichsbahn gegeben hatte. Für die Lokentwicklung hatten der Lokausschuss und sein Vorsitzender Friedrich Witte konkrete technische Vorgaben formuliert.

Im Dezember 1972 steht die 023 058 im Bw Lauda. Im Unterschied zu vielen Schwesterloks blieb ihr der Schneidbrenner erspart: Sie gehört heute der Eurovapor G. Wagner

Im April 1966 treffen die 82 040 und eine 94^5 mit dem Eilzug Karlsruhe – Freudenstadt in Baiersbronn ein **H. Stemmler**

Schon im Vorfeld von Neubauten veranlasste das Reichsbahnzentralamt die Ausrüstung verschiedener Dampflokomotiven mit neuartigen Bauelementen, um eine breite Erprobungsbasis zu gewinnen. Einige Beispiele:

- ▶ Nachgebaute 52er erhielten Mischvorwärmer verschiedenen Bauarten und bedienungsfreundliche Führerhäuser. Zwei davon wurden mit Franco-Crosti-Abgasvorwärmer gebaut und als 42 9000 und 9001 eingereiht.
- ▶ Eine Anzahl Lokomotiven der Baureihen 01, 44, 45 und 50 wurden mit Verbrennungskammern, Mischvorwärmern und teilweise auch mit mechanischer Rostbeschickung (Stoker) ausgerüstet.
- ▶ Bei einer 94^5 wurden zur Verbesserung des Bogenlaufs Beugniot-Lenkgestelle getestet.
- ▶ Zwei 38^{10} erhielten geschlossene Führerhäuser und zur Verbesserung der Laufeigenschaften bei Rückwärtsfahrt zweiachsige Kurztender.

Ein Typenprogramm entsteht

Für den Neubau erarbeitete man zunächst ein umfassendes Typenprogramm mit etwa 15 Lokgattungen. Es erinnerte an die ausgefeilten Einheitslok-Kataloge der zwanziger Jahre. Manche Projekte mussten schon 1947 als realitätsfern gelten. So sprachen die hervorragenden Erfahrungen mit Kleinloks und mit dieselhydraulischen Wehrmachtsloks gegen einen Neubau dreiachsiger Rangierdampfloks. Gewiss würden einige kleinere Dieselloks oder Triebwagen auch den Bau einer neuen Schmalspurdampflok entbehrlich machen. Für die maßvoll verbesserten „Ersatz-44" und „Ersatz-50" fehlte angesichts der vorhandenen Bestände der Bedarf. Die „01 neu" würde nur eine Chance haben, wenn sie nach Leistung und Wirtschaftlichkeit den Vorkriegs-Pazifiks deutlich überlegen wäre. Hierfür bedurfte es noch vieler Überlegungen und Versuche.

Am 4. März 1949 forderte das Zentralamt Göttingen von der Industrie Entwürfe für ein deutlich abgespecktes Typenprogramm. Gefordert wurden:

- ▶ Ersatz-23/38, 1'C1'h2 als Ablösung für die preußische P 8 (38^{10}); Ansatzpunkt war die „23 alt", von der die DRB 1941 nur zwei Stück in Dienst gestellt hatte.
- ▶ Ersatz-62/78, 2'C2'h2t als Ablösung der preußischen T 18 (78^0) im Nahverkehr der Ballungsräume, verwendbar auch im Wendezugdienst.

Anfang der siebziger Jahre wartet die 065 014 mit ihrem Zug nach Aschaffenburg in Miltenberg am Main **U. Paulitz**

- Ersatz-93, 1'D2'h2t zur Verwendung in den Aufgabenbereichen der preußischen T 14 (93^{5}) und teilweise auch der 86, also im Personen- und Güterzugdienst auf kürzeren Strecken im Hügelland.
- Ersatz-94, E h2t, Nachfolgerin der T 16^{1} (94^{5}) im schweren Rangierdienst und im Steilstreckendienst. Die Bogenläufigkeit sollte so gut sein, dass auch der Ersatz der aufwändigen 87 mit Zahnradantrieb der Endachsen auf der Hamburger Hafenbahn möglich wäre.

Der Entwurfsauftrag für die 2'C2' wurde alsbald zurückgezogen. Die 23 versprach gute Laufeigenschaften auch bei Rückwärtsfahrt, im übrigen würde die 1'D2't vielerorts die 78 ersetzen können. (Freilich war damit die spätere Unterforderung der 23 im Nahverkehr und die übermäßige Inanspruchnahme der 65 im höheren Geschwindigkeitsbereich vorprogrammiert.)

Der Auftakt: die 82, die 23 und die 65

Im Laufe des Jahres 1949 nahmen die drei verbliebenen Baureihen Gestalt an. Aus den Firmenentwürfen wurde wie schon zu Zeiten des alten Lokausschusses und des Vereinheitlichungsbüros in den zwanziger und dreißiger Jahren die endgültige Ausführung herausdestilliert. Witte fand einen guten Mittelweg zwischen allzu konventioneller Anlehnung an die Vorkriegsbauarten und allzu unerprobten Innovationen. Als Reihenbezeichnungen wurden 23, 65 und 82 festgelegt. Die Nummern 23 001 und 002 wollte man kurzerhand neu besetzen, obwohl die „alten“ Loks mit diesen Nummern in der „Ostzone“ noch in Betrieb waren.

Die drei neuen Typen kündeten auch äußerlich von einem modernen Geist: Man hatte die Kesselbekleidungen frei von Rohrleitungen und Armaturen gehalten, die Schweißtechnik ließ die bisherigen Nietreihen entfallen. Kleine Windleitbleche beiderseits der Rauchkammer wirkten eleganter als die mächtige Kastenform von Umlaufschürze und großen Blechen nach alter Bauart. Von der durchaus ästhetischen Kriegslok mit ihrer klaren Linienführung kehrte Witte also (gegen manche Widerstände!) nicht zur äußerlich überladenen Einheitslok zurück. Kranzschornsteine, blanke Kesselringe und auch wieder Messingschilder setzten optische Akzente – nicht unwichtig zu einer Zeit, da stromlinienförmige Triebwagen und Dieselloks in leuchtender

Die 66 war die erfolgreichste Neubaulok der Bundesbahn. Sie kam aber zu spät, um noch in Serie zu gehen H. Stemmler

Damals ein Revier der 65er: Auf dem Weg durch den Odenwald nach Darmstadt überquert die 65 016 im August 1969 den imposanten Himbächelviadukt W. Reinshagen

Maschinen der 50er-Familie und der Baureihe 82 waren 1971 gleichermaßen im Bw Koblenz-Mosel zu Hause D. Lindenblatt

Ein Holzmodell der 10. Es entstand 1955 auf Wunsch von Hauptverwaltungsrat Flemming, um einen besseren Eindruck von der geplanten Lokform zu vermitteln Slg. A. Gottwaldt

Lackierung schon die größere Aufmerksamkeit genossen. Am 13. September 1950 lieferte Henschel die 82 023 als erste Neubaulok an die DB aus. Am 7. Dezember folgte ebenfalls von Henschel die 23 001, und im Februar 1951 stellte Krauss-Maffei die 65 001 vor.

Anspruchsvolle Fortsetzung: die 10

Mit diesen drei Gattungen war das Neubauprogramm noch nicht abgeschlossen. Im zweiten Durchgang wollte man nun auch eine Schnellzuglokomotive schaffen. Anfangs hatten Friedrich Witte und seine Mitstreiter den Anspruch, mit den Methoden modernen Leichtbaus und einem kompakten Hochleistungskessel die Leistung einer Vorkriegs-2C1 auf nur fünf Radsätzen unterzubringen. Viele Firmenentwürfe für eine „Super-23" wurden vorgelegt. Doch im Zeichen des Wirtschaftsaufschwungs erhöhten sich die betrieblichen Anforderungen an eine neue Schnellzuglok. Mit der demnächst neu zu bekesselnden 01^{10} und mit der projektierten V 200 sollte eine neue Dampflok schon mithalten können. Mit jahrzehntelanger Verspätung wollte man nun auch wieder dem Vier-Zylinder-Verbundtriebwerk eine Chance geben. Doch das Interesse der Hauptverwaltung an der Fortentwicklung der Dampflok nahm schnell ab. Letztlich nur im Sinne eines gesichtswahrenden Abganges aus der Schnellzuglokdiskussion bestellte sie 1953 endlich zwei Probeloks bei Krupp, nicht gerade dem eifrigsten Diskussionspartner in der langjährigen Projektierungszeit.

Eher phantasielos kopierte man nun doch wieder Achsfolge und Drillingstriebwerk der letzten Reichsbahn-Schnellzugloks und ließ die 10 als 2'C1'h3 bauen. Die Vierzylinder-Ver-

Sie sollte die neue Schnellzuglok werden und rollte in nur zwei Exemplaren aus den Werkhallen: die Baureihe 10 (Hamm, 30. Dezember 1967) L. Rotthowe

bundlok erlebte keine späte Vollendung, und die Neugier auf eine gute 1'D1' blieb unerfüllt. Hinsichtlich Aerodynamik und Ästhetik wählte man einen Kompromiss: Nur der Zylinderbereich wurde gegen Auskühlung verkleidet, das Gesamtbild aber war eher von der Mode als von technischen Kriterien beeinflusst.

Als die 10 001 und 002 dann im Jahre 1957 endlich geliefert wurden, wurde die V 200 schon in Serie gebaut. Für die Auslaufzeit des Dampfbetriebes im Fernverkehr genügte ansonsten die neu bekesselte 01^{10}. Das umso mehr, als der Aktionsradius der Baureihe 10 mit 22 Tonnen Achslast außerordentlich begrenzt war und rasch weiter schrumpfte. Denn den „schwarzen Schwänen" blieben nur Hauptstrecken, die in den folgenden Jahren ohnehin elektrifiziert wurden.

Mit den Nostalgiefahrten der DB feierte die 23 105 in den achtziger Jahren eine triumphale Rückkehr auf die Schiene. Am 12. Dezember 1985 begegnet sie in Bad Münster am Stein der Diesellok 202 003
U. Kandler

Klein, aber oho: die 66

Dem (west)deutschen Lokomotivbau war aber auch noch ein „großer Wurf" gegönnt. Aus Vorüberlegungen zu einer schlichten 1'C1't als Ersatz-64 und einer 1'C als Ersatz-24/54 entstand 1952 das Projekt einer 1'C2'h2t, die auch in die Aufgaben der nicht verwirklichten Ersatz-62/78 vorstoßen sollte. Die beiden Tenderloks der Baureihe 66 waren hervorragend geglückt, doch als sie 1955 fertig wurden, stand ein Weiterbau nicht mehr auf der Tagesordnung. Unverwirklicht blieb eine 1'D2'-Tenderlok, die für den Ersatz der 86 konzipiert wurde.

Eigentlich hatte die Baureihe 65 das Ziel, die ältere 64 abzulösen. Statt dessen verbrachten beide gemeinsam die letzten Jahre zwischen Miltenberg und Aschaffenburg. Der „Bubikopf" überdauerte sogar den Neuling
G. Wagner

Damals eine Sensation: Am 12. Dezember 1984 trat die 23 105 zur ersten Fahrt seit der Zurückstellung vom Betriebsdienst an – und zwar bei der DB, die jahrelang ein Dampflokverbot verhängt hatte. Hier wartet die Lokomotive im Bahnhof Kaiserslautern **U. Kandler**

Abbruch statt Serie

Insgesamt wurde das Neubauprogramm vor der Bewährung in größeren Serien abgebrochen. Bundesregierung, Bundesverkehrsministerium, die Hauptverwaltung der DB und die kreditgebenden Bundesländer waren sich nämlich ab etwa 1954 völlig einig, die Zugförderung so schnell wie möglich auf Elektro- und Dieselbetrieb umzustellen.

Das unvollendete Programm für eine neue bessere Dampflokgeneration kann aber nicht ohne Blick auf die erfolgreichen Umbauten vorhandener Loks gewürdigt werden. Die schon in trostloser Zeit 1947 geforderten modernen

Die erste der Neubauloktypen, die Baureihe 82, in der Schnittzeichnung **Slg. D. Hörnemann**

Auf dem Weg von Lauda nach Crailsheim erklimmt die 023 021 im Juni 1975 die Steigung bei Schrozberg G. Wagner

geschweißten Kessel mit Verbrennungskammer, die Mischvorwärmer, die Turbospeisepumpen und die Rollenlager in den Triebwerken wurden Wirklichkeit nicht nur bei den Neubauloks, sondern (in unterschiedlichem Maße) auch bei den modernisierten Loks der Baureihen 01, 01^{10}, 03^{10}, 18^{6} und 41. Mindestens die 01^{10} mit Hochleistungskessel und Ölfeuerung erwarb im angestrengtesten Schnellzugdienst der fünfziger und sechziger Jahre dem späten deutschen Dampflokbau jenen Lorbeer, den die 10, 23, 65, 66 und 82 nicht mehr einfahren konnten. Waren die Neubauloks der DB nun gelungen oder mangelhaft, notwendig oder überflüssig? Die eindeutige Bewertung fällt schwer. Die Loks müssen als Produkte ihrer Zeit gesehen werden. 1947/48 war es mutig, dem wiederbeginnenden Lokomotivbau im

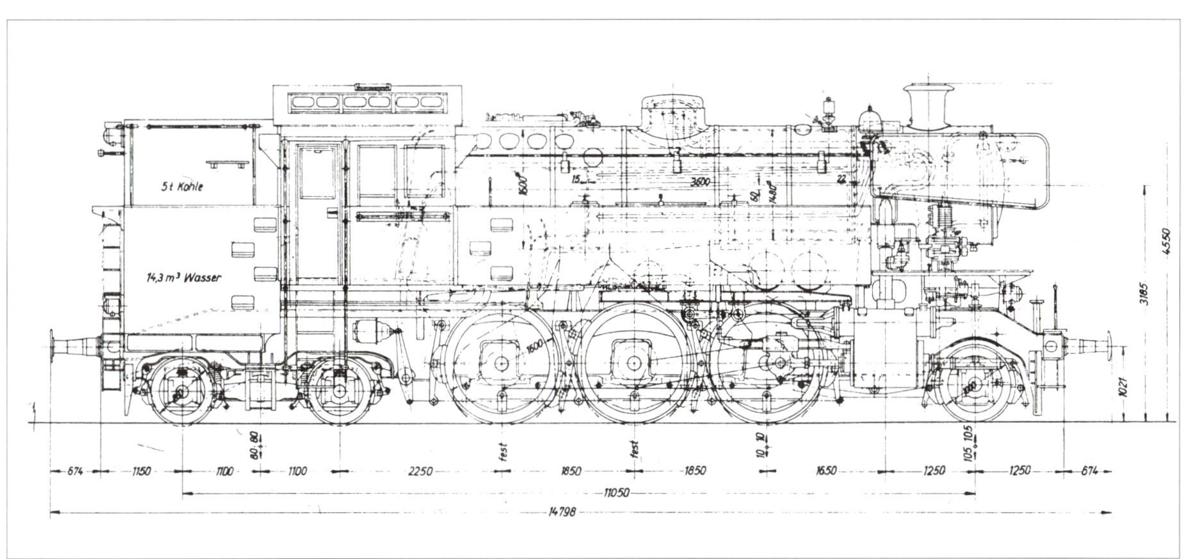

Die Baureihe 66, hier als Skizze, schloss dieTypenfamilie der DB-Neubauloks ab Slg. A. Gottwaldt

082 040-7

Das mächtige Triebwerk der 10. Mit 2.000 mm Kuppelraddurchmesser erreichte die Lok 140 km/h Höchstgeschwindigkeit H. Stemmler

notleidenden Besatzungs-Deutschland höhere Ziele zu setzen als die Sanierung des Bestandes auf dem Niveau der 50 und der E 94. Hätte es nicht die historisch beispiellose Wirtschaftsentwicklung der fünfziger Jahre in Westeuropa gegeben, wären das Öl teuer und die heimische Kohle unverzichtbar geblieben, dann hätte die DB einige hundert 23, 65, 66 und 82 sehr gut gebrauchen können. Sie hätte die Probleme des Heißdampfreglers gelöst und auch eine ganz andere 10 bauen lassen, vielleicht 30 Jahre nach der P 10 endlich eine gute 1'D1'.

Es kam anders. Keine zehn Jahre nach der Währungsreform von 1948 verfügte die Bundesbahn über E 10, V 200 und TEE – und brauchte keine Dampflok mehr. Nur die 23 kam über Kleinserien oder Prototypen hinaus. Die Loks wurden mit fast all ihren Kinderkrankheiten für eine begrenzte Zeit genutzt, nicht länger als die Länderbahn- und Einheitsloks. Ein gerechtes Urteil erschließt sich am ehesten aus dem internationalen Vergleich: Neben den zeitgenössischen Dampfloks des Auslandes (siehe S. 66-71) können sich die westdeutschen Neubauloks jedenfalls sehen lassen. Es gab hier und da bessere, gewiss. Aber den Sieg der Elektro- und Dieselloks haben auch sie nicht aufhalten können. ANDREAS KNIPPING

◀ **Die 082 040 in Bergisch Born L. Rotthowe**

Der Betriebseinsatz

Baureihe 10: Der Regelbetrieb der 10 begann 1958 beim Bw Bebra. Mit ihren 22 t Achsfahrmasse durften die Loks fast nur auf den Strecken nach Kassel, Frankfurt (Main), Würzburg – Ingolstadt und Hannover sowie von Hannover nach Braunschweig fahren. Die Loks teilten sich den schweren Schnellzugdienst mit der 01^{10}. Nach der Elektrifizierung der Nord-Süd-Strecke bedienten die Loks vom Bw Kassel aus die Main-Weser-Bahn nach Frankfurt (Main). Ab 1965 war Gießen der südliche Endpunkt. Nur die 10 001 war noch aktiv, als von 1967 bis Januar 1968 ein letzter Plandienst auf der Strecke von Kassel über Paderborn nach Münster eingerichtet wurde.

Baureihe 23: Die ersten Loks wurden vom Bw Kempten aus im Allgäu erprobt. Sodann wurden Loks in Bremen, Siegen, Frankfurt (Main), Paderborn, Mönchengladbach, Oberlahnstein, Oldenburg, Krefeld, Braunschweig und Minden beheimatet. Sie wurden nicht nur vor Personenzügen verwendet, sondern führten auch Eil- und D-Züge, ja sogar zwischen Köln und Venlo den F-Zug „Rheingold-Express". Von Bestwig, Kaiserslautern, Saarbrücken und Crailsheim eroberten sich die 23er später auch das Sauerland, die Pfalz, den Nahverkehr des Saarlandes und am Ende ihrer Dienstzeit einen gemischten Reisezugdienst zwischen Donau, Tauber, Jagst und Main. Noch 1970 gab es Eilzug-Läufe zwischen Ulm und Aschaffenburg und auf der Emslandstrecke Münster – Emden. Von Saarbrücken aus wurde die 23 im Wendezugdienst eingesetzt.

Baureihe 65: Die 65er gingen an die Betriebswerke Darmstadt, Düsseldorf Abstellbahnhof, Letmathe und Essen Hbf, später kamen sie nach Limburg, Dillenburg und Aschaffenburg Die Einsätze waren teils anspruchsvoll (Wendezugdienst zwischen Essen und Düsseldorf!), teils eher idyllisch (Odenwaldbahn und Strecke Aschaffenburg – Miltenberg) und manchmal auch unterwertig (Rangierdienst in Dillenburg).

Baureihe 66: Die beiden Loks waren zunächst in Frankfurt zu Hause und fuhren in Plänen der 38 und 78 nach Aschaffenburg, Darmstadt, Hanau und Mannheim. 1960 kamen sie nach Gießen und fuhren bis 1967 in den Plänen der 23 (!) sogar vor D-Zügen durch Nordhessen.

Baureihe 82: Markante Einsatzgebiete des Fünfkupplers waren die Rangierbahnhöfe und Hamm und Bremen, die Hafenbahnen von Hamburg und Emden und Steilrampen im Westerwald und im Schwarzwald. 1972 stellte das Bw Koblenz-Mosel die letzte Lok ab.

Die Neubaudampflokomotiven d

82 001-041	
Bauart	E h2t
Baujahre	1950-51, 1955
Länge über Puffer	14.060 mm
Kesseldruck	14 bar
Höchstgeschw.	70 km/h
Dienstgewicht	86,8 t
Reibungslast	86,8 t
Achsfahrmasse	18 t
Leistung	948 kW
Zylinderdurchmesser	600 mm
Kolbenhub	660 mm
Ø Kuppelrad	1.400 mm
Wasservorrat	11 m^3
Kohlevorrat	4 t
Beschaffte Stückzahl	41
Betriebseinsatzzeit	1950-72

Motivation: Die Reichsbahn hatte nur ganz wenige Dampflokomotiven für den Rangierdienst beschafft, hierunter ganze 16 schwere Loks mit fünf Kuppelachsen in einer Sonderausführung als Baureihe 87 für die Hamburger Hafenbahn. Für die preußische T 16^1 (94^5) als Hauptstütze des schweren Dienstes an den Ablaufbergen und auch als Lok für besonders steile Nebenbahnen war allmählich die Zeit der Ablösung gekommen.

Steckbrief: Wie bei allen Neubauloks waren Rahmen und Kessel vollständig geschweißt. Große Sorgfalt galt dem Laufwerk. Die vorderen und hinteren Kuppelachspaare wurden seitenbeweglich gelagert und zu Beugniot-Gestellen zusammengefasst. Diese verhalten sich im Bogenlauf ähnlich wie Drehgestelle, wobei die radiale Einstellbarkeit fehlt. Auf eine Verbrennungskammer verzichtete man zugunsten eines einfacheren Langkessels ohne konischen Schuss. Für den Rangierdienst war die ausreichende kurzzeitige Dampfreserve wichtiger als die hohe Dampfproduktion über längere Zeit.

Variationen: Die ersten 37 Loks der Baureihe 82 wurden von Krupp, Henschel und Esslingen gebaut, bevor der Henschel-Mischvorwärmer serienreif war. Daher erhielten 82 001-012 und 023-037 keinen Vorwärmer und 82 013-022 den hergebrachten Knorr-Oberflächenvorwärmer. Ab 1954 wurden die Loks ohne Vorwärmer mit einem Mischvorwärmer von Henschel nachgerüstet. Die im Betrieb vorzüglich beurteilte 82 wäre nun reif zur Serienlieferung gewesen. Die ungünstige Zukunftsperspektive der Dampflok ließ den Weiterbau jedoch auf ganze vier Loks zusammenschrumpfen, die von der Maschinenfabrik Esslingen 1955 als 82 038-041 geliefert wurden. Sie besaßen ab Werk Mischvorwärmer. Die beiden letzten waren mit Riggenbach-Gegendruckbremse für den Steilstreckendienst ausgerüstet.

23 001-105	
Bauart	1'C1'h2
Baujahre	1950-59
Länge über Puffer	21.325 mm
Kesseldruck	16 bar
Höchstgeschwindigkeit	110 km/h
Dienstgewicht	131,8 t
Reibungslast	56,0 t
Achsfahrmasse	19 t
Leistung	1.313 kW
Zylinderdurchmesser	550 mm
Kolbenhub	660 mm
Ø Kuppelrad	1.750 mm
Wasservorrat	31 m^3
Kohlevorrat	8 t
Beschaffte Stückzahl	105
Betriebseinsatzzeit	1950-75

Motivation: Die Deutsche Reichsbahn hatte unter den Bedingungen des Krieges in riesigen Stückzahlen schwere Güterzugloks beschaffen müssen, Aufträge für eine zeitgemäße „Ersatz-P 8" aber storniert. Nur ganze zwei Maschinen mit der Achsfolge 1'C1' und der Reihenbezeichnung 23 waren 1941 geliefert worden. Eine neue 23 sollte mit den beiden in der sowjetischen Zone verbliebenen Schichau-23ern nur noch den Grundaufbau gemeinsam haben. Anstelle des damals verwendeten Kessels der Baureihe 50 sollte ein leichterer und verdampfungsfreudiger geschweißter Kessel mit Verbrennungskammer konstruiert werden.

Steckbrief: Blechrahmen und Kessel waren vollständig geschweißt. Mit geschlossenem Führerhaus, mit seitenzugbetätigtem Heißdampfregler, mit vorn liegender Steuerspindel, zentraler Schmierung und nach außen gerückten Stirnlaternen zeigte die 23 das ganze Spektrum der „Neuen Baugrundsätze". Interessant war auch der Tender: Die „Wanne" des Kriegstenders der 42 und 52 war umgedreht und wölbte sich über den Drehgestellen, um dann im Umbug in die Seitenwände überzugehen.

Variationen: Der Mischvorwärmer war noch nicht gänzlich ausgereift, so dass bei 23 001–023 und 026–052 der klassische Knorr-Oberflächenvorwärmer den Rauchkammerscheitel zierte. Die weiteren Loks erhielten verschiedene Mischvorwärmer. Mit Mischvorwärmer, Turbospeisepumpe und Rollenlagern im gesamten Triebwerk waren die 23 024 und 025 von Jung ganz besonders innovativ ausgestattet. Auch die 23 053–105 erhielten Triebwerke mit Rollenlagern.

Eine weitere Besonderheit der 23 024 und 025 war der „Sozialführerstand". Zu einer Zeit, da auch die Arbeitsbedingungen auf einem Ellok- oder Diesellokführerstand immer mehr gegen die Dampflok ins Feld geführt wurden, stattete man sie mit Polstersesseln, Ventilator, tropfenabweisenden Klarsichtscheiben und weiteren bedienungsfreundlichen Vorrichtungen aus.

An der Lieferung der 23 waren Henschel, Jung, Krupp und Esslingen beteiligt. 1966 begann die Ausrüstung einiger Loks mit Wendezugsteuerung. Noch Ende der sechziger Jahre musste sich die Bundesbahn bei allen 23ern zum Ersatz der immer wieder untauglichen Heißdampfregler durch herkömmliche Nassdampfregler entschließen.

65 001-018	
Bauart	1'D2' h2t
Baujahre	1951, 1955-56
Länge über Puffer	15.475 mm
Kesseldruck	14 bar
Höchstgeschwindigkeit	85 km/h
Dienstgewicht	101,2 t
Reibungslast	67,6 t
Achsfahrmasse	17 t
Leistung	1.050 kW
Zylinderdurchmesser	570 mm
Kolbenhub	660 mm
Ø Kuppelrad	1.500 mm
Wasservorrat	14 m^3
Kohlevorrat	4,8 t
Beschaffte Stückzahl	18
Einsatzzeit	1951-72

Motivation: Bei den Vorkriegs-1'D1't der Reihen 86 und 93 waren die für kräftige Streckentenderloks knappen Vorräte und mäßigen Laufeigenschaften beklagt worden. So reifte der Entschluss, die Ersatztype mit einem hinteren Drehgestell zu versehen. Der Treibraddurchmesser wurde von der 64 übernommen, so dass sich die neue 1'D2't auch für den Personenzugdienst empfahl. Freilich war damit eine Überforderung vorprogrammiert: Für den Ersatz der 78 in aller Breite war die 65 nicht geschaffen.

Steckbrief: Rahmen und Kessel waren vollständig geschweißt. Vorne führte ein Krauss-Helmholtz-Gestell. Windleitbleche waren nun auch für schnellere Tenderloks Pflicht.

Variationen:
Alle Loks wurden von Krauss-Maffei gebaut. Die ersten Loks mussten wegen gefährlicher Risse an den Domansätzen alsbald aus dem Dienst genommen und repariert werden. 65 001 – 013 hatten Oberflächenvorwärmer, erst für die fünf Nachbauloks waren Mischvorwärmer und Turbospeisepumpen serienreif. Sie wurden auch bald mit Wendezugsteuerung nachgerüstet. 65 012 und 013 folgten. Die Wendezug-65 bedienten bis 1966 die Strecke Essen – Kettwig – Düsseldorf.

…utschen Bundesbahn im Kurzportrait

10 001-002	
Bauart	2'C1'h3
Baujahr	1957
Länge über Puffer	26.503 mm
Kesseldruck	18 bar
Höchstgeschwindigkeit	140 km/h
Dienstgewicht	183,9 t
Reibungslast	65,6 t
Achsfahrmasse	22 t
Leistung	1.840 kW
Zylinderdurchmesser	480 mm
Kolbenhub	720 mm
Ø Kuppelrad	2.000 mm
Wasservorrat	40 m³
Ölvorrat	12,5 t
Beschaffte Stückzahl	2
Betriebseinsatzzeit	1957-68

Motivation: Die letzten Schnellzugdampfloks der Deutsche Reichsbahn 01^{10} und 03^{10} hatten nicht überzeugen können. Weil man sie mit konventionellen Kesseln nach Grundsätzen aus den zwanziger Jahren gebaut hatte, konnte nur die Stromlinienverkleidung einen gewissen Leistungsgewinn für die erwünschten höheren Geschwindigkeiten liefern. Die Verkleidung brachte aber neue Probleme für Zugänglichkeit und Belüftung des Triebwerks und für die Zuführung der Verbrennungsluft. Für eine Nachkriegsschnellzuglok musste klar sein: Nur mit einer Verbrennungskammer war eine ausreichende Verdampfungsfreudigkeit zu erreichen. Die Diskussion über die richtige Bauart war lang. Aus dem Projekt einer leichtfüßigen „Super-23" wurde das einer schweren 2'C1'h4v, und schließlich bestellte man zwei teilverkleidete Drillingsloks.

Steckbrief: Die neue Pazifik erhielt aus Sparsamkeitsgründen fast denselben Kessel, der auch für den Umbau der 01^{10} vorgesehen war, mit der die 10 ja auch die Triebwerksanordnung gemeinsam hatte. Er war vollständig geschweißt, besaß eine Verbrennungskammer und war für einen seit den dreißiger Jahren nicht mehr erprobten höheren Druck von 18 at zugelassen. Die Schweißtechnik erlaubte auch für die Schnellzuglok den Bau eines Blechrahmens. Im Antriebsbereich beeindruckte der aus einem Stück gegossene Zylinderblock, dessen Herstellung sich als äußerst schwierig erwies. Die Achs- und fast alle Stangenlager waren Rollenlager. Die Loks hatten Heinl-Mischvorwärmer. Große Sorgfalt verwendete die DB auf die äußere Gestaltung ihrer letzten Schnellzuglok. Zahlreiche Entwürfe für die Stromlinienverkleidung und für die Farbgebung wurden im Bild und im Modell begutachtet, bevor Krupp die letztlich verwirklichte Ausführung mit einer Teilverkleidung im Zylinder- und Triebwerksbereich, mit spitzer Rauchkammer und mit der doch wieder traditionellen Lackierung in schwarz und rot verwirklichte.

Variationen: Die 10 001 hatte zunächst eine Kohlehauptfeuerung und eine Ölzusatzfeuerung. Die 10 002 war die erste deutsche Dampflok mit reiner Ölfeuerung. Später wurde auch die 10 001 auf diese Feuerung umgebaut.

66 001-002	
Bauart	1'C2' h2t
Baujahr	1955
Länge über Puffer	14.798 mm
Kesseldruck	16 bar
Höchstgeschwindigkeit	100 km/h
Dienstgewicht	87 t
Reibungslast	47,1 t
Achsfahrmasse	16 t
Leistung	861 kW
Zylinderdurchmesser	470 mm
Kolbenhub	660 mm
Ø Kuppelrad	1.600 mm
Wasservorrat	14,3 m³
Kohlevorrat	5 t
Beschaffte Stückzahl	2
Betriebseinsatzzeit	1955-67

Motivation: Am weitesten entfernt von allen Vorkriegsentwürfen und den Parallelentwicklungen in der DDR war die 1'C2'-Personenzugtenderlok. Der hohe Anspruch für das Projekt lautete, mit einer um eine Laufachse vergrößerten „Ersatz-64" auch das Betriebsprogramm der 78 (2'C2't) und in manchen Bereichen auch das der 38 (2'C mit Schlepptender) zu erfüllen. Auf eine Schlepptenderlok unterhalb der Dimensionen der 23 verzichtete man zugunsten der 66. Ein trotz hoher Leistung Gewicht sparender Kessel und eine leichtgängiges und damit verlustarm arbeitendes Lauf- und Triebwerk sollten die Eigenschaften der kleinen Superlokomotive garantieren.

Steckbrief: Rahmen und Kessel in vollständiger Schweißtechnik, Verbrennungskammer, Mischvorwärmer und Windleitbleche waren als Neubaustandard selbstverständlich. Vorne führte ein Krauss-Helmholtz-Gestell, hinten das zweiachsige Laufgestell. Im Triebwerk waren Rollenlager eingebaut. 1956 erhielten die Loks Wendezugsteuerung.

Die 66 erfüllte – und übertraf! – die in sie gesetzten Erwartungen und wurde von der Fachwelt als beste Neubaulok der Deutschen Bundesbahn anerkannt. Mehr noch: Sie wäre als einzige Neubaulok der DB unverändert für den Serienbau geeignet gewesen und war technisch wie wirtschaftlich die beste deutsche Dampflok seit den späten Länderbahnzeiten.

Auf Achse

Die **Einsätze** der Neubauloks

Erprobung, Plandienst, Museumsfahrten: Die Neubauloks erfüllen zwar nicht alle Erwartungen, finden aber dennoch weite Verbreitung. Zum Teil entfalten sie sogar einen beachtlichen Aktionsradius

Am Rhein entlang Bei Bonn-Mehlem trifft Carl Bellingrodt die moderne 65 010 mit einem altertümlichen Personenzug. Im Hintergrund erhebt sich die Burg Drachenfels Slg. D. Hörnemann

Beim Rennsteig unterwegs

Zwischen Ilmenau und Schleusingen kommt die 65^{10} jahrelang planmäßig zum Einsatz. Im August 1976 fährt die 65 1082 mit einem Personenzug aus Stützerbach aus G. Wagner

Durch den Westerwald

Im Juli 1971 überquert die Baureihe 82 noch regelmäßig den Burgviadukt bei Bendorf-Sayn. Hier ist es die 082 040 mit dem Nahgüterzug von Neuwied nach Siershahn D. Lindenblatt

Tour durch Sachsen Plandampfveranstaltungen lassen Anfang der neunziger Jahre die alten Dampflokzeiten wieder lebendig werden. Im Oktober 1991 ist die 35 1113 für den E 981 eingeteilt, den sie soeben bei Taubenheim beschleunigt G. Wagner

Tief im Schwarzwald Gleich zwei 82er sind nötig, um den Personenzug von Freudenstadt nach Karlsruhe zu bringen. Im Mai 1966 übernimmt die 82 040 den Part der Schublok. An der Spitze der Schürzenwagengarnitur steht die 82 041, hier nur durch die Dampffahne erkennbar H. Stemmler

35 1113-6

Nahe der Lahn Nur wenige Jahre darf die Baureihe 66 ihr Können unter Beweis stellen. Im Mai 1966 hat sie zusammen mit einer 41 einen Güterzug übernommen und wartet in Marburg auf die Weiterfahr H. Stemmler

Mitten in Berlin Einige Maschinen der Baureihe 50^{40} erzielen stattliche Laufleistungen. So auch die 50 4006, die 1964 einen Güterzug durch Berlin (Ost) schleppt Rbd Halle

Mit Verzögerung Erst der Giesl-Ejektor – ein Patent aus Österreich – verhilft der deutschen Neuentwicklung 65^{10} zu einem besseren Saugzug und löst damit viele Probleme dieser Lok. Im Jahre 1979 steht die 65 1049 mit einer solchen „Quetsch-Esse“ in Eilsleben U. Paulitz

B
65 1008-5

Eine eigene Sicht

Rudolf Heym und die DR-Neubaudampfloks

Dampflokomotiven faszinieren ihn von Kindesbeinen an. Seit Jugendzeiten spürt er ihnen mit der Kamera nach. Und eine Typenfamilie war für Rudolf Heym von Beginn an etwas Besonderes: die Neubauloks der Deutschen Reichsbahn

Kantig, groß, die Laternen weit außen: Das sind die Attribute, mit denen die Neubauloks Rudolf Heym für sich einnehmen. So auch die 65 1008, die er im Oktober 1974 mit einem GmP auf dem Weg von Ilmenau nach Großbreitenbach fotografierte

Eines sage ich gleich vorneweg: Sie gefielen mir, die Neubauloks. Auf Anhieb. Dabei bin ich mir ganz gewiss bei mancher erst viel später sicher gewesen, was da überhaupt an mir vorübergedampft war. Rein äußerlich waren sie einfach schön. Kantig, groß, bei den Tenderloks dieser schöne schnittige Vorratsbehälter mit dem Außenrahmen-Drehgestell. Einfach gut. Vor allem die Laternen, so schön weit außen. Was weiß auch ein Steppke in der 5. oder 6. Schulklasse über klemmende Heißdampfregler, schwache Blechrahmen und „kotzende" Kessel? Nichts. Mehr als das Äußere konnte ich nicht beurteilen.

Adel und Volkswirtschaft

Überhaupt die 83^{10}! Später habe ich aus Büchern erfahren müssen, wie schlecht die eigentlich alle waren. Doch als ich in Haldensleben 1966 in der Hitze der Sommerferien an der Bw-Schranke lehnte, wusste ich all das noch nicht. Die Dinger waren einfach schön! Vielleicht auch, weil sie noch recht neu waren, im Nachhinein bin ich mir da nicht mehr so sicher. Ach, Unsinn, dann hätten mir auch diese albern brummelnden V 15 gefallen müssen oder die LVTs, die von einem Schienenstoß in den nächsten nickten, was so aussah, als ob sie sich dauernd verbeugten. Nein, daran, dass die Loks neu waren, lag's nicht. Neben all den ehemaligen Privatbahn-Kisten, die da im Bw Haldensleben umherdampften, waren die 83^{10} supermoderne Maschinen. Nur die $75^{4,10-11}$, die badischen VI c, konnten es für mich rein äußerlich mit ihnen aufnehmen, das war gewissermaßen „alter Adel" gegen Volkswirtschaft.

Gleich und doch nicht gleich

Gestaunt habe ich, als ich zum ersten Mal eine 83^{10} neben einer 65^{10} stehen sah. Fast gleich, aber eben doch nicht. So etwas stachelt Sammelleidenschaften an! Wie auf zwei Suchbildern in einem bunten Magazin graste das Kinderauge Zentimeter um Zentimeter der Silhouetten ab, um Gemeinsamkeiten und Unterschiede zu entdecken. Heute sind diese Augen müder geworden. Autos sehen z.B. für mich alle ziemlich gleich aus. Das ruft helles Entsetzen bei meinen Jungs hervor: „Siehst du denn nicht, dass der ganz andere Kotflügel hat?" Ich sehe es beim dritten Hinschauen mit einiger Anstrengung, habe es aber am nächsten Tag vergessen. „Melde dich doch mal bei ‚Wetten dass' mit deinen Lokomotiven! Gottschalk zeigt dir 50 verschiedene Schornsteine, und du musst davon 49 Typen erkennen", sagen die Jungs. Aber ich habe so

Suchrätsel für Eisenbahnfreunde: Wo genau liegen die Unterschiede zwischen der 65 1008 und der 83 1008? Eine Verschiedenheit schon vorab: Die 65^{10} wurde 1974 von Rudolf Heym in Ilmenau auf Film gebannt (oben), die 83^{10} hielt Joachim Volkhardt drei Jahre vorher in Saalfeld im Bild fest (links)

recht keine Lust. Dann heißt es wieder, die Eisenbahnfans hätten alle irgendwie eine Macke …

Die 25 und die Harzbahnloks

Ein Zufall bescherte mir eine allerletzte Begegnung mit der 25 1001. Von der Existenz einer solchen Lok wusste ich nichts, als ich am 21. Juli 1969 gegen Abend über die Abstellgleise des Nordhäuser Bahnhofs stromerte. Ich hatte den ganzen Tag in Wernigerode und Umgebung verbracht, um Bilder von der Harzquerbahn zu machen. Dann war ich mit dem Zug die drei Stunden über den Harz nach Nordhausen gefahren und hatte nun noch etwas Zeit bis zur Weiterfahrt nach Erfurt. Und noch genau ein Kleinbild-Negativ in der Kamera. Da stand nun auf einmal das rostige Gefährt, ohne Tender, mit der eigenartigen Achsfolge 1'D. Die Schilder fehlten längst, und dass man eventuell an den Stangenköpfen oder Achswellen ins Metall eingeschlagene Nummern entdecken konnte, wusste ich damals noch nicht. Es war schon nicht mehr all zu hell, und so nahm ich die Maschine auf. Ein Schuss, der musste sitzen, so schnell kam ich als Schüler nicht wieder nach Nordhausen, das war klar. Alle anderen Negative hatte ich für die Harzbahn-Loks „verbraten", Loks, die allesamt heute noch da sind …

Erst zu Hause entdeckte ich nach dem Vergrößern, was für ein seltenes Stück mir da untergekommen war, und beim nächsten Besuch in Nordhausen war die 25 1001 natürlich längst weg.

Apropos Harzbahn-1'E1'er: Das waren – und sind – schon prächtige Maschinen! Sie kamen mir damals entschieden größer vor, was wohl an der kindlichen Perspektive gelegen haben muss.

Ein Sofa und Flecken-Suppe

Mehr noch als im Harz haben mich die Maschinen auf dem „Gründerla", der Schmalspurbahn von Eisfeld nach Schönbrunn, begeistert. Weil Eisfeld selbst noch bis Anfang der siebziger Jahre im Sperrgebiet der nahen Grenze

Der Autor

Rudolf Heym, geboren 1953 in Erfurt, hat Kunstgeschichte und Germanistik studiert. Danach arbeitete er in verschiedenen Berufen, unter anderem als Lehrer, Fernseh- und Zeitungsjournalist sowie als Pressesprecher.

Seit 1995 ist er als Redakteur beim GeraNova Verlag tätig, wo er maßgeblich an der Zeitschrift LOK-MAGAZIN und an verschiedenen Büchern mitwirkt.

Rudolf Heym kennt man überdies wegen seines umfangreichen fotografischen Werkes zum Thema Eisenbahn: Seit 1967 entstanden allein 25.000 Schwarzweiß-Bilder von (Dampf-)Lokomotiven.

Ein alltäglicher Zug kommt Gert Schütze im April 1978 vor die Linse: Bei Ronneburg bespannt die 65 1010 eine Nahverkehrsgarnitur aus dreiachsigen Reko-Wagen (oben). Dagegen hat es Rudolf Heym im Juli 1969 in Nordhausen mit einem Sonderfall zu tun: der abgestellten 25 1001 (rechts)

lag, kam man dort gar nicht hin als Normalsterblicher. Kurz vor Brünn war der Schlagbaum, dem sich auch nur zu nähern ohne ersichtlichen Grund nichts Gutes verhieß. Also trieben wir uns am anderen Ende der Strecke herum und hatten auch niemals Probleme. Im Gegenteil: Ich erinnere mich noch an einen wunderbaren Julitag im Jahre 1972: Der alltägliche Güterzug rangierte zuerst in Biberau auf der Dorfstraße, dann in Schönbrunn im Endbahnhof. Die freundliche Einladung, auf dem Sofa im Gepäckwagen Platz zu nehmen, hatten wir ausgeschlagen, Fotografieren war wichtiger. „Aber zum Mittag kommt ihr doch wenigstens mit", meinten die Lokmänner in Schönbrunn. Also hinein ins Glaswerk, wo die Eisenbahner an jedem Tag um diese Zeit in der dortigen Kantine ihr Päuschen einlegten. Es gab Flecken-Suppe, nicht gerade mein Ding, aber das war an dem Tag egal. Eine Limo für 21 Pfennige, die Suppe vielleicht eine Mark, wenn's hochkommt.

Erinnerungen mit 99 237

Ein bisschen Wehmut war damals schon dabei, um die Bahn stand's schlecht, ich musste im Herbst zur Armee. Als ich im Frühjahr 1974 endlich wieder Zivilist war, gab es die 1.000-mm-Bahn in Südthüringen nicht mehr. Die Loks jedoch fahren weiter im Harz. Und immer, wenn mir die 99 237 begegnet, muss ich an Flecken-Suppe im Glaswerk von Schönbrunn denken…

Run auf 23^{10} und 50^{40}

23^{10} oder gar 50^{40} waren mir lange Zeit recht fremde Loks. Die gab es nicht direkt vor meiner Haustür, und ich bin wohl – soweit ich mich erinnern kann – nie auf einer solchen Lok mitgefahren. Natürlich setzte in den siebziger Jahren auch der Run auf sie ein. 1979 im Winter ging es nach Parchim, dort fuhren noch ein paar 50^{40}. Das Wetter war trübe, Schneeregen, Wind. Den ganzen Tag hinter der 50 4007 her, die Lok gezeichnet vom nicht mehr allzu fernen Ende. Richtig „vom Hocker gerissen" hat mich das alles nicht damals, und trotzdem würde man sich heute einen solchen Tag gern noch einmal zurückwünschen, wenn es das gäbe bei irgendeinem Reiseanbieter.

Irgendwo bei Rom (Meckl) dann plötzlich ein immer näher kommendes Blasrohrgewitter, was war das? Ein

Im Juli 1972 rangiert die 99 7237 mit dem täglichen Güterzug in Schönbrunn, dem Endbahnhof der von Eisfeld kommenden Schmalspurstrecke. Heute fährt die Lok im Harz, die thüringische Bahnlinie ist Geschichte R. Heym

Schmalspurromantik im Herzen Sachsens: Im Mai 1979 begegnen sich die 99 1776 und die 99 1787 in Rabenau R. Heym

Planzug konnte es nicht sein! Riesige Dampf- und Rauchwolken türmten sich aus dem Kiefernwald empor, und dann – ein Militärzug! Vorn eine 50^{40}, hinten eine 50 Öl, oder umgekehrt, bloß schnell die Kamera unter der Jacke verschwinden lassen und auf staunenden Unbeteiligten gemimt – so etwas konnte sonst ins Auge gehen! Bei Licht für gerade einmal Blende 2,8 bei einer 60stel-Sekunde wäre das Foto eh nichts geworden, wozu dafür noch stundenlange Verhöre riskieren.

Die verschiedenen 23er

Die 23^{10} – oder exakter 35.10 –, die ich in Nossen Ende der siebziger Jahre erlebte, mussten auch nicht mehr das leisten, wozu sie im Stande waren. Personenzüge mit vier „Reko-Büchsen" waren Spielerei. Das wäre eigentlich – hätte ihn die Reichsbahn besessen – eine sehr schöne Leistung für einen 628er gewesen. Früher waren also auch nicht alle Züge schwer, lang und immer voll besetzt, wie mancher heute meint. Ich hätte die 23^{10} gern einmal in den langen Bögen im Elbtal gesehen, mit zwölf oder 14 Wagen eines internationalen Schnellzuges, richtig hart gefordert, aber das hat halt damals einfach nicht geklappt …

Die Harzbahn-Loks, das sind schon prächtige Maschinen – und kräftige obendrein. Für die 99 7239 bedeutet der Vier-Wagen-Zug zwischen Straßberg und Silberhütte im Jahre 1988 keine Last (oben). Aber auch die Neubaulokomotiven auf 750-mm-Spur haben ihren Reiz – selbst wenn die 99 1788 bei Ulberndorf gleich ins Gemüsebeet zu kippen scheint (unten) R. Heym, R. Heym/Slg. G. Schütze

Noch ein Wort zum Thema Schönheit: Nie kann ein Bild die echte Erfahrung ersetzen. Die Bundesbahn-23er gefielen mir auf Fotos nie. Bis zu jenem Tag in den neunziger Jahren, als ich irgendwo auf der Höhe des Zella-Mehliser Bahnhofs mit meinem Auto im Stau stand und plötzlich ein ganz eigenartiger Pfiff neben mir ertönte: Ich sofort raus aus der Schlange, kurze Wende zum Güterschuppen: Da steht doch tatsächlich eine 23er der DB! Meine Güte, ist die Lokomotive hoch! Eine Probefahrt vom Raw Meiningen, da kommt ja nun endlich jeder hin, der will.

Ich nehme die Maschine genauer in Augenschein. Die Lok ist einfach schön, denke ich bei mir, irgendwie haben dich all die Bilder bisher getäuscht. Und sie riecht richtig, wie sie riechen muss, singt, brodelt, brummt, zischt. Ein herrliches Ding, ich muss mir unbedingt noch die Abfahrt ansehen. Fotografieren? Ach nee, nur genießen. Und auf den Bildern sähe sie ja doch wieder nur so komisch aus wie immer … RUDOLF HEYM

Mit heutigen Umweltrichtlinien nicht mehr zu machen: Um den Schmutz am Fahrwerk der 65 1032 zu lösen, spritzt der Heizer im Oktober 1974 in Ilmenau Diesel auf. Nach ein paar Minuten wird alles per Heißdampfstrahl abgewaschen R. Heym

Eine Reko- und zwei Neubauloks, das ist die Ausbeute von Joachim Volkhardt am 29. August 1976 in Döbeln: Die 58 3056 hat einen Güterzug nach Chemnitz am Haken, die 35 1037 einen Personenzug nach Chemnitz und die 35 1106 einen Güterzug nach Großbothen Slg. R. Heym

Nachgebaute Neubauten

Die **schmalspurigen Neubaudampflokomotiven** der Deutschen Reichsbahn

Der Harz ist seit jeher die Hochburg der meterspurigen Schmalspurlokomotiven. Im Oktober 1994 kämpft sich die 99 7240 bei Drei Annen Hohne bergwärts D. Lindenblatt

Manche von ihnen sind fast 50 Jahre alt, aber Eisenbahner und Eisenbahnfreunde nennen sie noch immer „Neubaulokomotiven". Diese Maschinen, heute im Harz, in Sachsen und auf Rügen zu Hause, wurden von der DDR-Industrie ab 1952 auf die Schienen gestellt – noch vor den Regelspurneubauten

Zu Beginn der 1950er Jahre bediente die Reichsbahndirektion (Rbd) Dresden noch Schmalspurstrecken mit einer Länge von 416 Kilometern. Diese Linien galten damals als unverzichtbarer Bestandteil der Verkehrsinfrastruktur, zumal die Leistungen im Reise- und Güterverkehr sogar anstiegen. Kopfzerbrechen bereitete der Deutschen Reichsbahn in jener Zeit der nicht ausreichende Triebfahrzeugpark. Zum einen war er durch die Zwangsabgabe von allein 30 Schmalspurdampflokomotiven aus dem Bezirk Dresden in den Jahren 1945/46 im Rahmen der Reparationsleistungen empfindlich geschmälert worden, zum anderen galt ein Teil der Lokomotiven der früheren sächsischen Gattung IV K, die bereits über 50 Jahre im Dienst stand, als überaltert. Der einzige Ausweg aus dieser Situation bestand im Neubau von Schmalspurdampflokomotiven. Bereits im Jahre 1951 forderte deshalb das Technische Zentralamt der Deutschen Reichsbahn den Nachbau der bereits von 1928 bis 1933 hergestellten 1'E1'h2t-Einheitslokomotiven der Baureihe 99^{73-76}, die sich auf einigen sächsischen Strecken bewährten. Nur mit Mühe gelang es der Deutschen Reichsbahn, den Bau der dringend benötigten Maschinen beim VEB Lokomotivbau „Karl Marx" Potsdam-Babelsberg (LKM) durchzusetzen; dieses war damals teilweise noch durch die Fertigung von Schienenfahrzeugen im Rahmen der Reparationslieferungen an die Sowjetunion ausgelastet.

Einheitsloks als Paten

Auf den 1949 von der Deutschen Reichsbahn übernommenen Meterspurstrecken der früheren Nordhausen-Wernigeroder Eisenbahn (NWE) waren die vorhandenen Lokomotiven ab 1950 mit den stark steigenden Zugförderungsleistungen überfordert. Der hier

Im August 1978 fährt die 99 1790 in Kretscham-Rothensehma an der Strecke Cranzahl – Oberwiesenthal ein. Heute steht die Lok als Denkmal am Bahnhof Hainsberg Slg. G. Schütze

Blick zurück: die Beschilderung der 99 7238 im Mai 1976 Slg. G. Schütze

vorhandene Triebfahrzeugpark reichte von einfachen Zweikupplern aus dem Jahre 1896 bis zu Mallet-Lokomotiven der Bauarten B'Bn4vt und (1'B) B1'h4vt mit mehreren Einzelgängern. Hinzu kam, dass aus dem ohnehin knapp bemessenen Lokpark der ehemaligen NWE einige Maschinen zum Lokbahnhof Gernrode abgegeben werden mussten, um die 1946 überwiegend demontierten und bis 1949/50 teilweise wieder aufgebauten Strecken der Selketalbahn bedienen zu können. Schließlich gelang es, mit dem LKM den Bau von 1'E1'h2t-Lokomotiven ab 1954 zu vereinbaren. Für diese Konstruktion standen drei bauartgleiche Einheitslokomotiven Pate, die 1931 für die in Thüringen betriebene Schmalspurbahn Eisfeld – Unterneubrunn (später Schönbrunn) im Rahmen des DRG-Einheitslokbauprogramms konstruiert und gefertigt worden waren. Damit handelte sich auch in diesem Fall um Nachbauten.

Die Reihe 99^{77-79} (750-mm-Spur)

Bereits Anfang August 1952 konnte die erste Lokomotive vom LKM fertig gestellt werden. Sie gelangte mit der Betriebsnummer 99 771 zum Lokbahnhof Hainsberg und vom 19. August 1952 an planmäßig auf der Strecke nach Kurort Kipsdorf zum Einsatz. Noch im selben Jahr folgten drei weitere Maschinen dieser Bauart aus Potsdam-Babelsberg. LKM fertigte schließlich 1953 zehn, 1954 zwei und 1956 nochmals acht derartige Maschinen, die nicht nur in Hainsberg, sondern auch im Lokbahnhof Kurort Oberwiesenthal für die Strecke nach Cranzahl und im Bahnbetriebswerk Thum für das dortige Schmalspurnetz stationiert wurden. Zwei Lokomotiven, die 99 786 (1954) und 99 794 (1956) erhielt das Bahnbetriebswerk Meiningen für die 1949 von der Deutschen Reichsbahn übernommene Trusebahn. Zusätzlich gab die Rbd Dresden 1959 die 99 772 nach Thüringen ab. Mit den insgesamt 24 Neubaudampflokomotiven konnte die Deutsche Reichsbahn den Zugverkehr insbesondere auf einigen Strecken der Rbd Dresden stabilisieren. Übrigens verließen den LKM 1953 noch zwei weitere Maschinen dieser Bauart, die direkt an das Mansfeldkombinat für die dortige Bergwerksbahn geliefert wurden.

Konstruktiv entsprechen die Neubaulokomotiven im Wesentlichen ihren Vorgängerinnen der Reihe 99^{73-76}, die bis 1933 in Dienst gestellt wurden. Allerdings wandte LKM beim Bau der neuen Maschinen die Erkenntnisse der damals modernen Dampflokfertigung an. Dazu gehörte eine konsequente Schweißkonstruktion. Anstelle des genieteten Barrenrahmens bei den Vorkriegslokomotiven erhielten die Maschinen nunmehr einen Blechrahmen. Besonders dadurch gab es im Vergleich zu den Fünfkupplern der Reihe 99^{73-76} geringere Abweichungen bei den Hauptabmessungen. Gerade die Blechrahmen sorgten aber nach etwa 15 Jahren Betriebseinsatz für große Probleme. Der für diese Rahmen zur Verfügung gestellte Stahl war den im Gebirgsstreckendienst wirkenden Kräften auf Dauer nicht gewachsen. Verbiegungen in Längs- und Querrichtung standen auf der Tagesordnung und mussten in aufwändiger Kleinarbeit im zuständigen Reichsbahnausbesserungswerk (Raw) Görlitz beseitigt werden. Die vom LKM eingebauten federlosen Müller-Schieber wurden gemäß einer Verfügung der Hauptverwaltung Maschinenwirtschaft (HvM) vom 23. Juli 1960 zu Beginn der sechziger Jahre durch solche der Bauart Trofimoff ersetzt.

Schwerpunkt Sachsen

Wie bereits erwähnt, konzentrierte die Deutsche Reichsbahn ihre 750-mm-spurigen Neubaulokomotiven zunächst auf die durch einen regen Reise- und Güter-

Inzwischen gehören die Meterspurloks im Harz der Harzer Schmalspurbahnen GmbH. Im Mai 1999 stehen die 99 7236 und die 99 7238 im Bw Wernigerode D. Lindenblatt

Gleich zwei Harzbahn-Maschinen nehmen am 24. Mai 1990 den Vatertagszug an den Haken: die 99 7241 und die 99 7243 bei Sorge G. Wagner

verkehr frequentierten Strecken Hainsberg (ab 1964 Freital-Hainsberg) – Kurort Kipsdorf, Cranzahl – Kurort Oberwiesenthal und auf das Thumer Netz. Hinzu kamen die erwähnten Maschinen auf der thüringischen Strecke Wernshausen – Trusetal. Nach anfänglichen Kinderkrankheiten, die von LKM noch im Rahmen der Garantieleistungen beseitigt wurden, bewährten sich die Fünfkuppler und erfüllten die vorgesehenen Leistungen. Allerdings musste der Einsatz zunächst auf die genannten Strecken begrenzt bleiben, weil es auf zahlreichen sächsischen Linien für diese Maschinen zu kleine Krümmungshalbmesser gab, weil Probleme mit der Radsatzfahrmasse bestanden oder – wie im Fall Radebeul – Radeburg – weil noch ältere Lokomotiven den Anforderungen genügten. Erst im Jahre 1969 ergab sich durch die zwei Jahre zuvor begonnene Stilllegung des Thumer Netzes und die Schließung der Strecke Wernshausen – Trusetal die Möglichkeit, frei gewordene Neubaulokomotiven anderen Bahnbetriebswerke zuzuweisen. Noch im selben Jahr wurde damit begonnen, die Lokomotiven der Baureihe $99^{64\text{-}65,\,67\text{-}71}$, ex sächsische VI K, auf der Strecke Radebeul – Radeburg durch frei gewordene Thumer Maschinen der Reihe $99^{77\text{-}79}$ abzulösen. Somit konzentrierte sich der Einsatz der Neubaulokomotiven bis zur Wende und Wiedervereinigung Deutschlands auf die Strecken Radebeul – Radeburg, Freital-Hainsberg – Kurort Kipsdorf (beide Bw Nossen) und Cranzahl – Kurort Oberwiesenthal (Bw Aue). Zeitweilig halfen zudem einige Maschinen auf dem Zittauer Netz aus. Darüber hinaus hatte das Bw Aue bis 1985 zwei Neubaulokomotiven zur Bedienung eines Anschlusses in eine Papierfabrik in Schönfeld-Wiesa vorzuhalten. Dabei handelte es sich um eine Reststrecke des ehemaligen Thumer Schmalspurnetzes.

Aufwändige Reparaturen

Ab Anfang der 1980er Jahre traten an den Lokomotiven der Reihe $99^{77\text{-}79}$ ernsthafte Schäden auf. Einerseits waren die Kessel verschlissen und andererseits war es teilweise nicht mehr möglich, die verbogenen Blechrahmen zu reparieren. Nachdem als erste Neubaulok im Jahre 1972 die 99 790 ausgemustert worden war, genehmigte die HvM 1982 die Zerlegung der 99 774 infolge extrem großer Rahmenschäden. In den folgenden Jahren gelang es nur mit überdurchschnittlichen Aufwendungen, den LKM-Lok-

Technische Daten der Altbau- (99^{73-76}) und Neubaulokomotiven (99^{77-79})

	Reihe 99^{73-76}	Reihe 99^{77-79}
Bauart	1'E1 h2t	1'E1 h2t
Länge über Kupplung (mm)	10.700	10.540
Kesseldruck (bar)	14	14
Höchstgeschwindigkeit (km/h)	30	30
Lokmasse (t)	44,3	41,9
Leistung (PS)	600	600
Zylinderdurchmesser (mm)	450	450
Kolbenhub (mm)	400	400
Kuppelraddurchmesser (mm)	800	800
Heizfläche Feuerbüchse (m²)	6,7	8,5
Heizfläche Rauchrohre (m²)	33,7	31,8
Heizfläche Heizrohre (m²)	39,9	36,6
Überhitzerheizfläche (m²)	29,0	28,8
Durchmesser Rauchrohre (mm)	118 x 4	121 x 4
Rostfläche (m²)	1,74	2,57
Wasservorrat (m³)	5,8	5,8
Kohlevorrat (t)	2,5	3,6

Eine Lokomotive der Baureihe 99^{77-79} Slg. K. Kieper

Täglich in Wernigerode zu sehen: Eine Neubaulok durchquert mit ihrem Personenzug den Ort (Februar 1990) W. Bügel

Wie die Einheitsschmalspurloks erhielten die Neubauloks geräumige Führerhäuser D. Lindenblatt

park einigermaßen fahrfähig zu halten. Vielfach warteten einige dieser Fünfkuppler infolge fehlender Ersatzteile längere Zeit auf „Raw-Annahme" oder wurden zeitweilig sogar z-gestellt. Kapazitäten für den Neubau von Rahmen, Kesseln und Zylindern standen in der durch zunehmende Engpässe gekennzeichneten DDR-Volkswirtschaft nicht zur Verfügung. So kamen zeitweilig auf den Strecken Radebeul – Radeburg, Cranzahl – Kurort Oberwiesenthal und Freital-Hainsberg – Kurort Kipsdorf ältere und für Traditionsfahrten vorgesehene Maschinen der früheren Gattungen IV K und VI K insbesondere vor Güterzügen oder im Rangierdienst zum Einsatz. Da auch für Schmalspurlokomotiven anderer Strecken keine Kapazitäten für grundlegende Erneuerungen zur Verfügung standen, musste die Rbd Dresden 1983 und 1984 die 99 784 und 99 783 an die Rbd Greifswald abgeben, um den Zugverkehr auf der Bäderbahn Putbus – Göhren sicherzustellen. Die Mehrzahl der Eisenbahnfreunde hatte diese für den Lokeinsatz problematische Situation kaum zur Kenntnis genommen. Vielmehr war die Freude groß, wenn vor einem Güterzug nach Radeburg eine VI K zu sehen war oder in Freital-Hainsberg eine Meyer-Lokomotive der früheren Gattung IV K rangierte.

Obwohl nach der Wende und Wiedervereinigung Deutschlands die Perspektive der sächsischen Schmalspurbahn nicht sicher war, entschied die Deutsche Reichsbahn, insgesamt 13 der 22 noch vorhandenen Lokomotiven der Reihe 99^{77-79} in den Jahren 1991 und 1992 mit neuen Kesseln und Rahmen auszustatten. Diese Arbeiten, die in nicht wenigen Fällen zu kompletten Neubauten führten, wurden sowohl im Schmalspurlok-Raw Görlitz als auch im Raw Meiningen ausgeführt. Genau genommen sind durch diese „Großteilerneuerungen" „neue Neubaulokomotiven" entstanden. Der zusätzliche Umbau der 1993 in Zittau beheimateten 99 787 auf Leichtölfeuerung hat sich nicht bewährt. Inzwischen wurde der Gesamtbestand an den Maschi-

Neubaulokomotiven der Reihe 99^{77-79} (Bauart 1'E1'h2t, Hersteller: LKM)					
Nr. bis 1970	Nr. ab 1970	Nr. ab 1992	Baujahr	Fabrik-Nr.	Bemerkungen
99 771	99 1771-2	099 736-1	1952	32010	1992 Reko, heute bei DB Regio
99 772	99 1772-5	099 737-9	1952	32011	1956 – 1969 Trusetal, 1991 Reko, 1998 an BVO-Bahn GmbH
99 773	99 1773-3	099 738-7	1952	32012	1991 Reko, 1998 an BVO-Bahn GmbH
99 774	99 1774-1	–	1952	32013	z 6.12.1977, ++ 29.2.1980
99 775	99 1775-8	099 739-5	1953	32014	1991 Reko, heute bei DB Regio
99 776	99 1776-6	099 740-3	1953	32015	z bei BVO-Bahn GmbH
99 777	99 1777-4	099 741-1	1953	32016	1992 Reko, heute bei DB Regio
99 778	99 1778-2	099 742-9	1953	32017	1992 Reko, heute bei DB Regio
99 779	99 1779-0	099 743-7	1953	32018	1991 Reko, heute bei DB Regio
99 780	99 1780-8	099 744-5	1953	32019	z seit 12.1989, z bei DB Regio
99 781	99 1781-6	099 745-2	1953	32022	12.1992 Dauerleihgabe an Verkehrsmuseum Nürnberg
99 782	99 1782-4	099 746-0	1953	32023	1984 nach Putbus, heute Rügensche Kleinbahn
99 783	99 1783-2	099 747-8	1953	32024	1999 an Rügensche Kleinbahn
99 784	99 1784-0	099 748-6	1953	32025	1983 nach Putbus, heute Rügensche Kleinbahn
99 785	99 1785-7	099 749-4	1954	32026	1992 Reko, 1998 an BVO-Bahn GmbH
99 786	99 1786-5	099 750-2	1954	32027	1954 – 1968 Trusetal, 1998 an BVO-Bahn GmbH
99 787	99 1787-3	099 751-0	1956	32028	1992 Reko und Ölfeuerung, 1996 an SOEG
99 788	99 1788-1	099 752-8	1956	32029	heute bei DB Regio
99 789	99 1789-0	099 753-6	1956	32030	heute bei DB Regio
99 790	99 1790-7	099 754-4	1956	32031	z/Denkmal, heute bei DB Regio
99 791	99 1791-5	099 755-1	1956	32032	11.1992 an Traditionsbahn e.V. Radebeul
99 792	99 1792-3	-	1956	32033	8.1973 als Heizlok verkauft
99 793	99 1793-1	099 756-9	1956	32034	1992 Reko, heute bei DB Regio
99 794	99 1794-9	099 757-7	1956	32035	1956 – 1969 Trusetal, 1992 Reko, 1998 an BVO-Bahn GmbH

nen weiter reduziert, wobei zwei Lokomotiven musealen Zwecken dienen. Durch die Regionalisierung des Schienenpersonennahverkehrs gelangten bis 1999 acht Maschinen in den Besitz anderer Eigentümer, unter ihnen die Sächsisch-Oberlausitzer Eisenbahn-Gesellschaft (SOEG) und die von der BVO-Bahn GmbH betriebene Fichtelbergbahn. Acht Maschinen hält die Deutsche Bahn AG für den Betrieb der Strecken Freital-Hainsberg – Kurort Kipsdorf und Radebeul – Radeburg vor, drei Maschinen sind z-gestellt.

Aus technischer Sicht können insbesondere die „neuen Neubaulokomotiven" noch viele Jahre für Zugförderungsleistungen genutzt werden. Es erscheint jedoch nicht ausgeschlossen, dass angesichts neuer „Regionalisierungsmodelle" weitere Eigentumswechsel bevorstehen.

Die Reihe 99^{23-24} (1.000-mm-Spur)

Ebenso wie bei den Lokomotiven der Reihe 99^{77-79} gelang es dem Technischen Zentralamt der Deutschen Reichsbahn, bei LKM den Bau von 17 Maschinen der Reihe 99^{23-24} durchzusetzen. Die Lieferung der mit den Betriebsnummern 99 231 bis 99 247 gekennzeichneten Fünfkuppler erstreckte sich von 1955 bis 1956. Da zwischenzeitlich auch die Rbd Erfurt für die Strecke Eisfeld – Schönbrunn und die Rbd Dresden für ihre Meterspurstrecke Gera-Pforten – Wuitz-Mumsdorf Bedarf an Neubaulokomotiven angemeldet hatte, gelangten die 99 231, 99 235, 99 236 und 99 237 gleich nach Eisfeld, während die 99 232 und 99 233 im Jahre 1956 in Gera-Pforten getestet wurden. Da die Neulinge für den Einsatz auf der ehemaligen Privatbahn Gera-Pforten – Wuitz-Mumsdorf ungeeignet waren, stationierte die Deutsche Reichsbahn beide Fünfkuppler ebenfalls in Wernigerode.

Im Januar 1955 traf die erste Neubaulok in Wernigerode ein. Nach mehreren Probeeinsätzen stellte sich heraus, dass im Interesse eines reibungslosen Planbetriebs mehrere Nachbesserungen notwendig waren. So erwies sich die Zusammenfassung der Lauf- und dahinter liegenden Kuppelachse in Form eines Krauss-Helmholtz-Gestells für das Befahren der engen Krümmungshalbmesser bis zu 57 Metern als ungeeignet. Immer wieder kam es zu Entgleisungen. Daraufhin erhielten die Lokomotiven breitere Laufflächen an der als Treibradsatz ausgebildeten dritten Kuppelachse. Die Spurkränze entfielen hier. Hinzu kam an Stelle des Krauss-Helmholtz-Gestells ein dreiachsiges Drehgestell mit Beugniothebel. Zudem waren die Laufachsspeichen zu schwach und mussten durch stärkere ersetzt werden. Diese teilweise beträchtlichen Nachbesserungen konnte infolge begrenzter Kapazitäten nicht ausschließlich im Herstellerwerk ausgeführt werden. Einige dieser Arbeiten übernahm das Raw Görlitz. Der Umbau aller Lokomotiven konnte erst Ende 1959 abgeschlossen

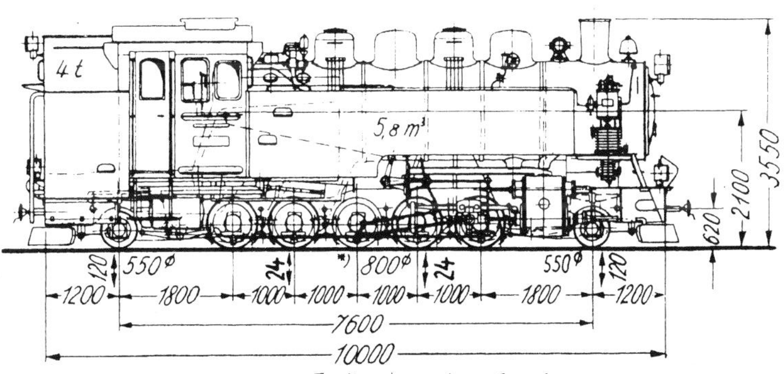

Maßzeichnung der Baureihe 99^{77-79} Slg. W. D. Machel

Blick aus dem Empfangsgebäude von Oberwiesenthal: Die 99 794, bei der DB als 099 757 eingereiht, ist zur Abfahrt bereit B. Reichert

Technische Daten der Altbau- (99^{22}) und Neubaulokomotiven (99^{23-24})

	Reihe 99^{22}	Reihe 99^{23-24}
Bauart	1'E1 h2t	1'E1 h2t
Länge über Kupplung (mm)	11.636	11.730
Kesseldruck (bar)	14	14
Höchstgeschwindigkeit (km/h)	40	30
Lokmasse (t)	65,8	64,5
Leistung (PS)	700	700
Zylinderdurchmesser (mm)	500	500
Kolbenhub (mm)	500	500
Kuppelraddurchmesser (mm)	1.000	1.000
Heizfläche Feuerbüchse (m^2)	7,7	10,4
Heizfläche Rauchrohre (m^2)	49,5	49,7
Heizfläche Heizrohre (m^2)	38,7	35,4
Überhitzerheizfläche (m^2)	33,0	30,0
Durchmesser Rauchrohre (mm)	118 x 4	121 x 4
Rostfläche (m^2)	1,78	2,8
Wasservorrat (m^3)	8,0	8,0
Kohlevorrat (t)	3,0	4,0

Eine Lokomotive der Baureihe 99^{23-24} Slg. M. Reimer

werden. Ansonsten ähnelten die 17 Maschinen denen der Baureihe 99^{22} von 1931. Allerdings hatte LKM die Blechrahmen als auch die Kessel ausschließlich im Schweißverfahren gefertigt.

Einsatzgebiet Harz

In den folgenden Jahren versahen die Lokomotiven auf dem gesamten Netz der Harzquer- und Brockenbahn zuverlässig ihren Dienst. Darüber hinaus durften die Maschinen ab 1960 auch die nunmehr entsprechend hergerichtete und bis 1946 zur Selketalbahn gehörende Strecke Eisfelder-Talmühle – Hasselfelde befahren. Vor Einführung des Rollwagenverkehrs auf dem Netz Wernigerode wurde eine Maschine 1963 leistungstechnisch untersucht. Die Messergebnisse ergaben, dass die Lokomotiven einer höheren Heizflächenbelastung ausgesetzt werden können, als sie von LKM ermittelt worden war. Bei der üblichen Anhängelast bis maximal 150 Tonnen und einer Höchstgeschwindigkeit von 25 km/h ergab sich ein Wirkungsgrad von 5,5 Prozent, der von den Maschinentechnikern als ausgezeichnet bewertet wurde.

Im Jahr 1975 – die vier Lokomotiven von der inzwischen aufgelassenen Strecke Eisfeld – Schönbrunn hatte die Deutsche Reichsbahn ebenfalls nach Wernigerode umgesetzt – galten die Neubau-Fünfkuppler auf dem Netz Wernigerode als langfristig unersetzbar. Um den Dampflokbetrieb zu vereinfachen, wurde entschieden, alle 17 Fünfkuppler im Raw Görlitz auf Ölhauptfeuerung umzubauen. Diese Arbeiten begannen 1976 und konnten 1981 beendet werden. Doch schon zwei Jahre später begann der Rückbau auf Kohlefeuerung, weil flüssige Brennstoffe aus ökonomischen bzw. energiepolitischen Gründen in der DDR nicht mehr zur Dampflokfeuerung genutzt werden durften. Der Umbau wurde im Frühjahr 1984 abgeschlossen.

Ausbesserung nötig

Mittlerweile wiesen die Lokomotiven ähnliche Verschleißerscheinungen auf wie die der Reihe 99^{77-79}. Zunehmend erschwerten Kessel- und Rahmenrisse, aber auch Rahmenverbiegungen die Instandhaltung der Fünfkuppler. Ersatzbauteile waren auf Grund von Material- und Kapazitätsengpässen nicht beschaffbar. Dagegen war der Traktionsbedarf nach dem Wiederaufbau der Verbindungsstrecke Stiege – Straßberg der Selketalbahn und dem ständig zunehmenden Güterverkehr auf dem gesamten Meterspurnetz des Harzes weiter gewachsen. Abhilfe sollte eine Traktionsumstellung mit von Normal- auf Meterspur umgebauten Lokomotiven der Baureihe 110/112 schaffen, die ab 1988/89 auch teilweise zum Einsatz gelangten.

Nach der Wende und Wiedervereinigung Deutschlands stand schon angesichts der Dampftraktion als Touristenattraktion und der Reaktivierung der seit 1961 für den Reiseverkehr gesperrten Strecke auf den Brocken eine komplette Traktionsumstellung nicht mehr zur De-

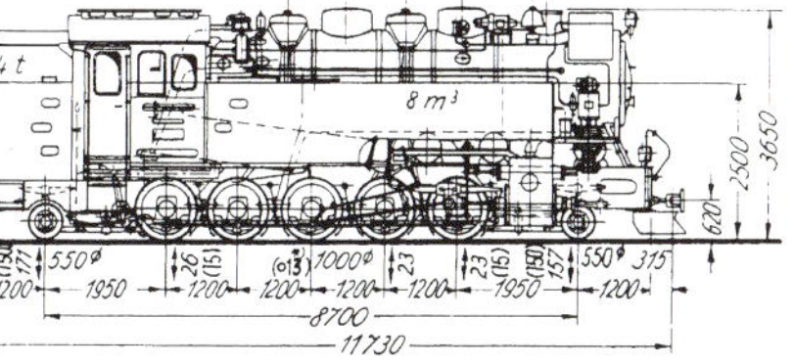

Maßzeichnung der Baureihe 99^{23-24}
Slg. W. D. Machel

batte. Schließlich gingen alle 17 Lokomotiven am 1. Februar 1993 in den Besitz der Harzer Schmalspurbahnen GmbH über. In den zurückliegenden Jahren mussten die Lokomotiven 99 231, 99 232, 99 234, 99 242, 99 246 und 99 247 wegen Kessel- und Rahmenschäden z-gestellt werden. Da aber der Dampfzugbetrieb für den Touristikverkehr erhalten bleiben wird, dürften zumindest an einigen der 17 Maschinen in nächster Zeit erhebliche Erneuerungsarbeiten anfallen.

Bleibt noch nachzutragen, dass die einzige nach dem Zweiten Weltkrieg in Deutschland erhalten gebliebene Vorgängerlokomotive, die 99 222, seit 1966 ebenfalls in Wernigerode beheimatet ist und unter Obhut der HSB äußerlich wieder weitgehend in den Ursprungszustand versetzt worden ist. WOLF-D. MACHEL

Neubaulokomotiven der Reihe 99^{23-24} (Bauart 1'E1'h2t, Hersteller: LKM)

DR-Nr. *	Baujahr	Fabrik-Nr.	Bemerkungen
99 231	1954	134008	1973 von Eisfeld, 1978 – 1983 Ölfeuerung, z 1996
99 232	1954	134009	1956 in Gera-Pforten, 1980 – 1982 Ölfeuerung
99 233	1954	134010	1956 in Gera-Pforten, 1980 – 1984 Ölfeuerung
99 234	1954	134011	1956 in Gera-Pforten, 1977 – 1983 Ölfeuerung, z 1998
99 235	1954	134012	1973 von Eisfeld, 1978 – 1983 Ölfeuerung
99 236	1955	134013	1974 von Eisfeld, 1978 – 1983 Ölfeuerung
99 237	1955	134014	1973 von Eisfeld, 1977 – 1983 Ölfeuerung
99 238	1956	134015	1979 – 1983 Ölfeuerung
99 239	1956	134016	1979 – 1983 Ölfeuerung
99 240	1956	134017	1977 – 1983 Ölfeuerung
99 241	1956	134018	1979 – 1984 Ölfeuerung
99 242	1956	134019	1980 – 1984 Ölfeuerung, z 1995
99 243	1956	134020	1979 – 1983 Ölfeuerung
99 244	1956	134021	1976 – 1983 Ölfeuerung
99 245	1956	134022	1978 – 1983 Ölfeuerung
99 246	1956	134023	1981 – 1983 Ölfeuerung
99 247	1956	134024	1980 – 1983 Ölfeuerung

* Mit Einführung der EDV-Nummer bei der DR ab 1970 wurde der Ordnungsnummer die Ziffer 7 vorangestellt (z.B. 99 7232). Diese war während des Einsatzes mit Ölfeuerung einer 0 gewichen (z.B. 99 0232). Gemäß dem Umzeichnungsplan der DR/DB, gültig ab 1.1.1992, hatte die DR für die 17 Lokomotiven die fortlaufenden Betriebsnummern 099 141 – 099 157 vorgesehen, die an den Maschinen jedoch nie angebracht wurden. Der neue Eigentümer Harzer Schmalspurbahnen GmbH (HSB) beließ die 1970 festgelegten Bezeichnungen.

Unterwegs im Erzgebirge: die 99 1772 bei Neudorf auf der Strecke Cranzahl – Oberwiesenthal (Mai 1989) D. Lindenblatt

Ausgedient

Dominik Stroner begleitete einige Loks auf dem **Weg des alten Eisens**

Endzeitstimmung in Crailsheim: Im September 1977 hatten im Hohenlohischen die schwarzen Ungetüme längst ausgedient. Still und leise beendete die 053 089 am 29. Mai 1976 die Dampflokzeit im Bw Crailsheim. Bereits einen Tag später musterte die Deutsche Bundesbahn die Maschine aus. Als am 3. und 4. Juni 1976 die beiden Bremsloks 044 404 und 044 427, die seit dem 8. Dezember 1975 nur auf dem Papier zum Bw Crailsheim gehörten, nach Gelsenkirchen-Bismarck gingen, hatte König Dampf ausgedient

Aller brauchbaren Teile beraubt rosteten die 053 089 und ihre Schwestern in langen Reihen vor sich hin, bis die ehemaligen Dampflok-Schlosser die von ihnen viele Jahre gehegten und gepflegten Maschinen als Arbeitsbeschaffungsmaßnahme verschrotteten. Insgesamt neun Crailsheimer Lokomotiven verschwanden so 1977 in den Hochöfen der Stahlwerke

Kaum waren die Kessel kalt, besuchten nur noch wenige Eisenbahnfreunde Crailsheim. Mit einem wehmütigen „Lebt wohl“ auf einer Tenderwand nahm einer von ihnen Abschied für immer. Danach fraßen sich die blau-gelben Flammen mit Funkenregen und Rauch erbarmungslos in den Stahl und verwandelten so binnen Tagen jede Dampflok in einen Haufen Metall

Deutsche Elekt

Borsigs Jüngste: Voller Stolz steht ein Eisenbahner 1927 neben der nagelneuen E 18 01 in der Berliner Lokfabrik. Die Maschine, später in E 15 01 umnummeriert, bleibt allerdings ein Einzelgänger AUFNAHME: SLG. GOTTWALDT

roloks

Fahrdraht und Stromabnehmer sind die Zeichen einer neuen Technik. Im 20. Jahrhundert setzt der **Aufstieg der Ellok** ein

90
Bremslüfter
Hauptschalter

Zeitsprung: Klassische Technik zeigt der Führerstand der E 94, in dem der Lokführer noch stehend fährt (links). Jüngeren Datums ist die 142 280, die im September 1996 in Köthen pausiert (unten). Zeitlos wichtig: die Sorge um die klare Sicht nach vorn (oben) AUFN.: WERKFOTO KM, STRONER, MIETHE

Münchner Kindl: Die E 32 gehörte in der bayerischen Metropole lange Zeit zum Alltag. Im Bw München Hbf begegnet die E 32 10 zwei Vertreterinnen der Dampflokzeit, einer P 8 und einer R 3/3 AUFNAHME: SLG. SKRZYPNIK

Praxis und Theorie: Bei der E 44 068 bauen Siemens-Mitarbeiter 1937 die Achsen ein (oben). Anhand einer 1:1-Nachbildung lernen Bundesbahner 1964 die E 41 kennen (unten). Dabei noch nicht enthalten: der winterliche Härtetest mit Schnee und Eis (rechts, 1997) AUFNAHMEN: SLG. GOTTWALDT, DB-PRESSEDIENST, KLEE

Kleine Motoren, große Leistung

Die Elloks nehmen von **1910 bis 1945** eine rasante Entwicklung

Aus riesigen Motorungetümen werden handliche Lokomotivantriebe: Nach dem Jahr 1910 wird der ansonsten nur von den Straßenbahnen bekannte Elektroantrieb auch auf Hauptstrecken im Deutschen Reich heimisch.

Um den bei Straßenbahnen bewährten elektrischen Betrieb auch auf Hauptbahnen einführen zu können, loteten Ingenieure vieler Nationen alle Möglichkeiten des Fahrzeugbaus und der Elektrotechnik aus. Deutsche Firmen bauten Wechselstromlokomotiven mit bis zu acht Achsen und Motoren mit bis zu dreieinhalb Metern Durchmesser. Erfahrungen mit vielen heute vergessenen Konstruktionen und unermüdliche Entwicklungsarbeit ließen die Mechanik der elektrischen Lokomotive nach Jahrzehnten wieder sehr viel einfacher werden – während sich ihre Leistung vervielfachte.

Die Wende vom 19. zum 20. Jahrhundert markiert für die europäischen Eisenbahnen das Wirksamwerden wichtiger Neuerungen: Fast gleichzeitig begannen die Siegeszüge der Heißdampflokomotive und der elektrischen Zugförderung. Schienenfahrzeuge elektrisch anzutreiben, war um 1900 keine Sensation mehr. Doch von der einfachen Gleichstromtechnologie der Straßen-, Werks-, Berg- und Lokalbahnen zu Betriebssystemen für Hauptbahnen mussten mühsame Wege zurückgelegt werden. Im Gegensatz zu den USA, England und Frankreich, wo man lange Zeit sogar aus der häuslichen Steckdose Gleichstrom bezog, wurde Deutschland unter dem Einfluß der führenden Unternehmen Siemens und AEG frühzeitig ein Land des Wechselstroms. Nach Abschluss vergleichender Versuche auf Probebahnen im Raum Berlin mit Gleich- und Drehstrom zwischen 1899 und 1903 entschieden sich Staatsbahnen und Zulieferwerke für Einphasenwechselstrom hoher Spannung, der auf dem Triebfahrzeug zu motortauglichen Spannungen heruntertransformiert wird.

Der erste elektrische Hauptbahnbetrieb in Deutschland wurde von der Königlich Preußischen Eisenbahn-Verwaltung (KPEV) 1907 auf der Hamburger Stadt- und Vorortbahn eröffnet. Als Stromart wurde Wechselstrom mit 25 Hz und 6 kV gewählt. Zum Einsatz kamen ausschließlich Triebwagen.

Der für elektrische Triebwagen stets gültig gebliebene Aufbau und die älteste grundsätzliche Bauform für elektrische Vollbahnlokomotiven wurde von den Gleichstromfahrzeugen geringer Leistung übernommen: Kleine Motoren waren in die Laufwerke eingehängt und wirkten mittels Tatzlagerantrieb auf die Radsätze. Diesem Konzept entsprachen auch die ersten deutschen Vollbahn-Elektroloks: Das waren zwei vierachsige Loks mit geteilten Kästen (Bo+Bo) für die Hamburger Hafenbahn aus den Jahren 1911 und 1913. Die ältere erlebte noch die Umzeichnung auf die Nummer E 73 03 der Deutschen Reichsbahn. Die populärsten frühen Wechselstromelloks mit Einzelachsantrieb sind die Bo-Maschinen der 1905 elektrifizierten Lokalbahn Murnau – Oberammergau, die als

Bauartbezeichnungen

Nach der wie üblich mit Ziffern für die Laufachsen und Großbuchstaben verschlüsselten Achsfolge steht ein „w" für Wechselstrom, es folgt die Zahl der Fahrmotoren. Der nächste Buchstabe kennzeichnet die Kraftübertragung. Hierbei bedeuten:

- **e** Einzelachsantrieb (Buchli, Federtopfantrieb)
- **k** Kurbelantrieb ohne Zahnradvorgelege
- **t** Tatzlagerantrieb (Jeder Fahrmotor ist einseitig im Lok- bzw. Drehgestellrahmen gefedert aufgehängt und ruht auf der anderen Seite mit einem „Tatzlager" auf der Achse, die er mittels Zahnrädern antreibt.)
- **u** Zahnradvorgelege und Stangenantrieb

AUFNAHME: SIEMENS FORUM MÜNCHEN

Neue Loks hatten schon Anfang des Jahrhunderts ihr interessiertes Publikum: Zwischen Dessau und Bitterfeld wurde die badische Wechselstromlok A¹1 ausgiebig erprobt. Die Aufnahme aus Bitterfeld stammt vom 19. Januar 1911

Eine Lok mit Stangenantrieb aus den 20er Jahren: die preußische EP 251, spätere E 50 51

Für die Strecke Dessau – Bitterfeld war diese 1'C1'-

AUFN.: BELLINGRODT/SLG. HÖRNEMANN

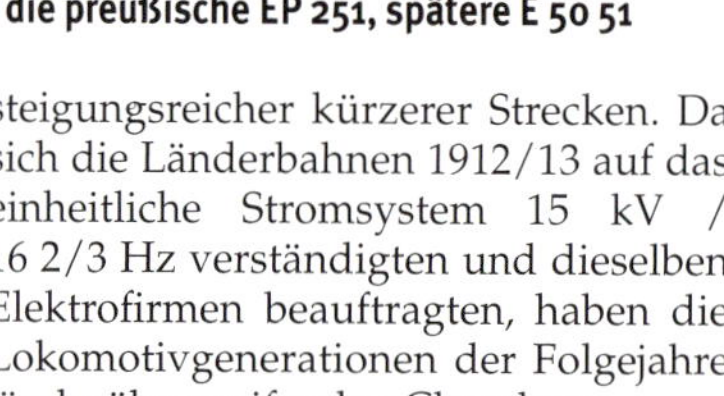

E 69 01 – 05 bzw. 169 002 – 005 bei DRB und DB noch bis in die achtziger Jahre Dienst taten. Zu dieser Lokgeneration gehören auch noch die beiden EG 4x1/1 der K.Bay.Sts.B. für die Strecke Freilassing – Berchtesgaden, später E 73 01 und 02. Pro Tonne Lokmasse konnten 7 bis 14 kW Leistung erzielt werden.

1910 bis 1927: Großmotoren und direkter Stangenantrieb

In Preußen gediehen die umfangreichsten Elektrifizierungspläne: Die KPEV wollte die Stadt-, Ring- und Vorortbahnen von Berlin sowie Strecken im mitteldeutschen Flachland und im schlesischen Gebirge umstellen. Bayern und Baden planten Elektrifizierungen steigungsreicher kürzerer Strecken. Da sich die Länderbahnen 1912/13 auf das einheitliche Stromsystem 15 kV / 16 2/3 Hz verständigten und dieselben Elektrofirmen beauftragten, haben die Lokomotivgenerationen der Folgejahre länderübergreifenden Charakter.

Für die auf Hauptbahnen geforderten Zugkräfte und Geschwindigkeiten war die älteste Konzeption elektrischer Loks zunächst nicht tauglich, da Probleme der Funkenbildung und der Erwärmung nach dem Stand der Technik für höhere Leistungen sehr große Motoren notwendig machten. Ein oder zwei Langsamläufer mit Durchmessern bis zu 3600 mm wurden auf den Hauptrahmen gestellt. Sie trieben mittels Stangen über Blindwellen zwei bis vier Radsätze an. Da die riesigen Motoren nebst dem Transformator, dem Schaltwerk zur Anzapfung der verschiedenen Niedrigspannungen für die Motoren, der Bremsausrüstung und dem Heizkessel für die noch dampfbeheizten Wagen große Gewichte auf das Fahrzeug brachten, waren Laufachsen erforderlich. So ergaben sich manche von Dampfloks vertraute Achsfolgen: Die ersten preußischen Schnellzugelloks von Hanomag waren 2'B1'-Maschinen wie die etwa gleich alten S 7 und S 9 vom selben Hersteller. In der kurzen Aufzählung der wichtigsten Baugruppen fehlt noch die Lüftungsanlage: Bei den frühen Elloks hielt man eine Kühlung der Motoren durch den Fahrtwind für ausreichend. Erst später wurde die Kühlluft maschinell zugeführt. In rascher Folge entstanden ab 1910 zahlreiche sehr unterschiedliche Typen, von denen sich nicht alle bewährten. Alle Doppelloks mit selbst-

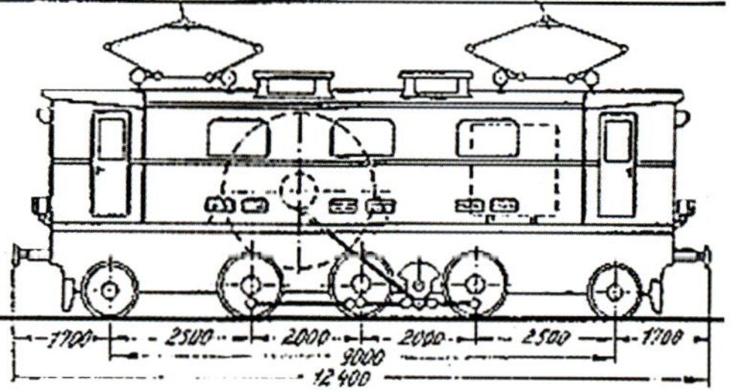

Einzelmotor und Stangenantrieb: E 62 (oben) und E 50³ (unten)

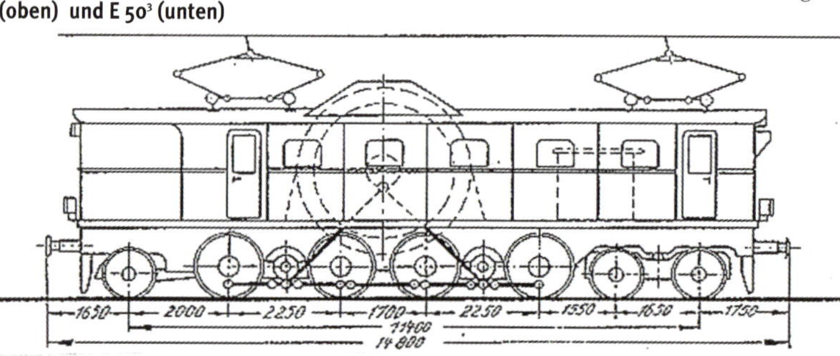

Jahr	Lokomotive(n)	DRG-Num
1910	bad. A¹1	
1911	pr. ES 1 – 3	
	pr. ES 4	
	bad. A2 1 – 9	E 61 01 – 0 05 – 09, 14
	pr. EG 501/EP 201	
	pr. EG 502 – 506	E 70 02 – 0
1912	bay. EP 3/5 20 001 – 005	E 62 01 – 0
	pr. EG 509/510	
	Export: SBB Fc 2x3/3 12200	
1913	pr. ES 5	
	bay. EP 3/6 20 121 – 125	E 36 21 – 2
	bad. A3 1,2	E 61 21, 22
	pr. EG 507, 508	E 70 07, 08
1914	pr. ES 6	
	pr. ES 9 – 19	E 01 09 – 1
	pr. EP 202 – 208	E 30 02 – 0
	bay. EP 3/6 20 101 – 104	E 36 01 – 0
	Export: SJ Oa 1 – 26	
Die Entwicklung der Großmotor-Ellok wurde durch de		
1917	pr. EP 235	
1924	pr. EP 236 – 246	E 50 36 – 4
	pr. EP 247 – 252	E 50 47 – 5
1925	pr. ES 51 – 57	E 06 01 – 0
1927		E 06 08 – 1

lzuglok vorgesehen, aufgenommen am 9. Juli 1913

AUFN.: SIEMENS FORUM, SLG. SCHÜTZE

Die E 70 08 besaß nur einen Führerstand und war als Güterzuglok für das Berliner Netz gedacht

ständig manövrierbaren Hälften waren lauftechnisch unbrauchbar. Das Schwingungsverhalten der mächtigen rotierenden Massen des Motorankers mit den Treib- und Kuppelstangen führte bei einigen Loks zu unangenehmen Überraschungen. Die EG 501 (später EP 201) war so missraten, dass die ähnliche ES 4 nicht fertiggebaut wurde.

Die spezifische Leistung aller in der Tabelle unten genannten Typen bewegte sich zwischen knapp 7 kW pro t (E 36, E 70 05) und 25,5 kW/t (E 06, E 50). Der Einsatz der letzten E 06 und E 50 endete mit dem Abbau der elektrischen Anlagen in Mitteldeutschland und in Schlesien nach dem Zweiten Weltkrieg. Die letzten E 36 und E 62 wurden in Oberbayern noch bis etwa 1950 verwendet. Die Familie der deutschen Wechselstromelloks mit Großmotoren blieb weltweit einzigartig. In Österreich, der Schweiz und Schweden gab es jeweils nur wenige solche Loks. In Italien aber wurden 707 Drehstromloks mit unmittelbarem Kurbelantrieb gebaut und teilweise bis 1976 eingesetzt.

Großmotoren und direkter Stangenantrieb

uart	Leistung	Erläuterung
1' w2k	770 kW	Versuchslok von Maffei und SSW für die Wiesen- und Wehratalbahn, zunächst erprobt auf den Strecken Murnau – Oberammergau und Bitterfeld – Dessau. Die Anordnung der Motoren in den Vorbauten bewährte sich nicht
1' w1k	662/735/1.100 kW	Schnellzugloks von Hanomag und SSW/AEG/BEW für Dessau – Bitterfeld
1' w2k	1.765 kW	Gebirgs-Schnellzuglok von Krauss und AEG, wegen Nichtbewährung der ähnlich aufgebauten EG 501 nicht fertiggestellt
1' w2k	750 kW	Serienloks von Maffei und SSW für Wiesen-und Wehratalbahn
1' w2k	885 kW	Schwere Güterzuglok für das mitteldeutsche Netz von Maffei und SSW, wegen unbeherrschbarer Schwingungen des Trieb- und Laufwerks bereits 1914 abgestellt
/1k	441/558 kW	verschiedene Ausführungen einer Güterzuglok, Fahrzeugteile von Hanomag (4 Loks) und BMAG, elektrische Teile von AEG, FGL, BBC, SSW und MSW.
1' w1k	710 kW	Personen- und Güterzugloks von Maffei und MSW für die Mittenwald- und Außerfernbahn
+ B1' w2k	1.175 kW	gebaut von AEG für Bern-Lötschberg-Simplon-Bahn, wegen deren Desinteresse von KPEV übernommen, bei Versuchsfahrten Dessau – Bitterfeld nicht bewährt
C w2k	*860 kW*	*von Maffei und SSW für Schweden gebaute, dann aber in die Schweiz gelieferte Güterzuglok*
1' w1k	1.325 kW	Schnellzuglok für Schlesien von Maffei und SSW
2' w1k	960 kW	Personenzugloks für Freilassing – Berchtesgaden von Krauss und MSW
1' w2k	660 kW	Personenzugloks von Maschinenfabrik Karlsruhe und BBC für Wiesen-und Wehratalbahn
/1k	920 kW	Güterzugloks für die Berliner Stadt- und Ringbahn von BMAG und MSW, Führerhaus nur an einem Ende
1' w1k	1.470 kW	Mehrzwecklok von Borsig und SSW
1' w1k	1.325 kW	Schnellzugloks für Magdeburg – Dessau – Bitterfeld – Leipzig – Halle („mitteldeutsches Netz") von BMAG und MSW
1' w1k	598 kW	Personenzugloks für schlesische Strecken von BMAG und MSW ähnlich der E 01
2' w1k	690 kW	Personenzugloks für Freilassing – Berchtesgaden von Krauss und SSW
C + C1' w2k	*1.180 kW*	*elektrische Teile von SSW für die symmetrischen Hälften von 13 Doppelloks von ASJ*

krieg vorerst unterbrochen und in den zwanziger Jahren nur noch mit wenigen Typen fortgesetzt, weil der Ellokbau inzwischen andere Wege ging.

uart	Leistung	Erläuterung
1' w1k	2.200 kW	schwere Personenzuglok von LHW und BEW für schlesische Strecken mit dem größten elektrischen Bahnmotor der Welt
1' w1k	2.400 kW	Nachbau der bewährten EP 235 von LHL und BEW für schlesische Strecken
1' w1k	1.900 kW	Alternativausführung von BMAG und MSW zu EP 236 – 246
2' w1k	2.780 kW	Schnellzugloks für das mitteldeutsche Netz von BMAG und BEW
2' w1k	2.780 kW	verbesserte Ausführung der E 06 von 1925

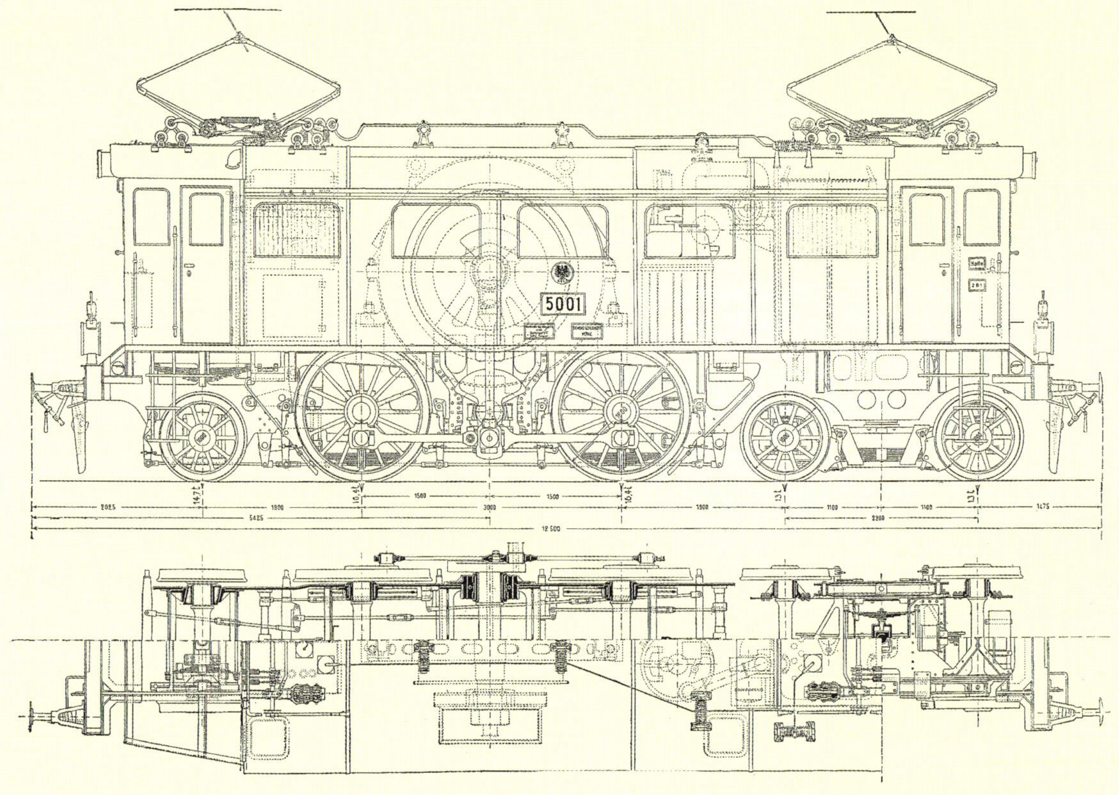

Die 2'B1'-Schnellzuglok der kgl. Pr. Staatsbahn für die Strecke Dessau – Bitterfeld entstand zunächst so auf dem Reißbrett

AUFNAHME: BELLINGRODT, SLG HÖRNEMANN, ALLE STRICHZEICHNUNGEN: KNIPPING

1913 bis 1935: Zahnradgetriebe und Kuppelstangen

Schon vor dem Ersten Weltkrieg verbuchte eine neuere Bauform der Ellok erste Erfolge. Die Motorleistung wurde nun nicht mehr durch weitere Vergrößerung, sondern durch eine Erhöhung der Drehzahl gesteigert. Zwischen die Radsätze und die meist etwa dreimal so schnell laufenden und deutlich kleineren Motoren wurden nun Zahnradgetriebe geschaltet. Von den Getrieben aus wurden weiterhin Blindwellen angetrieben, von denen aus Kuppelstangen die Kraft zu den Radsätzen weitergaben. Die Chronik der moderneren Stangenloks findet sich in der Tabelle rechts.

Die Bauform mit schnell laufenden Motoren, Zahnradgetrieben, Blindwellen und Kuppelstangen war in den zwanziger Jahren in Europa weit verbreitet. Die ersten Ellokgenerationen der Österreichischen und Schweizerischen Bundesbahnen, von denen die „Krokodile" (1'C)(C1') am bekanntesten geblieben sind, entsprachen diesem Konzept. In Schweden wurde es bis 1970 (!) angewandt und brachte es auf 740 Maschinen. Von den oben besprochenen Typen wurde die E 60 am längsten verwendet: Sie schied erst 1982 aus den Diensten der DB. Um auch hier objektivierbare Zahlen zu nennen: Pro Tonne Gewicht erzielten die Loks zwischen 11 kW (E 42, E 702) und 18,9 kW (E 919).

Für höhere Geschwindigkeiten konnte der Stangenantrieb nicht befriedigen. Die Beibehaltung des schweren Kurbelwerks mit all seinen Schwingungsproblemen und seinem Wartungsaufwand bedeutete ein unzeitgemäßes Zugeständnis an die Dampfloktechnik. Die Blindwelle zwischen Getriebe und Treibrädern erlaubte zwar auf einfache Weise den nötigen Vertikalausgleich zwischen Antriebsteil und Rädern, schlug

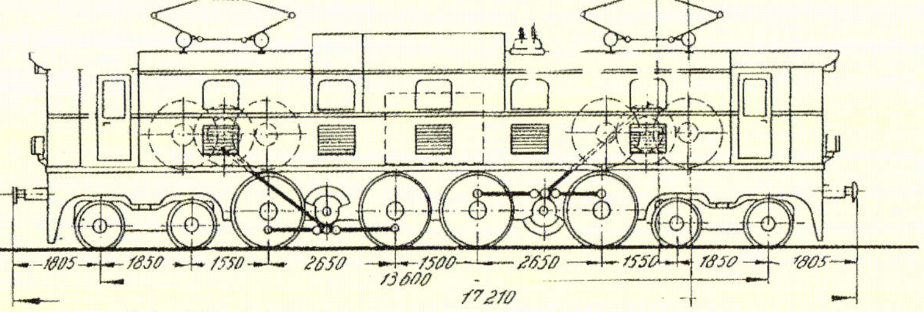

Stangenantrieb mit Vorgelege: E 52

Jahr	Lokomotive(n)	DRG-Numm
1913	pr. EG 511 – 537	E 71 11 – 37
1915	pr. EG 538abc – 549abc	E 91 38 – 49
1920	bay EG 2x2/	
	220, 221, 222	E 70 21, 22
	pr. EG 551/52 – 569/570	E 90 51 – 60
1921	pr. EP 209/10, 211/212	E 49 01, 02
1924	pr. EP 213, 214	E 42 13, 14
	pr. EP 215 – 219	E 42 15 – 19
	bay. EG 3 22 001 – 031	E 77 01 – 31,
	und pr. EG 701 – 725	
1925	bay. EP 2 20 006 – 034	E 32 06 – 34
	bay. EP 5 21 501 – 535	E 52 01 – 35
	bay. EG 5 22 501 – 520	E 91 01 – 20,
	und pr. EG 581 – 594	
1927/1928/		
1932/1934		E 60 01 – 14
		E 75 01 – 12,
		E 79 01, 02
1929		E 91 95 – 106
1935		E 63 01 – 08

Die bayerische EG 2x2, im Bild die spätere E 70 21, war im Bw Freilassing zu Hause und brachte es auf eine Höchstgeschwindigkeit von 50 km/h

aber gewichtsmäßig wie ein zusätzlicher Radsatz zu Buche.

Dass der Bau von Lokomotiven mit Tatzlagerantrieb nie ganz unterbrochen wurde, dafür sorgte vor allem die SSW mit Prof. Reichel als führendem Kopf.

1922 bis 1933: Versuche mit Tatzlagerantrieb

Die guten Erfahrungen mit der (von der DR bis 1969 eingesetzten!) E 95 ermutigten zur weiteren Erprobung des Tatzlagerantriebs für Lokomotiven mittlerer Geschwindigkeiten. Die Entwicklung der ab Mitte der zwanziger Jahre dringend benötigten Schnellzuglok ging aber andere Wege, weil der Tatzantrieb bei hohen Geschwindigkei-

lernere Stangenloks mit Zahnradgetriebe und Kuppelstangen

art	Leistung	Erläuterung
w2u	785 kW	Güterzugloks von AEG für das mitteldeutsche Netz, erste deutsche Serienellok
B' w3u	1.500 kW	schwere Güterzugloks von LHW und SSW für das schlesische Netz, dreigeteiltes Fahrzeug mit zwei Transformatoren in den Endteilen und Führerständen im Mittelteil
w2u	720 kW	Güterzuglok für Freilassing – Berchtesgaden von Krauss und BBC, Aufbau ähnlich E 71
w4u	1.530 kW	Güterzugloks von Humboldt (7)/ LHW (2)/ Beuchelt (1) und BBC
+ B1' w2u	1.765 kW	schwere Personenzugloks von LHW und BEW für schlesische Strecken, lauftechnisch nicht bewährte Alternative zur EP 235
w2k	840 kW	Personenzugloks von BMAG und MSW auf der Grundlage von Triebdrehgestellen, die 1913 und 1920 für den Betrieb mit Abteilwagen auf den Berliner Stadt- und Ringbahnen bestellt worden waren. Aufbau ähnlich E 71.
w2k	780 kW	wie E 42 13 und 14; Variante AEG
(B1) w2u	1.880 kW	Personen- und Güterzuglok, dreigeteilter Lokkasten, 01 – 31 von Krauss und BEW bzw. MSW für das bayerische Netz, 51 – 75 von LHL und BEW bzw. BMAG und MSW für das mitteldeutsche Netz
' w2u	1.170 kW	leichte Personenzuglok von Maffei und BBC für das bayerische Netz
32' w4u	2.200 kW	schwere Personenzuglok von Maffei und AEG bzw. SSW für das bayerische Netz
w4u	2.200 kW	schwere Güterzuglok, dreigeteilter Lokkasten, 01 – 20 von Krauss und SSW bzw. AEG für das bayerische Netz, 81 – 94 von AEG für das schlesische Netz
w2u	1.074 kW	elektrische Rangierlok von AEG bzw. SSW für die Münchner Bahnhöfe auf der Basis einer Maschinenhälfte der E 91
31' w2u	1.880 kW	Ähnlich der E 77, aus lauftechnischen Gründen aber mit durchgehendem Hauptrahmen. 01 – 12 von Maffei und MSW für das bayerische Netz, 51 – 69 von LHW und BEW für das mitteldeutsche Netz
' w2u	1.480 kW	Schiebelok von Maffei und Pöge für Reichenhall – Berchtesgaden
w4u	2.200 kW	verbesserte Ausführung der E 91 für das schlesische Netz von AEG (5 Loks) und AEG/SSW (5 Loks)
u	725/710 kW	elektrische Rangierloks, 01 – 04 und 08 von AEG mit einem Motor wie E 18, 05 – 07 von Krauss und BBC mit einem Motor wie E 16[1]

Ein Renner der DRG: Die E 17, Baujahr 1928, war bis zu 120 km/h schnell. Die ersten 14 Loks standen in Bayern im Einsatz

ten nicht befriedigte. Entsprechende Versuche fasst die Tabelle auf dieser Seite unten zusammen.

1926 bis 1940: Schnellzugloks mit Einzelachsantrieb

Als die Fernstrecken von München nach Kufstein, Freilassing, Garmisch-Partenkirchen und Regensburg sowie von Breslau nach Görlitz unter Strom gingen, waren die für hohe Geschwindigkeiten benötigten Motoren immer noch nicht klein und leicht genug, um sie wie bei Triebwagen und Nebenbahnloks direkt an den Radsätzen anzuordnen. Vorerst musste man die Motoren im Maschinenraum unterbringen. Eine Denksportaufgabe war die Konstruktion einer zuverlässigen Kraftübertragung vom Motor, der zur gefederten Masse der Lokomotive gehörte, zum Radsatz, der den Unebenheiten des Gleises folgte. Das immer noch hohe Gewicht der elektrischen Ausrüstungen machte weiterhin Laufachsen nötig, die im übrigen der Führung des Starrrahmenfahrzeuges im Gleis dienten. Diese Vorgaben führten – in Deutschland nicht anders als in der Schweiz, in Österreich, Schweden, Frankreich und Italien – zur Entstehung der letztlich einzigen originären Bauart der elektrischen Schnellzuglokomotive: Alle Vorläufer mit Stangenantrieb waren im besten Falle Personenzugloks mit Höchstgeschwindigkeiten von allenfalls 100 km/h gewesen. Und der Ellokbau nach dem Zweiten Weltkrieg kannte für Loks unterschiedlicher Geschwindigkeitsbereiche keine grundsätzlichen Differenzierungen mehr. Die Schnellzuglokomotiven mit Einzelachsantrieb sind in der Tabelle rechts zusammengefasst.

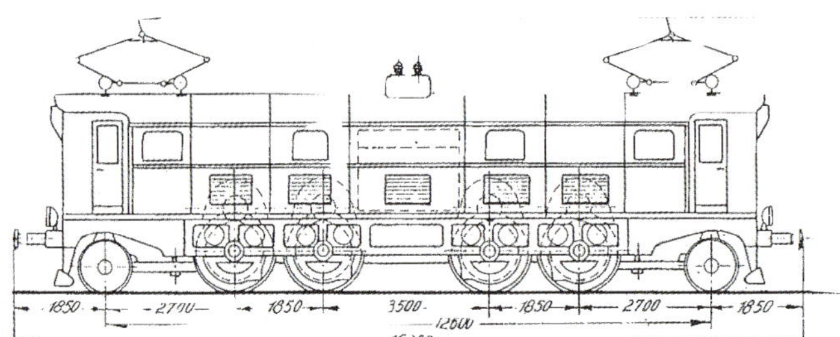

Eine Ellok mit BBC-Antrieb („Buchli"-Antrieb): E 16

Lokomotiven mit Tatzlagerantrieb

Jahr	Lokomotive(n)	DRG-Nummer(n)	Bauart	Leistung	Erläuterung
1922	pr. EV 5	E 73 05	Bo'Bo' w4t	740 kW	Lok für die Hamburger Hafenbahn von BMAG und MSW für 25 Hz/6 kV
1923	pr. EG 571ab – 579ab	E 92 71 – 79	Co+Co w6t	850 kW	Güterzugloks für das schlesische Netz von LHL und SSW, Doppelloks mit separat funktionsfähigen Hälften
1927		E 15 01	(1'Bo)(Bo1') w4t	2.760 kW	110 km/h
		E 16 101	1'Do1' w4t	2.800 kW	120 km/h lauftechnische Varianten einer Schnellzuglok von Borsig und SSW
		E 95 01 – 06	1'Co+Co1' w6t	2.778 kW	70 km/h, Güterzugloks für das schlesische Netz von AEG und SSW, Doppelloks mit separat funktionsfähigen Häflten
		E 80 01 – 05	(A1A)(A1A) w4t	248 kW	40 km/h, Zweikraft-Rangierloks von Maffei und SSW für Fahrleitungs- und Akkumulatorbetrieb
1933		E 05 001, 002, 103	1'Co1'w3t	2.160 kW	110/130 km/h, Alternative von Henschel und SSW zur E 04

AUFNAHMEN: BELLINGRODT, SLG. HÖRNEMANN

Sechs Motoren und 70 km/h schnell: Die E 95 01 stammt aus dem Jahr 1927. Sie ist eine Doppellokomotive mit zwei separat nutzbaren Hälften.

Schnellzuglokomotiven mit Einzelachsantrieb

Jahr	Lokomotive(n)	Bauart	Leistung	Vmax	Erläuterung
1926	E 16 01 – 10	1'Do1' w4e	2340 kW	120 km/h	bay. ES 1 Nr. 21 001 – 010, Schnellzuglok von Krauss und BBC für das bayerische Netz mit Kraftübertragung nach dem schweizerischen Patent Buchli mit Parallelogrammstangen und Zahnsegmenten in Gehäusen außerhalb der Radsätze; Antrieb nur auf einer Lokseite.
	E 21 01, 02	2'Do1' w8e	2840 kw	110 km/h	Versuchsloks von AEG, pro Radsatz ein Doppelmotor; Kraftübertragung nach System AEG/ Baurat Kleinow: Jeder Doppelmotor treibt ein Großrad an, das auf einer Hohlwelle läuft, welche die Treibachse umschließt. Von jedem Ende der Hohlwelle greifen sternförmig angeordnete Schenkel zwischen die Radspeichen und übertragen mittels Ringfedern, die in zweiteiligen Töpfen gelagert sind, die Antriebskraft auf die Speichen. Vorbild war die Versuchslok E 73 06 (Bo'Bo' w8e von BMAG und MSW aus dem Jahre 1925). Dieser „Federtopfantrieb" bewährte sich bei allen schnellfahrenden Reichsbahnelloks ab 1932 und bei vielen ausländischen Loks.
1927	E 16 11 – 17	1'Do1' w4e	2.580 kW	120 km/h	Nachlieferung der E 16 mit stärkeren Motoren
	E 21 51	2'Do1'w8e	4.664 kW	110 km/h	Alternativmodell zur E 21 01 und 02 von LHL und BEW mit Gelenkarmkupplung von den Motorpaaren über Zwischenzahnräder auf die Radsätze. Dieses Antriebssystem der bis dahin stärksten deutschen Ellok bewährte sich nicht.
1928	E 17 01 – 14, 101 – 124	1'Do1' w8e	2.800 kW	120 km/h	Schnellzuglok von AEG und SSW für Bayern (01 – 14) und Mitteldeutschland/Schlesien (101 – 124) nach dem Vorbild der E 21 01 und 02 mit verringertem Gewicht und nur noch zwei Laufachsen. Letzte deutsche Serienellok mit Trockentransformator (Kühlung mit Luft statt Öl). Letztmals wurde bei den Ordnungsnummern nach Einsatzgebieten unterschieden.
1931	E 16 18 – 21	1'Do1' w4e	2.944 kW	120 km/h	nochmals verstärkte Ausführung der E 16
1932	E 04 01 – 23	1'Co1' w3e	2.190 kW	110/130 km/h	Flachland-Schnellzuglok von AEG mit Kleinow-Federtopfantrieb, Höchstgeschwindigkeit ab E 04 09 auf 130 km/h erhöht. Die E 04 23 war die erste Ellok mit Wendezugsteuerung.
1935-39	E 18 01 – 053	1'Do1' w4e	3.040 kW	150 km/h	Serienschnellzuglok von AEG mit Kleinow-Federtopfantrieb, erste deutsche Ellok mit annähernd stromlinienförmiger Gestaltung des Gehäuses. Ab der E 18 045 wurde der Ordnungsnummer eine „0" vorangestellt. Zwei Loks wurden 1954 für DB nachgebaut, acht ähnliche Loks wurden von den Österreichischen Bundesbahnen bestellt und 1940 an die Deutsche Reichsbahn abgeliefert.
1939	E 19 01, 02	1'Do1' w4e	4.000 kW	180 km/h	Versuchsloks ähnlich E 18 für schwere Schnellzüge und höchste Geschwindigkeiten von AEG
	E 19 11, 12	1'Do1' w8e	4.080 kW	180 km/h	Versuchsloks ähnlich E 18 für schwere Schnellzüge und höchste Geschwindigkeiten von Henschel und SSW mit Doppelmotoren

1930 war sie die fabrikneue Vertreterin einer neuen Generation: E 44 2001 im Werkhof der BMAG in Wildau bei Berlin

1923 wurde die erste

Die E 04, E 16, E 17, E 18 und E 19 bewährten sich ausgezeichnet. Die Leistung pro t Lokmasse variierte nun schon zwischen gut 23 kW (E 04, E 16) und 38 kW (E 21 51). Fast alle nicht vom Krieg zerstörten Loks wurden erst in den siebziger und achtziger Jahren ausgemustert. Mit der deutschen E 19 und der Ae 4/6 der SBB (1'Do1' w8e, 1941 – 1944) erreichte die Einrahmen-Schnellzuglok ihre höchsten Vollendungen. Im Gleichstrombereich wurde diese Bauform zuletzt 1950/51 bei den französischen 2D2 Nr. 9101 – 35 (2'Do2' w4e mit Buchliantrieb) angewendet. Zu dieser Zeit hatte aber die Ae 4/4 der Bern-Lötschberg-Simplon-Bahn längst bewiesen, dass die immer weitere Herabsetzung der Motorgewichte inzwischen das alte und unspektakuläre Aufbauschema der laufachslosen Drehgestell-Ellok mit Einzelachsmotoren in den Drehgestellen endlich auch für die größten Zuggewichte und Geschwindigkeiten tauglich gemacht hatte. Für dieses Konzept hatte die Deutsche Reichsbahn bereits ab 1930 Pionierarbeit geleistet.

Laufachslose Drehgestellloks

Jahr	Lokomotive(n)	Bauart	Leistung	Vmax	Erläuterung
1930	E 44 001	Bo'Bo' w4t	2.120 kW	90 km/h	Probelok von SSW
	E 44 101 (später 501)	Bo'Bo' w4t	1.600 kW	80 km/h	Probelok von BMAG und MSW, elektrische Ausrüstung weitgehend analog zur E 75
	E 44 201 (später 2001)	Bo'Bo' w4t	2.200 kW	80 km/h	Probelok von BMAG und BEW
1932-1945	E 44 002 – 178	Bo'Bo' w4t	2.200 kW	90 km/h	Serienlok für Personen- / Güterzüge nach dem Vorbild der E 44 001, Fahrzeugteile von Henschel, Krauss-Maffei und Floridsdorf, elektrischer Teil von SSW, 1946 – 1954 Nachbau der E 44 179 – 187
1933	E 44 502 – 505	Bo'Bo' w4t	1.600 kW	80 km/h	Nachbau der E 44 101 für Freilassing – Berchtesgaden von BMAG und AEG
1933-1937	E 93 01 – 18	Co'Co' w6t	2.502 kW	65/70 km/h	schwere Güterzuglok von AEG für die Strecke Augsburg – Stuttgart
1934	E 44 506 – 509	Bo'Bo' w4t	2.200 kW	80/90 km/h	verbesserter und verstärkter Weiterbau der E 44 501 – 505 für Freilassing – Berchtesgaden von AEG
1935	E 244 01, 11	Bo'Bo' w4t	2.000/2.400 kW	85 km/h	Versuchsloks in Anlehnung an E 44 506 – 509 bzw. E 44 002 ff. für 50 Hz/20 kV von AEG (01) und BBC/Krauss-Maffei (11)
	E 244 21, 31	Bo'Bo' w8t	2.060/2.120 kW	85 km/h	Versuchsloks in Anlehnung an E 44 002 ff. für 50 Hz/20 kV mit Doppelmotoren von SSW/Krauss-Maffei (21) und Garbe-Lahmeyer/Krupp (31)
1940-1945	E 94 001 – 136, 151 – 159	Co'Co' w6t	3.300 kW	90 km/h	schwere Einheitsgüterzuglok von AEG, später auch von SSW und Krauss-Maffei, Nachbauten für DB und ÖBB bis 1956, Gesamtzahl 200 Loks.

AUFNAHME: WERKFOTO BMAG

gestellt; die E 04 09 war die erste Lok ihrer Reihe, die für eine Höchstgeschwindigkeit von 130 km/h zugelassen wurde

Ab 1930: Laufachslose Drehgestell-Lokomotiven

Als die nunmehrige Deutsche Reichsbahn-Gesellschaft an die Reparationsgläubiger verpfändet war und Gewinne zur Tilgung der in Versailles unterschriebenen Verpflichtungen aufbringen sollte, war sie zu äußerster Sparsamkeit bei ihren Investitionen gehalten. Die Weltwirtschaftskrise schränkte die finanziellen Spielräume dramatisch ein. Wenn die Elektrifizierung überhaupt fortgesetzt werden sollte, konnten für eine Lok mittlerer Leistung nicht mehr die 350.750 Reichsmark aufgewendet werden, die man für eine E 75 zu bezahlen hatte, war doch die modernste Dampfschnellzuglok 03 für 185.000 RM zu haben. Ausgehend von der E 75 sollte eine laufachslose Drehgestellmaschine mit Tatzlagerantrieb entwickelt werden. Neben dem Verzicht auf Blindwellen und Kuppelstangen ermöglichte die weitgehend geschweißte Ausführung des Fahrzeugteils die entscheidende Gewichtseinsparung. Die Erprobung von drei Versuchsloks führte zur Großserienbeschaffung der E 44 und weiter zum Siegeszug der seit Mitte des 20. Jahrhunderts weltweit üblichen Bauform elektrischer Lokomotiven für alle Leistungsbereiche. Mit 289.000 RM war die E 44 auch wie gewünscht deutlich billiger als die E 75. Sie und auch die E 94 erbrachten pro t Lokmasse 28 kW Leistung.

Etwa 30 Jahre nach den ersten Versuchsfahrten auf der Strecke Bitterfeld – Dessau verfügte die Deutsche Reichsbahn mit den nur drei Baureihen E 18, E 44 und E 94 über ein Typenprogramm für alle damals auf Hauptbahnen verlangten Zugkräfte und Geschwindigkeiten. Auf der einfachen Grundkonzeption der E 44, aber auch auf den Erfahrungen mit Stromabnehmern, Hauptschaltern, Transformatoren, Schaltwerken und Motoren vieler heute schon fast vergessenener älterer Typen beruhte der erfolgreiche Bau von Elloks in beiden Teilen Deutschlands von 1956 bis zum Beginn des Zeitalters der Leistungselektronik und der Renaissance des Drehstroms. Die spezifische Leistung konnte bei der E 10[1] auf 43,3 kW/t und bei der 103 auf 62,1 kW gesteigert werden. Die heutige 101 bringt es gar auf 76 kW pro Tonne. ANDREAS KNIPPING

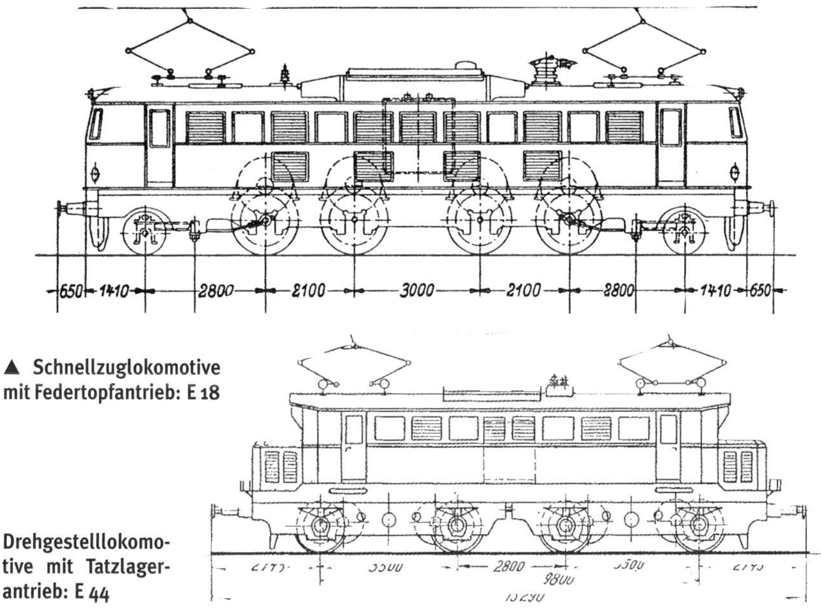

▲ Schnellzuglokomotive mit Federtopfantrieb: E 18

Drehgestelllokomotive mit Tatzlagerantrieb: E 44

DB
103 199-6

Das Ellok-ABC

Zahlen, Daten, Fakten: Das **Ellok-Lexikon** in BAHN-EXTRA

Albanien und Irland sind die einzigen Länder Europas ohne elektrische Lokomotiven. In den anderen Staaten ist das Zahlenverhältnis zwischen Elloks und Dieselloks (ganz abgesehen von den Triebwagen beider Traktionsarten) sehr verschieden. Das Ellokland Nr.1 ist die Schweiz: Hier sind im planmäßigen Streckendienst keine Dieselloks im Einsatz.

Bo'Bo' – sprich „B-Null, B-Null" – ist die meistverbreitete Achsfolge

Bo'Bo' ist die mit Abstand am weitesten verbreitete Achsfolge für Elloks in aller Welt. Die Formel bedeutet: Je zwei angetriebene Radsätze sind in einem Drehgestell zusammengefasst, jeder Radsatz hat seinen separaten Motor. Loks mit durchgehendem Hauptrahmen und Laufachsen vor und hinter den angetriebenen Radsätzen sind so gut wie ausgestorben, weil die elektrischen Ausrüstungen selbst für Loks höchster Leistung so leicht geworden sind, dass ihr Gewicht von den angetriebenen Radsätzen getragen werden kann. 2.909 Elloks der DB gehörten am 1. Januar 2000 der Bauart Bo'Bo' an. Besonders in Frankreich wurden viele B'B'-Loks gebaut, bei denen ein Motor beide Radsätze eines Drehgestells antreibt.

Co'Co' ist die Achsfolge der übrigen 640 Elloks der Deutschen Bahn und vieler kräftiger Elloks in aller Welt. Nicht alle sind bei den für die Gleisunterhaltung zuständigen Stellen beliebt: Dreiachsige Drehgestelle sind lauftechnisch viel problematischer als zweiachsige Gestelle. Daher gibt es etwa in der Schweiz und in Italien auch Bo'Bo'Bo'-Elloks, anderswo bevorzugt man die Doppeltraktion vierachsiger Loks. Die Baureihe 150 der DB wurde nachträglich auf seitenbewegliche Lagerung der Drehgestell-Mittelachsen umgebaut.

Drehstrom ist die älteste und die modernste Stromart für Elloks. Die umlaufende Aktivierung der drei Pole führt zur Rotation des Motorankers, ohne dass dieser mit Strom gespeist werden muss. Die notwendige zweipolige Oberleitung und die mangelnde Variabilität der Geschwindigkeitsstufen machten die Drehstromlok alter Form aber zu einem Saurier der Technikgeschichte, der zum Aussterben verurteilt war – und im Hauptanwendungsland Italien auch 1976 tatsächlich ausstarb. Viel zu schwer waren die rotierenden Umformer ungarischer und italienischer Elloks, die auf der Lok Wechselstrom zu Drehstrom machten. Erst die moderne Elektronik löste das Problem: Halbleiterelemente erzeugen aus jedem Fahrleitungsstrom den Drehstrom für einfache Motoren, und zwar in variabler Spannung und Frequenz.

Elektrischer Strom ist nutzbar, seit Werner von Siemens (Bild oben) das elektrodynamische Prinzip entdeckte

Elektrisch ist ein griechisches Fremdwort. Elektron heißt Bernstein, und auf Bernstein entdeckte man schon in alten Zeiten durch Reibung erzeugte elektrische Funken. Bis zum 19. Jahrhundert wurde mit Reibungselektrizität und Zufallserkenntnissen über die Stromerzeugung durch chemische Prozesse nur experimentiert. Die wirtschaftlich relevante Erzeugung und Nutzung von elektrischem Strom begann erst, nachdem Werner von Siemens das „elektrodynamische Prinzip" entdeckt hatte. 1879 baute er die erste Ellok der Welt für eine Ausstellungsbahn in Berlin. Die 2-kW-Maschine existiert noch.

Fahrleitung nannte man jahrzehntelang das System aus Masten, Auslegern, Tragseil und Fahrdraht für die Stromzuführung zur Lok, eine neue Sprachregelung der DB hat

Der Drehstrom wurde bei dieser Siemens-Versuchslok von 1902 über drei parallele Fahrleitungen übertragen

AUFNAHMEN: REICHERT (GROSSES BILD), SLG. GOTTWALDT (2), KLEE

dem einst als laienhaft verspotteten Begriff „Oberleitung" zum Durchbruch verholfen. Alle Elloks in Deutschland beziehen ihren Strom aus der mindestens 4.950 Millimeter über der Strecke verlaufenden Leitung. Die Zuführung des Fahrstroms aus einer Stromschiene neben dem Gleis ist nur bei Gleichstrom niedriger Spannung möglich und daher den S-Bahnen von Berlin und Hamburg und den U-Bahnen vorbehalten. Überall dort aber fahren nur Triebwagen. Nur noch Museumsstücke sind die wenigen Kleinloks mit Akkumulatorantrieb. „Schleppzeuge" mit Akkuantrieb aus DDR-Produktion gibt es aber noch in manchen Betriebshöfen des ehemaligen Reichsbahnnetzes. Auch wenn sie nie einen Zug befördern dürfen: Technisch sind sie Lokomotiven.

Nachbau einer Siemens-Gleichstromlokomotive für das Bergwerk Zauckerode in Sachsen. Das Original entstand um 1880

Fahrleitungsmast mit Spannvorrichtung. Der gebogene Drehausleger stammt noch aus der Reichsbahnzeit

Gleichstrom ist von der Erzeugung und Nutzung her am einfachsten zu handhaben und wurde daher auch schon Ende des 19. Jahrhunderts zum Antrieb von Grubenbahnen, Straßenbahnen und Lokalbahnen verwendet. Nicht geeignet ist Gleichstrom zur Übertragung über große Entfernungen, da er nicht transformierbar ist und daher nur in der Spannung übertragen werden kann, die dann den (gegebenenfalls in Reihe geschalteten) Motoren zumutbar ist. Hierbei treten aber hohe Verluste auf. Daher wurde für die Fernbahnelektrifizierung in Deutschland ausschließlich Wechselstrom verwendet. Bei den großen Gleichstrom-Bahnnetzen in Italien und Südfrankreich wird Wechselstrom an die Strecke geführt und in relativ vielen Gleichrichterstationen in Gleichstrom von 1.500 beziehungsweise 3.000 V umgewandelt.

Hertz, abgekürzt Hz, ist die Maßeinheit zur Bezifferung der Zahl der (polwechselnden) Schwingungen des Wechselstroms pro Sekunde. Die Bezeichnung erinnert an den Physiker Heinrich Hertz (1857-1894). Für die landesweite Stromversorgung hat sich eine Frequenz von 50 Hz durchgesetzt. Die Frequenz 16 2/3 Hz, auf die sich die deutschen Länderbahnen bereits 1912 geeinigt haben, ist von diesem Wert abgeleitet: Die Drittelung der Frequenz ist technisch einfach. Die guten alten 16 2/3 (oder 16,6666666 ...) Hz wurden allerdings am 16.10.1995 in ganz Mitteleuropa auf dezimale 16,7 Hz aufgerundet, weil man in den Generatoren für Bahnstrom die Umlaufgeschwindigkeit des Ständerdrehfeldes von der Läuferdrehzahl abkoppeln wollte. Der Erfolg der Reichsbahnversuche mit 50 Hz-Fahrstrom auf der Höllental- und Dreiseenbahn im Schwarzwald, die ab 1945 zur französischen Zone gehörten, führte dazu, dass die SNCF ihre Elektrifizierung von den fünfziger Jahren an mit Wechselstrom dieser Frequenz weiterführte. Sie nahm dabei auch eine Systemgrenze zwischen dem Gleichstromnetz im Süden und Südwesten und dem Wechselstromnetz im Norden und Westen in Kauf. DB und DR waren gut beraten, auf den schon erwogenen Systembruch zugunsten der 50 Hz zu verzichten. Während die altfranzösischen 1.500 V Gleichstrom wirklich als veraltet gelten müssen, sind die deutschen (und österreichischen, schweizerischen, schwedischen sowie norwegischen) 16 2/3 Hz durchaus plausibel. Die moderne Technik der Umwandlung jeglichen Stroms in Drehstrom auf der Lok nimmt der Systemdiskussion ohnehin ihre Schärfe.

Inselbetrieb mit 25 kV/50 Hz-Wechselstrom ist die Rübelandbahn der DB im Harz. Die Lokindustrie der DDR wollte in den sechziger Jahren am Exportgeschäft mit dem besonders von Frankreich propagierten und sogar in die Sowjetunion exportierten moderneren System teilnehmen und legte auf eine Erprobungsstrecke im Inland Wert. Nachdem schon einige Kilometer des westlichen Berliner Außenringes in dieser Stromart elektrifiziert worden waren, fiel die Wahl auf die mit starkem Güterverkehr belastete Strecke Blankenburg – Königs-

Für den 50-Hertz-Inselbetrieb auf der Höllentalbahn im Schwarzwald stellte die Reichsbahn 1936 die E 244 01 in Dienst

AUFNAHMEN: SLG. GOTTWALDT, EDINGSHAUS, SLG. RAMPP

hütte. Elf Loks der Reihe 171 sind dort noch immer eingesetzt.

Jubiläum kann man in den nächsten Jahren oft feiern: 2001 werden die ersten Loks der Reihen 110, 140 und 141 ihr fünfundvierzigstes Betriebsjahr vollenden. Das ist ein Alter, welches beispielsweise nur ganz wenigen Einheitsdampfloks der Baujahre 1926 bis 1945 vergönnt war! Anno 2003 jähren sich zum hundertsten Male die Versuchsfahrten mit Drehstromtriebwagen auf der Strecke Marienfelde - Zossen südlich von Berlin, bei denen mit 210 km/h die bis dahin weitaus höchste von Menschen je erzielte Geschwindigkeit erreicht wurde. Im Jahre 2005 wird man auf ein Jahrhundert Vollbahnbetrieb mit Einphasen-Wechselstrom zurückblicken – auf einer dann hoffentlich noch intakten Strecke Murnau – Oberammergau.

AUFNAHMEN: NIEDT, REICHERT, SLG. RAMPP

Zu den **Mehrsystemlokomotiven** für den grenzüberschreitenden Verkehr zählt auch die Baureihe 181

Kollektor heißt das unterhaltungsaufwendige und schadanfällige System von Kontaktflächen im Wechselstrommotor, von dem aus Kohlebürsten des Rotors den Strom für das elektrische Feld des Ankers abnehmen. Der Drehstrommotor braucht dieses funkensprühende System nicht mehr.

Leistungen von Elloks beziffert man in Kilowatt (kW). Die „PS" der Dampfzeit und der frühen Dieselzeit bürgerten sich für Elloks gar nicht erst ein. Man hat zu unterscheiden die „Stundenleistung", die wegen der zunehmenden Motorerwärmung nur für eine Stunde realisierbar ist, und die für unbegrenzte Zeit zu mobilisierende Dauerleistung. Da auch der schwierigste Anfahrvorgang und die angestrengteste Rampenfahrt nicht länger als eine Stunde dauern, ist die Stundenleistung der betrieblich relevantere Wert und wird als „Nennleistung" angegeben. Die nach kW Stundenleistung stärkste Ellok der DB ist immer noch der „alte" Sechsachser 103 mit 7.800 kW. Die neuen Vierachser 101 und 152 sind der 103 mit 6.400 kW aber dicht auf den Fersen. Schlusslicht ist die 141 mit 2.400 kW, die aber doch stärker ist als manche fünf- bis achtachsige Vorkriegsellok. Die betriebsfähige Museumsellok E 69 03 leistet 306 kW.

Mehrsystemloks braucht die DB an den Grenzen zu Bahnnetzen mit anderen Stromsystemen. Die 180 kann nach Polen und Tschechien fahren (und könnte nach Italien und Slowenien fahren), weil sie auch für 3.000 V Gleichstrom tauglich ist. Die 181 pendelt nach Frankreich und Luxemburg, wo sie mit 25 kV/ 50 Hz gespeist wird. Theoretisch könnte sie auch nach Dänemark, in den Süden der Tschechischen Republik, nach Kroatien, Ungarn, Rumänien oder Serbien fahren. Nur noch geschichtliche Bedeutung hat die einzige noch vorhandene Viersystemlok 184 003, die für alle genannten Stromarten und auch für 1.500 V Gleichstrom (Südfrankreich und Niederlande) ausgerüstet ist.

Das **Jubiläum** „100 Jahre Vollbahn mit Einphasen-Wechselstrom" feiert 2005 die Strecke Murnau – Oberammergau, bekannt durch die E 69

Mit ihrer **Leistung** von 12.000 PS beeindruckte die E 03 bereits im Jahre 1965

Neubauelloks nennt man die Loks der ab 1956 in großen Serien gebauten Reihen, obwohl immer mehr davon bereits das vierzigste Betriebsjahr erreicht haben und so „neu" also nicht mehr sind. Kaum eine „Altbau"-Ellok war 1956 älter als 30 Jahre! Die Differenzierung „Altbau/Neubau" stammt nicht aus der Eisenbahntechnik, sondern aus dem Sprachgebrauch der Nachkriegszeit, als man bei Häusern zwischen Altbau, Wiederaufbau und Neubau unterschied. Die letzten „Altbau-Elloks", nämlich solche, die vor 1945 entwickelt, teilweise aber noch bis 1956 nachbeschafft worden waren, verschwanden bei der DB 1988 (194) und bei der DR 1991 (244).

Mit den ersten Nachkriegs-Konstruktionen für die Deutsche Bundesbahn begann das Zeitalter der so genannten Neubauellok. Hier ein Größenvergleich zwischen der E 10 und der ersten Siemens-Lok von 1879

Oldtimer halten die Erinnerung an Elloks aus Zeiten vor der Elektronik wachen. Dazu zählen beispielsweise die Baureihen E 03, E 04, E 11, E 16, E 17, E 18, E 19, E 32, E 44, E 52, E 60, E 63, E 69, E 71, E 75, E 77, E 91, E 93, E 94 sowie E 95. Betriebsfähige Exemplare vor allem der E 18, E 44 und E 94 kommen auf dem deutschen Streckennetz weit herum.

Politik hatte mit Elektrifizierung oftmals eine Menge zu tun: Vor 1914 und auch wieder in den dreißiger Jahren befürchteten militärische Stellen in Deutschland eine zu große Empfindlichkeit des elektrischen Betriebes und legten gegen manche Projekte ihr Veto ein. Der Kohlenmangel im Ersten Weltkrieg führte zur Vollelektrifizierung der Schweizer Bahnen. Die Kohlenhandels-Lobby in Österreich schaffte es, die dort ebenfalls schnell angelaufene Elektrifizierung wieder zu stoppen. Als Mussolini Abbessinien überfallen hatte und aufgrund der Völkerbundssanktionen um die Zufuhr von Kohle und Öl bangen musste, beschleunigten die Italienischen Staatsbahnen das Elektrifizierungstempo und setzten sich Ende der dreißiger Jahre mit dem elektrifizierten Anteil des Streckennetzes an den zweiten Platz in Europa nach der Schweiz. Die italienische Okkupation Sloweniens im Zweiten Weltkrieg führte dazu, dass dort bis heute mit 3.000 V Gleichstrom gefahren wird. In der sowjetischen Besatzungszone Deutschlands wurden 1946 alle Anlagen des Wechselstrombetriebes abgebaut. Nur gegen erhebliche Widerstände schafften es Reichsbahn und DDR-Industrie, ab 1955 wieder mit 15 kV und 16 2/3 Hz beginnen zu dürfen. 1966 verhängte die SED aber einen Elektrifizierungsstopp, weil sowjetische Dieselloks importiert werden sollten. Die Ölkrise erzwang mehr als zehn Jahre später einen radikalen Kurswechsel in die andere Richtung. Nun sollte die Elektrifizierung alle bisherigen Investitionsrückstände im Eisenbahnnetz ausgleichen.

4-Quadranten-Steller heißen die elektronischen Gleichrichter, die in einer modernen Drehstromlok aus dem Strom mit Fahrleitungsfrequenz den Gleichstrom herstellen, aus dem dann wieder die drei stufenlos steuerbaren (Wechselstrom)frequenzen abgerufen werden, die zusammen den Drehstrom für die Motoren bilden. Die Geschichte der leistungselektronischen Halbleiterelemente zur Umformung und Regelung des Stroms begann mit den Thyristoren in den sechziger Jahren. Die deutsche Thyristorlok ist übrigens die 112/143 aus dem Lokerbe der Deutschen Reichsbahn.

Rangierloks und Nebenbahnloks kommen im Ellokbestand der DB nicht vor. Da der Bau von Fahrleitungen über allen Rangier- und Anschlussgleisen frühzeitig als unwirtschaftlich erkannt wurde, blieben die 27 Rangierloks aus der Vorkriegszeit E 60, E 63 und E 80 ohne Nachfolger. Auch Nebenbahnen wurden nur ausnahmsweise elektrifiziert. Wo ihr Oberbau keine schweren Lokomotiven aushält, ist am besten die 141 mit nur 16,6 t Achsfahrmasse einsetzbar. Auf Gleisen von Industriebahnen vor allem im Ruhrgebiet bewähren sich Zweikraftloks für Diesel- und Fahrleitungsbetrieb.

Stückzahlen von Elloks lassen sich am präzisesten für die Staatsbahnen angeben. So besaß im Jahre 1950 die DB 452 Elloks und die DR keine. Ende 1958 lauteten die Zahlen 840 und 70 und 1972 lautete das Zahlenverhältnis 2.442 zu 355. Am 1. Januar 2000 verfügte die DB über 3.549 Elloks.

Aber: Auch Industrieunternehmen verfügen über Elloks für ihre Werksbahnen. Nennenswerte Stückzahlen fahren bei der Lausitzer Braunkohle AG, der Ruhrkohle AG, bei Eisenbahnen und Häfen (Duisburg) und bei Rheinbraun. Die Loks fahren mit Gleichstrom. Immer größer wird aber die Schar von Wechselstromelloks nostalgischer oder experimenteller oder serienmäßiger Bauarten, die von priva-

Elektrische Rangierlokomotiven blieben bislang eher die Ausnahme. Hier die 1929 in Dienst gestellte E 80 der Reichsbahn

AUFNAHMEN: SIEMENS AG, SLG. GOTTWALDT

ten Betreibern auf dem Netz der DB eingesetzt werden.

Die ICE-Triebköpfe sind eigentlich nichts anderes als Lokomotiven

Triebköpfe sind technisch gesehen ebenfalls Lokomotiven, auch wenn sie nur einen Führerstand haben und wegen ihrer Kupplungen nicht frei einsetzbar sind. Die aktuelle Zahl der Elloks der DB ist also um 106 Fahrzeuge der Reihen 401 und 402 zu ergänzen. Bei den neueren ICE-Generationen sind Fahrgastwagen motorisiert, hier handelt es sich um Triebwagen.

Unterhaltung von Elloks ist Aufgabe der Ausbesserungswerke Cottbus (nur Reihen 140 und 155), Dessau und Opladen. Der Betriebshof Erfurt ist an den Untersuchungen der Reihe 143 beteiligt, der Bh Hamburg-Eidelstedt teilt sich mit dem AW Nürnberg die Ausbesserung der ICE-Triebköpfe. Große Tradition in der Ellokpflege hat von all diesen Werken nur das AW Dessau, das vor 1945 für alle Elloks des mitteldeutschen Netzes zuständig war und ab 1953 die von der Sowjetunion zurückgegebenen Maschinen in mühsamer Handarbeit Stück für Stück flottmachte. 1995 endete die Tätigkeit des AW München-Freimann, das von 1927 an die süddeutschen Elloks untersuchte und bis 1958 das einzige Ellok-AW der DB war.

AUFNAHMEN: HÖRSTEL, SLG. PREUSS, SCHULZ

Vorausschauend kann man erwarten, dass die in drei Jahrzehnten überaus intensiv genutzte 103 schnell dezimiert wird, da die als Ersatz vorgesehene 101 vollständig ausgeliefert ist (145 Loks) und die neuen ICE-Generationen viele Elloks im schnellen Reiseverkehr entbehrlich machen werden. Bei den 1956er-Reihen 110/113, 139/140, 141 und 150 wird die seit langem angekündigte Ausmusterung weiterhin recht gemächlich verlaufen, weil ihr Ersatz durch neue Loks nur langsam zu bezahlen ist. Die letzten Loks mit Tatzantrieb 150 001 bis 025 werden sehr bald ausscheiden.

Wechselstrom-Elloks führen die jüngsten Auslieferungen an die DB AG an. Im einzelnen rollen die schwächere 145 und die stärkere 152 für den Güterverkehr an (80 und 195 Loks). Ihnen werden 500 Mehrfrequenz- beziehungsweise Mehrsystemloks folgen, nämlich 400 auf der Basis der Reihe 145 (Reihen 185/186) und 100 auf der Basis der Baureihe 152 (Reihe 189). Außerdem soll eine Baureihe 146 für den Regionalverkehr als Ableitung von der 185 auf DB-Gleise kommen.

Der Lokomotiv-Unterhaltung dienen die Werke der Deutschen Bahn. Hier ein Blick in das auf Elloks spezialisierte Werk Dessau

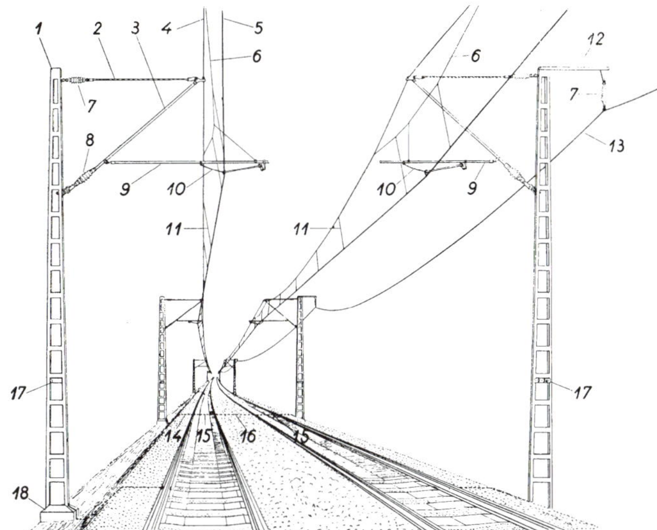

Y-Beiseile (6) sind Teil der Fahrleitungsanlage – dazu gehören außerdem 1 Flachmast, 2 Auslegerverankerung, 3 Drehausleger, 4 Tragseil, 5 Fahrdraht, 7 Stabilisator, 8 Rohrkappenisolator, 9 Stützstrebe mit angelenktem Seitenhalter, 10 Windsicherung, 11 Hänger, 12 Speiseleitungsausleger, 13 Speiseleitung, 14 Masterdung, 15 Schienenverbinder, 16 Gleisverbinder, 17 Mastnummernschild, 18 Fundamentkappe

12X ist die Typenbezeichnung einer Probelok aus dem Jahre 1994 von AEG Hennigsdorf, heute ADtranz. Sie wurde bei der DB als 128 001 eingesetzt und zum Vorbild der Reihen 101 und 145. Das Konkurrenzmodell ist der „Euro-Sprinter" 127 001 von Siemens und Krauss-Maffei, der Pate stand für die Güterzuglok 152 und für Exportlieferungen nach Spanien und Österreich. Die technisch fruchtbare Konkurrenz zwischen Siemens und AEG ist so alt wie die elektrische Zugförderung in Deutschland: Schon die beiden Schnellfahr-Versuchs-Triebwagen von 1903 für Drehstrombetrieb stammten von diesen beiden Herstellern.

Y-Beiseil nennt man jenes Seil der Oberleitung, mit dem im Bereich der Maststützpunkte eine direkte vertikale Aufhängung des Fahrdrahtes am Ausleger vermieden wird. Bei der Erhöhung der Zuggeschwindigkeiten auf 200 und 250 km/h in den letzten Jahrzehnten war die Weiterentwicklung der Oberleitungen und Stromabnehmer ein Hauptthema der Versuche, weil die sich potenzierenden Schwingungen dieses Systems die kontinuierliche und verlustarme Stromübertragung zu einem der größten Probleme im Hochgeschwindigkeitsbereich machen. Lokseitig ging man vom Scherenstromabnehmer zum Einholmabnehmer mit stabilem Tragarm und leichter „Oberschere" über. An der aerodynamischen Form bzw. Verkleidung des Stromabnehmers wird noch gearbeitet.

Zentralämter wie das BZA München, das jahrzehntelang für die Entwicklung elektrischer Triebfahrzeuge genaue Vorgaben machte und die Vorserienfahrzeuge erst nach ausgiebiger Erprobung zur Serienbestellung freigab, haben bei der „neuen Bahn" ihre Funktion verloren. Heute komponieren europaweit tätige Hersteller neue Elloks aus Elementen, die für möglichst viele elektrische und dieselelektrische Fahrzeuge verwendbar sind, und versuchen, die „Modul"-Loks an möglichst viele Bahnunternehmen abzusetzen. Mit den so entstandenen Elloktypen (101, 145, 152) der neunziger Jahre hat die DB bisher Glück gehabt. Bei den Dieseltriebzügen mit Neigetechnik hat sich der Betrieb aber längst an Zeiten einer „bahnamtlichen" Testung vor der Großlieferung zurückgesehnt.

ANDREAS KNIPPING

Vom Stangenantrieb zur

Geschichte in Bildern: **Meilensteine der Techni**

Zunächst orientierte sich die Kraftübertragung der Ellok noch an der Dampfloktechnik. Doch schon bald schlugen die Ingenieure eigene Wege ein. Das Ergebnis: eine atemberaubende Entwicklung mit umwälzenden Erfindungen. Einige sind hier in Wort und Bild porträtiert

Drehstromlok

n 20. Jahrhundert

Der **Stangenantrieb** ist untrennbar mit der Frühzeit verbunden. Bis weit in die zwanziger Jahre hinein gab es keine Kraftübertragung, die bei Elloks öfters Verwendung fand. Die Herkunft des Antriebs kann man nicht übersehen: Mit den Stangen, die auf die Räder wirken, erinnert er stark an eine Dampflok. Die Übertragung vom Motor zu den Stangen übernahmen in vielen Fällen Blindwellen, wie hier bei der preußischen EG 511 bis 537, der späteren E 71.1.

Die Maschine, ab 1912 für den Güterverkehr gebaut, war in ihrer Konzeption wegweisend. Der Aufbau mit zwei kurz gekuppelten Triebdrehgestellen, auf denen ein Brückenrahmen mit Führerständen und Maschinenraum saß, diente später noch einige Male als Vorbild. Typisch für die E 71.1 waren die Vorbauten, die unter anderem die Motoren beherbergten. Im Betriebsdienst haben sich die Loks gut bewährt. Die letzten Exemplare wurden 1959 ausgemustert.

Baureihe E 71.1

Bauart	B'B'
Höchstgeschwindigkeit	50 (65) km/h
Stundenleistung	780 (785) kW
Anfahrzugkraft	106 (137) kN
Masse	64,9 t
Länge über Puffer	11.200 (11.600) mm
1. Baujahr	1912
Stückzahl	27
Hersteller	AEG

Werte in Klammern: Serienänderungen ab 1919

Die preußischen EG 511 bis 537, später als E 71.1 bezeichnet, waren wegweisend in Grundkonzeption und Antriebstechnik. Einige der ab 1912 gebauten Loks fuhren noch 1958 AUFNAHME: MAEY, SLG. GOTTWALDT

Der **Einzelachsantrieb** war schon vor dem Ersten Weltkrieg bei Elloks zu finden. Doch seine große Zeit begann in den zwanziger und, mehr noch, in den dreißiger Jahren, als er alle anderen Übertragungsarten ausstach. Und selbst beim Einzelachsantrieb gab es verschiedene, miteinander konkurrierende Bauarten. Eine davon war der Federtopfantrieb Bauart Kleinow, den auch die E 18 der Deutschen Reichsbahn-Gesellschaft (DRG) erhielt. Das Prinzip: Ein Gestellmotor mit zweiseitigem Getriebe wirkt über eine Hohlwelle mit sechsteiligem Schenkelstern und an den Radspeichen angreifenden Federtöpfen auf die Räder der Treibradsätze.

AEG hatte die E 18 im Jahr 1935 für den DRG-Schnellzugdienst entwickelt. Bei Testfahrten überzeugte die Lok durch immense Zugkraft und Tempo – sie fuhr bis zu 165 km/h. Daraufhin wurde die E 18 bei der Weltausstellung in Paris 1937 mit dem Grand Prix ausgezeichnet. Der Zweite Weltkrieg verhinderte eine Beschaffung in großem Stil, so dass nur 55 Stück an die DRG und weitere acht nach Österreich gingen. Die E 18 bildete zudem die Basis für die 1939/40 gebaute Schnellfahrlok E 19. Beide waren zugleich die letzten Elloks mit fest im Rahmen gelagerten Achsen.

Baureihe E 18

Bauart	1'Do1'
Höchstgeschwindigkeit	150 km/h
Stundenleistung	3.040 kW
Anfahrzugkraft	206 kN
Masse	108,5 t
Länge über Puffer	16.920 mm
1. Baujahr	1935
Stückzahl	55 (DRG)
Hersteller	AEG

Bei der E 18 vereinten die Ingenieure elegantes Äußeres mit Spitzenleistung. Selbst in Österreich stellte die deutsche Konstruktion ihr Können unter Beweis AUFNAHME: MAEY, SLG. GOTTWALDT

H
E18 203

E 42 011
E 11 033

Die **Drehgestell-Lok** hatte bereits vor dem Zweiten Weltkrieg ihren Siegeszug angetreten. Ihr entscheidender Vorteil gegenüber Maschinen mit starr im Rahmen gelagerten Achsen war die erheblich verbesserte Kurvenläufigkeit. Entsprechend konzipierte man nach 1945 alle Neuentwicklungen als Drehgestell-Loks, in West wie in Ost.

Ende der fünfziger Jahre benötigte die Deutsche Reichsbahn der DDR dringend neue Maschinen, um den Betrieb auf dem elektrifizierten Netz aufrecht zu erhalten. Für diesen Zweck entwickelte der VEB LEW Hennigsdorf zwei Prototypen, die 1961 ausgeliefert und als E 11 eingereiht wurden. Die für Personenzüge gedachten Loks besaßen die Achsfolge Bo'Bo' und Tatzlagerantrieb. Die E 11 bewältigte die Aufgaben so gut, dass sie mit 92 Fahrzeugen in Serie ging. Ab 1963 kam die geringfügig modifizierte Schwester E 42 für den Güterzugdienst mit 292 Stück hinzu. Die letzten der liebevoll „Holzroller" genannten Maschinen fuhren noch bis 1999 bei der DB AG.

Baureihe E 11/E 42

Bauart	Bo'Bo'
Höchstgeschwindigkeit	120 km/h, 100 km/h
Stundenleistung	2.920 kW (Serie)
Anfahrzugkraft	216 kN (Serie), 245 kN
Masse	82,5 t
Länge über Puffer	16.260 mm
1. Baujahr	1961, 1963
Stückzahl	96, 292
Hersteller	VEB LEW Hennigsdorf

Die 2. Zahl nennt abweichende Daten der E 42

Die E 11 und die E 42 stellten die ersten neu konstruierten Elloks der DR dar. Im Jahr 1963 warten die E 42 011 und die E 11 033 im Bw Halle P auf ihren Einsatz AUFNAHME: SLG. REIMER

DB
1
120 00

Der **Drehstromantrieb** beschäftigte die Fahrzeugindustrie und die Deutsche Bundesbahn seit den frühen siebziger Jahren. BBC hatte 1971 die dieselelektrischen Loks DE 2500 mit Drehstrom-Asynchronmotoren versehen. Die Erprobung ergab, dass man grundsätzlich eine Maschine für alle Verwendungszwecke bauen könne. Dadurch animiert, bestellte die DB 1976 eine vierachsige elektrische Universallok. Bis 1979 fertigte BBC gemeinsam mit Krauss-Maffei, Krupp und Henschel fünf Prototypen, die bei der DB als 120 001 bis 005 geführt wurden. Als erste Vollbahnloks weltweit besaßen sie einfache, verschleißfreie Drehstrom-Asynchronmotoren. Der Vorteil: Dieser Motor verfügte über eine stufenlos regelbare Drehzahl. Die Kraftübertragung auf die Radsätze erfolgte mittels eines Gelenk-Kardan-Antriebes. Nach mehrjährigen Tests orderte die DB insgesamt 60 Maschinen, die von Anfang 1987 bis Ende 1989 gefertigt wurden. Sie erhielten die Baureihenbezeichnung 120.1. In der Tat erwies sich das neue Fahrzeug als universell geeignet, so dass es neben Fernreise- auch Güterzüge beförderte. Darüber hinaus dienten die 120er, vor allem die Prototypen, als Versuchsmaschinen. So bildeten sie eine wichtige Basis für die Entwicklung der DB-AG-Elloks.

Baureihe 120.1

Bauart	Bo'Bo'
Höchstgeschwindigkeit	200 km/h
Stundenleistung	5.600 kW
Anfahrzugkraft	340 kN
Masse	83,2 t
Länge über Puffer	19.200 mm
1. Baujahr	1987 (Lieferserie)
Stückzahl	60 (Lieferserie)
Hersteller	s. Text

Elektroloks mit Drehstrom-Asynchronmotoren: Die fünf Vorserienmaschinen der DB-Baureihe 120 haben sich im Februar 1980 im Aw München-Freimann versammelt AUFNAHME: P. WAGNER, SLG. SKRZYPNIK

DB
E03 001

Made in Western Germany

Elloks der **Deutschen Bundesbahn** im Überblick

Die E 03 sorgte ab 1965 für Furore auf den DB-Schienen. Die E 03 001 zählt heute zum betriebsfähigen Museumsfuhrpark der DB AG. Hier wartet sie mit einem Sonderzug in Krefeld Hbf

AUFNAHME: FELDMANN

Mit Nachbauten von Vorkriegsmaschinen begann in den fünfziger Jahren die Lokomotivbeschaffung. Aber schon bald ging die Bundesbahn an bedeutende Neuentwicklungen

Die Deutsche Reichsbahn in den Westzonen Deutschlands verfügte nach Kriegsende über ein umfangreiches, mit 15 kV und 16 2/3 Hz elektrifiziertes Netz. Bei 1442 Kilometern Länge dehnte es sich im Westen bis Weil der Stadt, im Norden bis Ludwigsstadt (Ofr), im Osten bis Freilassing und im Süden bis Mittenwald aus. Nach Beseitigung der Kriegsschäden konnte zum Teil vor Kriegsende beziehungsweise bald danach wieder mit Elektroloks gefahren werden.

Von den auf dem Gebiet der späteren Deutschen Bundesbahn verbliebenen Elektrolokomotiven für 15 kV/16 2/3 Hz konnte die Mehrzahl, einige zum Teil nach längeren Reparaturen, wieder in Betrieb genommen werden. Das Rückgrat bildeten die 1945 noch relativ modernen Baureihen E 18 (34 Stück; in Klammern genannt ist der Bestand zu Kriegsende ohne später ausgemusterte Schadloks), E 44 (111), E 93 (18) und E 94 (65). Aus den zwanziger Jahren stammten die E 16 (19), E 17 (26), E 32 (24), E 52 (29), E 60 (14), E 75 (22), und E 91 (16) – letztere fünf Baureihen besaßen jedoch den technisch überholten Stangenantrieb. In nur kleinen Stückzahlen waren die E 04 (6), E 19 (4), E 62 (1), E 63 (8), E 70 (2) und E 71 (9) vorhanden.

Dabei profitierte das elektrifizierte süddeutsche Netz von der Zuführung zahlreicher Elektroloks aus dem elektrifizierten Netz in Schlesien, von wo die DRG wertvolle Maschinen der Baureihen E 17, E 18 und E 91 nach Bayern überführt und damit vor den heranrückenden sowjetischen Truppen in Sicherheit gebracht hatte.

Während sich vor Ort alle verfügbaren Kräfte der Instandsetzung beschädigter Strecken und Triebfahrzeuge widmeten, lebte in der Hauptverwaltung der DR West das Vorhaben der Elektrifizierung weiterer Strecken wieder auf. Unter der Voraussetzung der gesicherten Finanzierung sollte der Fahrdraht – nicht zuletzt aufgrund des Gebotes, teure Lokomotivkohle einzusparen – zügig weiter gespannt werden. Dabei baute man auch auf Planungen auf, die infolge des Krieges zunächst ad acta gelegt worden waren. Die wichtigsten Projekte waren zunächst der Anschluss des Ruhrgebietes als industrielles Herz der späteren Bundesrepublik an das süddeutsche Netz und die Ost-West-Verbindung (Wien –) Passau – Nürnberg – Würzburg – Frankfurt. Damit einher ging die notwendige Beschaffung einer bisher nicht gekannten Anzahl neuer Elloks. Eine wichtige Rolle spielte dabei das Eisenbahnzentralamt (EZA) München, das später als Bundesbahnzentralamt (BZA) firmierte. Ihm fiel die Aufgabe zu, gemeinsam mit der Industrie ein neues Fahrzeugprogramm aufzustellen und die darin enthaltenen Loktypen zu entwickeln.

Altbauelloks im Nachbau

Dies dauerte. Um den nach Kriegsende herrschenden Lokmangel etwas lindern zu können, hatte die DR-West daher in den Nachkriegsjahren von einigen Vorkriegsbaureihen weitere Lokomotiven beschafft. Teilweise waren diese Lokomotiven bereits angearbeitet, teilweise waren so viele Ersatzteile in den Ausbesserungs- und Lieferwerken oder auch aus ausgeschlachteten Kriegsschadlokomotiven vorhanden, dass ein Neubau lohnte. So entstanden nach Aufhebung des Lokbauverbotes durch die Alliierten von 1945 bis 1955 die E 18 054 und 055, die E 44 176, 177, 179 – 187 und die E 94 137 – 142, 145, 160 und 161. Bei den von 1954 bis 1956 gebauten E 94 178 – 196 und E 94 262 – 285 handelte es sich um Neubaulokomotiven, um bis zur Indienststellung der ersten Einheitselloks den Lokbedarf auf den neu elektrifizierten Strecken abdecken zu können. Teilweise nutzte die DB diese Nach- und Neubaulokomotiven auch als Versuchsträger für neue Komponenten der geplanten neuen Ellokgeneration. So erhielten die E 94 141 und 142 sowie die E 94 270 und 271 eine Hochspannungssteuerung.

In den Jahren 1947 bis 1954 konnte die DB auch einige Elloks übernehmen, die auf dem Gebiet der späteren DDR oder in

Bei Krauss-Maffei entstehen in den fünfziger Jahren Einheits-Elloks sowie die V 200

West-Berlin standen. So gelang es 1947, die im britischen Sektor in West-Berlin bei den Siemens-Schuckert-Werken (SSW) zur Reparatur abgestellten fünf E 44, eine E 91 und eine E 94 durch die sowjetische Zone nach Bayern zu überführen.

Außerdem waren zu Kriegsende bei der AEG-Lokfabrik in Hennigsdorf zwei angearbeitete E 94 – die späteren E 94 160 und 161 – vorhanden, die 1948 zur Fertigstellung nach München zu Krauss-Maffei kamen. Der heute noch lebende Ingenieur Andreas Brauer, zu jener Zeit im Vertrieb der in (West-) Berlin residierenden AEG tätig, erwarb sich bei dieser erfolgreiche Transaktion besondere Verdienste.

Im Tausch gegen Fahrleitungskupfer und Dampflokersatzteile verkaufte die DR schließlich 1953/54 neun aus der Sowjetunion zurückgekehrte Lokomotiven der Reihen E 18 (5) und E 94 (4) an die DB. Die Abgabe einer größeren Anzahl von Elloks der DR, an deren Erwerb die DB großes Interesse hatte, unterblieb vor dem Hintergrund der geplanten Wieder-Elektrifizierung in Mitteldeutschland.

Das Hauptaugenmerk der Lokbeschaffung lag jedoch im Neubau. Dabei sollte vor allem mit der Typenvielfalt der Vorkriegsbauarten – obwohl bereits seit den zwanziger Jahren Schritte zur Verwendung einheitlicher Bauteile unternommen worden waren – Schluss sein. Im Sinne eines effizienten Lokbaus und einer ebensolchen späteren Unterhaltung sollten die neuen Elloktypen durchgehend auf gleichen Baugrundsätzen aufbauen. Treibende Kraft dieser Entwicklung war der Fachausschuss für elektrische Lokomotiven, in dem Vertreter der Bahn und der Industrie über die neuen Elloktypen nachdachten, diskutierten, um die besten Lösungen rangen und schließlich entschieden.

Konkreter Bedarf bestand an einer Ellok mittlerer Leistung für den Reise- und Güterverkehr sowie an einer schweren Güterzugmaschine. Bei ersterer griff der Fachausschuss 1949 das bereits in den frühen vierziger Jahren angedachte „E 46"-Projekt wieder auf. Diese vierachsige Mehrzwecklok sollte einst auf der Basis der E 44 entwickelt werden und über eine Höchstgeschwindigkeit von 120 km/h verfügen. Da in der deutschen Industrie kriegsbedingt andere Prioritäten galten, war die Ellokentwicklung auf dem Stand Ende der dreißiger Jahre stehen geblieben. Im Ausland dagegen – den USA und der Schweiz – hatte der technische Fortschritt neue, wegweisende Konstruktionen hervorgebracht: die laufachslosen Bo'Bo'-Drehgestell-Lokomotiven mit Einzelachsantrieb. Der Fachausschuss nutzte daher bei der Konzeption der neuen Elloktype mittlerer Leistung die Erfahrungen mit den Schweizer Lokomotiven Ae 4/4 der Bern-Lötschberg-Simplon-Bahn (BLS) und Re 4/4 der Schweizerischen Bundesbahnen (SBB). Brown, Boveri & Cie. (BBC) als Hersteller dieser Maschinen war in der Lage, diese Erfahrungen auch einzubringen. Für die neuen Loks forderte die Bahn eine Achslast von etwa 20 Tonnen bei einem Gesamtgewicht von maximal 82 Tonnen, eine Stundenleistung von 3.300 bis 3.500 kW und die Höchstgeschwindkeit von 130 km/h. Besonderes Augenmerk richtete sich auf die Ausgestaltung des Antriebes.

Bei der schweren Güterzuglok als Nachfolgerin der E 94 verfolgte der Fach-

Neubaulokomotiven der ersten Generation

	Baureihe E 10 / 110	**Baureihe E 40 / 140**	**Baureihe E 41 / 141**	**Baureihe E 50 / 150**

Bauart	Bo'Bo'	Bo'Bo'	Bo'Bo'	Co'Co'
Höchstgeschw.	150 km/h	110 km/h	120 km/h	100 km/h
Antrieb	Gummiring-Feder	Gummiring-Feder	Gummiring-Feder	Tatzlager/Gummir.-Feder
Stundenleistung	3.700 kW	3.700 kW	2.400 kW	4.500 kW
Anfahrzugkraft	275 kN	275 kN	206 kN	441 bzw. 443 kN
Masse	84,6 t	83 t	66,4 bzw. 69 t	126 bzw. 128 t
Länge über Puffer	16.490 mm	16.490 mm	15.660 mm	19.490 mm
Herst./1. Baujahr	diverse/1956	diverse/1957	diverse/1956	diverse/1957
Stückzahl	379 (E 10.1/E 10.3)	848	451	194

AUFNAHMEN: SLG. RAMPP, DB-PRESSEDIENST (4)

Vorserienloks wie die E 10 001 (oben) standen am Anfang des Typenprogramms, das die DB in den fünfziger Jahren auf den Weg brachte. Doch schon vorher hatte die Bahn neue technische Komponenten verwendet, zum Beispiel bei einigen Nachbauten der E 94 (unten)

ausschuss das Konzept einer sechsachsigen Bauart mit einer Höchstgeschwindigkeit von 100 km/h auf Basis der neuen, im Rahmen des E 46-Projektes festgelegten Baugrundsätze.

Prototypen für das Typenprogramm

Die Arbeiten mündeten im Herbst 1950 in die Auftragsvergabe über fünf Bo'Bo'-Probelokomotiven, die wegen der auf 130 km/h heraufgesetzten Höchstgeschwindigkeit als Baureihe E 10 bezeichnet wurden. Entsprechend dem Schweizer Vorbild waren es Drehgestell-Lokomotiven mit einzeln angetriebenen Achsen – jedoch mit unterschiedlichen Antrieben:

- Die **E 10 001** (Krauss-Maffei und AEG) besaß ein Dienstgewicht von 83 Tonnen, eine Stundenleistung von 3.800 kW bei 94 km/h und Hohlwellengelenkstangenantrieb der Bauart Alsthom. Die Steuerung der vier Fahrmotoren geschah mittels einer Feinreglersteuerung mit motorischer Nachlaufsteuerung.
- Die **E 10 002** (Krupp, BBC) wog 82 Tonnen und hatte eine Stundenleistung von 3.280 kW bei 79,3 km/h. Sie erhielt einen BBC-Scheibenantrieb, die Steuerung der Fahrmotoren erfolgte durch eine als Potentiometersteuerung ausgeführte Nachlaufsteuerung.
- Die **E 10 003** (Henschel und Siemens) hatte ein Dienstgewicht von 80 Tonnen, eine Stundenleistung von 3.800 kW bei 91 km/h und einen SSW-Gummiringfederantrieb, wie er seit

AUFNAHMEN: DB-PRESSEDIENST, HAFENRICHTER

Gerade in Sachen Design machte die DB in kurzer Zeit große Fortschritte. Sah die Vorserienlok E 10 003 (unten, Nürnberg Hbf) noch vergleichsweise schwerfällig aus, so zogen die Vertreter der späteren Lieferungen mit ihrer charakteristischen „Bügelfalte“ (oben) die Blicke auf sich

1950 in der E 44 038 erprobt wurde. Die E 10 003, die E 10 004 und die E 10 005 hatten eine aus der E 18 abgeleitete Front mit drei Fenstern.

■ Die baugleichen Lokomotiven **E 10 004** und **E 10 005** (Henschel und AEG) besaßen ein Dienstgewicht von 80 Tonnen und eine Stundenleistung von 3.440 kW bei 98 km/h. Ihr Antrieb war ein Kardan-Lamellenantrieb der Bauart Sécheron, die Steuerung der Fahrmotoren erfolgte wiederum durch eine als Potentiometersteuerung ausgeführte Nachlaufsteuerung.

Die Einheitselloks entstehen

Aus der Erprobung dieser Vorauslokomotiven leitete das BZA München ein Programm mit drei Grundtypen ab: Eine Bo' Bo'-Type E 10/E 40 mit dem Dienstgewicht von 83 Tonnen und zwei Getriebevarianten als Schnellzuglok für 150 km/h und als Güterzuglok mit 100 km/h, eine leichte Bo' Bo'-Lok E 41 mit dem Dienstgewicht von 66 Tonnen und der Höchstgeschwindigkeit von 120 km/h für den leichten Haupt- und Nebenbahndienst sowie eine Co'Co'-Lok E 50 mit dem Dienstgewicht von 126 Tonnen und der Höchstgeschwindigkeit von 100 km/h für den schweren Güterzugdienst auf Steigungsstrecken. Zusätzlich plante das BZA München eine Co' Co'-Schnellzuglok E 01 mit 180 km/h Höchstgeschwindigkeit, die jedoch nicht verwirklicht wurde.

Für das große Einheitslok-Typenprogramm wählte das BZA die jeweils besten

AUFNAHMEN: HÖRSTEL, SIEMENS AG

Techniken aus den Vorserien-E 10 aus. So hatte sich der Siemens-Gummiringfederantrieb am besten bewährt. Er zeichnete sich durch große Zuverlässigkeit und Wartungsarmut aus, so dass er in den ab 1956 gebauten, so genannten Einheitslokomotiven der Baureihen E 10.1, E 40, E 41 und E 50 generell zum Einbau kam, lediglich die E 50 001 bis 025 erhielten noch einen Tatzlagermotor. Als Steuerung für die Fahrmotoren wurde in der Baureihe E 41 die in E 10 003 erprobte Niederspannungs-Nachlaufsteuerung verwendet, die übrigen Baureihen erhielten die in E 10 002, 004 und 005 sowie in E 94 141, 142, 270 und 271 erprobte Hochspannungssteuerung. Die Serien-E 10, die Unterbaureihe E 40.11 und die E 50 hatten außerdem eine elektrische Bremse. Insgesamt wurden von 1956 bis 1973 nicht weniger als 1.934 dieser so genannten Einheits-Elloks gebaut.

Von den E 10 erhielt die DB ab der Ordnungsnummer 265 bis 270 und 288 aufwärts Maschinen mit neuem Kastenaufbau. Den Anstoß gab das Vorhaben, die Fernschnellzüge „Rheingold" und „Rheinpfeil" ab 1962 auf geeigneten Streckenabschnitten im Rheintal mit 160 km/h verkehren zu lassen, nachdem bis dahin die Höchstgeschwindigkeit von Schnellzügen 140 km/h betragen hatte. Dafür benötigte die DB Lokomotiven mit repräsentativem Aussehen. Daher erhielten die E 10 1265 bis 1270 einen neuen windschnittigeren Lokkasten und wurden zur neuen Unterbaureihe E 10.12. Ab E 10 288 ließ die DB alle Lokomotiven der Baureihe E 10 damit ausrüsten. Das markante Aussehen sorgte schnell für einen Spitznamen: „Bügelfalten"-E 10. Darunter befanden sich mit E 10 1308 – 1312 weitere Loks der Unterbaureihe E 10.12 (ab 1968 als 112 bezeichnet). Im Jahr 1968 folgten noch 112 485 – 504. In den Jahren 1998 bis 1991 wurden diese Loks in BR 113 beziehungsweise 114 umgezeichnet.

Neues Tempo bei der DB

Im Vorgriff auf die Entwicklung neuer Schnellfahrlokomotiven für 200 km/h erhielten die E 10 299 und 300 im Jahr 1963 neu entwickelte Drehgestelle. Bei Versuchsfahrten zwischen Bamberg und Forchheim fuhren beide Loks 200 km/h.

Im Jahr 1965 begann für die DB das Hochgeschwindigkeitszeitalter. In diesem Jahr konnten die Vorauslokomotiven E 03 001 und 003 mit dem elastischen Henschel-Verzweigerantrieb sowie E 03 002 und 004 mit dem Siemens-Gummiring-Kardanantrieb geliefert werden. Anlässlich der Internationalen Verkehrsausstellung in München beförderten sie erstmals planmäßige Züge mit 200 km/h zwischen München und Augsburg. Ab 1966 beförderten die E 03 planmäßig TEE-Züge. Aus diesen Vorserienloks entwickelte das BZA München die ab 1970 gelieferten Serienmaschinen der Baureihe 103.1 mit Siemens-Gummiring-Kardanantrieb. Bis zur Indienststellung der Serien-120 im Jahr 1987 bewältigten die 103.1 allein den gesamten hochwertigen Zugverkehr im TEE- und IC-Dienst der DB.

Um den durch die fortgesetzte Streckenelektrifizierung weiter gestiegenen Bedarf zu decken, entschloss sich das BZA München Anfang der siebziger Jahre zur Weiterentwicklung der E 10 und der E 50. So traten ab 1973 die Co'Co'-Güterzugloks 151 001 bis 170 ihren Dienst an. Die ab 1974 als Nachfolgerin der E 10 beschafften Bo' Bo'-Schnellzugloks 111 001 bis 227 besaßen als Neuheit einen „integrierten Führerraum", der in der Folgezeit auch bei der Baureihe 120 und den ICE-Zügen der Baureihe 401 verwendet wurde.

Hier fahren Sie Tempo 200: Ein Blick in den Führerstand der Baureihe E 03.0

Die Idee der Universallok

Völlig neue Wege in der Ellok-Beschaffung wollte die DB mit der Baureihe 120 gehen. Mit dem Einstieg in die dank großer Fortschritte in der Leistungselektronik effizient nutzbare Drehstromantriebstechnik wollte die DB erstmals eine echte universell einsetzbare Lokomotive beschaffen, die sich für Schnellzüge mit hohen Geschwindigkeiten wie für schwere Güterzüge eignen sollte.

Die Voraussetzungen hatte BBC mit den dieselelektrischen Versuchslokomotiven der Baureihe 202 geschaffen, die seit 1974 Probefahrten absolvierten. Das umfangreiche Versuchsprogramm zeigte, dass die Drehstrom-Antriebstechnik hinsichtlich der geforderten Parameter Leistungsausnutzung und Wartungsarmut den Anforderungen gerecht werden konnte. Die Prototypen der neuen Ellok-Generation, die fünf Bo' Bo'-Vorserienloks 120 001 bis 005, konnten in den Jahren 1979/80 ausgelie-

Neubaulokomotiven der siebziger und achtziger Jahre

Baureihe 103.1

Bauart	Co'Co'
Höchstgeschw.	200 km/h
Antrieb	Gummiring-Kardan
Stundenleistung	7.780 kW
Anfahrzugkraft	312 kN
Masse	114 t
Länge ü. Puffer	19.500/20.200 mm
Herst./1. Baujahr	diverse/1970
Stückzahl	145

Baureihe 151

Bauart	Co'Co'
Höchstgeschw.	120 km/h
Antrieb	Gummiring-Feder
Stundenleistung	6.288 kW
Anfahrzugkraft	441 kN
Masse	118 t
Länge über Puffer	19.490 mm
Herst./1. Baujahr	diverse/1973
Stückzahl	170

Baureihe 111

Bauart	Bo'Bo'
Höchstgeschw.	150 km/h
Antrieb	Gummiring-Feder
Stundenleistung	3.620 kW
Anfahrzugkraft	274 kN
Masse	83 t
Länge über Puffer	16.750 mm
Herst./1. Baujahr	diverse/1974
Stückzahl	226

Baureihe 120.1

Bauart	Bo'Bo'
Höchstgeschw.	200 km/h
Antrieb	Gelenk
Stundenleistung	5.600 kW
Anfahrzugkraft	340 kN
Masse	83,2 t
Länge über Puffer	19.200 mm
Herst./1. Baujahr	diverse/1987
Stückzahl	60

AUFNAHMEN: SIEMENS FORUM MÜNCHEN, SLG. RAMPP (2), STRONER, MIETHE

Mit vier Systemen sollte die E 410, spätere 184, fahren. Doch zuverlässig klappte das nicht

fert werden. Nach einer intensiven Erprobung war im Oktober 1984 die Serienreife erreicht. Daraufhin bestellte die DB 60 Serienlokomotiven, die von 1987 bis 1989 geliefert und als 120 101 bis 160 eingereiht wurden.

Dank der großen Leistungsfähigkeit der Drehstromtechnik glaubte die DB, fortan alle Zugattungen nur noch mit relativ leichten, vierachsigen statt der ungeliebten, weil den Oberbau beanspruchenden sechsachsigen Lokomotiven bedienen zu können. Fakt ist jedoch, dass sich die Gesetze der Physik – schwere Lok gleich hohes Reibungsgewicht und Zugkraft – nicht ohne weiteres aushebeln lassen und die leichten Vierachser vor allem auf Steigungsstecken wesentlich mehr Mühe mit schweren Güterzügen haben als die Baureihen 150 und 151.

AEG ging im übrigen zunächst eigene Wege und baute 1981 die ausgemusterte ehemalige Mehrsystemlok 182 001 auf eigene Rechnung zum Erprobungsträger für Drehstromtechnik um. Mit der an die DB vermieteten Lok fanden Erprobungen auch im Plandienst statt, meist stand die Lok aber im AW Freimann.

Eine Lokomotive für mehrere Stromarten

Eine Sonderstellung im Ellokpark der DB nehmen die Mehrsystem-Lokomotiven ein. Nach der Elektrifizierung des Saarlandes traf bei Perl, Appenweier und Saarbrücken das deutsche Stromsystem mit dem Stromsystem 25 kV, 50 Hz der französischen Staatsbahnen SNCF zusammen. Damit stand die Entwicklung von Zweifrequenzlokomotiven für beide Systeme an. Die Industrie lieferte 1959/60 drei Bo' Bo'-Probelokomotiven E 320 01, 11 und 21, die äußerlich den Einheits-Elloks E 10/E 40 entsprachen. Für ihre Einsatzzwecke besaßen sie jedoch unterschiedliche Transformatoren, Steuerungen und Gleichrichter für die Gleichstrommotoren, die alle erstmals mit Siliziumdioden versehen waren. Eine vierte Zweisystemlok entstand 1962 durch den Umbau der ehemaligen 50 Hz-Lok E 244 21 der Höllental- und Dreiseenbahn in die E 344 01. Äußerlich wirkte sie wie eine auf ein E 44-Fahrwerk aufgesetzte E 41, was ja auch fast den Tatsachen entsprach.

Die drei E 320 erhielten 1968 die EDV-gerechten Betriebsnummern 182 001, 011 und 021. Als „Europa-Lokomotiven" erschienen 1965 die Bo' Bo'-Viersystemlokomotiven E 410 001 bis 003 (AEG) und E 410 011/012 (BBC), die zusätzlich auf mit Gleichstrom 1,5 kV und 3 kV elektrifizierten Strecken Belgiens und der Niederlande eingesetzt werden sollten. Sie hatten für jedes Stromsystem einen eigenen Einholmstromabnehmer. Unterschiede gab es in der Speisung der vier Fahrmotoren bei Gleichstrombetrieb. Da sich der Gleichstromteil nicht bewährte, wurde er wieder ausgebaut. 1968 bezeichnete die DB diese Loks als 184 001 bis 003 und 184 111 und 112. Die 184 003 ist heute als Zweifrequenzlokomotive noch im Einsatz.

Mit dem selben Kastenaufbau wurden 1968 vier Bo' Bo'-Zweifrequenzlokomotiven als Baureihe E 310, später 181 001 und 002, mit elektrischer Widerstandsbremse sowie 181 103 und 104 mit elektrischer Nutzbremse geliefert. Ihnen folgten ab

Mehrstromlokomotiven der Deutschen Bundesbahn

E 344 01 / 183 001

Bauart	Bo'Bo'
Höchstgeschw.	100 km/h
Stromsysteme	16 2/3 Hz, 50 Hz
Stundenleistung	2.400 kW
Anfahrzugkraft	275 kN
Masse	80,5 t
Länge über Puffer	16.440 mm
Herst./1. Bauj.	AEG/DB/KM/1962
Stückzahl	1

E 320 01, 11, 21/ 182 001, 011, 021

Bauart	Bo'Bo'
Höchstgeschw.	120 km/h
Stromsysteme	16 2/3 Hz, 50 Hz
Stundenl.	2.760/2.488/2.550 kW
Anfahrzugkraft	275 kN
Masse	83,7/81,5/83,7 t
Länge über Puffer	16.440 mm
Herst./1. Bauj.	diverse/1960
Stückzahl	3

Baureihe E 410 / 184.0

Bauart	Bo'Bo'
Höchstgeschw.	150 km/h
Sys.	16 2/3 Hz, 50 Hz, 1,5 kV, 3 kV
Stundenleistung	3.240 kW
Anfahrzugkraft	275 kN
Masse	84/86 t
Länge über Puffer	16.950 mm
Herst./1. Bj.	AEG/BBC/Krupp/1965
Stückzahl	5

Baureihe E 310 / 181.0, 181.2

Bauart	Bo'Bo'
Höchstgeschw.	150/160 km/h
Stromsysteme	16 2/3Hz, 50 Hz
Stundenleistung	3.240/3.300 kW
Anfahrzugkraft	275 kN
Masse	84 t
Länge ü. Puffer	16.950/17.940 mm
Herst./1. Bauj.	AEG/Krupp/1968
Stückzahl	29

1974 insgesamt 25 Serienloks 181 201 bis 225 mit elektrischer Widerstandsbremse.

Ellok-Order als politische Hilfe

Die letzte Ellokbeschaffung der DB erfolgte nach der deutschen Wiedervereinigung 1990 und sollte in Ostdeutschland Arbeitsplätze zu sichern. Mit den Verkehrsprojekten „Deutsche Einheit" war der Ausbau der elektrifizierten Hauptstrecken in der DDR für 160 bis 200 km/h geplant. Geeignete Loks fehlten aber. Daraufhin baute LEW Hennigsdorf baute 39 aus der DR-Baureihe 243 abgeleitete Schnellzugloks der Baureihe 212 für 160 km/h (heute: Baureihe 114). Nach der Rückkehr von LEW Hennigsdorf zu AEG entschloss sich der ehemalige AEG-Vorstandsvorsitzende und damalige Bahnchef Heinz Dürr zur Beschaffung weiterer „Einheits"-Loks der nunmehr als Baureihe 112 bezeichneten Maschine. Die 90 als 112 101 bis 190 bezeichneten Fahrzeuge wurden jeweils zur Hälfte an die vor der Fusion stehenden DR und DB geliefert. So war die 1994 in Dienst gestellte 112 190 die letzte von der Deutschen Bundesbahn beschaffte Ellok. Gleichzeitig durchbrach die DB damit den 1987 gefassten Entschluss, nur noch Loks mit Drehstromantriebstechnik zu beschaffen. Denn herkunftsbedingt besaßen die Maschinen der BR 112 konventionelle Kommutatormotoren. GN

Ein neues Gesicht für den Fernverkehr: Ab 1970 übernahm die 103.1 den Trans-Europ-Express, den InterCity und andere Paradezüge der DB (oben). 20 Jahre später wurde der Bestand an Triebfahrzeugen durch die 112 aufgestockt (unten) – eine Maßnahme der Solidarität

AUFNAHMEN: DB-PRESSEDIENST, WAGNER

Aufbau Ost

Elloks der **Deutschen Reichsbahn** der DDR

Politische Entscheidungen schränkten den Spielraum der DR immer wieder ein. Dennoch gelang es ihr, wichtige Ellok-Baureihen auf den Weg zu bringen

Die Reichsbahn der Nachkriegszeit krankte an überalterten und zersplitterten Lokomotivgattungen. Was die UdSSR vom Herbst 1952 an von den 1946 als Reparationsleistungen übernommenen Lokomotiven zurückgab, unterstrich die Situation. Je eine Lokomotive gehörte den Baureihen E 05, 05.1, 15, 16, 21.5, 42.1, 71.1, 75, zwei der Baureihen E 21.0, je drei den Baureihen E 42.2, 90.5, 91.9, je fünf den Baureihen E 18, 91, je sechs den Baureihen E 95 und 92.7 an. 15 Lokomotiven der Baureihe E 04, neun der E 06, gar 44 der E 44, 38 der E 77, 25 der E 94 waren Stückzahlen, die außerhalb des Begriffs Splittergattung lagen.

Wenn auch weitere 90 elektrische Lokomotiven aufgearbeitet wurden, so zeigte der Lokomotivpark Ende 1961 das Kunterbunt von Alt-Lokomotiven: 14 mal E 04, einmal E 05, zweimal E 17, dreimal E 18, zweimal E 21, 46 mal E 44, zehnmal E 77, 23 mal E 94 und dreimal E 95. Außer der stangenbetriebenen E 77 besaßen alle anderen Lokomotiven den Einzelachsantrieb.

Drei Jahre vorher, im Jahre 1957, hatte die Deutsche Reichsbahn ein Typenprogramm aufgelegt, bei dem nur ein Lieferant in Frage kam, der VEB Lokomotivbau Elektrotechnische Werke „Hans Beimler" Hennigsdorf (LEW), ehemals AEG. Selbstverständlich trug dieses Typenprogramm der Standardisierung Rechnung.

Ein erstes Typenprogramm

1960 erhielt die Deutsche Reichsbahn vom LEW die erste Neubau-Ellok. 1962 begann die Serienlieferung von Lokomotiven der Baureihe E 11 (seit 1970 Baureihe 211). 1964 folgte die für Güterzüge gedachte Spielart, die Baureihe E 42 (seit 1970 BR 242), die Güterzugvariante der Baureihe E 11. Die E 42, die sich von der E 11 nur durch die Getriebeübersetzung und dadurch in der Zugkraft unterschied, ging 1963 in Serie. Bis 1976 sind 96 Stück der Baureihe 211 und 292 Exemplare der Baureihe 242 gebaut worden. Dass der Grad der Standardisierung nicht das erwünschte Maß erreichte, man vielmehr eine Vielzahl konstruktiver und schaltungstechnischer Unterschiede hinnehmen musste, lag an den so genannten Kinderkrankheiten, die in der DDR bei fast jedem neuen Produkt zu kurieren waren, zumal die E 11 unter großem Zeitdruck entworfen und hergestellt werden musste. Man ging im LEW sogar so weit, sich um Lizenzbauten renommierter Hersteller außerhalb der DDR zu bemühen.

Als fest stand, dass die DDR-Regierung dafür keine Valuta bereitstellen würde, im Gegenteil, sich autark machen wollte, begann das LEW mit eigenen Entwicklungsarbeiten, die nach 1974 auch dazu führten, die elektrische Ausrüstung der Baureihen 211/242 zu überarbeiten. Das führte zu Vereinfachungen der Schaltungen. Die Deutsche Reichsbahn kam dem LEW entgegen, indem sie bis auf eine geringe Anzahl von Lokomotiven auf die Vielfachsteuerung verzichtete, die beim Einsatz als Doppeltraktion oder in Wendezügen benötigt wurde. Die derart vereinfachten Lokomotiven zeichneten sich durch störungsfreie Laufleistungen aus.

Eine Reihe für eine Strecke

Im Zusammenhang mit dem Chemieprogramm der DDR mussten im Harz der Kalkabbau gesteigert und dazu die so genannte Rübelandbahn ausgebaut werden. Für die Zugförderung wurden zunächst neun aufgearbeitete Alt-Lokomotiven der Baureihe E 91 vorgesehen, die bei veränderter Übersetzung 300 Tonnen schwere Züge über Neigungen von 60 Promille zu bringen hatten. Schließlich kamen nur die elektrische Traktion und der Inselbetrieb mit der Energieversorgung aus dem 50-Hz-Landesnetz in Frage, zumal in den Jahrzehnten seit der ersten Elektrifizierung die Schwierigkeiten mit dem Kommutator überwunden waren und in aller Welt brauchbare Lokomotiven für 50-Hz-Strom gebaut wurden.

Der LEW baute zwei Versuchslokomotiven, testete sie auf den Versuchs-

AUFNAHMEN: SLG. RAMPP (GROSSES BILD), SCHULZ

Im Mai 1967 hat der Fahrdraht Camburg erreicht. Zwei geschmückte E 42er ziehen den aus Doppelstockwagen gebildeten Eröffnungszug in den Bahnhof hinein

Mit dem S-Bahn-Verkehr im Raum Halle erhielt die E 42 Ende der sechziger Jahre ein neues Aufgabengebiet. Hier stoppt die 242 197 mit ihrem Zug an der Station Steintorbrücke

gleisen im Werk und auf der am 23. Juni 1962 eröffneten Versuchsstrecke Hennigsdorf – Wustermark Rbf. Die Deutsche Reichsbahn übernahm sie ebensowenig wie die E 211 001 (Werkbezeichnung, nicht zu verwechseln mit der 1970 umnummerierten E 11 001), die 1967 auf der Leipziger Messe als 50-Hz-Lokomotive ausgestellt worden war. Gekauft wurden 15 Stück der Baureihe E 251, die äußerlich den Baureihen 211 und 242 ähnelten, wovon die 251 001 im Sommer 1965 auf der bulgarischen Strecke Sofia – Plovdiv getestet wurde.

Die Lokomotiven der Rübelandbahn überstanden störungsfrei den alltäglichen Betriebseinsatz. Im Jahr 2000 sind es allerdings nur noch elf Lokomotiven, die dort fahren. Seit 1992 lautet die Baureihenbezeichnung 171.

Eine Ellok für Güterzüge

Als in der DDR die Elektrifizierung der Strecken der Deutschen Reichsbahn gedrosselt werden musste, war die Co'Co'-Güterzuglokomotive, die das Typenprogramm von 1957 enthielt, nicht so wichtig. Wo schwere Güterzüge anfielen, wurde in Doppelbespannung oder in Doppeltraktion gefahren. Weil diese Bespannung zu personalintensiv oder betrieblich zu aufwendig war, ist dann doch eine Co'Co'-Lokomotive mit einer Stundenleistung von 4.800 kW bestellt worden, die die Baureihe E 51 werden sollte. Da bei der Umzeichnung 1970 die Baureihe 251 bereits vergeben war, erhielt die neue Lokomotivbaureihe die Ziffern 250.

Von dieser Lokomotive sind 1974 drei Musterlokomotiven ausgeliefert worden. Den kantigen Fahrzeugkasten hatten Formgestalter entworfen, die auf windschnittige Formen keine Rücksicht nehmen mussten. So entstand das Aussehen, welches der Lok die Spitznamen „Container" oder „Schneewittchensarg" einbrachte. Die Serienauslieferung setzte 1977 ein. Die Baureihe 250 war eine neue Generation elektrischer Lokomotiven, vor allem wegen ihrer elektronischen Steuerung, die den Haftwert zwischen Rad und Schiene bis zu seiner Grenze nutzte.

Die 250 113 wurde am 28. November 1979 als 500. nach dem Krieg für die Deutsche Reichsbahn gebaute elektrische Lokomotive übergeben. Bis 1984

Neubaulokomotiven der sechziger und siebziger Jahre

Baureihe E 11 / 211 / 109

Bauart	Bo'Bo'
Stromsystem	16 2/3 Hz
Höchstgeschw.	120 km/h
Antrieb	Tatzlager
Stundenleistung	2.920 kW (Serie)
Anfahrzugkraft	216 kN (Serie)
Masse	82,5 t
Länge über Puffer	16.260 mm
Herst./1. Baujahr	LEW/1961
Stückzahl	96

Baureihe E 42 / 242 / 142

Bauart	Bo'Bo'
Stromsystem	16 2/3 Hz
Höchstgeschw.	100 km/h
Antrieb	Tatzlager
Stundenleistung	2.920 kW (Serie)
Anfahrzugkraft	245 kN
Masse	82,5 t
Länge über Puffer	16.260 mm
Herst./1. Baujahr	LEW/1963
Stückzahl	292

Baureihe E 251 / 251 / 171

Bauart	Co'Co'
Stromsystem	50 Hz
Höchstgeschw.	80 km/h
Antrieb	Tatzlager
Stundenleistung	3.660 kW
Anfahrzugkraft	379 kN
Masse	126 t
Länge über Puffer	18.640 mm
Herst./1. Baujahr	LEW/1965
Stückzahl	15

Baureihe 250 / 155

Bauart	Co'Co'
Stromsystem	16 2/3 Hz
Höchstgeschw.	125 km/h
Antrieb	LEW-Kegelringfeder
Stundenleistung	5.400 kW
Anfahrzugkraft	380 kN
Masse	123 t
Länge über Puffer	19.490 mm
Herst./1. Baujahr	LEW/1974
Stückzahl	270

AUFNAHMEN: RBD HALLE (2), FISCHER, ENDISCH, SCHULZ

wurden von dieser Reihe alles in allem 273 Lokomotiven gebaut. Weil sie nach 1990 ziemlich beschäftigungslos waren, wurden einige zum Betriebswerk Nürnberg der Deutschen Bundesbahn überwiesen. Bei der Deutschen Bahn werden sie von Dresden, Leipzig, Seddin und Mannheim aus im schweren Güterzugdienst eingesetzt und sind mitunter auch vor Reisezügen zu sehen.

Neuauflage: Zwei Loks aus einer

Nach 1975 begann bei der Deutschen Reichsbahn die zweite Phase der Elektrifizierung, so dass mit fortschreitendem Anteil der elektrischen Traktion mehr Lokomotiven nötig wurden. Zudem waren die Baureihen 211 und 242 bereits veraltet. Die Zufriedenheit mit der Baureihe 250 erleichterte der Deutschen Reichsbahn die Bestellung einer sparsamen Bo'Bo'-Lokomotive, und der LEW baute sie hinsichtlich Konstruktion und Schaltung auf der Grundlage der Baureihe 250 auf, was auch die Instandhaltung wirtschaftlicher machen sollte.

Es entstanden zwei Baureihen: die 212 als Schnellzug- und die 243 als Güterzuglokomotive mit nur geringen Unterschieden, im wesentlichen bei der Getriebeübersetzung. Die neuen Lokomotiven verkörperten das, was man in der DDR gern als „Weltstand" bezeichnete. Nachdem die 212 001 getestet worden war, begann der Bau der Serienlokomotiven der Baureihe 243. Da im Normalbetrieb der Deutschen Reichsbahn nirgendwo eine Geschwindigkeit von 140 km/h zugelassen war, ist die 212 001 auf 120 km/h Höchstgeschwindigkeit zurückgebaut und ihr die Betriebsnummer 243 001 gegeben worden. Sie war in weiß lackiert, mit roten Diagonalstreifen versehen und hatte bald ihren Spitznamen „Weiße Lady". Die AEG in Hennigsdorf übernahm diese Lokomotive und gab ihr die Firmenmarke AEG an die Seitenwände.

Die Baureihe 143 wurde in drei Baulosen mit insgesamt 636 Fahrzeugen ausgeliefert, 243 801 bis 968 mit Vielfachsteuerung. Die letzte war die 243 659 im November 1990. Die Baureihe 243 war die erste Baureihe der Deutschen Reichsbahn mit serienmäßigen Einholm-Stromabnehmern und sie besitzt, wie die Baureihe 250, die Leistungssteuerung, mit deren Hilfe die 30 Fahrstufen praktisch stufenlos überschaltet werden können. Und sie besitzt die Geschwindigkeitsregelung, bei der der Sollwert der unterlagerten Zugkraftregelung nur vorgewählt werden muss.

Auch von dieser Baureihe waren nach 1990 zahlreiche Lokomotiven überflüs-

Mit Altbau-Elloks verschiedenster Gattungen nahm die DR den Betrieb nach 1945 auf

Mit 50 Hz fuhr die LEW-Versuchslok DDR 1, die Vorläuferin der E 251 (oben). Großen Anklang fand das aus einer Exportlok für Polen abgeleitete Modell (unten), aus dem die E 11 hervorging

AUFNAHMEN: RBD HALLE (3)

Die 243 übernahm rasch wichtige Reisezugdienste, wie hier mit einem Städteexpress

Für schwere Güterzüge beschaffte die DR die Baureihe 250 (oben). Die Baureihe 252 (unten) war zwar als Nachfolgerin vorgesehen, blieb jedoch auf vier Prototypen begrenzt

sig und wurden an die Deutsche Bundesbahn vermietet. Für den Einsatz vor S-Bahnzügen erhielten mehrere die zeitmultiplexe Wendezugsteuerung und zeitmultiplexe Doppeltraktionssteuerung. Bei der Deutschen Bahn ist die Baureihe 143 überall zu sehen.

Zweisystemloks aus Pilsen

Mitte der achtziger Jahre erreichte der Fahrdraht den Grenzübergang zwischen Bad Schandau und Decin in der Tschechoslowakei. Die Elloks konnten hier nicht einfach weiter fahren, denn die CSD betreibt ihr Netz mit 3-kv-Gleichstrom. Um den aufwändigen Triebfahrzeugwechsel an der Grenze einzusparen, einigten sich die Bahnverwaltungen beider Länder auf die Beschaffung einer Zweisystemlok. Den Auftrag zum Bau der Maschine erhielt die Firma Skoda im tschechischen Pilsen, wobei die Bauteile für den 16 2/3-hz-Wechselstromteil von DDR-Herstellern gefertigt wurden. Im Jahre 1988 rollte der Prototyp der als Baureihe 230 bezeichneten Lok aus den Werkhallen. Die Maschine mit der Achsfolge Bo'Bo' konnte im Betriebsdienst überzeugen, so dass die 230 in Serie ging. Bis 1991 erhielt die DR insgesamt 20 Exemplare; eine geringfügig modifizierte Schwester ging an die CSD und erhielt dort die Baureihennummer 372. Noch heute sind die Loks, inzwischen in 180 umnummeriert, im Einsatz.

Tempo mit der 212

Die Strecke Berlin – Dresden war die erste der Deutschen Reichsbahn nach 1990, die für 160 km/h Geschwindigkeit zugelassen wurde. Hierfür wurde nun die Baureihe 212 benötigt, war doch die 212 001 bereits 1982 für 140 km/h Geschwindigkeit aufgelegt worden. Nachdem LEW 1990 vier Prototypen – 212 002 bis 005 – geliefert hatte, kam 1991 eine Serie von 35 Loks zum Bw Berlin Hbf.

Die Baureihe 212 wird oft als erste Gemeinschaftsbestellung von Deutscher Bundes- und Reichsbahn bezeichnet. Gemeint ist die verbesserte Baureihe 112, die mit den Nummern 112 101 bis 190 zwischen 1992 und 1994 ebenfalls beim Bahnbetriebswerk Berlin Hbf in Dienst gestellt wurde. Die eine Ausführung unterscheidet sich äußerlich von der anderen durch die Einheitsstirnlampen an Stelle der DR-Doppelscheinwerfer. Die Baureihe 112 ist vor den Fernzügen in ganz Deutschland anzutreffen. 38 Lokomotiven gehören seit 2000 zur Baureihe 114.l. Das sind jene, die von Berlin aus die Regionalzüge mit 160 km/h Höchstgeschwindigkeit („RE-160") bespannen.

AUFNAHMEN: FISCHER (2), RBD HALLE

Die 112 101 eröffnete am 2. Dezember 1992 die AEG-Ellok-Lieferung an die DR

Die letzte DDR-Entwicklung

Die Lokomotiven der Baureihe 252 (seit 1992: 156) waren die Nachfolge der Baureihe 250 (155) mit den technischen Verbesserungen der Baureihe 243. Im Jahr 1991 lieferte LEW die Probelokomotiven 156 001 bis 004. Doch zu dieser Zeit ging der Güterverkehr bereits rapide zurück, und auf Weisung der Deutschen Bundesbahn musste die Serienherstellung gestoppt werden.

Der glattflächige Lokomotivkasten ist eine Leichtbau-Konstruktion; die Motoren entsprechen denen der Baureihe 112, weshalb die Lokomotive auch 160 km/h fahren könnte, wäre das Getriebe dafür ausgelegt. Die vier, vor Güter- wie vor Reisezügen in Sachsen anzutreffenden Lokomotiven haben ihre Eigenheiten:

156 001 Steuerelektronik wie die BR143
156 002 statischer Umformer
156 003, 004 statischer Umformer und mikroprozessorgesteuertes Rechnersystem mit bildschirmgestützten Betriebsanzeigen und Diagnose.

Im März 1967 zeigt sich die 50-Hz-Versuchslokomotive E 211 001 in Leipzig dem Messepublikum. Eine Serienproduktion der für den Export gedachten Maschine unterblieb allerdings

Einiges blieb nur Planung

Darüber hinaus gab es eine Reihe von Vorhaben, die jedoch nicht verwirklicht wurden. So plante die DR 1988, beim LEW Hennigsdorf 350 elektrische Lokomotiven in folgenden Varianten zu bestellen:

- für 80 km/h Höchstgeschwindigkeit als Ersatz der Baureihe 251
- für 125 km/h Höchstgeschwindigkeit als Ergänzung der Baureihe 250
- für 160 km/h Höchstgeschwindigkeit für den Transitverkehr Helmstedt - West-Berlin.

Ebenfalls nicht entwickelt wurde die elektrische Rangierlok für 1.000 kW Leistung und mit Drehstromantriebstechnik. Sie sollte in die Baureihe 208 eingeordnet werden. Erich Preuss

Neubaulokomotiven der achtziger und neunziger Jahre

	Baureihe 243 / 143	Baureihe 230 / 180	Baureihe 252 / 156	Baureihe 212.0, 112.1
Bauart	Bo'Bo'	Bo'Bo'	Co'Co'	Bo'Bo'
Stromsystem	16 2/3 Hz	16 2/3 Hz, 3 kV	16 2/3 Hz	16 2/3 Hz
Höchstgeschw.	125 km/h	120 km/h	125 km/h	160 km/h
Antrieb	LEW-Kegelringfeder	Skoda-Kardan	LEW-Kegelring-Feder	LEW-Kegelring-Feder
Stundenleistung	3.720 kW	3.260 kW	5.880 kW	4.220 kW
Anfahrzugkraft	240 kN	245 kN	400 kN	248 kN
Masse	82 t	84 t	120 t	82,5 t
Länge über Puffer	16.640 mm	16.800 mm	19.500 mm	16.640 mm
Herst./1. Baujahr	LEW/1984	Skoda/1988	LEW/1991	AEG/1992
Stückzahl	636	20	4	90 (DR und DB)

Januar 1998: Die Bundesbahn ist Geschichte, ihre Loks fahren im Namen der DB AG. Aber nicht alle – den Museumsmaschinen gab man das Ursprungsaussehen zurück. So erinnert die E 40 128 an die Zeit, als die Einheitselloks umjubelte Neulinge waren AUFNAHME: HÖRSTEL

Blick in die Maschine

So funktioniert der **Antrieb** der Elektrolok

Woraus besteht ein Elektromotor? Worin unterscheiden sich die Motortypen? Fragen, auf die es hier eine Antwort gibt

Elektrische Eisenbahnfahrzeuge werden von Elektromotoren angetrieben. Diese beziehen ihre Energie aus einer Fahrleitung, einer Stromschiene, aus Batterien oder von einem an Bord mitgeführten Generator. Für leistungsfähige Lokomotiven spielt die Energiezufuhr über die Fahrleitung eine herausragende Rolle, während bei Stadtbahnen überwiegend Stromschienen zur Anwendung kommen. Batteriegespeiste Fahrzeuge haben in Deutschland ihre einstige Bedeutung völlig verloren. Moderne elektrische Loks haben grundsätzlich Einzelachsantrieb, sind also mit einem Motor und Zahnradgetriebe je Radsatz ausgerüstet.

Ein Elektromotor ist eine Maschine zur Umwandlung elektrischer Energie in mechanische Arbeit. Wie jedes technische Gerät war auch der Elektromotor seit seiner Erfindung einer stetigen Weiterentwicklung unterworfen, so dass heute eine Vielzahl von Ausführungen existiert. Die Spanne elektrischer Motoren reicht von Leistungen von einigen Milliwatt bis zu mehreren Megawatt, bei Lokomotiven derzeit bis zirka zwei Megawatt, wobei Wirkungsgrade von über 95 Prozent erreicht werden können.

Die Funktionsweise des Elektromotors

Das wirksame Prinzip eines Elektromotors sind anziehende und abstoßende Kräfte zwischen einem Magnetfeld und einem in diesem Magnetfeld beweglichen, stromdurchflossenen Leiter. Bei einfachsten Ausführungen, wie beispielsweise bei Modellbahnen, können zur Erzeugung des Magnetfeldes Permanentmagnete zur Anwendung kommen. Bei leistungsfähigen Motoren werden die erforderlichen Magnetfelder dagegen grundsätzlich durch Elektromagnete erzeugt. Die physikalischen Gesetzmäßigkeiten eines Elektromotors beruhen auf der nach dem niederländischen Physiker Hendrik Antoon Lorenz (1853 bis 1928) benannten Lorenz-Kraft, die auf eine in einem Magnetfeld bewegte elektrische Ladung wirkt. Hierbei wirkt die Kraft stets senkrecht zur Bewegungsrichtung der Ladung und ebenfalls senkrecht zur magnetischen Induktion. Die nach dem Physiker Heinrich Lentz (1804 bis 1865) benannte Lentz'sche Regel beschreibt die Richtungen der erzeugten Kraft in Abhängigkeit von der Richtung des Mag-

AUFNAHME: SLG. RAMPP

Elektro-Technik: Der riesige Motor der E 62 01

Zwei Arbeiter sind mit dem Stator einer Altbau-Ellok E 94 beschäftigt

netfeldes sowie der Bewegungsrichtung der Ladung. Im Physikunterricht lernt man die Lentz'sche Regel mit drei Fingern einer Hand, die aufeinander senkrecht stehen und welche „Dreifingerregel" genannt wird.

Die zum Betrieb von Elektromotoren benötigten Magnetfelder werden durch Elektromagnete erzeugt, deren Wirkung auf dem jeden stromdurchflossen Leiter ringförmig umgebenden Magnetfeld beruht. Solche Magnetfelder können gebündelt und in ihrer Wirkung vervielfacht werden, indem man den isolierten elektrischen Leiter zu einer Spule aufwickelt und so die Stärke des Magnetfelds um den Leiter entsprechend der Windungszahl der Spule vervielfacht. Der Begriff Ampère-Windungszahl gibt an, welcher Strom wieviele Windungen durchfließt und welche Wirkungen er hierdurch erzielt. Durch Einbau von Eisenkernen in solche Spulen kann man die Magnetfelder weiter erheblich verstärken, wobei ein spezielles Eisen in Form von dünnen, gegeneinander mit Lackschichten isolierten Blechen eingesetzt wird, um Wirbelstromverluste klein zu halten. Spulen und Eisenbleche sind essenzielle Bestandteile von Elektromotoren.

Stator und Rotor

Außer aus den feststehenden Elektromagneten, den so genannten Statoren oder Ständern, bestehen Motoren grundsätzlich aus einem rotierenden und die Antriebskraft erzeugenden Teil, dem Rotor oder Läufer. Die Drehbewegung des Rotors wird über den Antrieb auf die Räder des Fahrzeuges übertragen und so zur Fortbewegung genutzt. Auch der Rotor besteht aus zu Spulen aufgewickelten elektrischen Leitern. Damit auf die Leiter des Rotors ein Drehmoment wirkt, müssen diese ebenso wie die Wicklungen des Stators von einem Strom durchflossen werden. Dieser Strom muss dem Rotor über Schleifringe oder Stromwender von außen zugeführt werden, das bedeutet, über elektrisch leitende, aber dem Verschleiß unterworfene Reibelemente, die aus der Paarung Kupfer/Kohle bestehen. Für eine freie mechanische Bewegung des Rotors muss zwischen den Eisenteilen des Stators und des Rotors ein Luftspalt vorhanden sein, der jedoch so eng wie möglich sein soll. Einen mit einem Stromwender, auch als Kommutator bezeichnet, versehenen Rotor bezeichnet man auch als Anker. Der Kommutator bewirkt, dass der Strom in den Ankerwicklungen durch die Umdrehung periodisch umgepolt wird. Sowohl Stator als auch Rotor besitzen mehrere Wicklungen, so dass moderne Elektromotoren stets Multipolmaschinen sind.

Gleichstrom, Wechselstrom und Drehstrom

Elektrische Energie wird als Gleichstrom, Wechselstrom und Drehstrom erzeugt, übertragen und dem Triebfahrzeug zugeführt. Demgemäß gibt es Gleichstrom-, Wechselstrom- und Drehstrommotoren zum Antrieb von Bahnfahrzeugen. Waren in der Frühzeit der Eisenbahn Gleichstrommotoren vorherrschend, so ist die weitaus größte Zahl der heute in Deutschland verkehrenden Lokomotiven und Vollbahntriebwagen mit Einphasen-Wechselstrommotoren ausgerüstet. Drehstrommotoren spielten im Bahnbetrieb früher ebenfalls eine gewisse Rolle, obwohl ihr Betrieb mit den schwer wiegenden Nachteilen einer zweipoligen Fahrleitung und schlechter Regelbarkeit verbunden war. Seit die Leistungselektronik für hohe Spannungen und hohe Leistungen zur technischen Reife geführt wurde, hat sich der Drehstrom-

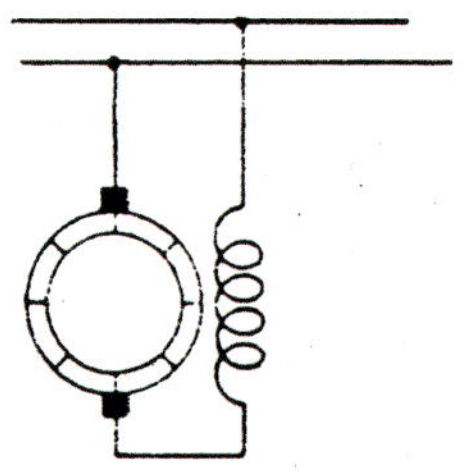

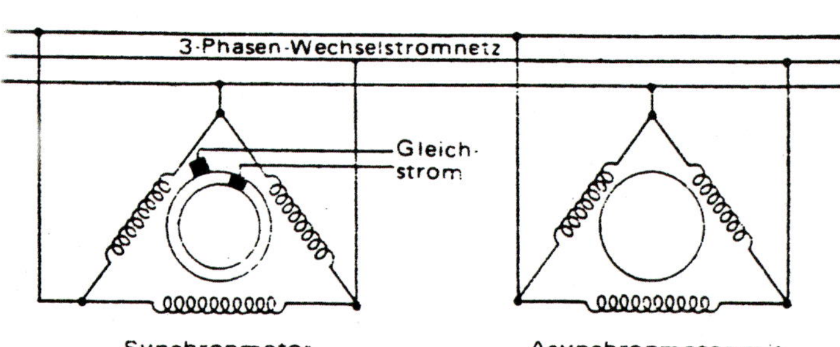

Unterschiedliche Schaltung, unterschiedliche Funktionsweise: Die Skizze zeigt den prinzipiellen Aufbau der drei Motorentypen

AUFNAHME: DB-PRESSEDIENST; ZEICHNUNG: BAUR

asynchronmotor zum idealen Bahnmotor entwickelt und es ist abzusehen, dass dieser nach und nach alle anderen Motorbauarten verdrängen wird.

Oft genutzt: der Einphasen-Reihenschlussmotor

Die Bauarten von Elektromotoren sind sehr vielfältig: Der meistverbreitete Bahnmotor der DB ist der Einphasen-Reihenschlussmotor, bei welchem Stator und Rotor elektrisch in Reihe geschaltet sind. Solche Motoren existieren in sehr ähnlicher Bauweise auch als Gleichstrommotoren und funktionieren analog. Dieser Motortyp erfüllte die Anforderungen an einen Bahnmotor nach beliebig regelbarer Geschwindigkeit bei entsprechender Leistung, nach hohem Anfahrmoment und Überlastbarkeit, nach günstigem Wirkungsgrad und Leistungsfaktor sowie nach vertretbarem Gewicht und Einbauraum bis zum Aufkommen der modernen Drehstromtechnik mit Leistungselektronik am besten. Der Transformierbarkeit des elektrischen Stromes wegen mussten die Motoren Wechselstrommotoren sein, die bei einer möglichst niedrigen Frequenz arbeiteten. In Deutschland hat man sich 1912 auf einen Bahnstrom mit einer Frequenz von 16 2/3 Hz festgelegt, was einem Drittel der Landesversorgung entspricht. Motoren höherer Frequenz benötigen bei gleicher Leistung größere Abmessungen und bereiten bei der Kommutierung Schwierigkeiten durch höhere Ströme, die bei niedrigeren Spannungen, mit denen 50-Hz-Motoren betrieben werden müssen, automatisch fließen, um eine vorgegebene Leistung zu erhalten. Eine Abhängigkeit der Drehzahl von der Frequenz besteht bei diesen Motoren nicht.

Batteriegespeiste Maschinen wie das Akkuschleppfahrzeug (links) werden auf deutschen Strecken nicht eingesetzt. Dort kommt der Strom via Fahrdraht und Pantograph, wie bei der 243

Bei der E 44 wurden solche Feinregler mit Kommutator und Spannungsteiler eingebaut

Mehr Wicklungen für eine bessere Kommutierung

Der einphasige Strom durchfließt bei Reihenschlussmotoren, wie der Name sagt, die Spulen des Stators sowie des Rotors in Serie, wobei er durch den Kommutator auf die Windungsschleifen des Rotors übertragen wird. Um eine hinreichende Leistung des Motors zu erreichen, müssen mehrere Schleifen angeordnet werden, da die Kraftwirkung auf eine Schleife abnimmt, wenn diese in den Bereich zwischen den Polen des Stators kommt. Um die Kommutierung des Stromes zu verbessern, besitzen die Motoren zusätzlich Hilfswicklungen, die Wendepol- und Kompensationswicklung. Um die Drehrichtung solcher Motoren zu ändern, wird die Stromrichtung in der Erregerwicklung (Wicklung des Stators) umgepolt. An solche Fahrmotoren werden typische Spannungen zwischen 26 und 550 Volt angelegt, die von den Wicklungen des Transformators zur Verfügung gestellt und mit dem Schaltwerk abgegriffen werden. Der Kommutator besteht aus Haltern für die Kohlebürsten, die mit der Stromzuführung verbunden sind, sowie einer Anpressvorrichtung, den Kohlen selbst, die den Strom auf die Rotorwicklungen übertragen, sowie aus Kupferlamellen, die mit den Läuferspulen verbunden sind und sich unter den Kohlen hinwegdrehen. Der Kommutator ist ein wartungsaufwendiges Bauelement und bestimmt die Betriebszeit des Motors. Dennoch werden durch geeignete Bauart des Kommutators beachtliche Laufleistungen von 500.000 km und mehr erreicht. Diesem Prinzip entspricht auch der bei der DB heute noch in der größten Stückzahl von über 7.000 vorhandene Fahrmotor (siehe Kasten rechts). Er findet sich in den Baureihen 110 und 140 mit Varianten sowie in weiterentwickelter Form in den Lokomotiven der BR 111 und 151.

Ein Einphasen-Reihenschlussmotor kann auch als Generator funktionieren und somit zum elektrischen Bremsen herangezogen werden. Durch die Drehung des Rotors wird in diesem eine

Der Motor der Neubau-Elloks

Typ	Motor WB 372-322
Nennleistung bei 88 km/h	925 kW
Nennspannung	487 Volt
Nennstrom b. 1100 U min⁻¹	2.080 Ampère
Lamellenzahl-Läuferspulen	408
Polzahl des Stators	14
Bürstenhalter	14
Kohlen je Bürstenhalter	5
Gewicht ohne Antrieb und Ritzel	3.940 kg
Gewicht / Leistung	4.26 kg/kW

Die Daten entsprechen der Ursprungsform

Fahrmotoren des Typs WB 372. Die Aussparung für die Hohlwelle ist gut zu sehen

AUFNAHMEN: MIETHE, SIEMENS FORUM MÜNCHEN, BAUR

Bei der Baureihe 140 übernimmt der stückzahlmäßig häufigste Motor der DB den Antrieb

Spannung induziert, sobald das Erregerfeld des Stators wirksam ist. Diese Spannung ist von der Drehzahl des Motors abhängig. Wird der Rotor über einen Widerstand zu einem Stromkreis geschaltet, so fließt ein Strom, der im Zusammenwirken mit dem Erregerfeld die Drehung des Motors und somit das Fahrzeug bremst. Erforderlich ist eine von der Fahrdrahtspannung abhängige Fremderregung des Stators.

Nicht grundsätzlich verschieden von diesem Motor sind die weiteren Fahrmotoren deutscher Loks, auch der ehemaligen Deutschen Reichsbahn. Mit weiteren Zusatzeinrichtungen versehen sind die so genannten Mischstrommotoren, die in Fahrzeugen mit Anschnittsteuerung, wie der BR 181.1 eingebaut sind. Diese Motoren werden mit einem gleichgerichteten Wechselstrom begrenzter Restwelligkeit betrieben.

Beim Betrieb von Elektromotoren entstehen in den Ständer- und Läuferwicklungen Widerstandsverluste, ebenso wie Hysterese- und Wirbelstromverluste in den Eisenteilen, die zur Erwärmung der Motoren führen. Bei Lokomotiven sind die Fahrmotoren wegen ihrer hohen Leistung fremdbelüftet, bei Triebwagen reicht im allgemeinen eine Eigenbelüftung mittels eines auf die Motorwelle aufgebrachten Lüfterrades aus.

Den größten Fortschritt beim Bau elektrischer Triebfahrzeuge brachte seit den siebziger Jahren die rasante Entwicklung der Leistungselektronik, die es ermöglichte, einphasigen Wechselstrom oder Gleichstrom in Drehstrom variabler Spannung und variabler Frequenz umzuwandeln. Hiermit konnten die früher einschränkenden Fesseln von Drehstrommotoren überwunden werden und der Anwendung des idealen Bahnmotors waren die Wege geöffnet.

Der Drehstrommotor

Bei Drehstromasynchronmotoren werden die Rotorwicklungen nicht von außen, sondern durch Induktion von dem rotierenden Magnetfeld des Stators gespeist. Hierdurch entfällt der Kommutator als aufwendigstes Bauteil des Motors. Voraussetzung für eine Induktion ist eine von der Synchrondrehzahl abweichende Rotordrehzahl, die als Schlupf bezeichnet wird und in Prozent angegeben werden kann. Die einfachste und daher meist angewendete Bauart der Rotoren sind Kurzschlussläufer oder Käfigläufer, bei denen die Leiter als Stäbe aus Kupfer oder Aluminium ausgebildet und in das Eisen eingelassen sind. Hohe Ströme im Rotor erzeugen ein hohes Anzugsmoment und beschleunigen den Motor rasch auf einen mit der Synchrondrehzahl verglichenen Schlupf von zwei bis fünf Prozent. Durch Entfall des Kommutators erlauben Drehstromasynchronmotoren wesentlich höhere Drehzahlen als bisher möglich. Diese Motorbauart weist mit niedrigem Gewicht bei hoher Leistung sowie äußerster Einfachheit die für den Bahnbetrieb erforderlichen Eigenschaften in optimaler Form auf. Durch Umkehrung des Schlupfes wirkt dieser Motor auch als Bremse, wobei heute dank moderner Leistungselektronik eine Energierückspeisung in die Fahrleitung möglich ist. Mit Drehstromasynchronmotoren sind die Loks der BR 120, die ICE-Züge und die drei neuen Lokbaureihen ausgerüstet. Auch bei modernen Triebwagen und elektrischen Nahverkehrszügen hat der Asynchronmotor Einzug gehalten. Da der Drehstrom an Bord durch statische Umrichter erzeugt wird, spielt die Art der dem Fahrzeug zugeführten elektrischen Energie keine grundsätzliche Rolle mehr.

Die in Frankreich verbreiteten Drehstromsynchronmotoren, bei denen die Erregung der Rotorwicklungen durch über Schleifringe zugeführten Gleichstrom erfolgt, spielen bei deutschen Bahnen keine Rolle.

DR. KARL-GERHARD BAUR

Der Motor der Baureihe 101

Dauerleistung	1.683 kW
max. Drehzahl	3.940 min^{-1}
Polzahl	4
max. Spannung	2.186 Volt
max. Strom	570 Ampère
max. Frequenz	134.7 Hz
Gewicht	2.186 kg
Gewicht / Leistung	1.30 kg/kW

Der Fortschritt: Im Vergleich zum Drehstromasynchronmotor der 101 ist der Motor der E 10, bezogen auf die Leistung, 3,28 mal schwerer.

Er steht für eine neue Ära in der Ellok-Technik: der Motor der Baureihe 101

Lüfterreihen einer Serien-103: Ellok-Motoren werden grundsätzlich fremdbelüftet

AUFNAHMEN: HÖRSTEL, ADTRANZ, STRONER

Die neuen Maschinen werden zum Rückgrat für den Verkehr auf elektrifizierten Bundesbahn-Strecken: Blick in das Bw Bebra 1966 mit E 41, E 40 und E50
Slg. B. Rampp

Unter Strom

Von der Publikumsattraktion bis zum Erzzug: Ein Bilderbogen mit **Elloks im Einsatz**

Die erste elektrische Eisenbahn, Berlin, 1879

AUFNAHMEN: SLG. GOTTWALDT, KLEE, WAGNER

Die erste Ellok der Welt ist eine Sensation: Mehr als 86.000 Besucher lassen sich allein 1879 von der kleinen Maschine spazieren fahren. Rund 100 Jahre später gehört die Elektrotraktion zum Alltag, ganz gleich, ob Lok der Reichsbahn, der Bundesbahn oder der DB AG

Eine 145 und eine 150 bei Porta Westfalica 1999

Die 144 022 bei Wilferdingen-Singen, 1981

München – Garmisch mit einer E 52 anno 1925

Unter Strom

Schon die Länderbahnen und die DRG setzen auf die Elektrolok. Doch der flächendeckende Durchbruch kommt nach dem Zweiten Weltkrieg – kaum eine wichtige Strecke, über der heute kein Fahrdraht hängt

Die 194 048 unterwegs bei Gries, 1982

Kurz vor Oberwesel: die 141 095 im Jahr 1986

AUFNAHMEN: WAGNER (2), SLG. GOTTWALDT

Nach wie vor steht die Ellok – hier Exemplare der Baureihe 140 – auf der Sonnensteite des Bahnbetriebs

AUFNAHME: HÖRSTEL

AUFNAHMEN: SLG. RAMPP, HAFENRICHTER

Unter Strom

Weder Rauch noch Ruß: Die Elektrolok ist wesentlich sauberer als die Dampf- oder Dieselkonkurrenz. Und der Elektromotor bringt Leistungen, von denen man bei den beiden anderen Traktionsarten nur träumen kann

Viele offene Wagen am Haken der E 95

Erzzug mit zwei 151ern auf der Moselstrecke, 1993

Gute Aussichten?

Der Ellok-**Führerstand** im Wandel

Gähnen oder Konzentration? In modernen Lok-Cockpits liegt beides nah beieinander. Morgendlicher Schnappschuss mit einer 103

Die Kommandozentrale einer 103: heute veraltet, in den 70ern ein Quantensprung in Sachen Komfort

Nicht in jeder Beziehung brachte die Arbeit auf der Ellok eine Verbesserung. Bei modernen Maschinen kann sich der Lokführer fast wie der Captain eines Raumschiffs fühlen – doch eine Toilette fehlt noch immer

Dass sich seine Arbeitswelt verändert hatte, spürte der Lokomotivführer spätestens dann, wenn er, statt auf die Dampflokomotive zu steigen, den Führerstand einer elektrischen Lokomotive betrat. Hell und sauber wirkte alles, und man war dort vor Wind und Wetter geschützt. Das war sicherlich das größte Plus an der modernen Traktion.

Die Konstrukteure der elektrischen oder Diesellokomotiven und die Bahnoberen mögen gedacht haben, besser kann es der Lokomotivführer nicht haben. Und so lesen wir in einem Fachbuch: "Die Führerstände [...] bieten zu jeder Jahreszeit dem Lokomotivpersonal günstige Arbeitsbedingungen. Große Fenster in den Stirn- und Seitenwänden ermöglichen eine einwandfreie Streckenübersicht. Sämtliche Instrumente und Bedienungshebel sind auf der in Fahrtrichtung rechten Seite des Führerstandes angeordnet."

Was früher als Fortschritt in der Arbeitswelt gefeiert worden sein mag, erscheint uns heute seltsam. Bei den ersten elektrischen Lokomotiven mutete man dem Führer – gleich dem Straßenbahnfahrer – zu, im Stehen seinen Dienst zu verrichten. Erst später gönnte man ihm den Stuhl, von dem er sich jedoch bald Schäden an den Bandscheiben holte, griff doch jeder Schienenstoß auf einer schlecht abgefederten Lokomotive die Wirbelsäule an. Bei der Deutschen Reichsbahn war es die Versuchsstelle der Maschinenwirtschaft in Halle, die sich seit 1971 um neue Sitze bemühte, die alle Stöße dämpften, orthopädisch gestaltet waren und mit der Kopfstütze recht komfortabel waren. Zehn Exemplare dieser Schwingsitze wurden monatelang auf Lokomotiven der Bahnbetriebswerke Halle P, Erfurt und Magdeburg getestet und von 1973 an zuerst in die Baureihe 118 eingebaut.

Stuhl hin, Stuhl her – mit dem Wechsel von der Dampf- zur elektrischen oder Diesellokomotive war die körperliche Betätigung weitgehend entfallen,

AUFNAHMEN: EISENSCHINK, SLG. RAMPP

mit dem gleichförmigen Motorgeräusch wurde der Ermüdung Vorschub geleistet. Es soll nicht wenige Lokomotivführer gegeben haben, deren schlimmster Feind das ständige Müdesein war. Nicht, dass sie fest schliefen, dagegen wirkte schon das Signal der Sicherheitsfahrschaltung, aber ein Zustand zwischen Absinken und Wiederhochschnellen der Wachheit. Längere Langsamfahrten, zum Beispiel bei Güterzügen, wirkten ermüdender als Schnellzugfahrten.

Dieses Dahindämmern führte auf den Strecken der Deutschen Reichsbahn, denen die punktförmige Zugbeeinflussung fehlte, zur unzulässigen Vorbeifahrt an Halt zeigenden Signalen mit zum Teil schlimmen Folgen. Aber auch bei der Deutschen Bundesbahn kam es zu Unfällen, weil der Lokomotivführer dahin dämmerte und nicht mehr recht wusste, wo er sich befand. Arbeitsmediziner rieten, sich Bewegung zu verschaffen, sich öfter zu dehnen und zu strecken. Kraftfahrer sollen bei ersten Ermüdungserscheinungen anhalten und sich die Beine vertreten. Das konnte (und durfte) der Lokomotivführer nicht. Über dieses Problem ist nie wirklich diskutiert worden, nur im Gerichtssaal, als es bei Othmarsingen in der Schweiz am 25. Juli 1982 zu einem schweren Unfall gekommen war, weil der Lokomotivführer ein Haltsignal verschlafen hatte.

In den ersten Jahren der Traktionsumstellung (im Westen Strukturwechsel genannt) hatte man dem Lokomotivführer einen Beimann beigegeben, schon weil man über Nacht nichts mit den überflüssig gewordenen Lokomotivheizern anzufangen wusste. Doch auch der Beimann schlief; der hatte im Führerraum noch weniger zu tun.

Eine mindestens ebenso große Umstellung wie der weitgehende Wegfall der körperlichen Arbeit war die neue Einsamkeit des Lokomotivführers, zumal der Beimann bald zur Seltenheit wurde. Allenfalls bei Geschwindigkeiten über 160 km/h sollte er mitfahren (heute nicht mehr). Die ständige Abschaltung besetzter Betriebsstellen, die Automatisierung der Betriebsführung und die Umstellung auf Zugfunk statt des direkten Kontaktes (zum Beispiel bei der Befehlsübermittlung) verstärkt noch das Gefühl, allein unterwegs zu sein.

Auch dem Außenstehenden wird auf Bildern von Führerräumen sichtbar, wie sich der Arbeitsplatz der Lokomotivführer verändert hat. Der der Baureihe 141 ist eben noch sehr Maschine. Das Fahrstufenschaltrad dominiert, die Anzeigen für die induktive Zugsicherung, Hauptschalter und Fahrdrahtspannung sehen nach Schaltwarten aus, das Führerbremsventil mit dem bequemen Holzgriff ist immer noch so, wie es auf der Dampflokomotive für grobe Hände angebracht war. Der Lokomotivführer hatte nicht nur auf die Signale zu sehen, sondern auf eine Vielzahl von Manometern und Meldelampen – es war nicht viel automatisiert.

Das änderte sich 1970 bei der Deutschen Bundesbahn mit der Baureihe E 03, der sicherlich formschönsten Lokomotive, die sich Konstrukteure ausgedacht hatten. Sie verkörperte außen die Schnelligkeit, 200 km/h im planmäßigen Betrieb, innen aber für den, der sie

Früher fortschrittlich, heute vorsintflutlich: Die Vorkriegs-Elloks wurden im Stehen gefahren

Noch sehr Maschine und wenig automatisiert: der Führerstand der E 41

Übersichtlich und modern: Cockpit der 111

AUFNAHMEN: SLG. RAMPP

Der Führerstand der Museumslok E 93 07 (oben) ist nahezu originalgetreu erhalten – heute herrscht im Cockpit der 120 152 (mit elektronischem Buchfahrplan!) eher karge Sachlichkeit vor

"lenkt", war sie genauso bezaubernd und auch weitgehend befreit von den zahllosen Ein- und Anbauten, so dass auch die Augen sich erfreuen konnten. Bei der Deutschen Reichsbahn brachte die Baureihe 143 den klimatisierten und ergonomische Gesichtspunkte berücksichtigenden Führerraum.

Die Baureihen 111 und 120 der Deutschen Bundesbahn verwirklichten den "integrierten Führerraum", der mit früheren Führerständen kaum noch etwas gemein hatte. Er wurde von der Baureihe 401, dem Intercity-Express-Triebzug, übernommen, ergänzt um die Diagnosetechnik mit Displayanzeigen. Im unmittelbaren Sichtbereich des Lokomotivführers sind das modulare Führerraumanzeigegerät (MFA) für die Linienzugbeeinflussung, das Zugfunkgerät und die Display-Anzeigen angebracht. Im Führertisch sind nur die wichtigsten Schaltelemente eingebaut, alle anderen sind in der Rückwand des Führerraums auf einer Bedientafel zu finden.

Neu war der eine Bedienhebel für die Bremse, da die Zusatzbremse entfallen war. Die durchgehende Druckluftbremse sowie die elektrische Bremse werden nur mit einem Hebel bedient. Jetzt fehlten auch die akustischen Signale. An ihre Stelle trat eine synthetische Sprachausgabe mit Worten, wie "Notbremse", "Zwangsbremsung", "Zugbeeinflussung", "Laufunruhe", "Sifa", "AFB", "Sifa-Zwangsbremsung", "Störung". Der Lokomotivführer muss nun nicht mehr deuten, wohin welches Warnsignal gehört und was es bedeutet.

Die veränderte Arbeitswelt des Lokführers wird jedem deutlich, der hinter der Glasscheibe eines ICE-T steht. Ihm wird der Platz in der Mitte auffallen, denn es gibt schon lange keinen Grund mehr, dass der Lokführer rechts sitzen muss. Überhaupt wirkt alles sehr geschniegelt und gebügelt. Freddy Langer schrieb am 8. Juni 2000 in der "Frankfurter Allgemeinen Zeitung", der Führerstand sähe aus "wie die Kommandobrücke des Sternenkreuzers 'Enterprise', dass einem fast die Luft wegbleibt: aus grauem Kunststoff schnittig geformt, in der unteren Reihe die Türen eines Einbauschranks mit Aufschriften wie 'Absperrhähne', 'Leistungsschutzschalter' und 'Störschalter' oder auch 'Fahrplanunterlagen' und 'Abfall'; darüber schmal die Instrumentenzeile mit allerlei Knöpfen und Hebeln, zwei Bildschirmen mit wechselnden Grafiken und am Rand der Leiste ein großer roter Schalter wie der Notschalter am Tisch einer Kreissäge."

Na ja, die Autos von heute sehen ja auch nicht mehr so aus wie früher. Aber eines ist geblieben oder, besser gesagt, fehlt immer noch: die Toilette für den Lokomotivführer.

AUFNAHMEN: STRONER, HUNC

Jemand mag einwenden, er kann doch die im Zug benutzen. Oder eine auf dem Bahnhof. Wirklich? Hat er die in der S-Bahn oder im Güterzug? Wo ist die Toilette, wenn er am Bahnsteig abseits des, ohnehin abgesperrten, Empfangsgebäudes steht oder draußen in der Ausfahrgruppe? Nein, die Toilette ist immer noch eine heikle Sache, wie in der Frühzeit der Eisenbahn, als es um den Wetterschutz für das Lokomotivpersonal ging.

Der fehlende hygienische Standard muss durch stramme Haltung ersetzt werden oder indem man das Schamgefühl vergisst, wenn man unter den Fenstern der Reisenden das kleine Geschäft verrichtet. Auf Anfrage teilte die Deutsche Bahn mit, dass das Thema Toilette im Führerraum weltweit ein bisschen wie eine heiße Kartoffel behandelt werde und weltweit Triebfahrzeugführerstände keine Lösung für die Notdurft anbieten, auch nicht die jüngst in Auftrag gegebenen Baureihen.

Da können sich die Betriebsräte und die Gewerkschaften noch etwas wünschen, die sich bisher über kalte Fußböden und Zugluft im Führerraum der S-Bahn-Züge, Baureihe 420, beklagt hatten. Gerade in diesen Zügen des Nahverkehrs, die ohne Toiletten sind, ist etwas Komfort im Sanitären statt gestylter Möbel zu wünschen. ERICH PREUSS

AUFNAHME: RBD HALLE, WERNING

Als die elektrische Traktion Einzug hielt, schienen die Arbeitsplätze auf der Lok auch für Frauen geeignet. Eine Exotin war die junge Dame am 13. September 1964 im Bw Halle P auf dem Führerstand der E 11 023 dennoch

„Während für das Design von Dieselfahrzeugen Mut und Phantasie erlaubt wurden, übte sich die Formgebung elektrischer Lokomotiven in Bescheidenheit“ – wie die 182 der DB beweist

Die Newcomer

Elloks der **Deutschen Bahn AG** im Überblick

In den neunziger Jahren rollte eine ganze Menge neuer Baureihen auf die Schienen. Die Neulinge der DB stehen nicht nur für neue Technik, sondern auch für ein neues Verhältnis zwischen Bahn und Industrie

Neue, leistungsfähige Elektrolokomotiven standen bei der Deutschen Bundesbahn am Ende der achtziger Jahre ganz oben auf der Wunschliste. Erst 1987/89 lieferte die Industrie eine Serie von 60 Maschinen der Baureihe 120 aus. Bald war jedoch klar, dass die 120 nicht weiter gebaut wird. Einer neuen, technisch erheblich verbesserten Baureihe 121 sollte die Zukunft gehören. Die vordringliche Beschaffung der ersten ICE-Züge band 1989/90 Finanzmittel der DB und die Kapazitäten der Lokomotivfabriken. Eine Großbestellung der 121 musste deshalb zurückgestellt werden. Überdies halfen ab 1990 bei der Reichsbahn überzählige Maschinen kurzfristig, den chronischen Lokmangel der DB zu beheben. Der Ersatz von Einheits-Elektroloks der fünfziger und sechziger Jahre blieb somit auf der Tagesordnung.

Fest stand indes, dass die neuen Maschinen eine Neuerung erhalten sollen, die man bei der 120 noch vergeblich suchte: Ihre Antriebssteuerung sollte nicht – wie bei der 120 – drehgestell-, sondern radsatzweise erfolgen. Je nach Bedarf und Schienenverhältnissen lässt sich die Leistung dadurch so regeln, dass die Haftreibung optimal genutzt wird. In der von Asea Brown-Boveri (ABB) ausgerüsteten früheren 120 005 testete man ab 1991 eine Regelung jedes einzelnen Radsatzes.

Die von Siemens und Krauss-Maffei für Spanien gelieferte S 252 wartete mit dieser innovativen Technik schon damals serienmäßig auf. Abgeleitet von dieser spanischen Elektrolok bauten die beiden Hersteller auf eigene Rechnung die Probemaschine „EuroSprinter", welche bereits im Oktober 1992 in Betrieb ging.

Am 18. März 1992 forderte die DB europaweit Angebote für 500 Lokomotiven der Baureihe 121 an. Diese Universal-Maschinen sollten mit 220 km/h fahren dürfen und eine Leistung von 7 Megawatt (MW) aufweisen. Man erwartete von ihnen, dass sie im schnellen Reisezugdienst ebenso wie vor schweren Güterzügen verwendet werden können. Die bei der Industrie geweckten Hoffnungen auf einen Großauftrag wurden aber enttäuscht: Ende 1992 annullierte die DB ihre Ausschreibung.

Ein Jahr später folgte aber eine neue Aufforderung zu Angeboten. Die DB hatte Interesse an 200 kurzfristig zu liefernden Drehstromloks – später sollten im Rahmen einer längerfristigen Beschaffung jährlich 50 bis 100 dieser Fahrzeuge gebaut werden. Die Ausschreibung forderte Maschinen für 220 km/h mit 6 MW, 5 MW und 4 MW sowie 120 km/h schnelle Güterzugloks für 6 MW und 4 MW. Ein paar Monate später war sogar von 400 zu beschaffenden Loks die Rede. Die unterschiedlichen Geschwindigkeiten und Leistungen zeigen, dass sich die DB vom Wunsch nach einer Universallok gelöst hatte.

Prototypen auf Firmenkosten

Ähnlich wie Siemens mit dem EuroSprinter stellten sich auch die anderen Hersteller dem Druck verschärfter Konkurrenz und konzipierten noch vor der Bahnreform neue Fahrzeuge, um nach dem Start des neuen Unternehmens mit attraktiven Angeboten aufwarten zu können. Mitte 1994 stellte AEG den neuen Loktyp 12X vor. Im Herbst desselben Jahres präsentierte ABB die Lokfamilie „Eco 2000". Während der EuroSprinter (Baureihe 127) und die 12X (Baureihe 128) jeweils neue Lokomotiven darstellten, versteckte ABB seine neue Technik unter dem Gehäuse einer konventionellen Elektrolok der Baureihe 120.

Neben den Drehstrom-Asynchron-Antrieben hatten diese drei Fahrzeugtypen noch eine zweite Gemeinsamkeit: Sie waren weitgehend unabhängig vom Einfluss der DB entstanden. Die Bundesbahn-Zentralämter hatten auf die Entwicklung neuer Fahrzeuge jahrzehntelang erheblichen Einfluss genommen. Man konnte aber Anfang der neunziger Jahre davon ausgehen, dass die reformierte DB ganz anders operieren würde und von der Industrie quasi schlüsselfertige Lokomotiven erwartete. An die Stelle von Gemeinschafts-Ent-

AUFNAHME: HÖRSTEL

Auf Hochglanz poliert, präsentiert sich die 145 001 am 10. Juli 1997 in Hennigsdorf bei Berlin. Aus dieser Baureihe werden noch die 146 und die 185 abgeleitet

DB
145 001 - 4

AEG fertigte auf eigene Kosten die 12X. Im Oktober 1998 war die Lok bei der Innotrans zu sehen

wicklungen mehrerer Hersteller und der DB traten damit Konkurrenzprodukte. Hatten die Techniker der DB bis dahin mit geholfen, Schwachstellen zu beseitigen, so durfte man auf diese Hilfestellung nun nicht mehr hoffen.

Ellok-Order im Stil der DB

Gleich die erste Ausschreibung neuer Elektroloks, die noch 1994 und damit kurz nach dem Start der DB AG erfolgte, war spannend, da die Vergabe der Aufträge Rückschlüsse auf die Zukunft der Lokfabriken zuließ. Der Paukenschlag blieb aber aus. Die neue DB blieb dem Prinzip der alten Bundesbahn weitgehend treu und verteilte den Auftrag unter den bewährten inländischen Anbietern ABB, AEG und Siemens/Krauss-Maffei.

Im Dezember 1994 wurden Details des Geschäfts bekannt. ABB sollte 145 Exemplare der 6 MW starken und

AUFNAHMEN: NIEDT, PETTINGER

Wiederholt erprobte die DB AG den Eurosprinter im regulären InterCity-Dienst. Hier ist der Versuchsträger mit dem IC 810 von München nach Nürnberg unterwegs

220 km/h schnellen Baureihe 101 liefern. Siemens und Krauss-Maffei konnten ihr Konzept des EuroSprinters in einem Auftrag über 195 Güterzugloks der Baureihe 152 umsetzen. Diese Maschinen sollten rund 6 MW leisten und 140 km/h schnell fahren dürfen. AEG kam bei 80 Lokomotiven im mittleren Leistungssegment von 4 MW zum Zuge. Auch diese Lokomotiven sollten 140 km/h erreichen. Bei Siemens bestand eine Option über 100 weitere 152er, AEG konnte sogar auf die Lieferung von 400 weiteren 145ern hoffen.

Dass das noch wenige Jahre zuvor propagierte Konzept der Universallok für alle Einsatzzwecke völlig lautlos untergegangen war, hatte nicht zuletzt mit der Bahnreform zu tun: Die einzelnen Geschäftsbereiche für Fern-, Nah- und Güterverkehr konnten und sollten sich spezialisieren. Ihnen lag also in erster Linie an einer für ihre Bedürfnisse optimalen Lok, womit auch unterschiedliche technische Ausstattungen verbunden waren.

In einem wesentlichen Punkt erwies sich die neue DB AG sofort als privatwirtschaftlich denkendes Unternehmen: Sie setzte die Hersteller unter einen bis dahin im Lokomotivbau unbekannten Kostendruck. Die neuen Fahrzeuge mussten erheblich billiger sein als es eine Baureihe 121 jemals geworden wäre. Für eine Maschine der Baureihe 121 veranschlagte man jeweils acht Millionen Mark Kosten, für eine Lok der Baureihe 101 aber nur noch sechs Millionen. Die 152 und 145 mussten jeweils noch deutlich unter diesem Wert liegen.

Unter Kostendruck

Während die Drehstrom-Asynchron-Technik ein gemeinsames Merkmal dieser vierachsigen Drehgestell-Lokomotiven darstellt, unterscheiden sie sich in anderen technischen Komponenten erheblich. Die 101 und 152 sind mit 6,4 MW dem Hochleistungsbereich zuzuordnen. Aber nur die 101 ist auch für eine hohe Geschwindigkeit von 220 km/h tauglich. 140 km/h sind hingegen das Limit der 152, die sich somit als Zugpferd von DB Cargo ausweist.

Nochmals andere Bedingungen herrschten bei der Auftragsvergabe für die 145 vor. Die DB hatte den Bau einer LowCost-Lokomotive im Sinn. Sie verfügt daher nur über 4,2 MW Leistung. Wie auch die 152 erhielt sie einen Tatzlagerantrieb, der nur 140 km/h zulässt. Aus Kostengründen entfiel bei ihr überdies die eigentlich angestrebte Einzelradsatz-Steuerung. Während also bei der 101 und 152 jeder Fahrmotor einzeln über einen Drehstrom-Pulswechselrichter (PWR) versorgt wird, übernimmt diese Aufgabe bei der 145 jeweils ein PWR für zwei Radsätze. Damit ist man wieder bei dem schon aus der Baureihe 120 bekannten Prinzip angelangt.

Diese Sicht hat der Lokführer in der BR 145

Eine 152er entsteht bei Krauss-Maffei

Was man bei der Auftragsvergabe für die Elektroloks der neuen Generation Ende 1994 schon ahnte, wenn man die Zahl von nur 80 bestellten 145ern der Option von 400 Maschinen gegenüber stellte, bewahrheitete sich später:

Blick unters Blech: „12X" – Baureihe 128

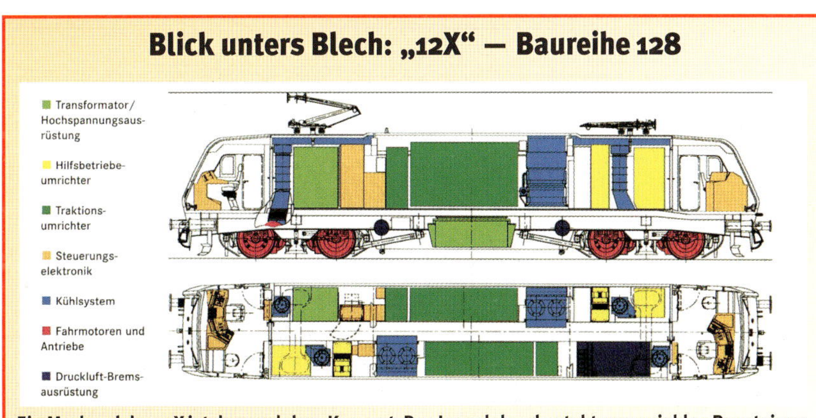

Ein Merkmal der 12X ist das modulare Konzept. Das Innenleben besteht aus variablen Bausteinen, mit denen man, je nach Zusammensetzung, verschiedenartige Loks auf die Schienen stellen kann

AUFNAHMEN: ADTRANZ, SIEMENS AG, ZEICHNUNG: AEG

ADtranz hat mit der aus der 12X abgeleiteten 145 den größten Fisch an Land gezogen. Aus der angelaufenen Serie zweigte die DB im Frühjahr 1999 die 145 018 und 019 ab, um sie vor Doppelstockzügen zwischen Ludwigshafen und Koblenz zu testen. Für Reisezüge soll aus der Baureihe 145 eine neue Baureihe 146 mit Zugzielanzeige, Fahrgast-Infoanlage, Fahrgastnotruf, Scheibenbremsen und mit gefedertem Antrieb für 160 km/h abgeleitet werden. Wieviele 146 letztlich beschafft werden, muss sich noch zeigen. Als Lok für den Nahverkehr – damit auch für Wendezug-S-Bahnen – dürfte längerfristig ein Bedarf von 500 oder noch mehr Maschinen angemeldet werden.

Dass die ADtranz-Werkshallen in den nächsten Jahren gefüllt sein werden, ist vorläufig aber einer ganz anderen Lokgattung zu verdanken. DB Cargo lässt sich 400 Lokomotiven der aus der 145 abgeleiteten Reihe 185 bauen. Die erste dieser Maschinen war im Februar 2000 fertiggestellt. Die 185 ist ebenfalls für 140 km/h ausgelegt und verfügt über 4,2 MW Leistung. Herausragendes Merkmal der 185 ist ihre Zweisystem-Ausrüstung für Wechselstrom-Bahnen mit 16 2/3 Hz oder 50 Hz. Ab April 2000 werden die ersten dieser Maschinen bereits Zulassungstests bei verschiedenen europäischen Bahnen unterworfen. Aus der 185 leitet ADtranz möglicherweise auch eine Viersystem-Variante ab. Ab Winter 2000/2001 beginnt der Serienbau der 185, welcher sich bis ins Jahr 2008 erstrecken soll. Es ist vorgesehen, die 185 mit dem neuen, standardisierten European Train Control System (ETCS) auszurüsten. Die Datenübertragung erfolgt hierbei mittels Digitalfunktechnik nach dem Global Standard for Mobile Communication/Railway (GSM/R). Nationale Schnittstellenadapter ermöglichen die Kommunikation mit den an der Strecke vorhandenen Sicherheits-Einrichtungen, so dass die Lokomotive nicht mit sämtlichen bahnspezifischen Systemen ausgestattet werden muss. In der 185 wird diese Technik erstmals in großem Umfang eingeführt.

Start ohne große Probleme

Während der Bedarf von DB Reise & Touristik an Schnellfahr-Elektroloks mit der 101 auf längere Sicht gedeckt sein dürfte, will DB Cargo weitere Hochleistungs-Elektroloks beschaffen. Bei Siemens und Krauss-Maffei wurde daher im Oktober 1999 eine Option über weitere Fahrzeuge eingelöst: Von April 2003 bis Dezember 2005 werden 100 Maschinen der Viersystem-Baureihe 189 geliefert. Sie müssen für die gängigen Systeme von Wechselspannung 15 kV/ 16 2/3 Hz, 25 kV/50 Hz sowie Gleichspannung 1,5 kV und 3,0 kV tauglich sein, um in ganz Europa grenzenlos verkehren zu können. Auch die 189 erhält den bis 140 km/h ausreichenden Integrierten Tatzlagerantrieb der 152. Ebenso wie die 185 wird auch sie mit vier Dachstromabnehmern ausgestattet.

Auch die Baureihe 145 zählt zum Bestand von DB Cargo. Im Mai 2000 schleppt die 145 012 zusammen mit der 155 115 einen Güterzug bei Oberrieden

Die 101 ist heute *die* Fernverkehrslok. Im April 1998 passiert die 101 055 mit EC 13 Oberwesel

Von vielen neuen Fahrzeugen der DB AG ist man mittlerweile gewohnt, dass ihrer Inbetriebnahme eine endlose Pannenserie folgt. Alle Elektroloks der neuen Generation gingen jedoch ohne nennenswerte Probleme in Betrieb. Sicherlich kein Zufall, wenn man bedenkt, dass sie alle von der 120 abstammen und jeweils konsequente Weiterentwicklungen dieses Fahrzeugtyps darstellen.

Der Rückzug älterer DB-Einheits-Elektroloks wird sich zwar verstärken, aber für mehrere Jahre werden sie noch Seite an Seite mit den Maschinen der Neuen Generation zu sehen sein. Für eine Reihe von Jahren begegnen sich somit auf den Gleisen der DB zwei Technik-Welten. ANDREAS M. RÄNTZSCH,

AUFNAHME: WAGNER, DB AG/VOLKER EMERSLEBEN

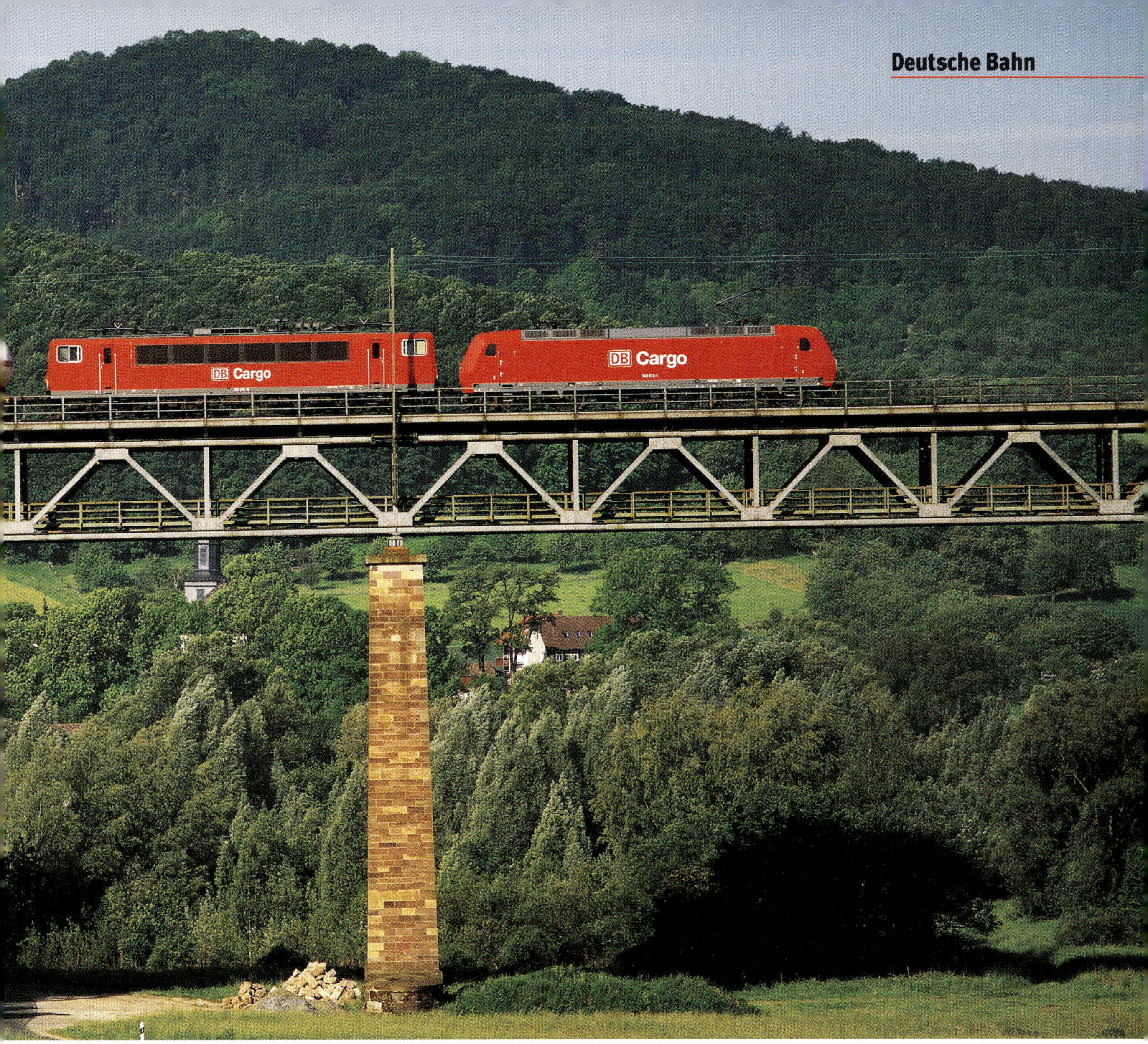

Die Neubaulokomotiven der Deutschen Bahn

Baureihe 101

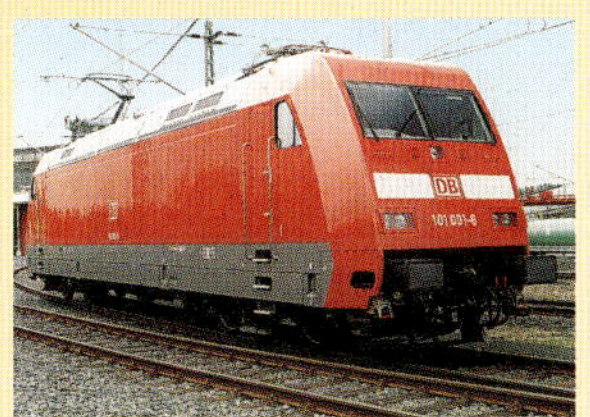

Bauart	Bo'Bo'
Höchstgeschw.	220 km/h
Antrieb	Kardan-Hohlwelle
Stundenleistung	6.400 kW
Anfahrzugkraft	300 kN
Masse	87 t
Länge über Puffer	19.100 mm
Herst./1. Baujahr	Adtranz, 1996
Stückzahl	145

Baureihe 145

Bauart	Bo'Bo'
Höchstgeschw.	140 km/h
Antrieb	Tatzlager
Stundenleistung	4.200 kW
Anfahrzugkraft	300 kN
Masse	86 t
Länge über Puffer	18.900 mm
Herst./1. Baujahr	Adtranz, 1997
Stückzahl	vorerst 80

Baureihe 185

Bauart	Bo'Bo'
Höchstgeschw.	140 km/h
Antrieb	Tatzlager
Stundenleistung	4.200 kW
Anfahrzugkraft	300 kN
Masse	86 t
Länge über Puffer	18.900 mm
Herst./1. Baujahr	Adtranz, 2000
Stückzahl	vorauss. 400

Baureihe 152

Bauart	Bo'Bo'
Höchstgeschw.	140 km/h
Antrieb	Tatzlager
Stundenleistung	6.400 kW
Anfahrzugkraft	300 kN
Masse	87 t
Länge über Puffer	19.580 mm
Herst./1. Baujahr	S/KM, 1997
Stückzahl	195

AUFNAHMEN: KLEE, ADTRANZ, SCHULZ (2), HÖRSTEL

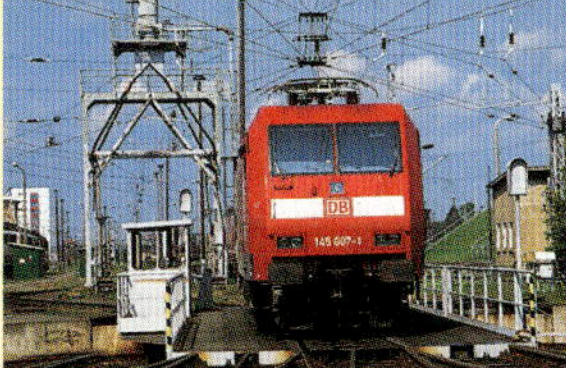

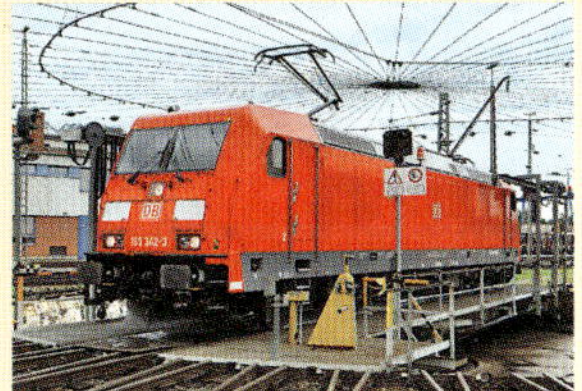

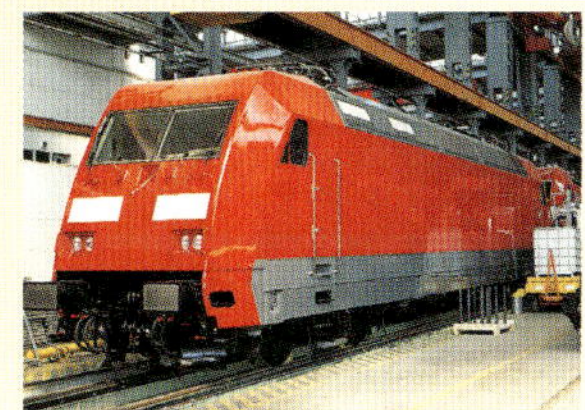

Kraftwerke auf Schienen

Faszination Diesellok: **Moment-Aufnahmen** aus Deutschland

Der letzte Dinosaurier Wie ein Vertreter dieser urzeitlichen Landtiere wirkt die 288 002, die hier am 7. November 1971 im Bw Bamberg gedreht wird AUFNAHME: WALPER

Legende West Um im Mai 1967 als Diesellok zu Sonderzugehren zu kommen, mußte man schon etwas Besonderes sein. Die V 300 001 war etwas Besonderes! Die DB kaufte die Maschine 1963 von Krauss-Maffei, nachdem sie diese schon mehrere Jahre lang als Leihlok betrieben hatte AUFNAHME: F. ERNST

Technologieträger Die 202 003, Spitzname „Blauer Bock", ist hier am 18. Oktober 1982 bei Isselhorst-Avenwedde mit einem Versuchszug unterwegs. Mit ihr testete die DB die neue Drehstromtechnologie AUFNAHME: LINDENBLATT

Legende Ost Keine andere Baureihe verkörperte so sehr die Eisenbahn und den Lokomotivbau der DDR wie die Baureihe 118. Im September 1992, als der Stern der Baureihe 228 längst im Sinken begriffen ist, verläßt die 228 616 mit einem Sandzug den Bahnhof Eilsleben. Im benachbarten Bw warten derweil vier ihrer Schwestern auf die nächsten Einsätze ... oder den Schneidbrenner AUFNAHME: C. ERNST

Stelldichein Klassische Linienführung zeichnet die Charakterköpfe der Baureihe 215 und ihrer Schwesterbaureihen aus. Am 4. Mai 1989 haben sich 215 044, 038, 046 und 042 vor der Drehscheibe in Ehrang eingefunden, um zu neuen Einsätzen zu starten AUFNAHME: HÖRSTEL

2
215 042-3
BD Saarbrücken
Bw Trier

Begriffs(v)erklärung

1000 Pferdestärken oder 736 Kilowatt – soviel Motorleistung muß sein, damit man von einer „Großdiesellokomotive" spricht. So steht es in den einschlägigen Lexika und Fachbüchern.

Als erste Großdiesellokomotive der Welt gilt die 1912 von Sulzer und Borsig gebaute „Klose-Lokomotive". Benannt war sie nach dem sächsischen Ingenieur und Erfinder Adolph Klose (1844 – 1923). Gemeinsam mit Rudolf Diesel (1858 – 1913) hatte Klose die Federführung bei der Konstruktion inne. Diesel entwarf den antriebstechnischen Teil der 2'B2'-Lokomotive. Sein 1000-PS-Zweitaktmotor übertrug seine Leistung direkt auf die Treibradsätze; zum Anfahren diente in Stahlflaschen gespeicherte Druckluft.

Wieviele Dieselmotoren vonnöten sein dürfen, um die magische 1000-PS-Marke zu überschreiten, hat niemand festgelegt. Manche Diesellok der frühen Jahre kam nur mit Hilfe zweier Aggregate über die magische Grenze.

Eigentlich hat auch niemand festgelegt, daß „leichte" Diesellokomotiven wie die V 100 – egal ob West oder Ost – nicht als Großdiesellokomotiven zu gelten haben. Dabei kommen auch sie haargenau (Baureihe 201, ex 110, ex DR-V 100: 736 kW) oder locker (Baureihe 211, ex DB-V 100^{10}: 809 … 990 kW) oder mit weitem Abstand (Baureihe 204, ex DR-114: 1100 kW) über die 1000-PS- bzw. 736-kW-Grenze. Und doch findet man sie nirgendwo in der Fachliteratur unter der Rubrik „Großdiesellokomotiven". WA

Die Klose-Lok von 1912 war die erste Großdiesellokomotive der Welt

Diesellokomotiven am Ende?

1900 Großdiesellokomotiven – das ist der prognostizierte Bedarf der Deutsche Bahn AG im Jahr 2000. 1994 hatte sie noch 2559 Maschinen in Ihrem Bestand.

Ist die Großdiesellok am Ende? Wer die Inhaltsverzeichnisse der letzten Jahrgänge der wichtigen deutschen Eisenbahntechnik-Fachzeitschriften durchblättert, stößt vergleichsweise selten auf das Stichwort Diesellok. Dieseltriebzüge, vor allem Dieselleichttriebzüge tauchen dort in ganz anderer Zahl auf als große Lokomotiven. Kein Wunder, das Thema Regionalverkehr boomt, während die Zukunft des Personenfernverkehrs eindeutig den Triebzügen gehört, nicht den lokbespannten Garnituren. Und im Güterverkehr … – na ja, was da noch bleibt, so könnte man angesichts der Situation im Cargo-Bereich meinen, dafür gibt es aus besseren Zeiten ja noch große Dieselloks in Mengen, ob sie nun die Baureihenbezeichnung 218 oder 232 tragen.

Aber die Geschichte geht weiter. Neue Aufgabengebiete tun sich plötzlich für Staats- wie Privatbahnen im Güterfernverkehr auf, desgleichen neue technische Möglichkeiten – vor allem in der Drehstromantriebstechnik – und dementsprechend hochinteressante neue Lösungen. Schauen wir einmal auf den Blue Tiger, der nämlich beweist: Die Großdiesellok ist wirklich am Ende, am faszinierenden Endpunkt eines langen Entwicklungsweges nämlich, der in eine ganz neue Zukunft bei der Anwendung, dem Betriebseinsatz also, führen könnte. Die Eisenbahnfreunde hören das gerne. Denn nach dem Untergang der Dampflokzeit – jetzt wird's etwas nostalgisch – bringt eine hart arbeitende Diesel-Maschine noch immer etwas von dem rüber, was viele von uns an der Dampflok so fasziniert hat und noch immer begeistert: imposante Kraftentfaltung (imposant auch heute noch, wo den meisten Loks das Lärmen ausgetrieben worden ist). Die Begeisterung kennt dabei keine Grenzen. Bei der Vorbereitung dieses Heftes waren wir sehr überrascht, wie viele Einsendungen uns zum Thema Nohab-Loks und US-Dieselloks erreichten.

Das Thema ist also international, und wer es nur auf Deutschland beschränken wollte, der hätte viele der wichtigsten technisch-historischen Linien abgeschnitten. In Sachen Großdieselloks ist Deutschland nämlich vor allem eines: Entwicklungsland. Und das im doppelten Sinne. WK

Wie der 118 111 erging es in den letzten Jahren hunderten Dieselloks

Wirkungsgrade

28 Prozent Wirkungsgrad ist heutzutage ein Spitzenwert für Diesellokomotiven. Viele kommen auf noch geringere Werte, bis hinab zu 22 Prozent. Das heißt, nur etwa ein Viertel der aufgenommenen Leistung bleibt als Zughakenzugkraft übrig.

Ist das viel, ist das wenig?

Um diese Frage zu beantworten, muß man die Diesellokomotive mit anderen Triebfahrzeugen vergleichen. Gegenüber der Dampflok (sechs bis zehn Prozent) hat sie eindeutig die Nase vorn, der Dieseltriebwagen (26 bis 30 Prozent) schneidet schon ein wenig besser ab. In einer anderen Liga spielen die elektrischen Triebfahrzeuge: Auf 70 bis 80 Prozent kommen die Elektroloks, auf 78 bis 85 Prozent gar die elektrischen Triebwagen.

Aber halt! Der Vergleich hinkt. Denn im Falle der Elektrolok fand die Umwandlung der Primärenergie – vielfach Kohle, oft Uran, selten Wasserkraft, mitunter gar Heizöl – in elektrischen Strom bereits im Kraftwerk statt, der Vergleich berücksichtigt weder die Verluste im Kraftwerk noch bei der Übertragung der Elektroenergie. Die Diesellok hat das Handicap, ihre Primärenergie – den Dieselkraftstoff – mitschleppen zu müssen. Der Dieselmotor ist quasi ihr Kraftwerk. Dessen Wirkungsgrad liegt übrigens etwa bei 41 Prozent. WA

AUFNAHMEN: ARCHIV, MIETHE

50 Tonnen sind 'ne Menge Holz, mag mancher Fahrplangestalter gedacht haben, als er Ende der 50er Jahre Berichte über Vergleiche zwischen der V 200 und Dampfloks der Baureihen 01 und 44 las. Die brachten der DB allerlei widersprüchlich erscheinende Erfahrungen – auch jene mit den 50 Tonnen. Aber dazu später.

Um wieviel günstiger arbeitet eigentlich eine Diesellok als eine Dampflok gleicher Leistungsklasse? Diese Frage ist ebensowenig wie die nach dem Kraftstoffverbrauch (siehe Kasten) rasch zu beantworten. Die Leistung allein nämlich bringt dem Diesel kaum Vorteile, man erinnert sich noch gut – und mancher gerne – an die Zeiten, als die Baureihe 012 (01.10 mit Ölhauptfeuerung) der DB im Schnellzugdienst von der Marschbahn Hamburg – Westerland genommen und durch die 218 ersetzt wurde. Eine 218 allein konnte die alten Pläne nicht einhalten, schwere Züge werden im Norden heute in Doppeltraktion gefahren. Der große Vorteil der ölgefeuerten 012 (und ihrer Artgenossen): Kurzzeitig ist ein guter Dampfkessel kräftig überlastbar, typischerweise gilt das bei jeder Geschwindigkeit. Beim Diesel ist das anders. Mit Rücksicht auf Pleuel, Kurbelwelle, Ventile und allerlei anderes Metall ist bei einer bestimmten Drehzahl definitiv Schluß. Deutlich billiger als Kohle war Diesel vor 40 Jahren auch nicht, und selbst den zweiten Mann auf der Lok konnte man nicht sofort einsparen. Bei den ersten V 200 mußte er auf den Heizkessel aufpassen. Unübersehbar aber ist sofort folgender Umstand: Im Schnellzugdienst sind lange Durchläufe unproblematisch (obwohl auch die 01.10 oder die 03.10 in dieser Hinsicht enorme Werte um die 600 oder gar 700 km erreichen konnten), vor allem aber entfielen die längeren Halte zum Wasserfassen. Für Güterzüge spielte das auf den Magistralen zunächst keine Rolle, die wurden sowieso alle naselang an die Seite genommen, da blieb genug Gelegenheit zum Nachbunkern.

Aber auch im Schnellzugdienst war die Lage so klar nicht: Am besten, so hatte die DB schnell herausgefunden, hätte man die V 200 vor schweren Schnell- oder Eilzügen mit vielen Halten

Symbol des Wirtschaftswunders: V 200 (Stuttgart Hbf, 1964)

und/oder vielen Langsamfahrstellen eingesetzt, denn in der Praxis war vor allem in solchen Betriebssituationen die V 200 der 01 spürbar überlegen. Aber war dafür der rote Bannerträger des Fortschritts nicht zu schade? Versuche auf der Main-Weser-Bahn Frankfurt – Marburg hatten nämlich die Erkenntnis gebracht, daß die V 200 Schnellzüge mit den damals üblichen drei Zwischenhalten (Friedberg, Bad Nauheim,

Wozu Diesellokomotiven?

Gießen) und 600 t Zuglast drei Minuten eher nach Marburg brachte als die 01, daß bei einem 500-t-Zug dieser Wert schon auf zwei Minuten schmolz, bei 200 t auf eine Minute und bei einem leichten Zug ohne jeden Stopp (reine Theorie) gegen Null gegangen wäre. So gesehen hätte man die V 200 tatsächlich in erster Linie vor die zahllosen schweren und langsamen Schnellzüge mit vielen Zwischenhalten spannen müssen, die leichten F-Züge schafften die 03.10 und 01 beinahe genauso gut, von der 01.10 gar nicht zu reden.

Und im Güterzugdienst? Der war aus finanzieller Sicht damals weitaus bedeutender als der Reisezugdienst und hätte angesichts der Marktsituation noch viel dringender beschleunigt werden müssen. Doch waren alle Vorteile der Dieseltraktion wie eingangs geschildert in der Praxis hier zunächst zweitrangig. Die ersten V 200 hatten von ihren Bw Altona, Hamm P und Frankfurt-Griesheim aus tatsächlich auch einige Expreßgüterzüge zu ziehen, ansonsten vor allem F-Züge.

Keine Regel ohne Ausnahme: Die Villinger Loks auf der Schwarzwaldbahn. Hier wurde der V 200 neben den Reisezügen von Ende 1957 an – zunächst zu Testzwecken – auch der Güterzugdienst anvertraut. Dabei konnte die DB folgende Rechnung aufmachen: Der üblicherweise eingesetzten Dampflok der Baureihe 44 konnten auf der extrem kurven- und steigungsreichen Strecke maximal 500 t Anhängelast mit auf die Reise gegeben werden.

Nach der Papierform – vor allem also wegen des deutlich geringeren Reibungsgewichts – wäre eine V 200 beim Beschleunigen eines schweren Güterzuges der Baureihe 44 nicht gewachsen gewesen, aber bei so kleinen Grenzlasten wie im Schwarzwald sah die Rechnung plötzlich ganz anders aus. Die um die Jahreswende 1957/58 im Plan der 44 eingesetzte V 200 schaffte die 500 t vergleichsweise locker – allein deshalb, weil die 44 mit vollen Vorräten gut 90 t schwerer ist als die Diesellok. Hier erwies sich also das geringe Gewicht der V 200 als entscheidender Vorteil. Die Versuche wurden fortgesetzt, die V 200 bewältigte auch 550 t einwandfrei, das Ende der Baureihe 44 auf der Schwarzwaldbahn war damit besiegelt.

Wolfgang Klee

Zwei V 200 im Mai 1973 in Doppeltraktion bei Hornberg auf der Schwarzwaldbahn. 15 Jahre zuvor mußten sie just auf dieser Strecke die Überlegenheit des Diesels gegenüber dem Dampf beweisen

AUFNAHMEN: KUSTERER, STEMMLER

Welcher Motor ist der beste?

750 mal pro Minute dreht sich die Kurbelwelle des Zweitakt-Dieselmotors einer Reichsbahn-V 200. Auf genau das Doppelte, nämlich 1500 Touren, kommen die Viertakt-Motoren der Bundesbahn-V 200.

Der Motoren gibt es viele: Langsam-, Mittelschnell- und Schnellläufer, Saugmotoren und aufgeladene, Reihen-, V- und Boxermotoren, solche mit kurzem und solche mit langem Kolbenhub, Zweitakter und Viertakter. Alle haben irgendwelche Vorteile, die mit irgendwelchen Nachteilen erkauft sind. Die Frage, welcher Motor denn der beste sei, ist oft gestellt und nie beantwortet worden.

Ein aufgearbeiteter Fahrdieselmotor vom Typ 5 D 49 im AW Cottbus

Die Auswahl des *für das geplante Aufgabenspektrum am besten geeigneten* Dieselmotors ist im Grunde die wichtigste Entscheidungsgröße beim Kauf einer Diesellok; er ist ja ihr Kernstück. Folglich bieten europäische Lokfirmen ihr Diesellok-Programm meist mit Motoren verschiedener Hersteller an. In den USA bestimmen ausnahmslos zwei große Lokfirmen den Markt; aus Rationalisierungsgründen offerieren sie in der Regel nur eine Motorenbaureihe, und die stammt aus eigener Produktion.

Selbst außerhalb ihres Ursprungslandes dominieren die Loks von General Motors und General Electric den Weltmarkt direkt oder über Lizenzen zu 60 Prozent. An deren Dieselmotoren mißt sich der Rest der Welt, besonders preislich.

Denn diese Motoren verfügen bewußt nicht unbedingt über die letzt realisierbare Spitzentechnologie, wenn diese nicht die Zuverlässigkeit fördert. Im Gegensatz zu Europa sind die US-Bahnmotoren robuste Mittelschnell-Läufer um 1000 U/min, ausgelegt für alle Traktionsaufgaben unter härtesten Bedingungen. UD/WA

Durstig oder sparsam?

6000 Liter Dieselkraftstoff passen in die Tanks einer 232. Das wirft die Frage auf: Wieviel Kraftstoff schluckt ein moderner Dieselmotor?

Eine so einfache Frage verlangt eine komplizierte Antwort. Anders als für Pkw wird man nirgends eine Liste finden, in der entsprechende Daten für Lokomotiven kurz und bündig in Litern pro 100 Kilometer aufgelistet sind. Kein Wunder, denn anders als bei einem Pkw spielt bei einer Lokomotive die Frage nach der Masse der zu befördernden Last eine entscheidende Rolle.

Für Dieselmotoren bei Lokomotiven gilt der Wert: Gramm pro Kilowattstunde (g/kWh).

Beispiel: Ein moderner Motor wie der 16 V 4000 aus der jüngsten MTU-Lokdiesel-Generation (mit Common-Rail-Einspritzsystem; bekannt auch von neuen Pkw-Dieselmotoren) verbraucht nach Herstellerangaben im Optimum 190 g/kWh. Der Motor leistet 2000 kW. Nehmen wir also an, eine Lok der Baureihe 218 – die 218 485 wurde als erste Maschine dieses Typs 1998 mit einem solchen Motor als Ersatz des ursprünglichen Pielstick-Aggregats ausgerüstet – schleppt eine Stunde lang bei Vollast einen Güterzug und legt dabei 100 km zurück. In dieser Zeit hat die Lok also – wenn alles optimal lief: keine Zwischenstopps etc. – 2000 x 190 g Diesel verbrannt, also 380 kg. Mit anderen Worten: rund 400 Liter.

Kraftstoffebehälter der griechischen DE 2000

Das klingt enorm, aber wenn man den Hubraum von 65 l (Bohrung/Hub: 165/190 mm) des naß fast 8 t schweren 16-Zylinders in Betracht zieht, dann sieht die Sache schon etwas anders aus. Erst recht, wenn man folgende Vergleichsrechnung aufmacht, die aus dem Zentralbereich Umweltschutz der Deutschen Bahn AG stammt und im April 1999 in der Zeitschrift Internationales Verkehrswesen veröffentlicht wurde: Binnenschiff, Lkw und Eisenbahn stehen vor der Aufgabe, 1500 t Schnittholz, verpackt in Containern, von Krems in Österreich nach Rotterdam zu transportieren. Das Binnenschiff schafft das in einem Rutsch, die Bahn in zwei Zügen, die Straße muß 86 Lkw-Fahrten aushalten. Bei einem angenommenen Energieverbrauch von 450 l pro 100 Zug-Kilometer verbraucht die Eisenbahn für die gestellte Transportaufgabe 11 250 l Diesel, das Binnenschiff 21 750 l und die Lkw 35 820 l (bei einem Verbrauch von 35,3 l/100 km; Berücksichtigung fanden in dieser Rechnung die kürzere Straßenentfernung der Straße gegenüber der Bahn und der noch längere Weg des Schiffs). Geht man davon aus, daß die Dieselmotoren aller drei Verkehrsträger hinsichtlich Verbrauch und Abgasemission auf gleichem Stand sind, wird der ökologische Vorteil der Eisenbahn deutlich.

Dreimal 6000 Liter im Tank: 132 529, 498 und 347 (v.l.n.r.) im Bahnbetriebswerk Güsten, Juni 1991

So weit, so gut. Leider müssen auch andere Rechnungen aufgemacht werden. Das Gros des deutschen Diesellokparks ist trotz zahlreicher Modernisierungen, Optimierungen oder Umbauten noch mit Motoren ausgestattet, die wie die Loks aus den siebziger Jahren stammen.

Und wie umweltfreundlich die Eisenbahn ist, wenn eine 232 (etwa 240 g/kWh spezifischer Verbrauch) einen Regionalexpreß mit drei Wagen und 35 Passagieren auf 100 km Distanz fünfmal von null auf 120 km/h beschleunigt hat, nun ja, diese Rechnung schenken wir uns lieber. Wolfgang Klee

Aufnahmen: Adtranz, Miethe, Heilmann

Diesel schlägt Dampf

6:1 – nein, das ist kein Fußball, sondern ein sehr interessantes Meßergebnis. Großes Augenmerk legten die DB-Ingenieure bei den Güterzug-Versuchen im Schwarzwald auf die Frage nach dem Brennstoffverbrauch. Auf eine Million Brutto-Tonnenkilometer (das entspricht einem Zug von 1000 t, der 1000 km weit transportiert wird) verbrauchte – rein statistisch gesehen – eine Dampflok der Baureihe 44 hier 65,80 t Kohle, eine V 200 10,56 t Dieselkraftstoff, das Brennstoffverhältnis liegt also bei 6,2:1. Zahlen wie diese mögen zunächst horrend erscheinen, sind aber für die Dampflok in diesem Falle noch sehr günstig (besonders schlimm sah es in dieser Hinsicht im Rangierdienst mit 12:1 und im Nebenbahndienst mit 30…40:1 aus, weshalb ja auch hier die DB mit den V 60 und den Schienenbussen besonders früh den Hebel ansetzte).

Umgerechnet bedeutet das: Ein 1000-t-Zug auf der Schwarzwaldbahn, bespannt mit zwei V 200, verbrauchte im Schnitt – Berg- und Talfahrt berücksichtigt – 1000 bis 1100 l Diesel pro 100 km, die gleiche Fuhre mit zwei 44 verschlang rund 130 Zentner Kohle. Damit kam ein Villinger Siedlungshäuschen locker über den Winter.

Wie gesagt, der Einsatz der V 200 im allgemeinen Güterzugdienst blieb zunächst die Ausnahme und auf die Schwarzwaldbahn beschränkt.

Die „Wirtschaftswunderlok“ konnte ihre Vorteile, dazu gehörte auch die Werbewirkung, weit besser vor edlen Schnellzügen – wo wäre sie typischer als vor dem Blauen Enzian? – ausspielen als vor einem Dg oder Kohle-Ganzzug, der in Kirchweyhe, Bebra oder Altenhundem überholt wurde und in Bohmte, Flieden oder Kreuztal schon wieder. Außerdem hatte die DB ihre Dampfloktechnik damals noch nicht ganz ausgereizt, die Ölkocher standen vor der Tür. Denn es darf nicht vergessen werden, daß dem günstigen Verbrauchsverhältnis pro Diesel um 1958 ein etwa umgekehrtes Preisverhältnis pro Kohle gegenüberstand, hinsichtlich der tatsächlichen Energiekosten im Zugförderdienst also zunächst kein entscheidender Grund vorlag, auf Diesel zu setzen. Erst als um 1960 die Marktpreise für hochwertige Lokomotivkohle drastisch anstiegen (jetzt schlug wirklich die Stunde der längst erprobten Öl-Dampfloks) und Diesel billiger zu bekommen war, sprachen auch die Brennstoffkosten eine deutliche Sprache für Öl – für Diesel wie für schweres Heizöl, ein Nebenprodukt der Dieselherstellung, gleichermaßen.

Wolfgang Klee

Giganten der Schiene

6600 Pferdestärken – genaugenommen zweimal 3300 Pferdestärken – sind in der gegenwärtig leistungsstärksten Großdiesellokomotive, der Class 6900 „Centennial“ der US-amerikanischen Bahngesellschaft Union Pacific, gebändigt. Auf 5990 PS kommt die russische TEP 75, auf zweimal 2700, also insgesamt 5400 PS die chinesische DHG 5400. 6000 Pferdestärken sind für die Dieselmotoren großer amerikanischer Lokomotiven mittlerweile Standard.

Solche Giganten der Schiene haben in den USA Tradition. Auf die gleiche Leistung kam bereits 1947 die berühmte „Pennsylvania-Lok“. Die Doppellokomotive, Radsatzfolge (2'Do)(Do2')+(2'Do)(Do2'), holte ihre 6000 PS aus vier Aggregaten und verfügte über 16 elektrische Fahrmotoren. Die Höchstgeschwindigkeit des sage und schreibe 539 Tonnen schweren Giganten lag bei überaus bemerkenswerten 193 km/h!

WM/WA

Raketenzug-Lokomotiven

DM62 – hinter dem kryptischen Kürzel verbirgt sich ein ganz besonderes Gefährt, eine Spezial-lok für Atomraketenzüge der russischen Armee. Abgeleitet ist sie von der Reihe M62, in Deutschland als Reichsbahn-V 120 („Taigatrommel“) bekannt. Äußerlich sind die Loks durch einen Kasten unter dem Nummernschild am Bug, eckige Lichter und verbesserte Drehgestelle erkenntlich. Der Kasten enthält Stecker für Verbindungskabel zu dem im Raketenzug eingestellten Kommandowagen. Von hier kann man die Lok fernsteuern und sämtliche Aktivitäten des Lokführers kontrollieren. Die Lok kann so zum Beispiel nur nach Freigabe durch den Befehlshaber gestartet werden.

Bei den Drehgestellen handelt es sich um eine verbesserte Konstruktion gegenüber den Serienloks, zum Teil vermutlich auch um solche mit verstellbarer Spurweite. Der Lokkasten ist besonders gegen radioaktive Strahlung gesichert. Die Versorgung mit Diesel kann direkt aus einem Tankwagen, der im Zug eingestellt ist, erfolgen. Die Raketenzüge, meistens als Kühlzüge getarnt, werden immer mit zwei Lokomotiven bespannt, damit bei Pannen die Fahrt nicht unterbrochen werden muß. Die momentane Finanzkrise und vor allem die Entspannungspolitik in Rußland werden wohl dafür sorgen, daß „Maschka“, wie die Russen die M62 nennen, künftig im zivilen Dienst bleibt.

Gabriel Habermann

Die „Raketenlok“ (D)M62-1745 (rechts) – unverkennbar eine Schwester der „Taigatrommel“ – im Depot des Zentral-Rangierbahnhofes St. Petersburg, August 1992

Aufnahmen: Slg. Messerschmidt, Habermann

Diesels unbändige Kraft

Die Anfänge: Von den ersten **Großdiesselloks** bis zur Doppellok V 188

Das Problem der Kraftübertragung stand für Jahrzehnte dem Bau leistungsstarker Großdiesselloks im Wege. Erst in den dreißiger Jahren gelang mit Hydraulik und Elektrik der Durchbruch

Die Entwicklung der Motorlokomotiven begann bereits Ende des neunzehnten Jahrhunderts. Zunächst entstanden kleine Feldbahnlokomotiven oder Lokomotiven für einfache Verschubaufgaben auf Fabrik- oder Bahnhofsgleisen. Sie wurden anfangs

durch Gas-, Petroleum- und Benzolmotoren angetrieben. Schon am Beginn der Entwicklung wurde die Leistungsübertragung vom Verbrennungsmotor auf die antreibenden Radsätze die größte konstruktive Herausforderung. Anders als bei der Dampfmaschine ist der Verbrennungsmotor nicht in der Lage, bereits beim Anlassen die für das Anfahren erforderliche Leistung aufzubringen. Eine einfache Lösung war die auch damals schon bekannte Anordnung von einer trennbaren Kupplung und einem schaltbaren Wechselgetriebe, wie es noch heute im Automobilbau üblich ist.

Es wurden auch andere Übertragungsarten erprobt und realisiert, wie z. B. die elektrische Übertragung mit Generator und Fahrmotor, kombinierte Antriebe mit Dampf und Dieselmotor (Anfahren mit Dampf, Weiterfahren mit Dieselmotor), die Druckluftübertragung (Dieselmotor treibt Kompressor an, Druckluft arbeitet in Zylindern ähnlich wie bei Dampflokomotive), die hydrostatische Übertragung (Dieselmotor treibt Hochdruckölpumpe an, Öl wird zu Ölmotoren geleitet, Ölmotoren treiben Radsätze an; eine Übertragungsart, die in der Industrie, z. B. bei Papiermaschinen schon verbreitet war), die hydrodynamische Übertragung (Dieselmotor treibt eine Ölpumpe an, der Ölstrom gibt seine Bewegungsenergie an eine Turbine ab, die mittels Getriebeübersetzung die Radsätze antreibt).

Es wurden auch weiterhin Versuche unternommen, den direkten Antrieb mit Dieselmotor zu ermöglichen. Dazu wurden Hilfseinrichtungen wie zusätz-

AUFNAHME: BELLINGRODT/SLG. PILLMANN

Die V 140 001 – Wegbereiterin der modernen Großdiesellokomotiven hat mit ihrem Zug den Bahnhof Bayrischzell erreicht (um 1950)

Die erste Großdiesellokomotive der Welt, die Diesel-Klose-Sulzer-Thermolokomotive, sollte auf der Berliner Stadtbahn zum Einsatz kommen

AUFNAHME: SLG. GOTTWALDT

liche Druckluft- und Kraftstoffeinbringung in die Dieselzylinder während des Anfahrvorganges untersucht.

Wenn man heute von Großdiesellokomotiven spricht, werden darunter Fahrzeuge mit einer installierten Leistung von etwa 1500 kW (2000 PS) und mehr verstanden. In den frühen Entwicklungsjahren mußte man jedoch auch die Motor- bzw. Diesellokomotiven ab einer Leistung von etwa 1 000 PS (736 kW) dazu rechnen.

Dieselelektrik schon früh weltweit vorn

Von den bis 1945 weltweit gebauten Großdiesellokomotiven sind die bedeutendsten Konstruktionen in der untenstehenden Tabelle zusammengestellt. Erkennbar ist die weltweite und überwiegende Anwendung der elektrischen Leistungsübertragung. Nur in Deutschland begann 1935 mit dem Einbau einer hydraulischen Leistungsübertragung in die V 140 001 auch die Ausdehnung dieser Übertragungsart auf Großdiesellokomotiven (Leistung über 1 000 PS bzw. 736 kW).

KPEV-Lok für die Berliner Stadtbahn

Die Königlich Preußische Eisenbahn-Verwaltung (KPEV) ließ bei den Firmen Sulzer und Borsig 1909 die erste Großdiesellokomotive der Welt, die Diesel-Klose-Sulzer-Thermolokomotive bauen. Sie entstand unter Mitwirkung von Rudolf Diesel und wurde 1912 fertiggestellt. Sie sollte auf den Berliner Stadt- und Vorortbahnstrecken eingesetzt werden und die qualmenden Dampflokomotiven ablösen. Der von Sulzer gebaute Dieselmotor war aus einem einfach wirkenden, umsteuerbaren Zweitakt-Schiffsdieselmotor abgeleitet. Er war als Vierzylinder-V-Motor in der Mitte des Lokomotivkastens querste-

Großdiesellokomotiven 1912 bis 1941

Baujahr	Land	Typ/Baureihe	Leistung kW	Leistungsübertragung	Achsfolge	Hauptlieferant
1912	Deutschland	Thermolok	883	direkt	2´B 2´	Borsig, Sulzer
1924	UdSSR	Schtsch EL1	736	elektrisch	(1´Co) Do (Co 1´)	Putilov
1924	UdSSR	EEL 2	900	elektrisch	1´Eo 1´	Esslingen
1925	USA	58 501	736	elektrisch	(A 1 A)´ (A 1 A)´	Baldwin
1926	UdSSR	EMX 3	900	mechanisch	2´E 1´	Hohenzollern
1927	Kanada	CNR 9000.1	978	elektrisch	2´Do 1´	BLW
1927	Großbritannien	Kitson-Still	956	Dampf / Diesel	1´C 1´	Kitson
1928	Italien	Ansaldo	809	direkt	2´C 1´	Ansaldo
1929	Deutschland	DRG V 120 001	883	pneumatisch	2´C 2´	Esslingen
1929	USA	Boston & Maine	1 050	mechanisch	2´D 2´	Krupp
1930	Dänemark	Mx	736	elektrisch	2´Do 2´	Frichs
1930	Argentinien		883	elektrisch	(1 A)´ 2´ (A 1)´	AW
1931	UdSSR	EEL 5	772	elektrisch	2´Eo 1´	Krupp
1933	Deutschland	Deutz	736	direkt	2´B 2´	Deutz
1933	Frankreich	Ceinture D 1	588	elektrisch	1´Do 1´	CEM
1933	UdSSR	EEL 8	1 214	elektrisch	2´Eo 1´	Krupp
1934	UdSSR	WM 20	1 544	elektrisch	2´Do 1´ + 1´Do 2´	Kolomna
1935	USA	Illinois 9200	1324	elektrisch	Co´Co´	GE
1935	USA	GM 511 + 512	2 648	elektrisch	Bo´Bo´+ Bo´Bo´	GM
1936	Deutschland	DRG V 140 001	1 030	hydraulisch	1´C 1´	KM
1937	Rumänien	241 – 242	3 236	elektrisch	2´Do 1´ + 1´Do 2´	Sulzer, Henschel
1938	Frankreich	PLM 262 AD	3 089	elektrisch	2´Co 2´ + 2´Co 2´	CFL
1939	Schweiz	Am 4/4	883	elektrisch	Bo´Bo´	SLM
1941	Deutschland	D 311 (DB: V 188)	1 620	elektrisch	Do + Do	Krupp
1941	Norwegen	Di1	1 546	hydraulisch	1´B B 1´	Henschel

Die 1927 in Esslingen gebaute V 3201 verfügte über einen dieselpneumatischen Antrieb. Diese Antriebsart setzte sich aber nicht durch

AUFNAHME: SLG. RAMPP

hend eingebaut und trieb über Blindwelle und Stangen die beiden Treibradsätze an. Das Anfahren erfolgte mit Druckluft aus einer großen Flaschenbatterie, die während der Fahrt mit dem Dieselmotor wieder aufgeladen werden mußte. Während der Erprobung mußten zahlreiche Änderungen und Reparaturen ausgeführt werden. Bei Kriegsausbruch 1914 wurde sie abgestellt und später verschrottet.

Bereits im zaristischen Rußland hatte man sich theoretisch mit dem Einsatz von Diesellokomotiven in den wasserarmen Steppen im Süden des Landes befaßt, und es gab entsprechende Entwürfe, von denen der erste im Jahre 1924, also erst nach der Bildung der Sowjetunion ausgeführt wurde: die Konstruktion von Gakkel in den Putilov-Werken im damaligen Leningrad, eine dieselelektrische 736 kW-Lokomotive mit der Achsfolge (1´Co)´ Do (Co 1´)´. Zur gleichen Zeit waren auf Veranlassung Lomonossoffs zwei Großdiesellokomotiven in Deutschland in Auftrag gegeben worden. Sie sollten u. a. auch Vergleichsversuchen mit mechanischer und elektrischer Leistungsübertragung dienen. Es waren die Lokomotiven EEL 2 und EMX 3, die von der Maschinenfabrik Esslingen bzw. der Lokomotivfabrik Hohenzollern ausgeführt und eingehend erprobt wurden, bevor sie zur Auslieferung kamen.

Bereits vor dem ersten Weltkrieg hatten amerikanische Lokomotivingenieure eine Studienreise nach Europa unternommen, um hier die Entwurfs- und Bauerfahrungen mit den neuen Motorlokomotiven, allerdings noch mit geringer Leistung, kennen zu lernen. Sie nahmen vor allem zwei Dinge mit in die USA zurück: die Erkenntnis, daß die elektrische Leistungsübertragung wahrscheinlich die größten Zukunftsaussichten haen würde, und einen Lizenzvertrag für Junkers-Zweitakt-Doppelkolben-Dieselmotoren (damalige Leistung 200 PS, 147 kW).

Einer der Teilnehmer, Hermann Lemp, meldete nach seiner Rückkehr zwei Patente über eine elektrische Leistungsübertragung an, deren Inhalte die noch bis heute angewandten Grundprinzipien umrissen. Nach kleinen unbedeutenden Rangierlokomotiven wurde 1925 die erste amerikanische Großdiesellokomotive gebaut. Sie entstand in der bekannten Dampflokfabrik Baldwin und hatte eine elektrische Leistungsübertragung.

Die Kitson-Still-Dampf/Diesellokomotive wurde tatsächlich mit beiden Kraftmaschinenarten betrieben: ein liegender Achtzylinder-Viertakt-Dieselmotor war zwischen Rahmen und Dampfkessel angeordnet. Die Zylinder wurden auf der Kopfseite als Dieselmotor betrieben und auf die Kurbelseite der Kolben wirkte der Dampfdruck. Damit war eine doppeltwirkende Kraftmaschine entstanden, und das Anfahrproblem konnte durch den Dampfbetrieb gelöst werden, bei normaler Fahrt arbeitete der Dieselmotor, zur Leistungssteigerung beim Beschleunigen und bei hohen Geschwindigkeiten konnten Dampf- und Dieselmotor gemeinsam eingesetzt werden.

Die italienische Ansaldo-Diesellokomotive stellte eine Weiterentwicklung der Diesel-Klose-Sulzer-Thermolokomotive dar. Ein liegender Junkers-Sechszylinder-Zweitakt-Gegenkolbendieselmotor diente als Antrieb für die Fahrt, das Anfahren erfolgte im Druckluftbetrieb aus einer großen Vorratsflasche auf zwei Außenzylindern wie bei einer Dampflokomotive.

V 120 001: Dieselpneumatisch

Im Liefervertrag der beiden Diesellokomotiven für die Sowjetunion (1924/26) war auch vereinbart, daß Deutschland eine weitere Lokomotive, aber mit dieselpneumatischer Leistungsübertragung ausführt und die Versuchsergebnisse ebenfalls in die Vergleichsuntersuchungen einbezogen werden. Das war die in der Maschinenfabrik Esslingen gebaute Lokomotive V 120 001 der DRG. Man versprach sich von dieser Übertragungsart sehr viel, da sie nach theoretischen Untersuchungen nur 63 Prozent der elektrischen und 77 Prozent der mechanischen Leistungsübertragung kosten sollte. Außerdem erwartete man die einfache Bedienbarkeit einer Dampflokomotive. Letzteres bestätigte sich später im Betrieb.

Antrieb mit U-Boot-Motoren

Eine Großdiesellokomotive mit hydraulischer Leistungsübertragung wurde damals nicht gebaut, da diese Übertragungsart noch nicht für große Leistungen zur Verfügung stand. Zu dieser Zeit

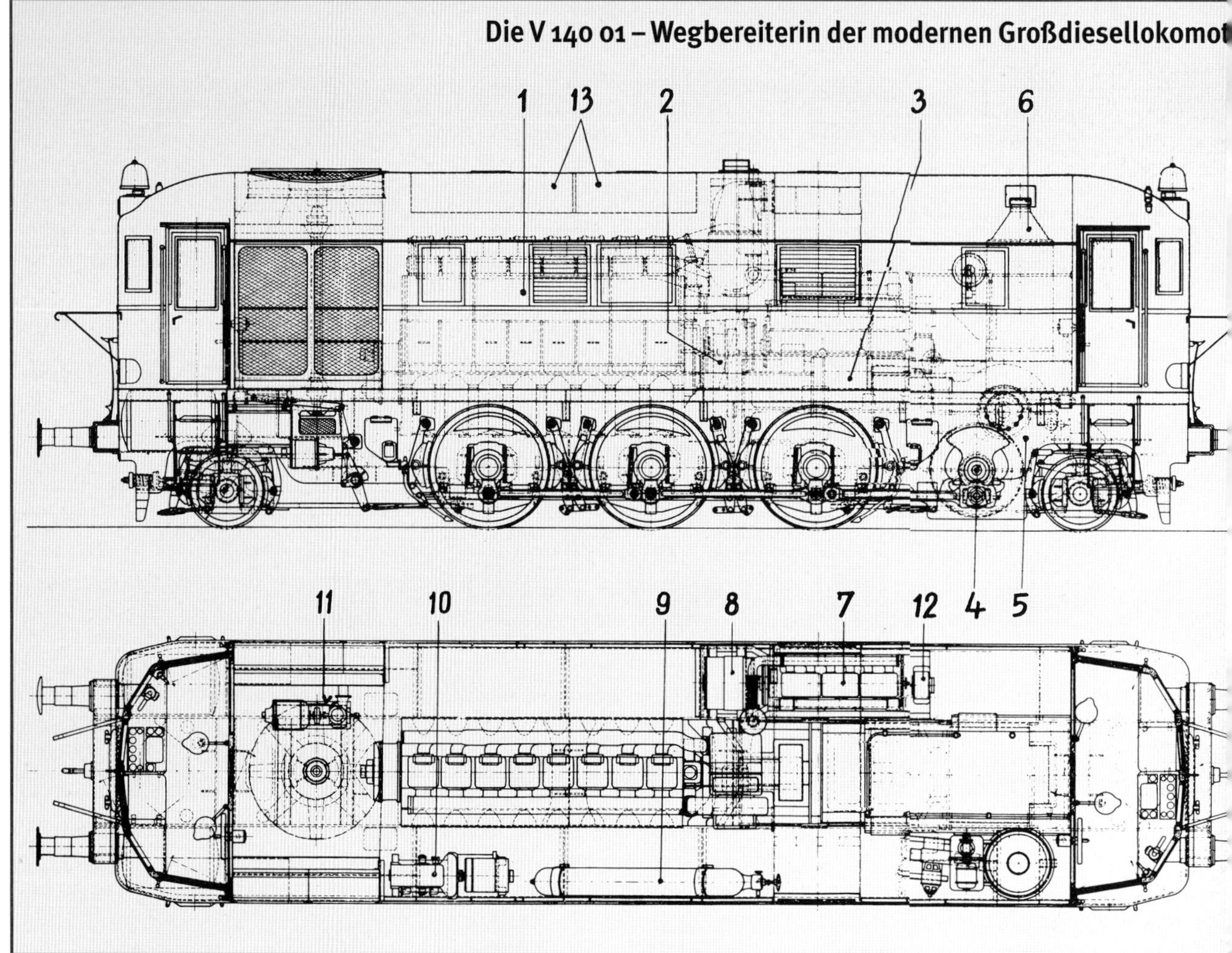

ABBILDUNG: SLG. HÖRNEMANN

gab es auch noch keine für den Bahnbetrieb konstruierten Dieselmotoren. So setzte man auf bewährte und relativ betriebssichere U-Boot-Motoren.

Bei der V 120 001 wurde ein solcher MAN 736-kW-Sechszylinder-Reihenmotor auf einer gemeinsamen Grundplatte mit dem direktangetriebenen Zweizylinder-Kolbenverdichter angeordnet, der die Druckluft für den Antrieb lieferte. Die Druckluft wurde vom Dieselmotorabgas erhitzt und arbeitete wie bei einer Dampflokomotive in den beiden Lokomotivzylindern. Die bekannte Heusinger-Steuerung steuerte die Füllung der Zylinder. Baubeginn für diese Lokomotive war 1924. Die Fertigstellung erfolgte 1927, die Werkserprobung einschließlich der Versuche zum Vergleich der Übertragungsarten dauerte bis 1929. Danach war die Lokomotive bei der DRG im Einsatz, befriedigte aber nicht und wurde um 1935 verschrottet.

Einen weiteren Versuch mit einer direktangetriebenen Großdiesellokomotive unternahm die Firma Deutz auf eigene Kosten. Nach erfolgversprechenden Vorversuchen mit einer umgerüsteten zweiachsigen 74-kW-Rangierlokomotive wurde die 2´B2´-Deutz-Versuchslokomotive gefertigt. Ab 1933 erfolgte zunächst die Erprobung in eigener Regie, später wurde sie der DRG für weitere Tests übergeben. Während des Zweiten Weltkrieges erlitt sie bei einem Luftangriff größere Schäden und wurde später verschrottet.

Der Dieselmotor (Deutz, Dreizylinder, Zweitakt, doppeltwirkend, Leistung 736 kW bei 450 U/min) war auf drei einzelne Zylinder aufgeteilt und wie ein Dreizylindertriebwerk einer Dampflokomotive angeordnet. Das Anfahren erfolgte im reinen Druckluftbetrieb auf die Lokomotivzylinder, mit steigender Fahrgeschwindigkeit und damit Motordrehzahl wurde zusätzlich Kraftstoff eingespritzt, ab etwa 70 km/h wurde im reinen Dieselbetrieb gefahren. Der Luftverdichter für den Druckluftbetrieb wurde durch einen 96-kW-Hilfsdieselmotor angetrieben.

V 140 001: Durchbruch der Dieselhydraulik

In den Jahren 1932 bis 1934 hatte die Firma Voith für Motortriebwagen und Kleinlokomotiven etwa 90 hydraulische Getriebe gebaut, die sich bei Leistungen bis über 440 kW in diesen Fahrzeugen hervorragend bewährten. Als 1934 von der DRG eine dieselhydraulische Großlokomotive in Auftrag gegeben wurde, konnte auch ein neuentwickeltes Strömungsgetriebe für eine Übertragungsleistung von 1015 kW bereitgestellt werden. Die DRG hatte sich dazu entschlossen, eine größere Anzahl Dieseltriebwagen zu beschaffen und auf ganzen Nebenstrecken den Reisezugverkehr auf Triebwagen umzustellen. Um auf diesen Strecken die Dampflok-Behandlungsanlagen abbauen zu können, sollte die neue Diesellokomotive der Baureihe V 140 den Güterverkehr und den auf Hauptstrecken übergehenden Reisezugverkehr übernehmen. Daraus entstanden

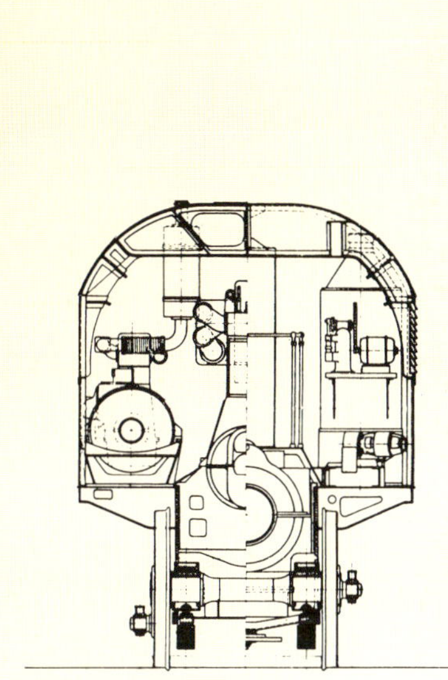

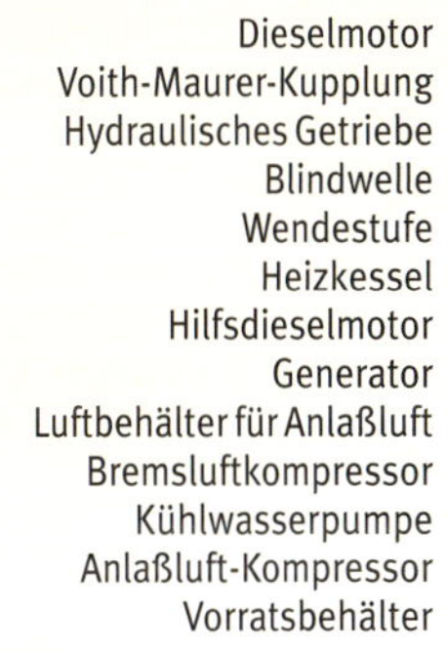

1 Dieselmotor
2 Voith-Maurer-Kupplung
3 Hydraulisches Getriebe
4 Blindwelle
5 Wendestufe
6 Heizkessel
7 Hilfsdieselmotor
8 Generator
9 Luftbehälter für Anlaßluft
10 Bremsluftkompressor
11 Kühlwasserpumpe
12 Anlaßluft-Kompressor
13 Vorratsbehälter

Drei Doppellokomotiven D 311 gelangten nach dem Krieg zur DB und wurden als Baureihe V 188, später 288 bezeichnet. Am 22. April 1967 ist die V188 001 mit einem Sonderzug unterwegs

auch die Forderungen nach einer elektrischen Zugbeleuchtung sowie Stirntüren mit Übergangsbrücken zu Leig-Einheiten und Reisezugwagen. Zunächst wurde eine Lokomotive bestellt und beschafft. Sie konnte teilfertiggestellt zur Hundertjahrfeier 1935 in Nürnberg gezeigt werden. Zur Auslieferung kam die V 140 001 im Jahre 1936. Sie bewährte sich sehr gut, wurde aber während des Zweiten Weltkrieges wegen Kraftstoffmangels abgestellt. Mit leichten Bombenschäden und nach dem Diebstahl einiger Baugruppen und Ausrüstungen gelangte sie 1946 zur DR-West und später zur DB. Sie wurde bis Ende 1947 bei Krauss-Maffei wieder betriebsfähig hergestellt. Vom Dezember 1947 bis Ende 1952 war sie im Bw Frankfurt-Griesheim stationiert und erfüllte vor allem vor Schnell- und Eilzügen eine Laufleistung von über 130 000 km. Wegen Ersatzteilmangels mußte sie abgestellt werden. Als wichtiges Museumsobjekt zur Geschichte der Großdiesellokomotiven mit hydraulischer Leistungsübertragung ist sie im Deutschen Museum in München ausgestellt.

Die V 140 001 hat die Achsfolge 1´C 1´. Ein Achtzylinder-Reihendieselmotor (MAN, W 8 V 30/38 mit Abgasturboaufladung, Leistung 1030 kW bei 700 U/min) trieb das Strömungsgetriebe (Voith, JJg 2 M, Anfahrwandler, Marschkupplung 1, Marschkupplung 2) an. Die weitere Übertragung erfolgte über Untersetzungs- und Wendegetriebe auf eine Blindwelle und von dort über Stangen zu den Treibradsätzen. Für die Reisezugbeleuchtung wurde ein 88-kW-Hilfsdieselmotor mit angeflanschtem 220-V-Gleichstromgenerator eingebaut. Zur Beheizung von Reisezugwagen war ein Dampferzeuger installiert.

Als wichtiges Museumsobjekt zur Geschichte der Großdiesellokomotiven mit hydraulischer Leistungsübertragung ist die V 140 001 im Deutschen Museum in München ausgestellt (1991)

AUFNAHMEN: WALPER, VÖLK

V 188: Doppelloks für „Dora“

Nicht von der DRG sondern von der deutschen Wehrmacht wurde 1937 die Großdiesellokomotive D 311 bei Krupp in Auftrag gegeben. Sie war speziell für den Einsatz des 40achsigen Eisenbahngeschützes Dora vorgesehen, wurde als Doppellokomotive mit elektrischer Leistungsübertragung ausgelegt und erhielt die Achsfolge Do + Do. Von den beschriebenen Großdiesellokomotiven gelangten also nur die V 140 001 und die drei Doppellokomotiven D 311 (als V 188, später 288) zur DR-West und damit zur späteren DB. Wolfgang Glatte

Die Geschütz-Lokomotive

Die Wehrmachtslok **V 188** sollte das Eisenbahngeschütz „Dora“ schleppen

Die deutsche Wehrmacht gab 1937 die Großdiesellokomotive D 311 bei Krupp in Auftrag. Die Doppellokomotive mit elektrischer Leistungsübertragung war für die Beförderung des 40achsigen Eisenbahngeschützes „Dora“ vorgesehen

Daß für die großen Wehrmachtslokomotiven die Wahl auf die elektrische Leistungsübertragung fiel, hatte sich aus militärischen Einsatzforderungen ergeben: Beim aufwendigen Aufbau und Einsatz des großen Geschützes sollten Kräne und Aufzüge aus den Antriebsanlagen der Lokomotive mit Strom versorgt werden, und zum Ausrichten des Geschützes mußte es auf zwei parallelen Gleisbögen sehr feinfühlig und genau synchron bewegt werden. Letzteres konnte man am besten mit einer elektrischen Steuerung.

Die Fabrikschilder der V 188 002

Ab 1941 erfolgte die Auslieferung von vier Doppellokomotiven, drei haben den Krieg überstanden und kamen als Baureihe V 188 (später 288) zur DB. Die V 188 001 a + b und V 188 002 a + b wurden 1949 bzw. 1951 nach Generalüberholungen bei Krauss-Maffei dem Betriebsdienst übergeben. (Die dritte Lokomotive blieb als Ersatzteilspender abgestellt.)

Sie waren zunächst im Schiebedienst auf Steilstrecken, später im schweren Güterzugdienst eingesetzt, wo sie sich sehr gut bewährten. 1968 wurden sie noch der neuen Baureihe 288 zugeordnet, aber schon 1969 folgte die Ausmusterung der 288 001 a + b und 1972 der 288 002 a + b. Alle Fahrzeuge wurden verschrottet.

In jeder Lokomotivhälfte war ursprünglich ein unaufgeladener MAN Sechszylinder-Reihenmotor W 6 V 30/38 (691 kW bei 700 U/min) installiert. Mit nachgerüsteter Aufladung wurde er bei der Generalinstandsetzung auf 772 kW bei 700 U/min eingestellt. Wegen Überalterung mußten diese Motoren aber 1957/58 durch Maybach-Dieselmotoren MD 12 V 538 AT (810 kW bei

AUFNAHMEN: BELLINGRODT/SLG. GOTTWALDT (GROSSES BILD), WALPER

Die V 188 001 a/b Ende der 40er Jahre – noch mit Reichsbahn-Beschriftung! – im Bw Aschaffenburg

Technische Daten

Indienststellung		1941
Hersteller		Krupp
Achsformel		Do+Do
Länge über Puffer	mm	22510
Dienstmasse	t	147
Dieselkraftstoff	l	1350
Dieselmotor(en)		2
Hersteller		MTU
Leistung	kW	810
Drehzahl	U/min	1500
Leistungsübertragung		elektrisch
Höchstgeschwindigkeit	km/h	75
Anfahrzugkraft	kN	359,9
Zugheizeinrichtung		keine

Führerraum der V 188 001 sowie deren Dieselmotor W6V 30/38 im Einbauzustand (unten)

AUFNAHMEN: SLG. RAMPP

1 500 U/min) bei gleichzeitigem Einbau eines Untersetzungsgetriebes ersetzt werden. Die elektrische Leistungsübertragung stammte von Siemens-Schuckert. Gleichstromhauptgenerator, Erregergenerator und Hilfsgenerator waren auf einer gemeinsamen Welle angeordnet.

Die Gleichstromfahrmotoren (Tatzlagerung) trieben die Radsätze über doppelseitige schrägverzahnte Stirnräder an. Die Steuerung gestattete durch eine spezielle Reihen-Parallel-Schaltung die Möglichkeit des sehr feinfühligen Fahrens bei geringster Geschwindigkeit.

WOLFGANG GLATTE

Eine Bahn sieht Rot

Von der V 80 zur BR 218: Die **Bundesbahn** und ihre Großdieselloks

Hydraulische Leistungsübertragung, leichte und schnell laufende Motoren, Baukastenprinzip – für ihr Diesellok-Neubauprogramm hatte die Deutsche Bundesbahn rasch ein Konzept zur Hand

Nach Ende des Zweiten Weltkrieges entstanden einzelne, von den Besatzungsmächten kontrollierte Eisenbahnverwaltungen, deren Aufgabe zunächst in Transportleistungen für die Siegermächte, dann zur Grundversorgung der Bevölkerung bestand. Vor und während des Krieges geleistete Vorarbeiten zur Konstruktion von Großdiesellokomotiven mußten zunächst zurückstehen.

Bereits kurz vor, aber vor allem nach der Bildung der Deutschen Bundesbahn (DB) als Bahnverwaltung der Bundesrepublik Deutschland wurden Überlegungen zur zukünftigen Triebfahrzeugentwicklung angestellt, um möglichst bald den überalterten und störanfälligen Dampflokomotivpark zu ersetzen. Neben Neubaudampflokomotiven, Elektrolokomotiven, Triebwagen und Schienenbussen standen sowohl Großdiesellokomotiven für den Hauptstreckendienst als auch Diesellokomotiven für den Einsatz auf den Nebenstrecken und im Rangierdienst zur Diskussion.

Für die Großdiesellokomotiven wurde angenommen, daß sie für eine befristete Betriebszeit auf noch nicht elektrifizierten Hauptstrecken eingesetzt werden können und mit fortschreitender Ausdehnung der Fahrleitung dann auf nicht elektrifizierungswürdigen Abschnitten die schnellen Reise- und schweren Güterzüge übernehmen sollen.

Entwicklungsgrundlage: V 140 001 der Reichsbahn

Entwicklungsgrundlagen waren die Konstruktions- und Fertigungserfahrungen der Industrie beim Bau der V 140 001, der Exportdiesellokomotiven, der Kleinlokomotiven, Wehrmachtslokomotiven und Dieseltriebwagen im Vorkriegsdeutschland sowie die mit diesen Fahrzeugen gemachten Erfahrungen. Einbezogen wurden aber auch nicht ausgeführte Entwürfe der Industrie sowie neuere Erkenntnisse aus militärischen Weiterentwicklungen an Dieselmotoren und Getrieben. Daraus wurden die Forderungsprogramme und Pflichtenhefte abgeleitet.

Das erste vorläufige Typenprogramm von 1950 sah nur eine Großdiesellokomotive mit einer installierten Leistung von zweimal 1000 PS (zweimal 736 kW) vor: die spätere Wirtschaftswunder-Lokomoti-

AUFNAHME: SCHÖPPNER

Die V 200 war die erste neuentwickelte Großdiesellok der beiden deutschen Staaten nach dem Zweiten Weltkrieg. Am 6. Februar 1966 verläßt die V 200 002 mit dem E 532 den Bahnhof Königshofen ve V 200. Die Planungen enthielten aber auch die B´B´-Diesellokomotive V 80 (Leistung: 736 kW), die ein wichtiges Glied in der Entwicklung der Nachkriegsdieseltriebfahrzeuge darstellt: sie wurde Erprobungsträger neuer Konstruktionsprinzipien, Baugruppen und Bauteile der folgenden Diesellokomotiv- und Dieseltriebwagengenerationen. Dazu gehörten u. a.: die neu- und weiterentwickelten Baugruppen und Bauteile der hydraulischen Leistungsübertragungen, für die sich die DB letztlich entschied.

Hydrodynamik macht das Rennen

Dazu wurden vom DB-Zentralamt und der Industrie umfangreiche Untersuchungen angestellt. Nach diesen Ermittlungen erfüllte die hydrodynamische Leistungsübertragung folgende Voraussetzungen: Sie hatte sich in zahlreichen deutschen und ausländischen Triebfahrzeugen bewährt (wenn auch überwiegend bei geringeren Leistungen); sie war als Standardübertragung sowohl in Lokomotiven als auch in Triebwagen einsetzbar; die Ausbesserungswerke waren mit ihr bereits vertraut; gegenüber der damals möglichen elektrischen Leistungsübertragung mit Gleichstromgenerator und Gleichstromfahrmotoren war sie wesentlich leichter, kostengünstiger und wartungsärmer, zudem gab es in Deutschland mit der Firma Voith den weltweit erfahrensten Hersteller für hydrodynamische Fahrzeugantriebe. Und schließlich: Die deutsche Elektromaschinenindustrie war mit anderen Aufgaben, etwa den Entwicklungen für die Neubauelektrolokomotiven und elektrischen Triebwagen ausgelastet.

Die weitere Übertragung sollte bei den Großdiesellokomotiven wie auch bei den Nebenbahnlokomotiven und den Dieseltriebwagen über Gelenkwellen und Achsgetriebe erfolgen.

Typenprogramm 1955: Drei Großdiesellokomotiven

In einem präzisierten Typenprogramm waren dann 1955 drei Großdiesellokomotivbaureihen enthalten: die spätere V 160-Familie (Leistung: 1400 kW, geschätzter Bedarf: 150 Stück), wiederum die V 200 (Leistung: 1620 kW, geschätzter Bedarf: 200 Stück) und eine weitere, leistungsgesteigerte Lokomotive für den schweren Reise- und Güterzugdienst auf Hauptbahnen, die V 320 (Leistung: 2800 kW, zunächst vorsorgliche Entwicklung ohne Bedarfseinschätzung). Damit war der rote Faden für die Entwicklung der Großdiesellokomotive bei der DB bis unsere Tage gesponnen.

Eigentlich gehört die B´B´-Diesellokomotive V 80 (später 280) mit einer Leistung von 800 bis 1 000 PS (588 bis 736 kW, später auch 809 kW) nicht zu den Großdiesellokomotiven. Sie war die Vorgängerin der Mehrzweckdiesellokomotiven der Leistungsklasse um 1000 PS (736 kW) bei der DB: V 100 (später 211 bis 214/714) und V 90 (später 290, 291, 294, 295), hatte jedoch für die folgende Entwicklung der Großdiesellokomotiven bei der DB die entscheidende Funktion des Erprobungsträgers für die Hauptbaugruppen und viele neue Konstruktionsprinzipien, die bei der ersten DB-Großdiesellokomotive Anwendung finden sollten. So war von Anfang an vorgesehen, die in der V 80 eingebauten Dieselmotoren und Baugruppen der Leistungsübertragung in der V 200 (später DB-Reihe 220) zweimal zu installieren. Außerdem wurden z. B. Gelenkwellenübertragungen in die Drehgestelle, die Achsgetriebe, die

Kühleranlagen, die Schweißkonstruktionen für Rahmen, Drehgestelle und Lokomotivkasten, die Dampferzeuger für die Zugheizung sowie Steuerungs- und Überwachungseinrichtungen in der V 80 auch auf ihre Anwendbarkeit in der V 200 erprobt. Die Entwicklung und Konstruktion erfolgten in enger Zusammenarbeit des DB-Zentralamtes mit Krauss-Maffei und weiteren Lokomotiv- und Baugruppenherstellern.

Geschweißte Rahmen und Aufbauten bilden eine gemeinsame Festigkeitsstruktur. Die äußere Gestaltung der V 80 folgte erstmalig den Gesichtspunkten des industriellen Designs. Ein langer und ein kurzer Maschinenvorbau befinden sich vor und hinter dem erhöht über dem Strömungsgetriebe angeordneten Führerstand.

Als Antrieb war der wahlweise und frei tauschbare Einbau von Dieselmotoren dreier Hersteller vorzusehen, die auch in den Neubautriebwagen der DB, aber vor allem in der Großdiesellokomotive V 200 eingesetzt werden sollten: Daimler Benz MB 820 Bb (588 kW), MAN L 12 V 17,5/21 B (588 kW) und Maybach MD 650 (736 kW). Später kam einheitlich der MTU-Motor MB 12 V 493 TZ zum Einsatz (Zwölfzylinder-Viertakt-V-Dieselmotor mit Abgasturboaufladung und Ladeluftkühlung, 810 kW bei 1400 U/min). Auch als Strömungsgetriebe sollten anfangs drei Bauarten frei austauschbar sein: Voith T 36 (3 Wandler), Voith LT 306 r (drei Wandler) und Maybach Mekydro K 104 (ein Wandler und vier Getriebegänge). Ab 1961 wurde fast ausschließlich die Weiterentwicklung Voith L 306 rb eingebaut. Alle Bauarten enthalten ein Wendegetriebe und einen tiefliegenden Abtrieb. Die weitere Leistungsübertragung erfolgt über Gelenkwellen zu den in den Drehgestellen angeordneten Verteiler- und Schaltgetrieben.

Bahnverwaltungen

Die in diesem Beitrag benutzten Abkürzungen:

DRG	Staatsbahn des Deutschen Reiches bis 1945 (1920 bis 1924 Deutsche Reichsbahn, 1924 bis 1937 Deutsche Reichsbahn-Gesellschaft, 1937 bis 1945 Deutsche Reichsbahn)
DR-West	Staatsbahn in den westlichen Besatzungszonen von 1945 bis zum 7. September 1949
DR	Staatsbahn in der Sowjetischen Besatzungszone und der DDR bis zur Vereinigung von DB und DR zur DB AG
DB	Deutsche Bundesbahn
DB AG	Deutsche Bahn AG
B.R.	British Railways
SBB	Schweizerische Bundesbahnen
RENFE	Staatliche Spanische Eisenbahnen

Da nach den damaligen Vorstellungen die V 80 sowohl im Reise- und Güterzugdienst auf Nebenbahnen als auch im Rangierdienst eingesetzt werden sollte, war eine Umschaltmöglichkeit für Strecken- und Rangiergang (Höchstgeschwindigkeit 100 und 50 km/h) vorzusehen. Ein Einsatz als Rangierlokomotive kam dann doch nicht in Frage, so wurde die Umschaltmöglichkeit auf den Rangiergang ab 1970 ausgebaut. Weitere Gelenkwellen stellten die Verbindung zu den Achsgetrieben her.

Für die Mehrfachtraktion und den Wendezugeinsatz wurden die Lokomotiven mit verschiedenen Einrichtungen zur Fernsteuerung und automatischen Überwachung ausgerüstet. Zur Beheizung von Reisezügen war ein automatischer Heizdampferzeuger eingebaut worden.

Kinderkrankheiten schnell behoben

Der Fertigungsauftrag lautete über zehn Lokomotiven, von denen jeweils fünf von Krauss-Maffei und MaK geliefert wurden, die erste im Februar, die letzte im Dezember 1952. Anfangs waren je fünf Lokomotiven in Frankfurt-Griesheim und Bamberg stationiert.

Wie zu erwarten, traten bei Beginn des Einsatzes zahlreiche Kinderkrankheiten auf, die aber alle recht schnell behoben werden konnten und zu entsprechenden Änderungen bei den schon laufenden Konstruktionsarbeiten für die V 200 führten. Erst recht flossen diese Erfahrungen in die spätere Konstruktion der V 100-Familie ein.

Vor Reisezügen, häufig auch im Wendezugeinsatz, hat sich die V 80 dann sehr gut bewährt und auch vor Güterzügen die geforderten Leistungen erbracht. Ab 1963 wurden alle zehn V 80 in Bamberg zusammengezogen und von dort aus eingesetzt. Bei der Umnummerung erhielten sie 1968 die neue Baureihenbezeichnung 280. Da ab 1958 die Baureihe V 100^{0} (später 211) und ab 1962 die Baureihe V 100^{20} (später 212) zur Verfügung standen, galt die 280 nur noch als Splitterbauart und wurde in den Jahren 1976 bis 1978 ausgemustert. Der Verkauf von neun Lokomotiven, die zum Teil bis heute noch von Gleisbaufirmen und Privatbahnen in Italien eingesetzt werden, zeigt den hohen Gebrauchswert dieser Fahrzeuge. Die 280 002 wurde von der DB als Museumsfahrzeug erhalten, 1985 nochmals aufgearbeitet, aber nach Fristablauf 1996 abgestellt.

V 200: Die Universallok

Die V 200^{0} (später 220) der DB war die erste neuentwickelte Großdiesellokomotive bei den deutschen Bahnen nach dem Zweiten Weltkrieg. Sie war seit Beginn der ersten Neubauplanungen im Programm und sollte als universelles Triebfahrzeug sowohl Fernschnellzüge, Schnellzüge und Personenzüge als auch Güterzüge fördern. Zur Erfüllung dieses breiten Aufgabenspektrums waren eine Höchstgeschwindigkeit von 140 km/h, aber auch die Nutzung der vollen Motorleistung bei einer niedrigsten Dauerfahrgeschwindigkeit von etwa 25 km/h vor schweren Güterzügen ohne unzulässige Erwärmung des Strömungsgetriebes erforderlich.

Die Achslasten sollten bei vollen Vorräten 20 t nicht überschreiten, gute Laufeigenschaften waren bis zur Höchstgeschwindigkeit zu gewährleisten. Eine Dampferzeugeranlage sollte die Beheizung von zehn bis zwölf vierachsigen Reisezugwagen gestatten. Mehrfachsteuerung, Sicherheitsfahrschaltung und induktive Zugsicherung waren gefordert und sollten denen in der V 80 und in den Neubautriebwagen entsprechen.

Der Entwurf sah eine Drehgestellokomotive mit der Achsfolge B´B´ und zwei 1000-PS-Maschinenanlagen vor. Wie schon bei der Beschreibung der V 80 erwähnt, waren die Anwendung der hydraulischen Leistungsübertragung und der Einsatz von freizügig tauschbaren schnellaufenden Dieselmotoren (jeweils zweimal 736 kW bei 1500 U/min) dreier Hersteller und von Strömungsgetrieben zweier Hersteller vorgeschrieben.

Fünf Vorserien-V 200

Während der Konstruktion der V 200 waren die V 80 schon im Bau bzw. im Einsatz, so daß einige Erkenntnisse bereits berücksichtigt werden konnten. Dennoch erschien es wegen der Vielzahl der neuentwickelten Baugruppen und unerprobten Details geraten, bei der V 200 fünf Vorauslokomotiven zu bauen, um diese gründlich erproben zu können, bevor der Serienbau anlief. Sie wurden bei Krauss-Maffei gebaut. Die erste konnte auf der Verkehrsausstellung 1953 in München betriebsfähig vorgestellt werden, eine zweite wurde nur äußerlich fertig ausgestellt. Diese Fahrzeuge waren die meistbeachteten Exponate und leiteten die erfolgreiche Entwicklung der Großdiesellokomotive mit hydraulischer Leistungsübertragung ein.

Der Rahmen war aus zwei durchgehenden Stahlrohren, Querträgern, längs- und querlaufenden Versteifungsblechen zusammengeschweißt und bildete mit dem Kastenaufbau ein einheitliches Tragsystem. Dachsektionen waren zum Ein- und Ausbau der Maschinenanlagen und Hilfseinrichtungen abnehmbar. Zwei kastenförmige geschweißte Drehgestelle wurden drehzapfenlos in Lenk-

AUFNAHMEN: SCHÖPPNER, SLG. GOTTWALDT

▲ Schon die Vorserienlokomotiven erzielten hohe Tagesleistungen – Die V 200 005 hat am 27. Februar 1965 in Lauda den D 484 am Zughaken
▼ Ein Blick in den Führerstand der Vorserien-V 200 004 – Den Aschenbecher der neuen DB-Lok „spendierte" offensichtlich noch die alte DR-West

▲ Im August 1964 wartet die „Lollo“ V 160 001 im Bw Puttgarden auf ihren nächsten Einsatz
▼ Die 230 001 des Bw Hamm ist am 17. Mai 1969 mit dem D 189 bei Neuenbeken unterwegs

hebeln geführt. Als Antriebsanlage wurden folgende schnellaufende, aufgeladene Zwölfzylinder-Viertakt-V-Motoren eingesetzt: Mercedes-Benz MB 820 Bb (später MTU 12 V 393 Tz), Maybach MD 650 (später MTU 12 V 538 TA) oder MAN L 12 V 18/21 mA. Alle drei Motoren hatten gleiche Einbau- und Anschlußmaße. Über drehelastische Kupplung und Gelenkwelle wurde das Strömungsgetriebe angetrieben. Es konnten wahlweise die Bauarten Voith LT 306 r (später LT 306 rb) und Maybach Mekydro K 104 US-SU oder K 104 US SU/W eingebaut werden. Die weitere Leistungsübertragung zu den Achsgetrieben erfolgte ebenfalls über Gelenkwellen, die den Ausgleich der in unterschiedlichen Höhen angeordneten Ab- und Eintriebe, die Federwege und die durch den Bogenlauf hervorgerufenen Übertragungswinkel erlauben mußten. Das waren ebenfalls in diesem Leistungsbereich noch unerprobte Beanspruchungen.

Schon die Vorauslokomotiven erfüllten im Schnellzugdienst von Frankfurt (Main) aus hohe Tagesleistungen und eine beachtliche Zuverlässigkeit. Daher konnte noch während der Mustererprobung die erste Serienbestellung ausgelöst werden. Probleme traten an Bauteilen der Leistungsübertragung auf (Lagerschäden, Erwärmungen, Materialfehler). Sie konnten wie eine Anzahl kleinerer Mängel durch Änderungen und Verbesserungen behoben werden. 1955 folgte der Auftrag für 50 Serienlokomotiven und 1957 für weitere 31. Sie wurden von Krauss-Maffei (61 Stück) und MaK (20 Stück) geliefert.

Mehr Leistung für die Serie

Ein Mangel war die etwas knapp bemessene Leistung. Deshalb wurde bei den Serienlokomotiven die Motorleistung auf 2 x 810 kW erhöht und später auch die Vorauslokomotiven auf diese Leistung umgerüstet. Zwei Serienloks erhielten versuchsweise 2 x 883 kW-Dieselmotoren und bildeten damit eine Vorstufe für die leistungserhöhte V 200[1] (ab 1968: 221) mit 2 x 993 kW.

Auch im späteren Einsatz waren die 86 Loks der Baureihe V 200 der DB, ab 1968 Baureihe 220, sehr erfolgreich, besonders hinsichtlich ihrer hohen Laufleistungen und der geringen Verbrauchswerte. Der Einsatz erfolgte anfangs im ganzen Bundesgebiet. Durch die im Süden schnell fortschreitende Elektrifizierung wurde das Einsatzgebiet immer stärker in den Norden verlagert. 26 Lokomotiven waren zeitweise auf der steigungs- und bogenreichen Schwarzwaldbahn eingesetzt. Auch hier hat sich die Baureihe 220 sehr gut bewährt, es kam aber auch zum einzigen ernsthaften Problem: Ausfälle der

AUFNAHMEN: ERNST, SLG. MEINHOLD

Strömungsgetriebe wegen Schmierungsmängeln. Nach entsprechenden Verbesserungen konnte der uneingeschränkte Einsatz bis zum Abschluß der Elektrifizierung der Schwarzwaldbahn im Jahre 1975 fortgeführt werden.

Bis zum Fahrplanwechsel im Sommer 1984 war diese Baureihe im Einsatz. Die ausgesonderten 220 landeten keineswegs alle auf dem Schrottplatz. Etwa 50 Lokomotiven wurden an ausländische Bahnverwaltungen und Bahnbaubetriebe verkauft, wo sie noch längere Zeit im Einsatz waren bzw. sind (siehe Seiten 50 – 53). Mehrere 220 werden von Museen oder Museumseisenbahnen erhalten: V 200 002 und V 200 007 durch die DB AG, die V 200 018 und 053 im Deutschen Technik Museum Berlin, V 200 033 von den Hammer Eisenbahnfreunden sowie V 200 058 und 071 im Technik-Museum Speyer.

Noch stärker: V 200^1

Für viele Umläufe waren die installierten Leistungen der 220 ausreichend, bei anderen Einsätzen fehlte eine Leistungsreserve. Die DB beauftragte 1960 erneut die Firma Krauss-Maffei mit der Entwicklung und dem Bau der leistungsgesteigerten Baureihe V 200^1 (ab 1968: 221) von der in den Jahren 1962 bis 1965 fünfzig Lokomotiven geliefert wurden. Die Gesamtkonzeption entsprach der 220. Der stärkere Motor MB 835 Ab (später MTU MB 12 V 652 TA) mit einer Leistung von 993 kW bei 1500 U/min, die dafür verstärkte Leistungsübertragung und die den höheren Leistungen angepaßte Kühleranlage hatten höhere Massen. Da aber die Achslast auf 20,5 t begrenzt blieb, mußten konstruktive Maßnahmen zur Massereduzierung ergriffen werden. Dazu gehörten u. a. der Einsatz von Leichtmetallen und Kunststoffen für nichttragende Bauteile. Da der Dampferzeuger ebenfalls in seiner Leistung gesteigert werden mußte, wählte man eine neue Anlage mit Zwangsumlaufkessel, mit der ebenfalls eine erhebliche Masseeinsparung erzielt werden konnte. Alle kritischen Bauteile waren in der 220 erprobt und hatten sich im Bahnbetrieb bewährt. Damit stand die 221 von Anfang an als vollwertiger Ersatz der Dampflokomotive 01^{10} im schnellen Reisezugdienst zur Verfügung, wanderte aber später immer mehr als Arbeitstier in den schweren Güterzugdienst ab. Für diesen Einsatz erhielten die 221 ab 1979 verstärkte Radsatzgetriebe. Einbauten von Vorwärmanlagen oder der Einbau eines elektrischen Heizaggregates für Reisezüge wurden nur probeweise durchgeführt bzw. unterblieben ganz.

221 wandern nach Norden

Anfangs von Lindau bis zur Vogelfluglinie im Einsatz, erfolgte auch bei der 221 die spätere Konzentration auf den noch schwach elektrifizierten Norden der Bundesrepublik. Vor ihrer Abstellung 1988 war das Ruhrgebiet der letzte Einsatzbereich. Auch einige 221 wurden nach ihrer Ausmusterung verkauft, z. B. fünf nach Albanien und weitere 20 an die griechischen Staatsbahnen. Die DB AG erhält im Bestand des Verkehrsmuseums Nürnberg die V 200 116. Die 221 135 ist in Privatbesitz und wird von der Arge Histor. Eisenbahnfahrzeuge Krefeld erhalten.

Vorbild auch für ausländische Bahnen

Entwicklung, Konstruktion und Bau der Reihen 220 und 221 fanden auch im Ausland größte Beachtung und führten zu Bauaufträgen für die deutsche Industrie und zu Lizenzvergaben, wie z. B. die Talgo-Lokomotiven der RENFE Baureihen 352 bis 353 (B´B´, 1470 und 1668 kW), die schweren Güterzuglokomotiven DH 27 der Türkischen Staatsbahnen (C´C´, 1986 kW, Mittelführerstand) und zwei Baureihen der British Railways mit hydraulischer Leistungsübertragung Class 42 (B´B´, 1618 kW, 71 Lokomotiven) und Class 52 („Western", C´C´, 1986 kW, 74 Lokomotiven).

Die V 300 001

Außerdem baute 1957 Krauss-Maffei drei aus der V 200 abgeleitete Lokomotiven für Jugoslawien. Wegen der geringeren zulässigen Achslast von 16,5 t mußten diese Lokomotiven mit der Achsfolge C´C´ ausgeführt werden. K-M baute auf eigene Kosten eine weitere Lokomotive mit der Bezeichnung ML 2200 C´C´. Sie war ausgerüstet mit zwei MD 650-Motoren von je 810 kW Leistung und Strömungsgetrieben der Bauart Mekydro K 104 M. Nach erfolgreicher Erprobung entschloß man sich 1958 zur Umrüstung auf MD 655-Motoren (spätere Bezeichnung MD 12 V 538 TB; Leistung 1 100 kW bei 1 500 U/min) und benannte die Lokomotive in ML 3000 C´C´ um. Auch diese Variante wurde unter Einbeziehung der DB eingehend erprobt, u. a. auf der Schwarzwaldbahn und der Semmeringstrecke. Im November 1963 kaufte die DB diese Lokomotive und reihte sie als V 300 001, später 230 001 ein. Sie war in Sonderfahrplänen im Reisezugdienst eingesetzt und vor schweren Erzzügen. Nach ihrer Aussonderung 1975 wurde sie abgestellt und 1980 verschrottet, nach-

Blick unters Blech: V 300 001

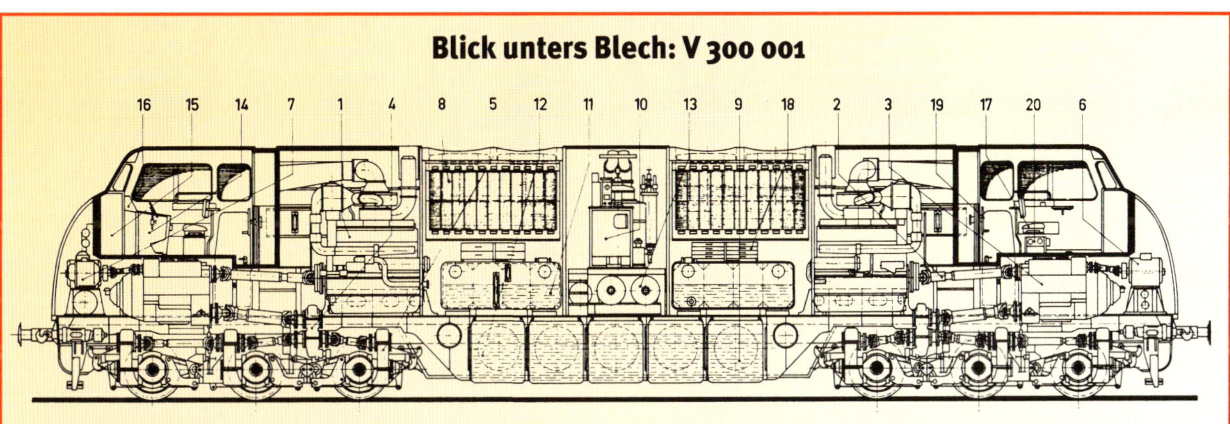

1 Haupt-(Fahr-) Dieselmotor
2 Gelenkwelle
3 Flüssigkeitsgetriebe
4 Verteilergetriebe
5 Vorgelege-Achstriebe
6 Lichtanlaßmaschine
7 Lichtanlaßmaschine
8 Kühleranlage
9 Kraftstofftank
10 Heizkessel
11 Speisewasserbehälter
12 Heizölbehälter
13 Heizungswärmetauscher
14 Führertisch
15 Geräteschrank
16 Führerpult
17 Führersitz
18 Werkzeugschrank
19 Handbremse
20 Geräteschrank

ABBILDUNG: SLG. HÖRNEMANN

dem ein Verkauf nicht zustande kam. Bei der DB bestand durch die fortgeschrittene Elektrifizierung kein Bedarf mehr für Diesellokomotiven dieser Leistungsklasse.

Die V 160-Familie

Seit 1954 war die V 160 (später 216) als einmotorige Diesellokomotive mit hydraulischer Leistungsübertragung im Entwicklungsprogramm der DB enthalten. Sie sollte die Lücke zwischen der V 80, ab 1956 der V 100 (1000 PS/736 kW) und der V 200 (2000 PS/1472 kW) schließen und durch den Einbau nur einer Maschinen- und Übertragungsanlage in Herstellung, Betrieb und Wartung kostengünstiger sein als der Einsatz von zwei V 100 in Doppeltraktion oder einer V 200 mit zwei Maschinenanlagen. Mit einer Leistung von 1100 bis 1180 kW sollte sie als echte Mehrzwecklokomotiven Reise- und Güterzüge auf Haupt- und Nebenstrecken fördern. Später war der Einbau von 1324 kW-Dieselmotoren vorgesehen, die damals erst als Entwicklungsziele existierten. Die geforderte Achslast von 17 t war konstruktiv nicht realisierbar und mußte auf 18 und später sogar auf 20 t heraufgesetzt werden. Zur Reisezugheizung war ein Dampferzeuger vorzusehen, der auch als Vorwärm- und Warmhalteanlage dienen sollte. Mehrfachsteuerung sollte möglich sein, Sicherheitsfahrschaltung und induktive Zugsicherung waren gefordert. Die Entwicklung wurde 1956 der Firma Krupp übertragen.

Von 1960 bis 1963 bauten Krupp (6) und Henschel (4) zehn Vorauslokomotiven. Die ersten neun waren an ihrer gerundeten Form des Kastenaufbaus zu erkennen, die zehnte von Henschel gelieferte erhielt bereits die neue äußere Gestaltung der späteren Serie.

Die 216 der Vorserie

Wiederum wurden Rahmen und Aufbau als gemeinsamtragende Schweißkonstruktion ausgeführt. Auch die Drehgestellrahmen sind geschweißt. Als Antrieb wurden aufgeladene MTU-16-Zylinder-Viertakt-V-Motoren mit Ladeluftkühlung in verschiedenen Bauformen eingebaut. Alle haben eine Leistung von 1400 kW bei 1500 U/min. Das Voith-

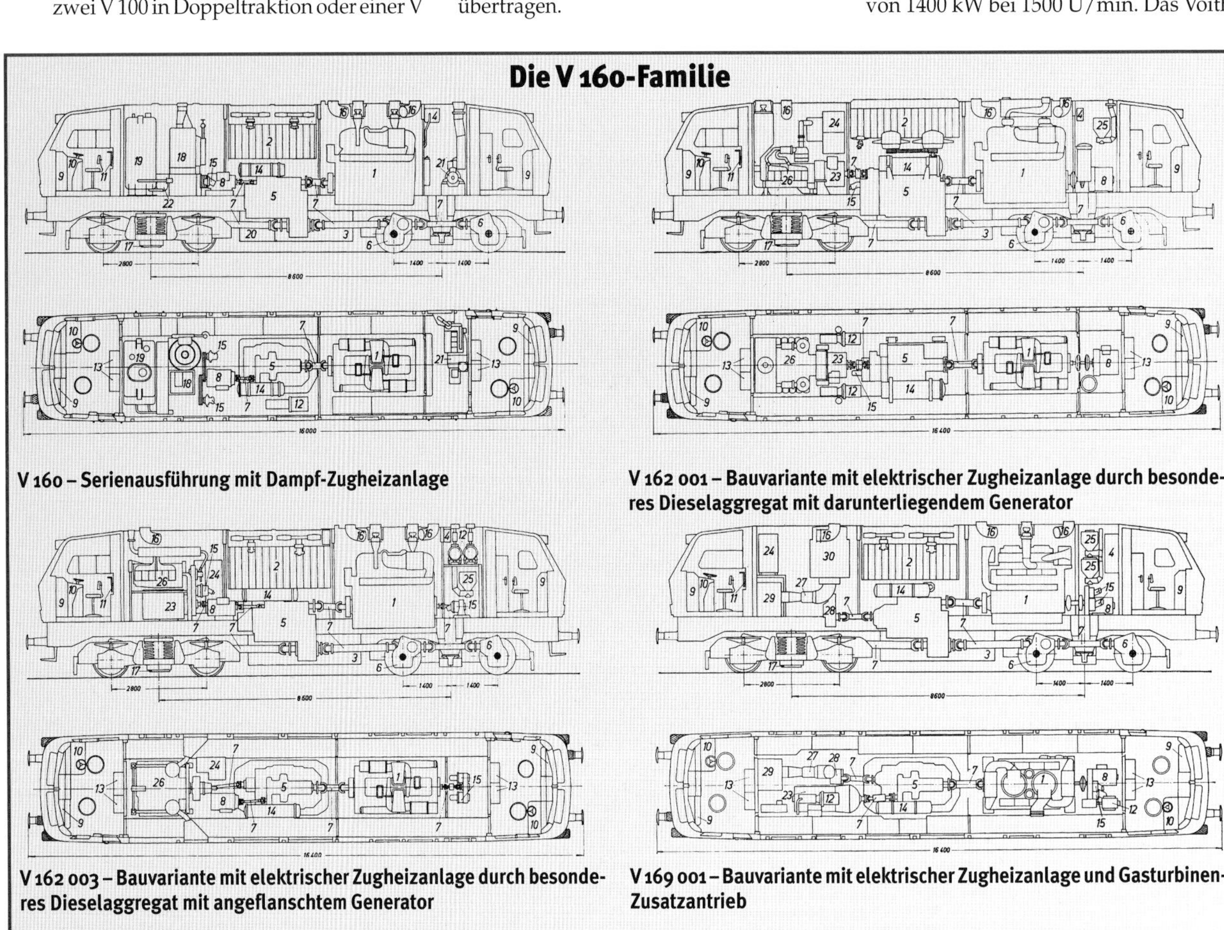

V 160 – Serienausführung mit Dampf-Zugheizanlage

V 162 001 – Bauvariante mit elektrischer Zugheizanlage durch besonderes Dieselaggregat mit darunterliegendem Generator

V 162 003 – Bauvariante mit elektrischer Zugheizanlage durch besonderes Dieselaggregat mit angeflanschtem Generator

V 169 001 – Bauvariante mit elektrischer Zugheizanlage und Gasturbinen-Zusatzantrieb

1 Haupt-(Fahr-) Dieselmotor
2 Kühleranlage
3 Dieselkraftstoffhauptbehälter
4 Dieselkraftstoffbetriebsbehälter
5 Flüssigkeitsgetriebe
6 Achsgetriebe
7 Gelenkwellen
8 Lichtanlaßmaschine
9 Apparateschränke
10 Führerpult
11 Handbremse
12 Bremsluftverdichter mit E-Motor
13 Geräteschränke
14 Getriebeölwärmetauscher
15 Lüfterpumpen
16 Elektrische Motorraum-Entlüftung
17 Indusimagnet
18 Heizkessel (nur V 160)
19 Speisewasserbehälter (nur V 160)
20 Heizölbehälter (nur V 160)
21 Hilfsdieselaggregat (nur V 160)
22 Heizungswärmetauscher (nur V 160)
23 Heizgenerator (außer V 160)
24 Schaltschrank f. Heizungsel. (außer V 160)
25 Vorwärmgerät (außer V 160)
26 Heizdiesel (nur V 162)
27 Gasturbine (nur V 169)
28 Gasturb.-Untersetzungsgetriebe (nur V 169)
29 Luftansaugfilter f. Gasturb. (nur V 169)
30 Abgasschalldämpfer f. Gasturb. (nur V 169)

ABBILDUNGEN: SLG. HÖRNEMANN

Strömungsgetriebe arbeitet mit zwei Wandler- und einer Kupplungsstufe, ihm sind Wende- und Stufengetriebe nachgeschaltet (Langsamfahrstufe bis 80 km/h, Schnellfahrstufe bis 120 km/h). Die weitere Übertragung zu den Achsgetrieben erfolgt mit einem durchgehenden Gelenkwellenstrang.

Ein Dampferzeuger versorgt die Reisezugheizung und dient als Vorwärm- und Warmhalteeinrichtung. Bei abgestelltem Hauptmotor sorgt ein Hilfsdieselmotor (16 kW) mit zusätzlichem Luftverdichter und Gleichspannungsgenerator für die Aufrechterhaltung des Heizbetriebes.

Nach den zehn Vorauslokomotiven wurden bis 1966 von Krupp, MaK, KHD, Henschel und Krauss-Maffei 214 Serienlokomotiven ausgeliefert. Sie waren im ganzen Bundesgebiet vor Reise- und Güterzügen eingesetzt und lösten viele überalterte Dampflokomotiven ab. Durch den abnehmenden Gesamtbedarf konnten zunächst die Vorserien- und später auch eine Anzahl Serienloks abgestellt und zum Teil an Privatbahnen im In- und Ausland verkauft werden. Ende 1998 waren noch 122 Serienloks im Bestand der DB AG.

Die Streckenelektrifizierung ging schnell voran, und es war bereits abzusehen, daß der Anteil der elektrisch beheizten Reisezugwagen rasch ansteigen würde, und noch während des Musterbaus und der Serienüberarbeitung entstand die Forderung nach einer Möglichkeit, die V 160 auch mit einer elektrischen Reisezugheizung zu versehen.

Die 221 stand von Anfang an als vollwertiger Ersatz für die Dampfloks der Baureihe 01[10] im schnellen Reisezugdienst zur Verfügung. Die 221 144 ist hier 1975 bei Berndorf/Neckar unterwegs

Treffen der „Klassenfeinde" – Die 221 148 trifft am 5. Juni 1971 im Bahnhof Schirnding auf ihre ČSD-Schwester T 679 1293. Loks dieser Bauart fuhren in der DDR auch als Baureihe V 200

Krupp konstruiert die V 162

Das führte ab 1963 zur Konstruktion und dem Musterbau von mehreren aus der V 160 abgeleiteten Baureihen, bei denen die Leistung für einen Zugheizgenerator entweder durch den leistungsgesteigerten Hauptdieselmotor oder aus zusätzlich eingebauten Kraftmaschinen kommen sollte.

Wiederum von der Firma Krupp wurden 1963 Konstruktion und Musterbau der V 162 (später 217) übernommen. Unter Beibehaltung der Grundkonzeption der V 160 sollte ein Hilfsdieselmotor den Heizgenerator antreiben, seine Leistung aber vor Güterzügen oder vor unbeheizten Reisezügen durch ein Zwischengetriebe und einen Einspeiswandler zusätzlich als Traktionsleistung abgeben können. Drei Musterlokomotiven wurden 1965/66 ausgeliefert und zeigten positive Versuchsergebnisse. Es wurden zwölf weitere Loks bei Krupp bestellt und 1968 an die DB übergeben. Anfangs auf drei Bw verteilt, ist diese Baureihe seit vielen Jahren im Bh Regensburg konzentriert und wird vorrangig im Güterzugdienst eingesetzt. Zwei Musterlokomotiven sind mit speziellen Einrichtungen als Bremslokomotiven 753 001 und 002 ausgerüstet und stehen bei Bedarf den Versuchsämtern zur Verfügung.

Alle 217 bzw. 753 waren Ende 1998 noch im Einsatzbestand der DB AG. Rahmen, Aufbauten und Laufwerk wurden im wesentlichen von der 216 übernommen, die Länge über Puffer aber, wie auch bei den weiteren Baureihen, von 16 000 mm auf 16 400 mm vergrößert, um die zusätzlichen Einrichtungen für die elektrische Heizung unterzubringen. Der Dieselmotor entspricht dem

AUFNAHMEN: OBERMAYER, FIEGENBAUM

▲ Die 218 416 hat für die Beförderung der DB-Touristikzüge die entsprechende Lackierung erhalten (Bw Hagen 1 am 2. Oktober 1995)
▼ Zwei Züge, vier Loks – Am 19. Mai 1994 treffen sich bei Essen-Holthausen die 216 027, 034, 146 und 159 mit ihren Nahverkehrszügen

der BR 216: MB 16 V 652 TB (1400 kW). Als Strömungsgetriebe wurden Voith L 820 brs oder Mekydro 254 B eingebaut. Beide haben zwei Wandlerstufen und hydrodynamische Bremsen. Nicht benötigte Heizleistung kann bei beiden über Einspeiswandler dem Strömungsgetriebe zusätzlich zugeführt werden. Als Heizdieselmotor dient der MAN D 3650 HM 3 M oder 5 M (368 kW bei 1950 U/min), der den direkt angeflanschten 360-kW-Drehstrom-Synchrongenerator antreibt.

Weitere Serienlokomotiven der BR 217 waren nicht bestellt worden, da in der Zwischenzeit als Hauptdieselmotor der MA 12 V 956 TB zur Verfügung stand mit einer Leistung von 1 860 kW gegenüber den Einzelleistungen der Motoren in der 217 von 1 400 plus 368 kW. Da es wirtschaftlicher ist, nur einen Motor zu beschaffen und zu unterhalten, wurde dieser Lösung der Vorzug gegeben und führte zur Entwicklung der Baureihe 218.

Auf dem Weg zur Baureihe 218

Klöckner-Humboldt-Deutz erhielt 1963 den Auftrag, eine weitere Diesellokomotivbauart auf der Basis der V 160 zu entwerfen, deren leistungsgesteigerter Dieselmotor im Normalbetrieb auch die Leistung für den Heizgenerator aufzubringen hat. Der erhöhte Leistungsbedarf beim Beschleunigen und auf Steigungen sollte durch eine zuschaltbare Gasturbine gedeckt werden. So entstand die Baureihe V 169 (später 219), von der nur ein Muster gebaut wurde. Ab Mitte 1965 erfolgten die ersten Versuchsfahrten, im Januar 1966 die Abnahme. Nach weiteren Versuchen wurde sie im schweren Reisezugdienst eingesetzt. Notwendige Änderungen (verstärktes Strömungsgetriebe, verbesserte Regelung der Gasturbine) wurden vorgenommen. Obwohl sie sich sonst während ihres Betriebseinsatzes (1966 bis 1978) bewährte, war sie als Einzelfahrzeug im Betrieb zu teuer. Nachdem 1974 bereits die Gasturbine ausgebaut worden war (sie wird für Museumszwecke aufbewahrt), wurde die 219 001 im Jahre 1978 ausgemustert und 1985 nach Italien verkauft. 1999 kehrte sie nach Deutschland zurück und wurde bei Gmeinder in Mosbach für die Bahngesellschaft Waldhof wieder aufgearbeitet.

Der Fahrzeugteil entspricht weitgehend dem der 217. Als Dieselmotor wurde der MD 16 V 538 TB (aufgeladener 16-Zylinder-Viertakt-V-Motor mit Ladeluftkühlung, 1580 kW bei 1 500 U/min) installiert. Die Booster-Gasturbine war bei KHD nach General Electric-Lizenz gebaut worden. Es war eine Luftfahrt-Gasturbine in Zweiwellenbauart (Wellenleistung 660 kW bei 19 500 U/min), Die hohe Drehzahl erforderte ein Untersetzungsgetriebe. Die Leistungsübertragung erfolgt durch ein Voith-Strömungsgetriebe L 820 rs (zwei Wandlerstufen und ein zusätzlicher Einspeiswandler für die Gasturbinenleistung), ein nachgeschaltetes Wende- und Zweistufengetriebe (80 und 130 km/h Höchstgeschwindigkeit) sowie einen durchgehenden Gelenkwellenstrang auf die Achsgetriebe.

Der Heizgenerator (360-kW-Drehstrom-Synchrongenerator) wurde durch einen besonderen Abtrieb aus dem Strömungsgetriebe angetrieben. Die Steuerungs- und Überwachungseinrichtungen waren sehr umfangreich, um vor allem die Gasturbine vor Fehlbedienungen und Schäden zu bewahren.

Aufbauend auf den Erprobungs- und Betriebsergebnissen der bisher gebauten 216 und 217 war bereits mit den Konstruktionsarbeiten für die Baureihe 218 begonnen worden, als sich die DB entschloß, aufgrund der erfolgversprechenden Resultate mit der 219 001 eine weitere Diesellokomotivbauart mit zusätzlichem Gasturbinenantrieb bei Krupp entwickeln und 1970/71 acht Muster bauen zu lassen. Es entstand die Baureihe 210.

Mehr Power durch Gasturbinen: Baureihe 210

Die sehr intensive Erprobung (1972 bis 1974) und der spätere Einsatz erfolgten vom Bw Kempten aus. Die Erprobung brachte zunächst sehr befriedigende Ergebnisse und bewies auch die erreichte Zuverlässigkeit der Gasturbinen im Bahneinsatz. Die erwartete Wirtschaftlichkeit blieb jedoch aus, und als mehrere Schäden an Gasturbinen (z. B. Schaufelbrüche) auftraten, wurde Ende 1978 verfügt, daß die Gasturbinen nicht mehr eingeschaltet werden dürfen. Ab Mitte 1979 ließ die DB die Gasturbinen im Rahmen planmäßiger Untersuchungen ausbauen und die Lokomotiven denen der Baureihe 218 weitgehend angleichen. Danach wurden sie als 218 901 bis 908 dieser Baureihe zugeordnet. Bis 1983 blieben sie noch im Bw Kempten, dann wurden sie nach Braunschweig umbeheimatet, von wo alle acht noch 1999 eingesetzt werden.

Rahmen und Aufbauten entsprechen weitgehend den 217 und 219 und wurden nur dem Einbau der Maschinenanlagen angepaßt. Die Konstruktion eines neuen ebenfalls geschweißten Drehgestelles für die Baureihe 218 war bereits abgeschlossen und wurde für die 210 eingesetzt.

Der Zwölfzylinder-Viertakt-V-Dieselmotor MTU MA 12 V 956 TB arbeitet mit Abgasturboaufladung und Ladeluftkühlung (1840 kW bei 1 500 U/min). Als zuschaltbarer Boosterantrieb wurde eine AVCO-Lycoming-Luftfahrtgasturbine T 53-L-13 eingebaut. Der Lizenzbau erfolgte bei KHD. Bei dieser Zweiwellenbauart lief der Gasgeneratorteil mit 24 500 U/min und die Nutzturbine leistete 845 kW bei 19 280 U/min (Dauerleistung 700 kW). Die Betriebsdrehzahl wurde in einem internen Getriebe auf 9 000 U/min reduziert.

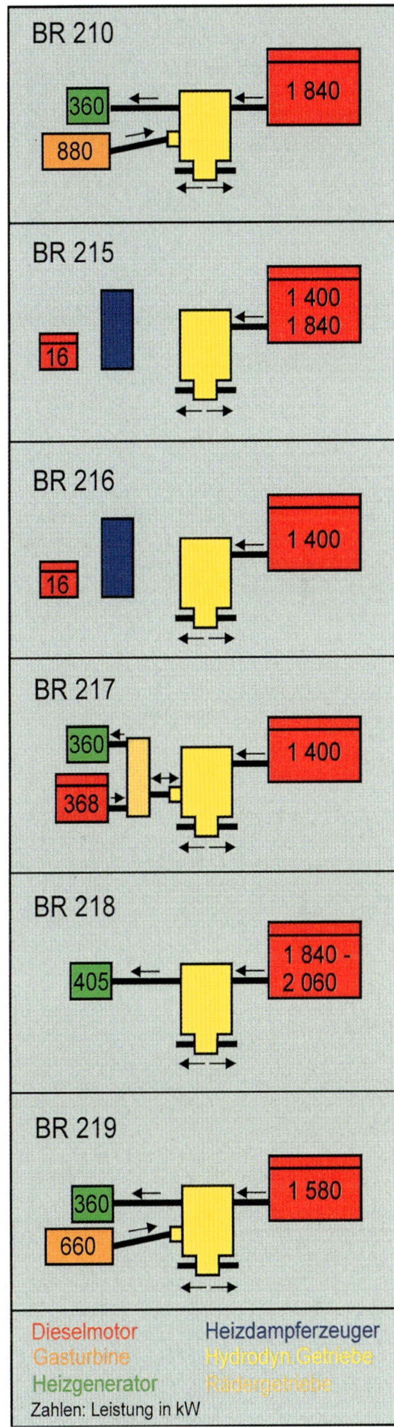

Die Entwicklung der Antriebs- und Heizungskonzepte der V 160-Familie

AUFNAHMEN: FELDMANN (2), GLATTE

Das Strömungsgetriebe Voith L 820 wbrs (zwei Wandlerstufen und hydrodynamische Bremse) hatte außer dem Eintrieb vom Dieselmotor einen Einspeiswandler zur Leistungsaufnahme aus der Gasturbine. Ein Abtrieb versorgte den Zugheizgenerator. Aus dem unteren Abtriebsteil mit Zweistufenschalt- und Wendegetriebe erfolgt die Übertragung auf die Radsatzgetriebe mit einem durchgehenden Gelenkwellenstrang. Der elektrischen Zugheizung dient ein 360-kW-Drehstrom-Synchrongenerator.

Ende einer Entwicklung: die Allround-Lok 218

Als Standardausführung einer Mehrzweckdiesellokomotive mit elektrischer Zugheizung entstand 1968, dank der in der Zwischenzeit wesentlich leistungsgesteigerten Dieselmotoren eine Baureihe, die aus nur einem stärkeren Motor den Leistungsbedarf für die Zugförderung und den Zugheizgenerator decken konnte: die Projekt-Baureihe V 163, später V 164. Die Konstruktion erfolgte wieder bei Krupp. Dort wurden auch 1968/69 die zwölf Vorserienloks gebaut, die schon als BR 218 in Dienst gestellt wurden.

Die 398 Serienlokomotiven wurden in vier Baulosen von den Firmen Krupp, Krauss-Maffei, Henschel und MaK bis Juni 1979 ausgeliefert. Während dieser Zeit wurde intensiv an der weiteren Leistungssteigerung der Dieselmotoren gearbeitet. So konnte die installierte Leistung von 1840 kW bei den Vorserien- und ersten Serienlieferungen bis auf 2060 kW beim vierten Baulos gesteigert werden. Diese Baureihe bewährte sich im Betriebseinsatz hervorragend und bewies den erwarteten höheren Gebrauchswert gegenüber den anderen Baureihen der V 160-Familie durch größere Wirtschaftlichkeit bei höheren Betriebsleistungen. So konnten mehrfach die Laufkilometer-Grenzwerte zwischen den Hauptuntersuchungen für Fahrzeugteil, Dieselmotor, Strömungsgetriebe, Drehgestelle und Radsätze heraufgesetzt werden. Die 218 gilt als eines der zuverlässigsten Triebfahrzeuge der DB und DB AG. Die Zahl der Lokomotiven der BR 218 erhöhte sich durch den Umbau der 210 in 218.9 auf insgesamt 419. Allerdings sind 1996 zwölf Lokomotiven für den befristeten IC-Einsatz durch Erhöhung der zulässigen Geschwindigkeit auf 160 km/h umgerüstet und in Zweitbelegung der BR 210 zugeordnet worden. Sie werden nun weiter in normalen 218-Umläufen eingesetzt.

Die DB AG hatte Ende 1998 noch 416 Lokomotiven der BR 218 (einschließlich der zwölf 210") im Einsatzbestand. Da gerade diese Baureihe noch mehrere Jahre im Dienst sein wird, werden große Anstrengungen unternommen, den Kraftstoffverbrauch und die Abgasemission drastisch zu senken.

Rahmen und Aufbauten wurden von den Vorgängerbaureihen mit geringen Anpassungen übernommen. Die Drehgestelle entsprachen zunächst auch der BR 216, nach einer Überarbeitung bei MaK wurden ab 218 299 Gummiradsatzfedern und Flexicoil-Abstützungen ein-

Blick unters Blech: V 160 (Serienausführung)

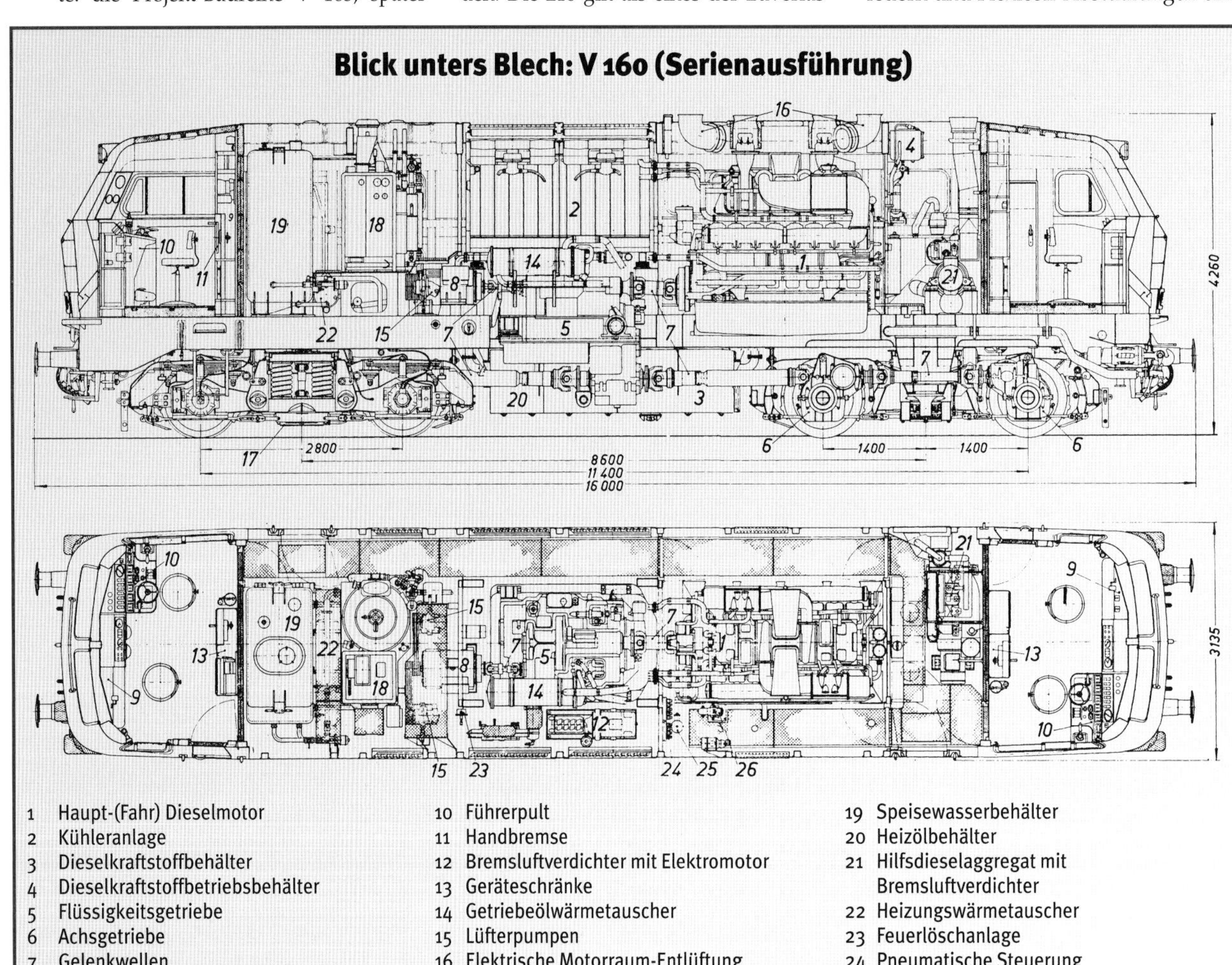

1 Haupt-(Fahr) Dieselmotor
2 Kühleranlage
3 Dieselkraftstoffbehälter
4 Dieselkraftstoffbetriebsbehälter
5 Flüssigkeitsgetriebe
6 Achsgetriebe
7 Gelenkwellen
8 Lichtanlaßmaschine
9 Apparateschränke
10 Führerpult
11 Handbremse
12 Bremsluftverdichter mit Elektromotor
13 Geräteschränke
14 Getriebeölwärmetauscher
15 Lüfterpumpen
16 Elektrische Motorraum-Entlüftung
17 Indusimagnet
18 Heizkessel
19 Speisewasserbehälter
20 Heizölbehälter
21 Hilfsdieselaggregat mit Bremsluftverdichter
22 Heizungswärmetauscher
23 Feuerlöschanlage
24 Pneumatische Steuerung
25 Spurkranzschmiereinrichtung
26 Schmierölpumpe

ABBILDUNG: SLG. HÖRNEMANN

geführt. Der aufgeladene Zwölfzylinder-Viertakt-V-Dieselmotor mit Ladeluftkühlung MTU MA 12 V 956 TB wurde in den Vorserienloks und in den ersten beiden Baulosen in der Bauform TB 10 (1840 kW), in der 3. und 4. Bauserie als Bauform TB 11 (2060 kW) eingesetzt. Im vierten Baulos kam auch wahlweise der Pielstick-Motor 16 PA 4 V 200 (2060 kW) zum Einbau. Im Rahmen der erwähnten Remotorisierungen sind Versuche mit MTU-Motoren der verbesserten Serie 956 und der Neuentwicklung 16 V 4000 R4 (2000 kW) sowie dem Caterpillar-Motor 5316 B (1940 kW) durchgeführt worden. Außerdem wurden im Rahmen dieser Modernisierungen neue elektronische Motorregelsysteme angewandt.

Als Strömungsgetriebe werden wahlweise Voith L 820 brs oder MTU Mekydro K 252 SUBB eingesetzt. Beide arbeiten mit zwei Wandlerstufen und besitzen eine hydrodynamische Bremse. Die weitere Leistungsübertragung erfolgt wie üblich aus dem tiefliegenden Abtrieb mit eingebautem Zweistufenschalt- und Wendegetriebe über einen durchgehenden Gelenkwellenstrang auf die Radsatzgetriebe. Die elektrische Reisezugheizung wurde im Prinzip von der BR 217 übernommen, in einigen Details verbessert und die Heizleistung des Generators auf 405 kW erhöht. Im Rahmen der Modernisierungen bei der DB AG wurden einige 218 mit einer neuen Zugenergieversorgung (GTO-Technik) versehen. Die Steuerung gestattet Mehrfachtraktion und Wendezugeinsatz, wobei auch hierbei in den letzten Jahren in mehrere 218 neue Wendezugsteuerungen (ZWS) installiert wurden. Induktive Zugsicherung und Sicherheitsfahrschaltung sind eingebaut.

Zwischenschritt: BR 215

Als 1968/69 ein erhöhter kurzfristiger Bedarf an Diesellokomotiven auftrat, die Baureihen 217, 219, 218 und 210 aber noch nicht ausreichend erprobt waren bzw. noch gar nicht zur Verfügung standen, entschloß sich die DB nochmals zur Bestellung einer größeren Anzahl von Diesellokomotiven mit Dampferzeugern für die Reisezugheizung, jedoch mit der Auflage, bereits bei der Konstruktion den späteren Austausch des Dampferzeugers gegen einen Zusatzdieselmotor mit Heizgenerator zu berücksichtigen. Es entstand die Baureihe 215.

1968/69 wurden von Krupp zehn Vorauslokomotiven geliefert, die mit dem neuentwickelten MAN-Motor V 6 V 23/23 TL ausgerüstet waren, der aber noch sehr störanfällig war. So erhielten die ersten 120 Serienlokomotiven ab 1970 zunächst MTU-Motoren

Spachteln und Schleifen – eine 215 wird im September 1990 im AW Nürnberg für das Lackieren vorbereitet. Die sorgfältige Ausführung dieser Arbeiten sichert eine lange Haltbarkeit des Lackes

MB 16 V 652 TB und erst die letzten 20 wieder den nun betriebssicher gewordenen, als MTU MA 12 V 956 TB bezeichneten früheren MAN-Motor.

Der ursprünglich geplante Umbau auf elektrische Zugheizung wurde nur bei drei Lokomotiven ausgeführt (215 030 bis 032), sonst aber wegen zu hoher Kosten unterlassen. Auch die Vorstellung einer nachträglichen Anpassung an die Ausrüstung der BR 218 wurde aus Kostengründen verworfen. Lediglich die stark beschädigte Unfallok 215 112 wurde zur 218 399 umgebaut. Der Einsatz der 215 erfolgte sowohl vor Reise- als auch vor Güterzügen. Heute überwiegt der Güterzugdienst, teilweise in Doppeltraktion. Von ursprünglich 150 Lokomotiven waren Ende 1998 noch 133 im Einsatzbestand der DB AG.

Rahmen und Aufbauten wurden von der 216 übernommen, aber auf 16 400 mm über Puffer verlängert. Das Laufwerk ist ebenfalls mit dem der 216 identisch.

Vorserien- und ein Teil der Serienloks erhielten den Dieselmotor MAN V 6 V 23/23 TL (MTU MA 12 V 956 TB) mit 1840 kW bei 1 500 U/min, die anderen Serienloks den MTU MB 16 V 652 TB mit 1400 kW bei 1500 U/min. Beide haben Abgasturboaufladung und Ladeluftkühlung.

Das Voith-Strömungsgetriebe L 820 brs hat zwei Wandlerstufen und eine hydrodynamische Bremse. Aus dem tiefliegenden Abtriebsteil mit Zweistufenschalt- und Wendegetriebe werden die Achsantriebe über einen durchgehenden Gelenkwellenstrang angetrieben. Die Langsamfahrstufe wurde 1979 von 80 auf 100 km/h erhöht, die Schnellfahrstufe erlaubt bis 140 km/h.

Die Standardausführung besitzt einen Heizdampferzeuger, der durch einen Hilfsdieselmotor mit Luftverdichter und Hilfsgenerator unterstützt wird und auch bei abgestelltem Hauptdieselmotor einen unabhängigen Betrieb der Zugheizanlage bzw. der Vorwärm- und Warmhalteeinrichtung gestattet. Die drei Umbaulokomotiven 215 030 bis 032 erhielten eine ähnliche Ausrüstung mit Heizdieselmotor und Generator wie die BR 217. Alle 215 sind für Mehrfachtraktion und Wendezugeinsatz ausgerüstet und haben Sicherheitsfahrschaltung und Indusi. Die beschriebenen Lokomotiven der Baureihen 210, 215, 216, 217, 218 und 219 sind aus der Grundkonzeption der 216 (V 160) abgeleitet und werden meist als V 160-Familie bezeichnet. Einschließlich der Vorauslokomotiven und dem Einzelgänger 219 001 wurden von der V 160-Familie insgesamt 808 Lokomotiven gefertigt. Mit der Lieferung der 218 499 (MaK-Werknummer 2000.130) wurde am 21. Juni 1979 die letzte Neubau-Großdiesellokomotive der DB übergeben und damit das große Verdieselungsprogramm der DB abgeschlossen. Von der V 160-Familie waren Anfang 2010 nur noch etwas mehr als 300 Lokomotiven im Einsatzbestand der DB AG – Tendenz sinkend.

Wolfgang Glatte

Zugverkehr mit V 200°, jetzt 220, Mitte der 70er-Jahre: Mit E 2656 ist Vorserienlok 220 005 im Mai 1975 zwischen Aschaffenburg und Crailsheim unterwegs (Bild bei Königshofen). Vor allem in den 50er- und 60er-Jahren nutzte die Bundesbahn die V 200 gern für ihre Werbung (Abb. unten) Albert Schöppner

Der Einsatz der V 200° bei der Deutschen Bundesbahn

Star auf Abruf

Mitte der 50er-Jahre war die V 200° das Nonplusultra: Die besten Züge gehörten der roten Diesellok. Doch die fortschreitende Elektrifizierung verschob die Gewichte. Mitte der 60er-Jahre hatte die Lokomotive ihren Status schon weitgehend eingebüßt; die Wanderschaft durch die Betriebswerke begann

Als 1953 die erste V 200 in Dienst gestellt wurde, sorgte das für ungeahnte Publicity. So eine Lokomotive hatte man noch nicht auf Deutschlands Gleisen gesehen: Glänzend rot lackiert, mit silbernen Zierstreifen, dazu der stolze Schriftzug »Deutsche Bundesbahn« in großen Lettern. Mit der neuen Diesellok konnte sich die DB sehen lassen, auch bevor die ersten planmäßigen Einsätze erfolgten. In der Werbung der Bahn tauchte die Lok bald ebenso auf, und schon nach kurzer Zeit kannte fast jeder Bundesbürger das neue Flaggschiff der Bahn. Nur in natura hatte es noch kaum jemand gesehen…

Nord-Süd-Verkehr mit F, D, E

Frankfurt-Griesheim wurde das erste Heimat-Bw der V 200, die dortigen Dieselspezialisten schienen die geeigneten Leute, um das neue Wunderwerk deutscher Technik zum Laufen zu bringen. Eingesetzt wurden die ersten Loks dann auch auf der Nord-Süd-Strecke, wo sie sich in einem gemeinsamen Plan mit zwei 01-Dampfloks beweisen mussten. Tagesleistungen von 700 bis 800 Kilometern wurden erreicht; im ersten eigenen Umlaufplan im Sommer 1955 waren es sogar 965 Kilometer vor F-, D- und Eilzügen. 1956 erhielten auch die Bahnbetriebswerke Hamburg-Altona, Hamm P und Villingen neue V 200. Doch der Fahrdraht machte sich immer mehr breit – mit der Elektrifizierung schrumpfte das Einsatzgebiet der modernen Diesellok. Schon 1961 hielt die Elektrotraktion auf der Strecke Hanau – Fulda Einzug, endete die Griesheimer V-200-Ära.

Einsatz bei der DB

Im Mai 1967 ist die Glanzzeit der V 200 beim Bw Villingen eigentlich schon vorbei. Doch V 200 048 kommt hier die Ehre zu, den D 469 Konstanz – Hannover zu befördern. Soeben läuft sie in Triberg ein Ludwig Rotthowe

Fahrzeugspektrum der Bundesbahn im Juli 1958: Im Bw Wiesbaden rasten 89 650, eine bayerische Länderbahndampflok der Gattung D II, und V 200 042 H. Schambach/Archiv GM

Im September 1961 hat V 200 060 einen Reisezug in Frankfurt (Main) Hbf übernommen. Das Bw Frankfurt (M)-Griesheim erhielt Anfang der 50er-Jahre die ersten V 200 Theodor Horn, W. Tausche/Slg. T. Wunschel (u.)

In Hamburg-Altona war an elektrische Traktion noch nicht zu denken: 1959/60 gab es Durchläufe bis Frankfurt (Main), Treuchtlingen und sogar ins 723 Kilometer entfernte Stuttgart. Eine Hamburger Besonderheit war die Bespannung des aus den Wagen des ehemaligen Henschel-Wegmann-Zuges gebildeten F 55/56 »Blauer Enzian« zwischen Treuchtlingen und der Hansestadt. Auch der F 49/50 gehörte bis Kassel zum Repertoire der Hamburger Dieselloks.

Was zum Einsatz auf der Nord-Süd-Strecke noch zu sagen ist: Vor relativ leichten F-Zügen und mittelschweren Schnellzügen machten die Großdieselloks einen guten Eindruck. Die wirklich schweren Züge überließen die Fahrplangestalter aber nicht ohne Grund der Dampftraktion, die sich mit der neubekesselten 01^{10} – vor allem mit den Maschinen mit Ölfeuerung – gegenüber der V 200 wahrlich nicht verstecken musste! Und vielseitig war der Einsatz an der Elbe: Selbst Schnellgüterzüge nach Frankfurt (M) und Hamm hatten planmäßig eine V 200 an der Zugspitze, daneben bewährten sich die Loks im Wendezugdienst auf der Strecke nach Lübeck mit durchschnittlich 925 Kilometern Laufleistung pro Tag. In Richtung Norden fuhren die Loks ebenfalls: Westerland, Flensburg und Kiel zählten zu den Zielen.

Zwischen Fahrdraht und neuen Zielen

Nach der vollständigen Elektrifizierung der Nord-Süd-Strecke im Juni 1965 musste der Einsatz der V 200 neu orientiert werden. Er konzentrierte sich jetzt vor allem auf Schleswig-Holstein. Aber die V 200 war kein Alleskönner: Vor allem auf der Marschbahn nach Westerland mit ihren langen Rampen zur Hochbrücke bei Hochdonn hatten die Loks ihre Probleme: So war der Betriebsdienst froh, die Loks auf dieser Strecke durch neu zugeteilte 012-Dampfloks (01^{10} Öl) ersetzen zu können, wodurch auch (teils erhebliche) Fahrzeitkürzungen möglich wurden. Selbst im amtlichen Kursbuch fand sich ein entsprechender Vermerk: »Durch den Einsatz leistungsstärkerer Lokomotiven konnten die Fahrzeiten ... verkürzt werden«. Dass es sich dabei um Dampfloks handelte, verschwieg man süffisanterweise... Im leichteren Dienst hingegen fuhr die V 200 zufriedenstellend, bis nach Zugang neuer 218 Anfang 1972 die Loks an das Bw Lübeck abgegeben werden konnten.

Ein klassisches Bw für die Schnellzugbespannung auf der Nord-Süd-Strecke

Im Mai 1966 ziert noch der Schriftzug »Deutsche Bundesbahn« die Seite der V 200 033. Nicht ganz so glamourös ist ihre Aufgabe: Sie bringt einen Eilzug über den Bodenseedamm nach Lindau

Vorserienlok, die Erste: Im Oktober 1972 fahren V 200 002 (jetzt 220 002) und eine Neubaudampflok der Baureihe 23 (023) mit E 1556 Richtung Crailsheim aus Heilbronn aus. Die 23er gehört zu einer Bauserie, die ab 1953 entstand – wahrscheinlich ist sie damit sogar jünger als die Diesellok vor ihr Willy Reinshagen

war Würzburg. Mit der V 200 machten die dortigen Eisenbahner schon 1957 Bekanntschaft, als eine Lok zur Personalschulung beheimatet wurde. Jahrelang fuhren dann Würzburger Lokführer auf Griesheimer V 200, bis dann im Mai 1962 die ersten elf eigenen V 200 in Würzburg eintrafen, um die Nord-Süd-Strecke zu erobern. Nach deren Elektrifizierung galt es, neue Ziele anzufahren, wie Treuchtlingen, Heidelberg und Heilbronn. Und es waren nicht mehr nur die hochwertigen Züge, die man den Loks anvertraute: Eil-, Personen- und Güterzüge gehörten jetzt ebenso zum täglichen Brot. In den folgenden Jahren kamen Ziele wie Bamberg und Crailsheim hinzu, über die »Schiefe Ebene« fuhren die Maschinen bis Hof. Als letztes Highlight der Würzburger V-200-Ära ist die planmäßige Bespannung der kurzlebigen DC-Züge zwischen Würzburg und Stuttgart zu nennen.

Zwischen 1972 und 1975 wurden die Würzburger Loks nach Norddeutschland abgegeben, das sich mittlerweile zum »V-200-Land« entwickelt hatte. Und was machten die Würzburger Lokschlosser nun, als die zweimotorigen Dieselloks nicht mehr da waren? Sie kümmerten sich um die 1974/75 zugeteilten Altbau-Elloks der Baureihen E 18 und E 44, die nicht weniger Wartung erfordert haben dürften…

Das neu gebildete Bw Hamm P machte im Herbst 1956 erstmals Bekanntschaft mit der V 200, als es die ersten Maschinen aus Neuanlieferung erhielt. Hamm war

Vorserienlok, die Zweite: In den 50er-Jahren kommt die V 200 sogar bei Staatsbesuchen zum Zug. Anno 1956 ist V 200 003 beim Empfang des griechischen Königspaars in Lehrte dabei Slg. Dr. Brian Rampp

ein klassisches Schnellzug-Dampflok-Bw, das noch keine große Erfahrung mit der Dieseltraktion hatte. Doch die neuen V 200 bewährten sich, und immer mehr Maschinen trafen ein – mit über 30 Loks war jahrelang mehr als ein Drittel des Gesamtbestandes in Hamm stationiert. Erste »Opfer« der neuen Dieselloks waren nicht nur die Hammer 01, sondern auch die drei modernisierten Schnellfahr-Dampfloks der Baureihe 05, die durch die Großdiesel arbeitslos wurden und aufs Abstellgleis geschoben werden konnten.

Die Hammer V 200 waren vor allem in hochwertigen Reisezugdienst zwischen Nord- und Westdeutschland anzutreffen: F-Züge wie »Merkur«, »Dompfeil«, »Sachsenroß«, »Germania«, »Gambrinus« und

Mit einem Interzonenzug durcheilt 220 007 an einem Wintertag 1968 den Bahnhof Lehrte Richtung Helmstedt. Es handelt sich vermutlich um einen langen Zug bei kaltem Wetter, sodass die Heizkraft der Lok nicht ausreicht; denn gleich hinter ihr läuft ein Heizwagen mit und leistet Unterstützung Jürgen Krantz

»Rheingold« hatten Ende der 50er-Jahre eine V 200 an der Zugspitze. Hinzu kamen Leistungen im Berlin- und Interzonenverkehr, der die Hammer Loks bis nach Oebisfelde und Helmstedt führte. Doch auch in Hamm machte die Elektrifizierung den Einsätzen der V 200 vor den »ganz großen Zügen« ein Ende, sodass die Loks auf weniger wichtige Strecken und namenlose Züge ausweichen mussten.

Richtung Schwarzwald und Allgäu

Etwas anders sah die Sache in Villingen aus, wahrlich kein F-Zug-Bw: Hier ging es darum, die Bergfestigkeit der V 200 auf der Schwarzwaldbahn zu erproben, was anfänglich auch gelang – 1961 galt diese Verbindung zwischen Offenburg und Konstanz offiziell als erste vollverdieselte Hauptstrecke der DB. Speziell im Schwarzwald war die V 200 auch vor schweren Güterzügen zu sehen; man traute ihr hier mit 600 Tonnen Zuglast sogar mehr zu als den Dreizylinder-Dampfloks der Baureihe 44, die nur 550 Tonnen über den Berg schleppen durften. Doch war das wohl zu optimistisch, der anstrengende Dienst zeigte seine Wirkung: Reihenweise fielen nun die schönen roten Loks mit Getriebeschäden aus und das Bw Villingen war froh, seinen Bestand von drei Dampfloks der Baureihe 39 wieder auf sieben Exemplare aufstocken zu können, um wenigstens alle Züge zu bespannen. Erst 1964 waren die Getriebeprobleme der Villinger Loks behoben, aber da näherte sich die Glanzzeit der V 200 bereits dem Ende: Die neuen, stärkeren V 200^1 standen ge-

Am 17. Juli 1956 fährt Vorserienlok V 200 002 mit F 34 aus Hamburg Hbf ab. Die leichten, schnellen Züge waren wie maßgeschneidert für die moderne Diesellok Carl Bellingrodt/Slg. Helmut Brinker

wissermaßen schon vor den Toren des Bahnbetriebswerks…

Nicht nur im Schwarzwald, auch im Allgäu sollten die V 200 ihre Bergfähigkeit beweisen. Das Bw Kempten erhielt zum Sommerfahrplan 1962 seine ersten beiden V 200, mit denen es die Schweizer Schnellzugpaare »Bavaria« und »Isar-Rhone« zwischen München und Lindau bespannte – die bislang eingesetzten Lindauer Umbau-S 3/6 der Baureihe 18^6 hatten das Nachsehen. Mit weiteren Zuteilungen der V 200 wurde das Einsatzgebiet der Lindauer Dampfloks zunehmend beschnitten, während die eigenen Loks der Baureihe 39 weiterhin eingesetzt wurden. Im Februar 1963 waren die V 200 schon nicht mehr erste Wahl in Kempten; die verstärkten V 200^1 rückten an und übernahmen die wichtigsten Zugleistungen. Folgerichtig wurde die letzte V 200 im Sommer 1965 nach Hamm abgegeben, womit das recht kurze Intermezzo der V 200 in Kempten beendet war.

Nur noch zweite Wahl

Mitte der 60er-Jahre hatte die V 200 ihre Rolle als Paradelok der DB schon eingebüßt. Andere Triebfahrzeuge zierten jetzt die DB-Werbung im Kursbuch und auf Plakaten: zunächst der TEE-Triebzug VT 11^5, später die Schnellfahr-Ellok E 03. Auch die Einsatzräume der V 200 hatten

Stationierungen (Bsp.):

Beheimatungen der V 200 im Winter 1959/60

Villingen	20 St.
Frankfurt-Griesheim	15
Hamm P	32
Hamburg-Altona	19
Gesamt	**86**

Beheimatungen der V 200 im Sommer 1962

Kempten	3
Villingen	21
Würzburg	11
Hamm P	28
Hamburg-Altona	23
Gesamt	**86**

Beheimatungen der V 200 im Sommer 1966

Villingen	15
Würzburg	13
Limburg/Lahn	8
Hamm P	33
Hamburg-Altona	17
Gesamt	**86**

Beheimatungen der V 200/220 im Sommer 1968

Villingen	15
Würzburg	13
Kaiserslautern	8
Hamm P	22
Hannover	11
Hamburg-Altona	17
Gesamt	**86**

Beheimatungen der V 200/220 im Winter 1973/74

Villingen	17
Würzburg	15
Hannover	22
Lübeck	31
Gesamt	**85**

Beheimatungen der V 200/220 im Sommer 1979

Oldenburg	37
Lübeck	27
Gesamt	**64**

sich geändert, denn fast alle der ganz wichtigen Strecken waren um 1965 bereits unter Draht. Nun wanderten die V 200 in Bahnbetriebswerke ab, in denen man zehn Jahre zuvor von den Loks allenfalls geträumt hatte: Limburg, Kaiserslautern, Hannover und kurzzeitig Braunschweig wurden zur Heimat der Zweimotorigen.

1965 fuhren die Limburger zwar noch die F-Züge 41-44 zwischen Frankfurt (M) und Kassel mit ihren Loks, ansonsten war aber der Eilzugdienst das tägliche Brot, bis wenige Jahre später neue V 160 ihre stärkeren (und älteren) Diesel-Schwestern vertrieben. In Kaiserslautern verdrängten die V 200 die Dampfloks der Baureihe 23 weitgehend und kamen unter anderem

Zu Versuchszwecken wurden in den 60er-Jahren V 200 038 und ein Wagenzug mit Mittelpufferkupplung ausgestattet. 1968 pausiert die Lok vor der Rotunde des Bw Paderborn Jürgen Krantz

Die Elektrifizierung der Magistralen von Hamburg nach Süden und Westen verdrängte die V 200 auf die Strecke nach Westerland auf Sylt. Dort machte sie sich auch im Güterverkehr nützlich, hier mit einem Autotransportzug kurz vor dem Festland Jürgen Krantz

Im August 1976 brummt 220 038 mit D 715 bei Meppen durch norddeutsches Flachland. Der stattliche Zug ist allerdings nicht mehr erste Wahl, was auch das Wagenmaterial beweist: Statt eines kompletten Speisewagens ist nur ein Halbspeisewagen eingestellt; er folgt hinter der Lok Helmut Brinker

DB **Sonderrabatte**

für Gesellschaftsfahrten, Schul- und Jugendpflegefahrten nach jedem Ziel. Informationen bei allen Fahrkartenausgaben, DER-Reisebüros und anderen DB-Verkaufsagenturen.

Noch 1977 warb die Deutsche Bundesbahn in ihrem Kursbuch mit der V 200 – obwohl die Lokomotive mittlerweile von neueren Konstruktionen überholt worden war Slg. Dr. Dietmar Beckmann

Der schwere Winter 1978/79 in Norddeutschland fordert die V 200 aufs Äußerste. Am 17. Februar 1979 ist 220 071 mit ihrem Zug bei Ellenserdamm im Schnee stecken geblieben R. Gänsfuß/Slg. Markus Hehl

im Nahetal, nach Frankfurt, Karlsruhe und Saarbrücken zum Einsatz. Ersatz folgte hier durch die Baureihe 218, nachdem die 216 schon länger in Kaiserslautern zu Hause war.

In Hannover ersetzten die 1968 zugegangenen 220 – so die Bezeichnung im Computernummern-Zeitalter – schnell die letzten Schnellzugdampfloks der Baureihe 001. Eingesetzt wurden die Dieselloks fast in ganz Niedersachsen sowie im nördlichen Nordrhein-Westfalen bis zur niederländischen Grenze: Statt V 200 aus Hamm waren nun 220 aus Hannover in Oebisfelde und Helmstedt zu sehen. Aus personaltechnischen Gründen – irgendwie musste man die Mitarbeiter des kaum mehr ausgelasteten Dampflok-Ausbesserungswerks Braunschweig ja beschäftigen – wechselten die Hannoveraner Loks im Herbst 1975 in die Welfenstadt, wobei sich an den Einsätzen kaum etwas änderte: 17 Loks wurden täglich benötigt, und die Tageshöchstleistung von 1.068 Kilometern war noch immer beachtlich und zeugte vom Können der Fahrplangestalter und der Qualität der V 200! Doch nach nur einem halben Jahr war Schluss: Die Braunschweiger Loks wanderten noch weiter in Richtung Norden und fanden in Oldenburg ihre neue und zumeist auch letzte Heimat. Ersatz in Braunschweig kam in Form der V 160 aus – eben – Oldenburg.

Abschied im hohen Norden

Letztes großes Bundesbahn-Betriebswerk für die V 200 wurde das Bw Oldenburg, das bereits über langjährige Erfahrung

Im Mai 1983 befördert 220 051 Eilzug 779 bei Harriehausen. Gut ein Jahr später stellt die Bundesbahn die Baureihe 220 ab Albert Schöppner

Im Raum Lübeck absolvieren die 220er ihre letzten Einsätze. Im August 1983 steht 220 007 mit E 3484 im Hauptbahnhof der Marzipanstadt

mit Brennkraftfahrzeugen verfügte und neben Schienenbussen auch V 100 und V 160 in seinen Bestandslisten führte. Im Frühjahr 1975 trafen die ersten beiden V 200 in Oldenburg ein, denen bis zum Beginn des Sommerfahrplans weitere zwölf folgten: Mit dieser Armada von V 200 konnte man die letzten Schnellzug-Dampfloks der Baureihe 012 des Bw Rheine von der Emslandstrecke Rheine – Emden – Norddeich abziehen und aufs Abstellgleis schicken. Ein paar Monate später hatte Oldenburg bereits 26 V 200 im Bestand, darunter auch die fünf Vorserienloks – vom Beginn des Winterfahrplans 1975/76 an war die V 200 nur noch in Norddeutschland beheimatet.

Das Einsatzgebiet der Oldenburger 220 war weiträumig und reichte bis nach Altenbeken und Oberhausen. Doch das Alter der Loks machte sich bemerkbar, die Störanfälligkeit stieg und aus den ursprünglichen Plänen, mit den Maschinen auch die Rheiner und Emdener 042, 043 und 044 ganz zu verdrängen, wurde nichts. Im Mai 1976 wurden noch die restlichen Braunschweiger 220 vom Bw Oldenburg übernommen – mit 48 Maschinen beheimatete es jetzt mehr als die Hälfte des Gesamtbestandes, die restli-

Im Mai 1980 erfüllt 220 022 Aufgaben im regionalen Verkehr. Mit E 2734 fährt sie aus dem niedersächsischen Bramsche aus und an der ungewöhnlichen Schrankenkombination des Bahnübergangs vorbei Georg Wagner, Michael Beitelsmann (Bild o.r.)

Am 5. August 1984 hat die 220 in Lübeck endgültig ausgedient. In Lübeck Hauptbahnhof wird der für das Ausbesserungswerk Nürnberg (und die dortige Ausmusterung) bestimmte Lokzug zur Abfahrt bereitgestellt. Er besteht aus 220 029, 031, 013, 018, 025, 015, 039 und 068 Peter Kusterer

chen Loks waren in Lübeck stationiert. Übernommen wurden nicht nur die Braunschweiger Loks selbst, sondern auch die meisten ihrer Umlaufpläne, sodass Oldenburger 220 im gesamten Niedersachsen unterwegs waren. Zwar gehörten zum Dienst noch Schnellzüge auf zweitrangigen Hauptbahnen, der Großteil der Leistungen bestand aber aus der Bespannung von Zügen des Bezirks- und Nahverkehrs – und ein Wendebahnhof wie die niedersächsische Kleinstadt Rinteln belegt, dass die große Zeit der V 200 nun wirklich vorbei war…

Konkurrenz durch die V 200[1]

Als dann auch Loks der Baureihe 221 in Oldenburg heimisch wurden, lichteten sich die Reihen der 220 zusehends: In den Winterfahrplan 1980/81 ging das Bw Oldenburg nur noch mit 15 betriebsfähigen Loks, von denen immerhin zwölf planmäßig eingesetzt wurden. Ein letzter Höhepunkt im »Leben« der V 200 war die Vermietung von neun 220 an die Dänische Staatsbahn (DSB) im Sommer 1981. Da sich die Lieferung der neuen ME-Dieselloks an die DSB durch Henschel verzögerte, mussten auf Kosten von Henschel vier 220-Pärchen plus eine Reservelok samt Personal für den Einsatz in Dänemark zur Verfügung gestellt werden. So verbrachten sieben Oldenburger und zwei Lübecker 220 den Sommer dienstlich in Dänemark.

Im Winterfahrplan 1983/84 wurde der letzte Oldenburger 220-Umlaufplan aufgestellt, der noch vier planmäßig eingesetzte Maschinen vorsah. Etwas Glück gehörte aber schon dazu, die letzten 220-Leistungen des Bw Oldenburg aufzuspüren, liefen doch oft 216 als Ersatz. Zum Ende des Winterfahrplans wurden die letzten acht Oldenburger 220 an das Bw Lübeck abgegeben.

Auch bei den nur kurz bestehenden DCity-Zügen wurde die 220 eingesetzt (Meppen, 1976) H. Brinker

Gut zwölf Jahre lang – von 1972 bis 1984 – war die V 200 in Lübeck beheimatet und stand hier immer im Schatten ihrer großen Schwester, der V 200[1] (bzw. 221). Diese war hier seit 1963 heimisch, durfte die hochwertigen Züge über die Vogelfluglinie fahren und kam sogar zu TEE-Ehren. Die V 200 hingegen, von Hamburg-Altona hierhin abgegeben, musste mit Eil-, Personen- und Güterzügen durch Schleswig-Holstein dieseln und wurde im harten Wendezugdienst zwischen Hamburg, Lübeck und Travemünde verschlissen. 1976 wurden die ersten Loks ausgemustert, Verkäufe an ausländische Interessenten verminderten den Bestand zusätzlich.

1980 kam noch einmal Bewegung in den Lübecker Lokbestand: Die letzten 221 wurden nach Gelsenkirchen-Bismark abgegeben. Jetzt war die 220 wieder »Herr im Haus«: Der Sommer 1980 sah einen 19-tägigen Umlaufplan und einen betriebsfähigen Bestand von 26 Loks. In der Folgezeit konnten die Abstellungen weiterer 220 durch Neuzugänge aus Oldenburg kompensiert werden.

Abschied in Lübeck

Im Sommer 1983 standen dem Bw Lübeck die letzten 24 Loks der DB-220 zur Verfügung – Lübeck war jetzt alleiniges Auslauf-Bw für diese mittlerweile 30 Jahre alte Baureihe. Durch laufende Abstellungen wurde der Bestand weiter dezimiert, ab Januar 1984 gab es noch einen achttägigen Umlaufplan für die 13 verbliebenen Loks. Nach Ablauf des Winterfahrplans 1983/84 wurden weitere Maschinen aufs Abstellgleis geschoben – am 24. Juni 1984 endete mit Abstellung der 220 013 die Betriebsgeschichte der 220 bei der Deutschen Bundesbahn. Mittlerweile waren in Lübeck 67 Maschinen der Baureihe 218 beheimatet – auf die alten V 200 konnte man da leichten Herzens verzichten …

Martin Weltner

Ausgehebelt?

Gewiss, die V 200 sollte den Dampflokomotiven ihre Einsätze streitig machen. Aber eine direkte Konfrontation wie bei dieser Flankenfahrt von V 200 137 und einer Maschine der Baureihe 50 hatte die Bundesbahn dann doch nicht geplant. Der kuriose Zwischenfall ereignete sich am 17. Oktober 1967 im Bahnbetriebswerk Buchloe Slg. Markus Hehl

Große Loks vom Großen Bruder

Großdieselloks der **Deutschen Reichsbahn**: Durchbruch der Dieselelektrik

Östlich der innerdeutschen Grenze waren beim Wiederaufbau die Probleme noch größer als im Westen: Es waren keine Hersteller da, und auch keine einzige der wenigen Großdieselloks war im Osten verblieben. Die DDR-Reichsbahn mußte ganz von vorn anfangen

Trotz der gemeinsamen Vorgeschichte waren für die Bahnen im bald geteilten Deutschland die Startbedingungen 1945 in der sowjetisch besetzten Zone wesentlich ungünstiger. Zum einen waren die Kriegszerstörungen durch alliierte Luftangriffe und Kampfhandlungen mindestens genau so stark wie in den westdeutschen Industriegebieten. Zum anderen waren viele Reichsbahn-Dienststellen und Entwicklungsbüros der Industrie mit ihren Spezialisten und zahlreichen Unterlagen vor dem Einmarsch der Roten Armee in westliche Landesteile verlegt worden. Das gleiche galt für noch fahrbare Schienenfahrzeuge. Speziell zu den Großdiesellokomotiven muß festgestellt werden, daß keine einzige im Osten verblieben war.

Kein Diesellok-Hersteller im Osten

Die früheren Entwicklungs- und Herstellerwerke von Großdiesellokomotiven und ihren Komponenten waren alle in den damaligen Westzonen beheimatet (Krauss-Maffei, München; Deutz, Köln; Krupp, Essen; Henschel, Kassel; Maybach, Friedrichshafen; MAN, Nürnberg; Daimler-Benz, Stuttgart; Voith, Heidenheim). Auch die Betriebserprobungen bei der DRG hatten sich meist auf bayerische und rheinische Strecken konzentriert. Damit waren auch die wichtigsten Techniker

AUFNAHME: SLG. SCHÜTZE

Die thüringische Strecke Suhl – Schleusingen verlangt den Lokomotiven einiges ab: Bis zu 65 Promille Steigung sind zu bewältigen, und das bei einer Achslast von maximal 17 Tonnen. Wie geschaffen dafür präsentiert sich die sechsachsige Version der V 180; von 1974 bis zur Betriebseinstellung 1997 fährt sie hier fast alle Züge. Auf dem Weg nach Suhl überquert 118 704 im Juni 1983 den Viadukt von Hirschbach. Das Formsignal links hat ein Lokführer in seinem Garten aufgestellt
Rudolf Heym

mit einschlägigen Erfahrungen im Osten nicht vorhanden. Hinzu kamen noch die rücksichtslosen Demontagen und Reparationsforderungen der Besatzungsmacht, die sowohl die Industrie als auch die DR betrafen.

Begonnen wurde auch in der späteren DDR mit der Reparatur des beschädigten Dampflok- und Wagenparks. Sowohl die Industrie als auch die DR hatten noch lange mit den Problemen der Dampflokomotive zu kämpfen. Dazu gehörten außer der Ersatzteilbereitstellung und den Reparaturen auch der Betrieb mit minderwertiger salz- und schwefelhaltiger Braunkohle.

Als erste Diesellokomotiven wurden etwa ab 1949 normal- und schmalspurige Kleinlokomotiven (11 bis 66 kW) für den „Export" (Reparationen!) und für den Bedarf der Industrie in Potsdam/Babelsberg (vormals MBA bzw. Orenstein & Koppel) gebaut. Die ersten Neubaulokomotivprogramme waren noch voll auf die Beschaffung von Dampflokomotiven und den Bau von Neubaukesseln für die Rekonstruktion alter Dampfloks ausgerichtet. Ein Dieseltriebfahrzeugprogramm von 1951 enthielt nur die Entwicklungsforderungen für Dieselrangierlokomotiven und ´Dieseltriebwagen.

1953: Die Reichsbahn fordert Großdieselloks

Erst im Januar 1953 forderte die DR von der Industrie die Entwicklung und den Bau von Großdiesellokomotiven. In Gemeinschaftsarbeit des Instituts für Schienenfahrzeuge Berlin-Adlershof, dem Lokomotivbau „Karl Marx" Babelsberg (LKM) und der DR entstanden unter Einbeziehung weiterer Industrieinstitute sowie der vorgesehenen späteren Hauptzulieferer – Motorenwerk Johannisthal Berlin und Werk Strömungsmaschinen Dresden – die Pflichtenhefte und Entwurfsunterlagen für die ersten DR-Großdiesellokomotiven. Bekannt ist, daß zu dieser Zeit auch im LEW Hennigsdorf (früher AEG, jetzt Adtranz) an einem Entwurf für eine 2000 kW-Co´Co´-Diesellokomotive mit elektrischer Leistungsübertragung gearbeitet wurde, für deren Prototyp der Import von Maybach-Motoren MD 655 vorgeschlagen worden war.

Nach dem ersten bekannt gewordenen Programm von 1955 sollten über 700 Großdiesellokomotiven der Baureihen V 180 und V 240 gebaut werden, ein Bedarf der Industrie für Lokomotiven dieser Leistungsklassen wurde nicht erwartet, man nahm jedoch an, daß einige Fahrzeuge exportiert werden könnten. Eine abgestimmte Bedarfsermittlung aus dem Jahre 1962 nennt dann als Gesamtbedarf 740 Lokomotiven der Baureihen V 180 und V 240 (noch nicht aufgegliedert) sowie weitere 60 für den Export. Von einer mit V 300 bezeichneten Baureihe sollten 100 Lokomotiven als strategische Reserve gebaut werden, wobei 1962 noch offen war, ob ein Eigenbau in der DDR, eine Gemeinschaftsentwicklung oder eine Fertigungskooperation mit der Sowjetunion möglich sei. Geplant war der Erprobungsbeginn mit zwei Baumustern der V 300 im Jahre 1972.

Zu dieser Zeit war man bei der DR noch sehr zurückhaltend mit den Plänen für die Elektrifizierung. Die Gründe dafür waren Materialengpässe (Kupfer) und eine auch in Moskau vertretene Sorge um die Anfälligkeit der ortsfesten elektrischen Versorgungsanlagen gegenüber Sabotage- und Kriegshandlungen.

Bei den Großdiesellokomotiven schien die Entscheidung zur Anwendung der hydraulischen Leistungsübertragung schon gefallen zu sein. Auch sie wurde vor allem durch Materialengpässe beeinflußt. (Im Gegensatz dazu war die Entscheidung für die 736-kW-Diesellokomotiven V 100 auch 1962 noch offen, denn es war zu diesem Zeitpunkt geplant, ab 1964 je zwei Baumuster mit hydraulischer und elektrischer Leistungsübertragung zu erproben.)

Die Baureihe V 180 entsteht

Wie bei der Bundesbahn war auch von der DR gefordert worden, daß Dieselmotoren, Strömungsgetriebe und Hilfseinrichtungen in mehreren Lokomotivbaureihen und Triebwagen einheitlich eingesetzt werden konnten, um die Beschaffungs- und Unterhaltungskosten zu minimieren.

Der vierachsige Prototyp V 180 001 und sein Doppelstockzug sind die Attraktion beim Tag des Eisenbahners am 10. Juni 1960 in Leipzig. Design und Farbgebung der Maschine sollten sich bei der Serienausführung noch etwas ändern

Slg. Dr. Brian Rampp

Am 15. Juni 1968 ist die silber-blau lackierte V 240 001 mit dem „Interzonenzug“ D 1099 zwischen Dessau-Süd und Dessau Hbf unterwegs

Die Probelokomotive V 180 001 steht am 3. Juli 1961 in Halle (Saale) Hbf

Führerstand der V 180 (118 388 im Jahre 1975)

Die Baureihe V 180 (später 118, zuletzt 228) wurde als Mehrzwecklokomotive für Hauptstrecken mit der Achsfolge B'B', zwei Maschinenanlagen und hydraulischer Leistungsübertragung konzipiert und mußte zur Beheizung der Reisezüge mit einem Dampferzeuger ausgestattet werden. Ende 1959 war eine Probelokomotive fertiggestellt und absolvierte ihre ersten Versuchsfahrten, kurze Zeit darauf folgte die zweite Baumusterlokomotive. Da an diesen Lokomotiven alles neukonstruiert war außer den Strömungsgetrieben, die zunächst von Voith bezogen worden waren, traten natürlich vielfältige Probleme auf. Vor allem die Dieselmotoren und Gelenkwellen waren sehr schadanfällig und führten oft zur Unterbrechung der Versuchsfahrten und zu Änderungen und Reparaturen. Bis 1963 wurden von LKM zwei weitere Vorauslokomotiven gefertigt und die Erprobung durch das Herstellerwerk, das Institut für Schienenfahrzeuge und die Versuchs- und Entwicklungsstelle der Maschinenwirtschaft der DR (VES M) intensiviert. Nach der Abstellung der wesentlichsten Mängel begann bereits 1963 die Auslieferung einer Vorserie (vier Loks) und der ersten Serie (19 Loks). Bis 1965 wurden alle 85 Lokomotiven dieser BR V 180.0, später 118.0, ausgeliefert. (Die ersten beiden Baumuster blieben Werkeigentum von LKM, wurden später ausgeschlachtet und etwa 1965 verschrottet. Die Dieselmotoren und Strömungsgetriebe wurden in Dieseltriebzüge eingebaut.) In der Zwischenzeit hatte der Dieselmotor 12 KVD 18/21 A-1 (662 kW bei 1500 U/min) seine Bahnfestigkeit bewiesen und konnte durch Weiterentwicklung zur Bauform A-2 und später A-3 auf eine Leistung von 736 kW bei 1500 U/min gesteigert werden. Ab 1965 erfolgte der Einbau dieser Motoren in die weiteren 82 Serienloks, die der Baureihe V 180.1 (später 118.1 und ab 1992: 228.1) zugeordnet wurden. Die höhere Leistung und Zugkraft dieser Lokomotiven wurden im Einsatz so gut bewertet, daß man sich 1973 zur Umrüstung der 118.0 durch Einbau der leistungsstärkeren Motoren und ange-

AUFNAHMEN: SLG. SCHÜTZE (2), SLG. RAMPP

paßter Leistungsübertragungen, aber auch anderer moderner Baugruppen und Bauteile im Rahmen planmäßiger Instandsetzungen entschloß. 1980 erfolgte ihre Umbenennung in Baureihe 118.5 (ab 1992: 228.5).

Bereits während des Entwurfes der V 180 war zu erkennen, daß die Dienstmasse bei der Achsfolge B´B´ eine Achslast von über 19 t ergeben würde. Das entsprach dem geplanten Einsatz auf Hauptbahnen. Um aber auch auf Nebenstrecken mit leichtem Oberbau die überalterten Dampflokomotiven abzulösen, wurde eine Lokomotivbauart mit der Achsfolge C´C´ und der Achslast von 15,75 bis 16 t von der DR gefordert und vom Hersteller entwickelt.

Sechsachser für Nebenbahnen

Von dieser als V 180^2 bezeichneten Baureihe wurden 1964, 1965 und 1967 je eine Baumusterlokomotive gebaut. Davon wurde eine vom Hersteller als V 240 001 (Leistung 2 x 883 kW) bezeichnet, die DR ordnete sie später nach Ausrüstung mit Serienmotoren als 118 202 ein. Der Serienanlauf begann 1966. Es wurden insgesamt 205 Lokomotiven dieser Bauart gefertigt. Neben einzelnen Mustereinbauten und Umbauten mit Motoren höherer Leistung erfolgte ab 1972 der serienmäßige Einbau von 883-kW-Dieselmotoren und 1980 die Umzeichnung in die Baureihe 118.6 (ab 1992: 228.6). Die 118 124 (218 124), 118 625 (228 625) und 118 405/118 805 (228 805) wurden in den achtziger Jahren für Extremerprobungen mit je zwei auf 1100 kW eingestellten Dieselmotoren 12 KVD 18/21 A-4 ausgerüstet. Sie waren damit die leistungsstärksten dieselhydraulischen Lokomotiven der DR.

Ausgesondert wurden zunächst nur einzelne unfallbeschädigte Loks. Ab 1990 begannen durch sinkendes Verkehrsaufkommen und einen großen Überbestand verstärkte Ausmusterungen. Aber immer wieder wurden einige Loks reaktiviert, um bei lokalen Problemen auszuhelfen, wie z. B. auf der Rübelandbahn, oder um wegen der Störanfälligkeit der für den Steilstreckeneinsatz nach Thüringen umgesetzten Baureihe 213 in Reserve zu stehen. Die letzten 228.6 sind 1998 ausgemustert worden. Einige sind in den Besitz von Werk- oder Privatbahnen übergegangen. Etwa zehn 228 sind im Besitz von Museen und Museumsbahnen, z. B. die 118 075 im Deutschen Technik Museum Berlin.

Konstruktion der V 180

Rahmen und Aufbauten der Baureihe 228 sind aus Blechen und Kantprofilen zusammengeschweißt und bilden eine gemeinsame Tragkonstruktion. Auch die zwei- und dreiachsigen Drehgestellrahmen sind geschweißte Blechträgerkonstruktionen. Die zweiachsigen Drehgestelle werden drehzapfenlos mit Stahlbandanlenkungen geführt. Die dreiachsigen Drehgestelle besitzen Drehzapfen, deren Anlenkung im Drehgestellrahmen ebenfalls über Federstahlbänder erfolgt. Als Dieselmotoren kam ausschließlich die Johannisthaler Bauart 12 KVD 18/21 A zum Einbau, allerdings in verschiedenen Entwicklungsstufen und mit unterschiedlichen Leistungseinstellungen. Dieser aufgeladene Zwölfzylinder-Viertakt-V-Motor arbeitet nach dem Vorkammerverfahren und leistet in den einzelnen Bauformen A-1: 662 kW, A-2 und A-3: 736 kW und AL-4 (mit Ladeluftkühlung): 810 und 900 kW, jeweils bei 1 500 U/min . Die gleiche Motorenbauart wurde ebenfalls in unterschiedlichen Bauformen und Leistungen in die DR-Baureihen V 100 (später 110, seit 1992: 201, 202, 204 sowie 293 und 298), in die VT 18.16 (BR 175, später 675/975) und in elektrische Tagebaulokomotiven als zusätzlicher dieselelektrischer Antrieb (LEW-Exporte in die UdSSR) eingebaut.

In etwa 200 Lokomotiven wurden importierte Voith-Strömungsgetriebe L 306 rb verwendet. In den weiteren Loks und als Tauschgetriebe standen die Eigenentwicklungen des Werkes Strömungsmaschinen Dresden GRS 30/5,7 zur Verfügung. Beide Strömungsgetriebe haben einen Anfahr- und zwei Marschwandler und eine im Abtriebsstrang angeordnete Wendeschaltung. Die weitere Leistungsübertragung erfolgt über Gelenkwellen auf die Radsatzantriebe. Beim Einbau leistungsgesteigerter Dieselmotoren erfolgte jeweils auch die Angleichung der Leistungsübertragung.

Der Dampferzeuger für die Reisezugheizung kann auch zum Vorwärmen und Warmhalten der Maschinenanlage dienen. Steuerung und Überwachung sind für Doppeltraktion ausgelegt. Bei Modernisierungen wurden jeweils die neuesten Ausrüstungen installiert, z. B. auch Wendezugsteuerungen. Auch Sicherheitsfahrschaltung und Indusi waren eingebaut.

Statt der V 240: Neue Loktypen aus Lugansk

Die ursprünglich geplante Weiterentwicklung der V 180 zur V 240 und eventuell sogar zur V 300 wurde nicht realisiert. Dafür gab es mehrere Gründe: im Wirtschaftsgebiet des Ostblocks waren „Produktionsabstimmungen" durchgeführt worden, die den Bau von Großdiesellokomotiven in der DDR nicht mehr vorsahen. Die Lokomotivbauer in Babelsberg wurden zu Herstellern von Klimaanlagen und wenig später von Autokranen „umprofiliert"! Zum anderen war abzusehen, daß es große Probleme geben würde, den Dieselmotor 12 KVD 21 serienmäßig auf die dafür notwendige Leistung zu bringen und damit eine ausreichende Bahnfestigkeit zu erreichen. Es war auch bei der DR nun zu berücksichtigen, daß der neubeschaffte Reisezugwagenpark mit elektrischen Heizungen ausgerüstet wurde und die Großdiesellokomotiven entsprechende Einrichtungen haben mußten.

Anfang der sechziger Jahre hatte man in der Sowjetunion in Lugansk begonnen, aufbauend auf die Erfahrungen bei der Konstruktion und dem Bau von über 3000 dieselelektrischen Lokomotiven, eine speziell für den Export gedachte Co´Co´-Güterzuglokomotive mit elektrischer Leistungsübertragung zu entwickeln. Diese M 62 konnte in Breit- und Normalspur geliefert werden und hatte das mitteleuropäische Fahrzeugbegren-

Blick unters Blech: V 180^{2-4}

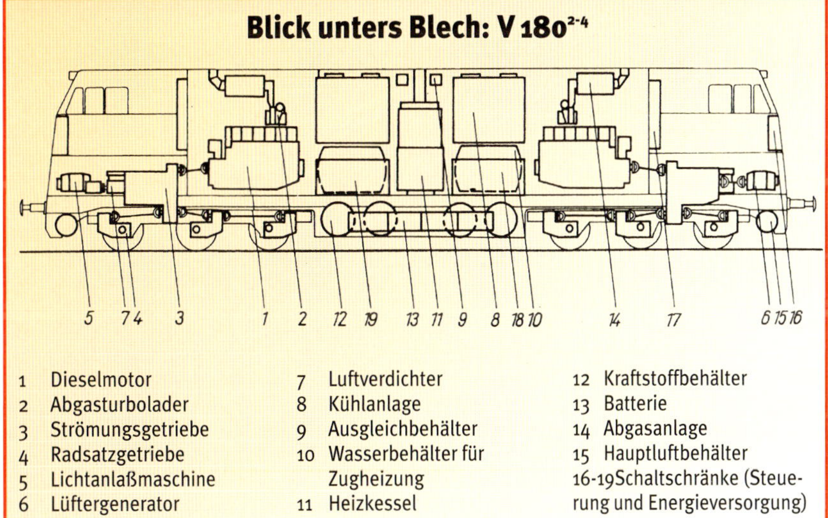

1 Dieselmotor
2 Abgasturbolader
3 Strömungsgetriebe
4 Radsatzgetriebe
5 Lichtanlaßmaschine
6 Lüftergenerator
7 Luftverdichter
8 Kühlanlage
9 Ausgleichbehälter
10 Wasserbehälter für Zugheizung
11 Heizkessel
12 Kraftstoffbehälter
13 Batterie
14 Abgasanlage
15 Hauptluftbehälter
16-19 Schaltschränke (Steuerung und Energieversorgung)

ABBILDUNG: SLG. VETTER

zungsprofil. Da die DR dringend Lokomotiven für den schweren Güterzugeinsatz benötigte, wurde ihre Beschaffung vorgesehen. Ab 1964 wurden zwei Prototypen auf russischen Strecken eingehend getestet. Die ersten Fahrzeuge wurden an Ungarn ausgeliefert. Ab Ende 1966 standen auch der DR zwei Vorauslokomotiven mit den Betriebsnummern V 200 001 und 002 zur Erprobung, Schulung und sonstigen Einsatzvorbereitung zur Verfügung. Die ersten 88 Serienlokomotiven der V 200 (ab 1970: BR 120; ab 1992: BR 220) folgten bis Ende 1967, weitere 288 Loks bis 1975. Außerdem beschaffte die Uranbergbaugesellschaft Wismut eine Anzahl als V 200.5 und vermietete davon einige zeitweise an die DR. Lokomotiven dieser Bauart liefen bzw. laufen u. a. in Rußland und anderen GUS-Ländern, in Polen, der ehemaligen Tschechoslowakei, Nordkorea, Kuba und im Irak.

Die Lokomotiven waren sehr robust, brachten mit Motorschäden und Kühlproblemen aber auch viel Ärger. Im Laufe ihrer Einsatzzeit bei der DR wurden zahlreiche Veränderungen vorgenommen, die die Zuverlässigkeit erhöhten, aber vor allem auch dem Personal die Arbeit erleichterten, z. B. Abgasanlagen, Führerstandheizung usw. Der letzte Einsatz einer 220 erfolgte im Dezember 1994.

Gekantet, gesickt, geschweißt: Die Technik der V 200

Der Rahmen der DR-V 200 ist aus Stahlprofilen, starken Querträgern und stabilen Stahlgußpufferträgern zusammengeschweißt. Die Aufbauten sind aus gekanteten Profilen und teilweise gesickten Beplankungsblechen zusammengeschweißt und mit dem Rahmen verschweißt. Die Drehgestelle sind von der russischen Diesellokomotive TE 3 übernommen. Ihre Rahmen sind ebenfalls geschweißt und werden in Drehzapfen geführt.

Der Dieselmotor 14 D 40 ist ein Zwölfzylinder-Zweitakt-V-Dieselmotor mit Abgasturboaufladung und zusätzlichem Rootsgebläse. Er leistet 1470 kW bei 750 U/min und ist mit dem Gleichstrom-Hauptgenerator (Dauerleistung: 1254 kW) auf einem gemeinsamen Tragrahmen befestigt. Die sechs parallelgeschalteten Tatzlagerfahrmotoren treiben die Radsätze einseitig über gekapselte Zahnradgetriebe an.

Die Baureihe 220 hat keine Zugheizeinrichtungen. Die Steuerung und Überwachung wurde den Forderungen der DR angepaßt: Mehrfachsteuerung für Doppeltraktion, Sicherheitsfahrschaltung.

Die V-300-Familie

Zum Zeitpunkt der Aufstellung des gemeinsamen Nummernplanes für DB und DR im Jahre 1992 waren noch im Bestand:

BR alt	BR neu	Stückzahl
130.0	230.0	61 Lokomotiven
130.1	230.1, später 754	2 Lokomotiven
131	231	69 Lokomotiven
132	232	645 Lokomotiven
142	242	6 Lokomotiven

Mehr Power: Die V 300

Das weitere Beschaffungsprogramm der DR sah auch leistungsstärkere Diesellokomotiven vor, die sowohl für den schweren Reisezug- als auch für den Güterzugdienst erforderlich waren. In Lugansk wurde an einer Co´Co´-Lokomotive mit einer Leistung von 2200 kW gearbeitet, die für den Bedarf der UdSSR auf Breitspur und für den Export an Normalspurbahnen geeignet war. Ihre elektrische Leistungsübertragung arbeitet mit Drehstromhauptgenerator, Gleichrichtern und Gleichstromfahrmotoren. Eine erste Musterlokomotive für Breitspur wurde ab 1968 erprobt. Sie führte zu den späteren sowjetischen TE 109 und TE 116. Aus ihr entstand auch die V 300 für die DR. Eine V 300 001 wurde zur Leipziger Messe 1969 gezeigt, aber noch nicht ausgeliefert. Die zwei ersten Muster erhielt die DR 1970. Sie waren noch ohne elektrische Reisezugheizung und hatten eine zulässige Höchstgeschwindigkeit von 140 km/h, die bei der DR nicht genutzt werden konnte. Sie waren der Anfang der späteren Baureihe 130 (ab 1992: 230), von der insgesamt 82 Loks beschafft wurden. Da auch 1972 noch keine ausreichend erprobte Reisezugheizung zur Verfügung stand, wurde vereinbart, daß die nächsten 76 Lokomotiven (Baureihe 131, ab 1992: 231) nochmals ohne Zugheizeinrichtungen geliefert, aber dem Güterzugeinsatz durch veränderte Antriebsübersetzungen angepaßt werden. Damit wurden größere Anfahrzugkräfte bei reduzierter Höchstgeschwindigkeit (100 km/h) erreicht.

1972 kamen zwei Probelokomotiven mit elektrischer Zugheizeinrichtung zur DR (130 101 und 102). Sie wurden eingehend erprobt und später nach dem Einbau entsprechender Zusatzeinrichtungen von der VES M als Bremslokomotiven (ab 1992 als 754 101 und 102) verwendet.

In Auswertung der Betriebserfahrungen mit den schon gelieferten Baureihen 130 und 131 sowie den ersten Erprobungsergebnissen mit den Mustern 130 101 und 102 konnten ab 1973 die ersten Reisezuglokomotiven mit elektrischem Zugheizgenerator an die DR ausgeliefert werden. Sie wurden der Baureihe 132 (ab 1992: 232) zugeordnet und entsprachen weitgehend den bereits gelieferten 2200 kW-Lokomotiven. Zum Einbau der zusätzlichen Baugruppen für die elektrische Zugheizung mußte die Fahrzeuglänge von 20 620 mm auf 20 820 mm vergrößert werden. Bis Juli 1982 wurden 709 Lokomotiven der BR 132 ausgeliefert.

142: Sechsmal geballte Kraft

Ab 1968 untersuchten die sowjetischen Entwickler auch die Möglichkeiten, bei zukünftigen gestiegenen Leistungsanforderungen, stärkere Dieselmotoren ohne wesentliche Änderungen im Fahrzeugteil der V 300-Lokomotiven unterzubringen und so in die Leistungsklasse einer V 400 vorzustoßen. Aus einer Lösungsvariante ging die BR 142 (ab 1992: 242) hervor, von der die DR 1977 bis 1979 sechs Lokomotiven in Dienst stellte. Durch die fortgeschrittene Elektrifizierung der Hauptstrecken war eine weitere Beschaffung dieser Leistungsklasse nicht mehr erforderlich. Entsprechend dem Beschaffungszweck wurden die Baureihen 130 bis 132 auf den nichtelektrifizierten Hauptstrecken der DR vor schweren Reise- und Güterzügen eingesetzt. Diese Lokomotiven waren wegen ihrer robusten Bauweise und ihrer Zuverlässigkeit sehr geschätzt. Die 142 waren in Stralsund stationiert und fast ausschließlich für die Transitzüge zur Fähranlage Saßnitz eingesetzt.

Rückzug und Umbau: V 300 in den 90er Jahren

Der stark zurückgehende Güterverkehr und der zu hohe Triebfahrzeugbestand führten bald zu zahlreichen Abstellungen, vor allem der Güterzuglokomotiven. So wurden die 230 bis Ende 1994 vollständig ausgemustert, die beiden Bremslokomotiven 754 im Jahre 1997. Die letzte Fahrt einer 231 erfolgte im Mai 1995. Die Reisezuglokomotiven 232 behaupteten sich noch etwas länger, erlebten sogar noch eine Renaissance. Von ihnen wurden über 60 zur IC/IR-tauglichen BR 234 modernisiert. In diesen Fahrzeugen wurden die Zugenergieversorgungen schaltungstechnisch verbessert, die Laufwerke durch Einbau der Radsatzantriebe und Bremsausrüstungen der BR 230 für 140 km/h einsetzbar gemacht und die Überwachungseinrichtungen den Anforderungen der DB-Strecken angepaßt. Im Dezember 1998 waren noch 381 Lokomotiven der BR 232 und 64 der BR 234 im Einsatzbestand der DB AG.

Weitere Loks der BR 232 wurden mit unterschiedlichen Tauschmotoren remotorisiert. Dabei bewährte sich der russische Motor 2-5 D 49 M (2 940 kW) aus dem Werk Kolomna besonders gut. Die DB Cargo AG läßt einige 232 mit diesem Motor ausrüsten. Zusätzlich werden die Fahrmotoren und die Kühleranlage der

Zwei werkneue V 200 stehen im Leipziger Hauptbahnhof – Bis 1975 kamen aus Lugansk insgesamt 376 „Taigatrommeln" zur Deutschen Reichsbahn

Führerstand der V 200 (hier die 220 077)

Nicht durchsetzen konnte sich der u. a. bei der V 180 003 erprobte glasfaserverstärkte Kunststoffbug mit Vollsichtkanzel (oben: Hellerau, 1978). Unten : Die erste V 300 in Leipzig 1970

höheren Leistung angepaßt. Diese Fahrzeuge sollen dann als schwere Güterzuglokomotiven BR 241 bei der Tochtergesellschaft Rail Cargo Europe eingesetzt werden (siehe Seiten 62-65).

Gleich, ähnlich, anders: Die Familienbande der V 300

Die BR 242 sollte zunächst im Rahmen planmäßiger Untersuchungen den BR 232/234 angeglichen werden, wegen Triebfahrzeugüberbestand musterte sie die DB AG aber bis 1995 aus; auch hier bahnt sich eine neue Karriere an (siehe Seite 63).

Die Baureihen 230 bis 242 sind in vielen Teilen identisch. Rahmen und Aufbauten sind eine gemeinsamtragende, aus Profi-

AUFNAHMEN: SLG. KNIPPING, SLG. KLEIN, SLG. SCHÜTZE, SLG. GOTTWALDT

Die Zuverlässigkeit der 119 konnte nur sehr langsam durch Einbau von Tauschteilen aus DDR-Fertigung gesteigert werden (Gräfenthal, Mai 1992)

Der Umbau der 219 zur 229 bei Krupp in Essen, 1992, (links) und das Führerpult der 229 100 nach der Remotorisierung

len und Blechen geschweißte Konstruktion. Die Länge über Puffer wurde von 20 620 mm bei den 230 und 231 auf 20 820 mm bei den BR 232/234 und 242 vergrößert. Die dreiachsigen Drehgestelle haben geschweißte Rahmen. Kraftübertragung und Führung im Rahmen erfolgen durch Drehzapfen. Die Fahrmotoren sind tatzgelagert.

Die Bremsausrüstung besteht aus einer druckluftbetätigten Klotzbremse und bei den BR 230 (ab 230 037), 232/234 und 242 aus einer zusätzlichen Gleichstrom-Widerstandsbremse. Den zulässigen Höchstgeschwindigkeiten von 100 (BR 231), 120 (BR 232 und 242) und 140 km/h (BR 230 und 234) entsprechen auch die Bremsauslegungen.

Als Dieselmotoren wurden in den BR 230 bis 232/234 einheitlich die 16-Zylinder-Viertakt-V-Motoren 5 D 49 (2200 kW bei 1000 U/min) eingebaut. In die 242 war der 16-Zylinder-Viertakt-V-Dieselmotor 16 Tsch N 26/26 AL mit Hochaufladung (eine Konstruktionsvariante des 5 D 49-Motors) eingebaut worden (Leistung: 2940 kW bei 1000 U/min).

Der mit dem Dieselmotor auf einem gemeinsamen Tragrahmen montierte Hauptgenerator ist ein Drehstrom-Synchrongenerator (BR 230 bis 234: 2 190 kW, BR 242: 2 750 kW). Seine Spannung wird über eine Gleichrichteranlage den sechs Tatzlagerfahrmotoren (BR 230 bis 234: ED-118, 305 kW, BR 242: ED-120, 408 kW) zugeführt.

Neue Sechsachser

Mit den aus der Sowjetunion importierten Diesellokomotiven konnte auf den nichtelektrifizierten Hauptstrecken der Übergang von der Dampf- zur Dieselzugförderung abgeschlossen werden. Aber es fehlte auf Nebenbahnen noch eine leistungsfähige Diesellokomotive als Dampflokersatz, die eine geringere Achslast als die dieselelektrischen Lokomotiven haben mußte und mit einer elektrischen Zugheizeinrichtung ausgerüstet sein sollte. Die eigene Fertigung von Großdiesellokomotiven in der DDR war eingestellt worden. So wurde Anfang der siebziger Jahre der rumänischen Lokomotivfabrik „23. August" in Bukarest der

AUFNAHMEN: KLEE, EMERSLEBEN (2)

Auftrag zur Entwicklung und zum Bau von Diesellokomotiven mit hydraulischer Leistungsübertragung, der Achsfolge C´C´, einer Achslast von 16 t elektrischer Reisezugheizung erteilt, wobei weitgehend Baugruppen und Bauteilen, die in dieselhydraulischen Triebfahrzeugen der DR bereits erfolgreich eingesetzt wurden, Verwendung finden sollten. 1977 kamen die ersten zwei Musterlokomotiven der neuen Baureihe 119 (ab 1992: 219) zur DR und wurden erprobt. Aus der Erprobung wurden zahlreiche Nachbesserungen gefordert, die teilweise in den ersten Lieferungen (18 Loks bis 1979) berücksichtigt wurden. Bis 1985 wurden alle bestellten 200 Lokomotiven geliefert. Die Betriebszuverlässigkeit der 119 konnte nur sehr langsam durch Einbau von Tauschteilen aus DDR-Fertigung gesteigert werden.

Von der 219 zur 229

Nach der Öffnung der innerdeutschen Grenzen wurden für den stark steigenden Reiseverkehr Lokomotiven mit elektrischer Zugheizung benötigt. Da die Leistung der 119 nicht ausreichte, wurde sie in Doppelbespannung eingesetzt. Noch die DR ließ zunächst zwei Loks in der Werkstatt der Regentalbahn überholen und erteilte Krupp in Essen den Auftrag zur Modernisierung und Remotorisierung von 20 weiteren 119. Bei der Umzeichnung 1992 erhielten die Standardlokomotiven die neue Bezeichnung BR 219, die zwanzig bei Krupp modernisierten wurden zur BR 229. Letztere konnten danach freizügig im IR/IC-Verkehr eingesetzt werden. Alle 20 sind noch im Bestand und im Bh Erfurt stationiert. Von der BR 219 waren Ende 1998 noch 167 Loks im Bestand der DB AG und von Schwerin bis Görlitz über das ganze ehemalige DR-Netz verbreitet.

Rahmen und Aufbau der 219/229 bilden eine gemeinsam tragende Leichtbau-Schweißkonstruktion. Die drehzapfengeführten Drehgestelle sind ebenfalls geschweißt. Die Standardbauart der 219 ist für 120 km/h zugelassen. Neue Drehgestelle gestatten bei der 229 eine Höchstgeschwindigkeit von 140 km/h. Anfangs wurden je zwei rumänische Dieselmotoren nach MTU-Lizenz (MB 820 SR, 990 kW bei 1500 U/min) eingebaut. Schon bei der DR wurden über 100 Lokomotiven auf den Johannisthaler Motor 12 KVD 21 AL-4 (883 kW) umgerüstet. Anläßlich der Überholung bei Krupp erhielten die zwanzig Lokomotiven der BR 229 MTU-Motoren 12 V 396 TE 14 (1380 kW).

Das Strömungsgetriebe GS 30/5,5 arbeitet mit zwei Wandlern und einem Zusatzwandler für die Ausnutzung der nicht erforderlichen Heizenergie. Im Rahmen der planmäßigen Instandhaltungen ließ die DR bereits eine verbesserte Bauart des GS 30/5,5 mit höherer Übertragungsleistung einbauen. Die 229 erhielten bei Krupp eine weiter verbesserte Variante des gleichen Getriebes.

Der in der Lokomotivmitte angeordnete Heizstromgenerator wird von beiden Dieselmotoren über Zwischengetriebe mit hydraulischen Kupplungen angetrieben. Die 229 erhielten bei Krupp neue Zugenergieversorgungen, neue Kühleranlagen sowie neue elektrische und elektronische Ausrüstungen. WOLFGANG GLATTE

Blick unters Blech: Baureihe 132 (heute 232)

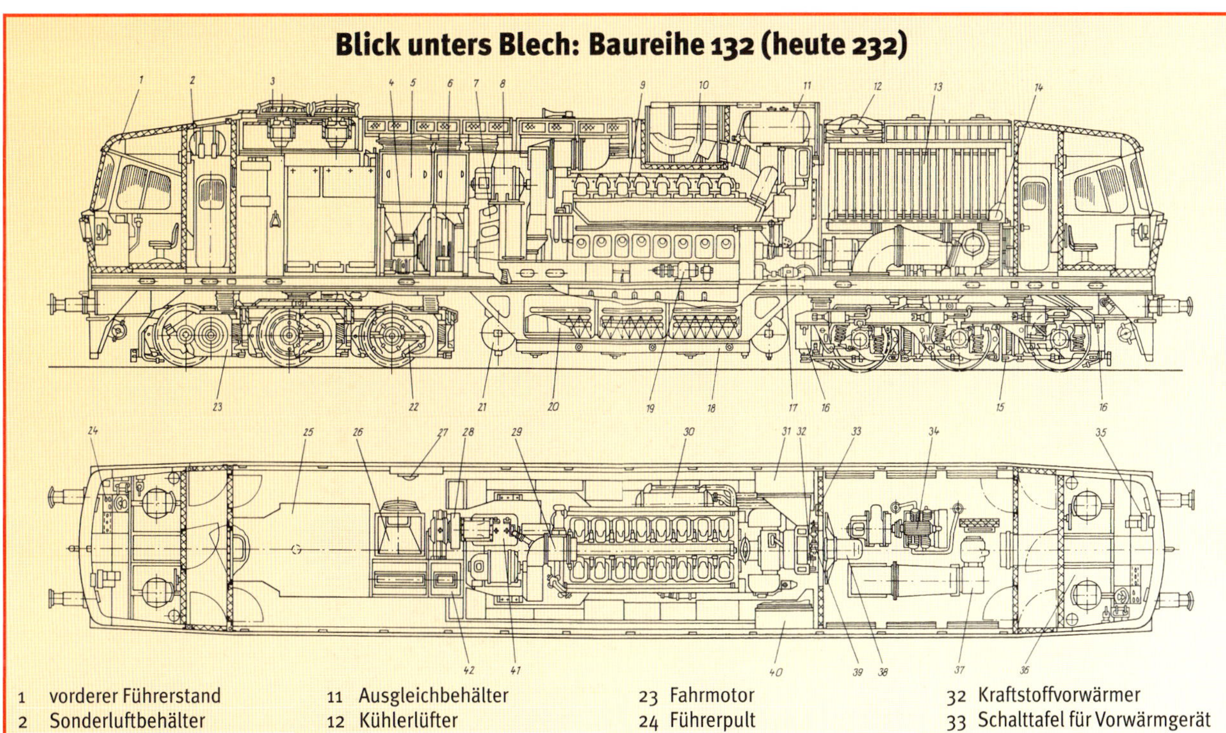

1 vorderer Führerstand
2 Sonderluftbehälter
3 Lüfter für die elektrodynamische Bremse
4 Lüfter für Gleichrichteranlage
5 Traktionsgleichrichter
6 Generator der zentralen Energieversorgung
7 Traktionsgenerator
8 Licht-Anlaßmaschine
9 Dieselmotor
10 Abgasanlage
11 Ausgleichbehälter
12 Kühlerlüfter
13 Kühlanlage
14 Feuerlöschbehälter
15 Drehgestell
16 Sandbehälter
17 Kraftstofförderpumpe
18 Kraftstoffbehälter
19 Schmierölvorpumpe
20 Batterie
21 Hauptluftbehälter
22 Achsantrieb
23 Fahrmotor
24 Führerpult
25 Zentraler Hochspannungsraum
26 Lüfter für die Fahrmotoren
27 Waschbecken
28 Lüfter für den Generator der zentralen Energieversorgung und den Umrichter
29 Lüfter für Traktionsgenerator
30 Motorölwärmetauscher
31 Luftfilter rechts
32 Kraftstoffvorwärmer
33 Schalttafel für Vorwärmgerät
34 Luftverdichter
35 Führerhausheizung
36 hinterer Führerstand
37 Lüfter für die Fahrmotoren des hinteren Drehgestells
38 Vorwärmanlage
39 Kühlwasserumwälzpumpe
40 Luftfilter links
41 Erregeraggregat
42 Umrichter

ABBILDUNG: SLG. VETTER

Die Elektrotriebwagen der Reichsbahn 1920–1945

Der langsame Fort

Nur wenige Fahrzeuge übernahm die Reichsbahn aus Länderbahnzeiten, so etwa die ursprünglich für die Berliner Vorortbahn vorgesehenen Vierachser (spätere ET 88) Slg. B. Rampp

Die Deutsche Reichsbahn e nur zögerlich. Während sie Berliner S-Bahn schon früh g blieb es bei den Wechselstro Immerhin: 1933 gelang mit de bruch im Fahrzeugbau, die 1935-1940 markierten einen v

Nach dem Umbau von vier Dampftriebwagen bestellte die Reichsbahn Ende der 20er-Jahre 32 Elektrotriebwagen ähnlicher Konstruktion nach. Sie bewältigten jahrzehntelang den Münchner Nahverkehr und fuhren dabei mit ganz unterschiedlichen Wagen. Im Bild ET 724 (später ET 85 24) in München Starnberger Bahnhof
H. Maey/Slg. H. Brinker

schritt

ǝckte die Elektrotriebwagen ıs Gleichstromnetz der ǝ Stückzahlen beschaffte, hrzeugen bei kleinen Serien. päteren ET 65 ein Durch- ǝitstriebwagen der Jahre ren Glanzpunkt

Mit der Gründung der Reichseisenbahnen am 1. April 1920 erbten diese von den bisherigen Länderbahnen einige elektrifizierte Strecken. Doch handelte es sich dabei nur um kleine überschaubare Streckennetze, die untereinander nicht in Verbindung standen:

Baden
- Basel Bad. Bf – Zell (Wiesentalbahn)
- Schopfheim – Säckingen (Wehratalbahn)

Bayern
- Garmisch – Mittenwald – Scharnitz
- Garmisch – Griesen
- Salzburg – Freilassing – Berchtesgaden

Hamburg
- Blankenese – Ohlsdorf
- Altona Hbf – Altona Kai

Mitteldeutschland
- Dessau – Bitterfeld – Delitzsch – Leipzig
- Wahren – Schönefeld

Schlesien
- Königszelt – Freiburg (Schl.) – Nieder Salzbrunn – Waldenburg – Hirschbrunn
- Nieder Salzbrunn – Halbstadt

Der Einphasen-Wechselstrom hatte sich zu diesem Zeitpunkt bereits weitgehend durchgesetzt. Abgesehen von der Hamburger Vorortbahn, war der Anteil an Elektrotriebwagen – und auch ihre Stückzahl – noch nicht sehr groß. Von der preußischen Staatsbahn übernahmen die Reichseisenbahnen sechs im Jahre 1914 gebaute Triebzüge für das schlesische Netz (ab 1924: 501-506, ab 1932: 1001-1006). 1941 wurde für die noch die Baureihenbezeichnung ET 87 vergeben, doch zu diesem Zeitpunkt war eine der sechs Garnituren bereits unfallbedingt abgestellt. Immerhin wurden drei der Triebzüge später sogar noch bei der DB eingesetzt.

Die Reichseisenbahnen fanden gerade erst zusammen, als 1920 auch vier vierachsige Einzeltriebwagen in Dienst gestellt werden konnten, welche die preußische Staatsbahn 1913 als Versuchswagen für die geplante Berliner Schnellbahn geordert hatte. Weil aber 1921 beschlossen wurde, dort eine Gleichstrom-S-Bahn zu bauen, wechselten die vier Wagen zur Direktion Breslau. Dort lösten die ab 1924 als Nummer 507-510 bezeichneten Fahrzeuge die Wagen 501-506 auf der Strecke Nieder Salzbrunn – Halbstadt ab, da sie sich besser an den starken Steigungen bewährten. Zu Beginn besaßen sie noch einen Führerstand und fuhren mit Beiwagen; 1925 wurden sie mit einem zweiten Führerstand ausgestattet.

Elektrisch rund um München (ET 85)

Anfang der 1920er-Jahre lag der Fokus der Reichseisenbahnen zunächst darauf, die kriegsbedingt zum Teil abgebauten Oberleitungen wieder herzustellen und die noch aus der Vorkriegszeit stammenden Planungen zur Vergrößerung der elektrifizierten Netze in Mitteldeutschland und Schlesien durchzusetzen. Nach der Gründung der Deutschen Reichsbahn-Gesellschaft (DRG) 1924 lagen die Bemühungen zur weiteren Streckenelektrifizierung vor allem auf dem Münchener Raum, wo schon 1925 eine ganze Reihe von Strecken für den elektrischen Verkehr eröffnet wurde. Für den Vorortverkehr Richtung Starnberger See wünschte man sich auch hier elektrische Triebwagen. Bislang standen nur fünf, von J.A. Maffei 1906 gebaute Dampftriebwagen zur Verfügung, die nur recht geringere Laufleistungen verbuchten. Vier von ihnen wurden versuchsweise zu Elektrotriebwagen umgebaut (siehe S. 28); sie erwiesen sich als voller Erfolg, sodass der Beschaffung einer größeren Serie nichts im Wege stand. Ab 1927 wurden bei MAN 32 Serienwagen beschafft, die in der Folgezeit das Gesicht des Münchner Nahverkehrs prägten. Bei den Serienwagen gestaltete man den Wagenkasten noch moderner, zum Beispiel durch breitere Fenster. Gleichzeitig wurden passende Steuerwagen geliefert. Zur weiteren Zugverlängerung konnten bis zu drei Beiwagen in die Garnitur eingestellt werden, wobei anfänglich bayrische Personenwagen durch den Einbau von Steuer- und Hauptluftbehälterleitung sowie elektrischer Heizung angepasst wurden. 1930 wurden die Triebwagen als 1101 ff durchnummeriert, ab 1941 als ET 85 bezeichnet. Sie fuhren noch bis in den 70er-Jahren bei der Bundesbahn.

Der „Rübezahl" kommt (ET 89)

Doch zurück in die 1920er-Jahre, wo die DRG auch das schlesische Netz vergrößerte. Die steigungsreichen Strecken stellten die Reichsbahner beim Dampflokbetrieb vor große Probleme – verschiedene Wirtschaftlichkeitsuntersuchungen favorisierten daher die Elektrifizierung. Die Schwierigkeiten des Bahnbetriebs lässt ein 1928 erschienener Text aus „Elektrisch in die schlesischen Berge" (RBD Breslau) erahnen:

„Die schlesischen Gebirgsbahnen gehören zu den schwierigsten Strecken der Deutschen Reichsbahn. Die Strecke Hirschberg-Schreiberhau-Polaun kann sich den schwierigsten Alpenbahnen wenn auch nicht in der Höhenlage so doch nach der zu überwindenden Höhe durchaus zur Seite stellen. Heftige Schneestürme erschweren den Betrieb im Winter aufs äußerste und zwingen oft tagelang zu besonderen Maßnahmen für die Freihaltung der Strecke, die häufig nur durch Verwendung einer Dampfschneeschleuder möglich ist."

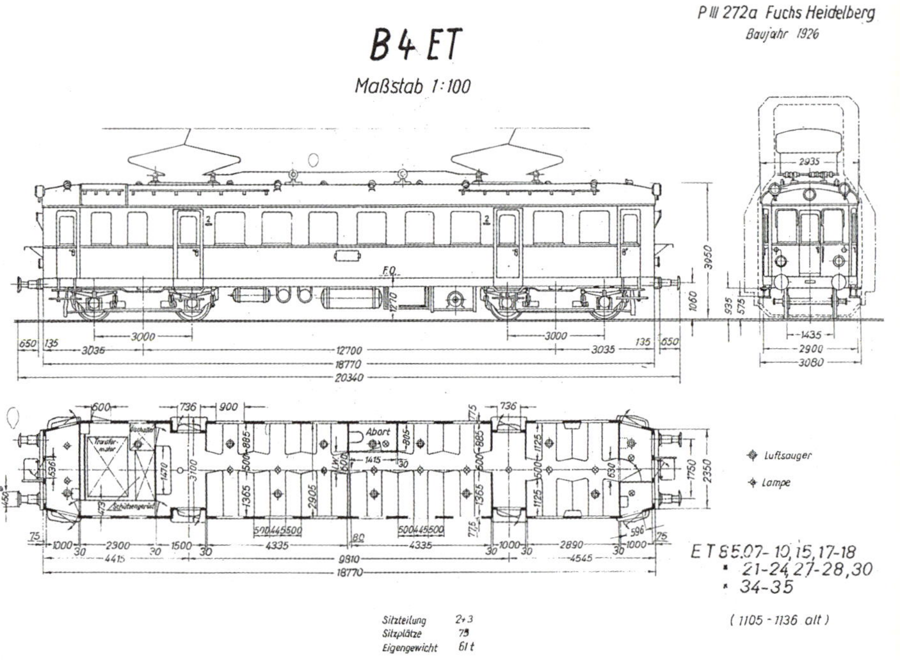

Die technische Zeichnung zeigt den ET 85 der Lieferserie Slg. B. Rampp

Quasi als Ableger der Berliner S-Bahn-Wagen entstand dieser Viertelzug für die Werkbahn Peenemünde. Er machte nach 1945 noch in Westdeutschland „Karriere“ Slg. B. Rampp

... und so fuhr man 3. Klasse und im Nahverkehr, zum Beispiel bei der Berliner S-Bahn Slg. Dirk Winkler

Für diese und verschiedene weitere Bahnlinien sollten nun weitere Triebwagen beschafft werden, nachdem man in Schlesien mit den Wagen 507-510 (spätere ET 88) recht gute Erfahrungen gemacht hatte.

Als genietete Stahlkonstruktion entstanden ab 1926 bei WUMAG in Görlitz elf vierachsige Triebwagen mit einer Länge von 21,9 Metern. Die schweren, langsam laufenden Motoren konnten nur einzeln in die Drehgestelle eingebaut werden, sodass die jeweils äußere Achse eines Drehgestells eine Laufachse bleiben musste. Der bereits bei den Münchner Fahrzeugen bewährte Tatzlagerantrieb konnte auch hier überzeugen. Markantes Detail war die offene Bühne an jedem Wagenende.

Die elf Fahrzeuge erreichten unter dem Spitznamen „Rübezahl“ eine große Popularität und bewährten sich auf den Strecken des Riesengebirges ausgezeichnet. Auf schwach frequentierten

Berliner S-Bahn

Zwei Vorortsysteme wurden von der Reichsbahn mit Elektrotriebwagen „bestückt“. Neue Fahrzeuge gingen zum einen an das Netz in Hamburg (siehe eigenen Beitrag auf S. 42/43), zum anderen an jenes in Berlin. Dort waren sich die Fachleute 1921 einig, dass der Betrieb mit Gleichstrom für diesen Zweck besser geeignet sei. Die Entscheidung stand bald, dass man in Berlin künftig mit „Stromschiene“ fahren würde.

Noch 1923/24 wurden sechs Versuchszüge in Dienst gestellt, die nicht etwa Nummern erhielten, sondern von „A“ bis „F“ durchbezeichnet wurden. Elektrische Ausrüstungen hatten die Züge zu diesem Zeitpunkt noch nicht, sie wurden von Dampfloks gezogen. Erst 1924 baute das Eaw Tempelhof die Elektrik ein, und am 8. August 1924 fand die erste fahrplanmäßige Fahrt auf der Strecke Stettiner Bahnhof – Bernau statt.

Die gewonnenen Erfahrungen mündeten in die S-Bahn-Wagen der Bauart 1924, die ab 1941 als ET/EB 169 eingereiht wurden: 1925 lieferte WUMAG 17 „Halbzüge“ (das heißt, ein Triebwagen mit einem kurzgekuppelten passenden Beiwagen), mit denen die DRG umfangreiche Versuche unternahm. Es hieß, dass diese langen, schweren Fahrzeuge bereits bei ihrer Auslieferung technisch überholt gewesen sein sollen und unruhig liefen.

Mit der Bauart 1925 (ET/EB 168) wurde erstmalig eine größere Serie von insgesamt 50 Halbzügen beschafft, die sich gut bewährten und ein deutlich niedrigeres Profil aufwiesen.

Der Höhepunkt des Fahrzeugbaus für die Berliner S-Bahn lag aber zwischen 1927 und 1930. Nach Elektrifizierung der nördlichen Berliner Vorortstrecken sowie der Stadt- und Ringbahn mitsamt deren westlichen und östlichen Zulaufstrecken wurden größere Mengen an Zügen benötigt. Der „Stadtbahnwagen“ (ET/EB/ES 165) entstand und wurde – nach dem Bau zweier Probezüge – in 638 Viertelzug-Exemplaren (bestehend aus einem Trieb- und einem Bei- oder Steuerwagen) gebaut. Markant war die eine, mittig angebrachte Signalleuchte.

1932 folgte der „Wannseebahn“-Wagen, der als direkte Weiterentwicklung als ET 165.8 bezeichnet wird und in 49 Exemplaren entstand. Optisch war die nun glatte, in Schweißtechnik gefertigte Außenhaut der Wagen ein Unterscheidungsmerkmal.

1935 hatten sich die Züge wieder weiterentwickelt. Durch eine modernere Kopfform mit abgerundeten Kanten und versenktem Richtungsschild fielen die in Ganzstahlbauweise gebauten Züge ganz aus dem Rahmen. Den vier Versuchszügen folgten 1936 die Serienzüge in zwei Varianten: 34 Viertelzüge für 80 km/h (ET/EB 166), weitere zehn speziell für die Strecke Potsdamer Fernbahnhof – Wannsee für 120 km/h (ET/EB 125). Letztere wurden wegen der besser gestellten Bewohner an ihrer Einsatzstrecke „Bankierzüge“ genannt.

Nächstes Projekt beim Bau der Berliner S-Bahn war die Nord-Süd-Querung, für die ab 1938 noch einmal eine größere Serie über 283 Wagen beschafft wurde. Sie orientierte sich weitgehend an den 1936er-Zügen, besaß aber technische Verfeinerungen (ET/EB 167).

Kriegsbedingt endete damit die Beschaffung von S-Bahn-Wagen für Berlin. Erst die Nachfolge-Reichsbahn der DDR sollte sie 1979 wieder aufnehmen. Malte Werning

Mit 638 Viertelzügen waren die Berliner S-Bahn-Wagen der Bauart „Stadtbahn“ der zahlenmäßig größte Neuzugang der Reichsbahn. 1934 steht ein Zug im S-Bahn-Betriebswerk Wannsee Slg. Dirk Winkler

Strecken wurde ein Wagen solo eingesetzt, im umgekehrten Fall wurde ein Triebzug aus acht Beiwagen und jeweils einem Triebwagen an jedem Zugende gebildet. Damit besaßen die schlesischen Strecken bereits einen recht umfangreichen Triebwagenpark.

Kleinserien für das mitteldeutsche Netz

Äußerlich recht ähnlich, aber ohne die offenen Endbühnen wurden zwei Wagen für die bis 1. Juli 1925 elektrifizierte Strecke Magdeburg – Rothensee im mitteldeutschen Oberleitungsnetz gestaltet. Die Dessauer Waggonfabrik lieferte sie 1926 aus. Hier war das Anforderungsprofil ganz anders: Es gab keine nennenswerten Steigungen, nur eine kurze Fahrtstrecke, dafür mit 80 km/h eine hohe Geschwindigkeit. In Zeiten des Berufsverkehrs sollte eine große Zahl an Stehplätzen für hohe Fahrgastkapazität sorgen. Die beiden Wagen, die 1941 noch als ET 82 bezeichnet und denen diverse Beiwagen zugestellt wurden, sollen einigen Quellen zufolge im Zweiten Weltkrieg zerstört worden sein.

Wurden bis zu dieser Stelle nur elektrische Triebwagen für den Nahverkehr beschafft, so änderte sich das 1927 mit den ersten elektrischen „Ferntriebwagen“ der DRG, die entgegen der klangvollen Bezeichnung nur die beiden Nachbarorte Halle und Leipzig miteinander verbinden sollten. Die Waggonfabrik Wegmann in Kassel lieferte sechs 22,9 Meter lange Triebwagen, die für 100 km/h ausgelegt waren – das war die seinerzeit größte zulässige Geschwindigkeit für Reisezüge, die nur bei speziell zugelassenen Ausnahmen überschritten werden durfte. Besonderheit bei diesen Fahrzeugen war, dass die gesamte elektrische Ausrüstung nun unter dem Wagenkasten ruhte und keinen Platz mehr im Innenraum des Fahrzeugs beanspruchte.

Die Wagen, von der DRG als Halle 601 – 606 durchnummeriert (ab 1930: 1061-1065, ab 1941: ET 41), erhielten zwei Triebdrehgestelle, die einen gleichmäßig guten Lauf in beide Fahrtrichtungen garantieren sollten. Drei vierachsige Steuerwagen ergänzten die Garnituren, die man aber nach ersten Betriebserprobungen kaum als solche nutzte: Da ein Zug mit führendem Steuerwagen den damaligen Vorschriften entsprechend nicht mit 100 km/h verkehren durfte, wurden die Steuerwagen zwischen zwei Triebwagen eingestellt und lediglich als Beiwagen verwendet. Schon wenige Jahre später baute man den weitgehend ungenutzten Steuerstand aus. Es gab auch bei diesen Triebwagen zur Bildung „normaler“ Nahverkehrszüge einige Beiwagen, die aus regulären Personenwagen entstanden.

Mit diesen Fahrzeugen ging die Frühzeit der elektrischen Triebwagen, die noch weitgehend nach Länderbahn-Normalien konstruiert wurden, zu Ende. Immer noch waren vielfach Ableitungen von Personenwagenkonstruktionen erkennbar, ebenso die Abstammung von den schwerfälligen Elektroloks der Anfangsjahre oder gar von Trambahnfahrzeugen. Erst nach und nach wurden die elektrischen Ausrüstungen „handlicher“ und konnten aus dem Fahrzeuginnern verbannt werden, doch noch immer setzte man die Triebwagen in einem wenig homogenen Zugverband ein, sodass sie wie Lokomotiven vor einem bunten Wagenpark wirkten.

1930 ordnete die DRG ihr Nummerierungssystem neu: Die mittlerweile deutlich gestiegene Anzahl an Triebwagen erforderte ein besser strukturiertes Nummernschema, zumal man nun auch ein reichsweit einheitliches System durchsetzen wollte. Bislang konnte es in jeder Direktion Wagen mit der gleichen Nummer geben, nun hatte man das Ziel, jedem Wagen unabhängig von der Direktionsbezeichnung (die weiterhin in Verbindung mit der Wagennummer bestehen sollte) eine individuelle Nummer zuzuordnen. Die neuen Triebwagennummern sollten bei 1001 beginnen und mit den ältesten Wagen anfangen. Je nach Bauart wollte man die Wagen zu Nummernblöcken zusammenfassen.

Eine neue Epoche

Die Elektrifizierung schritt in den folgenden Jahren auch in Süddeutschland voran: Von München aus erreichte die Oberleitung Augsburg und gelangte

Für den Schnellverkehr war der ET 11 gedacht. Es blieb jedoch bei drei Testfahrzeugen; hier einer der Triebzüge in Berchtesgaden RVM/Slg. H. Brinker

Elektrotriebwagen bei der Reichsbahn 1934–1940

31.12.1934 83 Triebwagen im Bestand, insgesamt 562 elektrische Triebfahrzeuge

31.12.1935 113 Triebwagen im Bestand, insgesamt 595 elektrische Triebfahrzeuge

31.12.1940 147 Triebwagen im Bestand, insgesamt 975 elektrische Triebfahrzeuge HEINRICH STANGL

1933 bis Ulm. Ebenso begann man in Stuttgart zu elektrifizieren, noch im Mai 1933 wurde vom Hauptbahnhof der Schwabenmetropole aus die Strecke bis Ludwigsburg und bis Esslingen mit Fahrdraht versehen. Im Juni 1933 war es dann soweit: Lückenschluss zwischen Esslingen und Ulm, aus dem Münchener Netz wurde ein süddeutsches Netz.

Der Stuttgarter Vorortverkehr stand nun ebenfalls zur Umstellung auf elektrischen Betrieb an: Das erforderte neue Elektrotriebwagen, die bei der Maschinenfabrik Esslingen in Auftrag gegeben wurden. In ihrer äußeren Gestaltung lehnten sich die neuen Triebwagen bewusst an die erst wenige Jahre zuvor ausgelieferten stählernen Personenwagen für den Stuttgarter (dampfbespannten) Vorortverkehr an – die Personenwagen sollten nämlich in den neuen Zügen als Beiwagen dienen, sodass sich im Gegensatz zu den Triebwagenbeschaffungen der vergangenen Jahre auch mit Beiwagen ein einheitliches, geschlossenes Zugbild ergab.

Die Technik war nun deutlich fortgeschritten: Sämtliche elektrische Ausrüstung konnte, von einer kleinen, rund 1 Quadratmeter großen Hilfsmaschinenkammer für Ölschalter, Steuermaschine, Richtungswender und Stromabnehmersteuerung abgesehen, unter dem Wagenboden untergebracht werden, um den Innenraum für die Fahrgäste freizuhalten. Gleichzeitig verlangte die DRG den Wagen einiges ab: Neben dem obligatorischen Steuerwagen sollten bis zu vier der bereits erwähnten Beiwagen in einen Zugverband eingereiht werden, weswegen erstmalig alle Radsätze durch Tatzlagermotoren angetrieben wurden.

Die Wagen wurden ab 1201 durchnummeriert. 1935 folgte ein weiterer Wagen (elT 1217), 1937 und 1939 kamen jeweils noch einmal vier Züge (1218-1225).1941 erhielten die Wagen die neue Bezeichnung ET 65, und bis auf den kriegsbeschädigten ET 65 04 überlebten sämtliche Fahrzeuge den Zweiten Weltkrieg. Sie sollten noch für weitere 35 Jahre den Stuttgarter Nahverkehr prägen.

Parallel zu den Stuttgarter Wagen lieferte die Breslauer LHW 1934 aber auch vier ganz ähnliche Triebwagen für das schlesische Netz (elT 1701-1704). Hier er-

Komfort im ET 11: Der Schnelltriebzug wartete mit geräumigen Polstersesseln auf 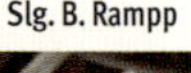
Slg. B. Rampp

schloss der Fahrdraht mittlerweile weitere Strecken, sodass man von Breslau aus elektrisch ins Riesengebirge gelangte. Zu den vier Triebwagen wurden vier Bei- und vier Steuerwagen beschafft, womit für den Eilzugdienst dreiteilige Garnituren zur Verfügung standen. Bei diesen Wagen entfiel nun auch noch die vom Stuttgarter Vorortzug bekannte Hilfsmaschinenkammer. 1939 wurden noch vier weitere Triebwagen ausgeliefert, die bereits in vielen Details weiterentwickelt worden waren.

1941 erhielten die Fahrzeuge die neue Bezeichnung ET 51. Fast alle dieser Wagen wurden von der Sowjetunion abtransportiert, lediglich ein Triebwagen gelangte mit zwei Bei- und einem Steuerwagen nach 1945 zur DB und wurde später in den Park der ET 65 integriert.

Der Einheitstriebwagen

Die mit den Stuttgarter Zügen gewonnenen Erfahrungen mündeten schon bald in einen Einheitsgrundriss für künftige Elektrotriebzüge, die im Jahre 1935 erstmalig ausgeliefert wurden – erste Überlegungen zur Schaffung einer Typenreihe mit Einheitsausrüstungen datieren bereits von 1932. Bei der weitgehenden Vereinheitlichung zahlreicher Bauteile sollten nicht nur Kosten gespart werden, sondern auch die Produktionszeit deutlich gesenkt und spätere Umbauten erleichtert werden (ein Umstand, den die spätere DB noch sehr zu schätzen wissen sollte...). Die gleiche Entwicklung fand geringfügig verzögert bei den Dieseltriebwagen statt.

Die Verbannung der elektrischen Ausrüstung unter den Wagenboden war mittlerweile Standard, gleichzeitig entwickelte sich aber auch das Äußere der Fahrzeuge weiter: Die Reichsbahn-Ingenieure legten nun Wert auf ein homogenes Erscheinungsbild der Triebwagengarnitur, das nicht mehr durch die Beigabe von umgebauten Personenwagen gestört werden sollte. Optisch entfernte sich die neue Triebwagengeneration ohnehin bereits weit vom Erscheinungsbild lokbespannter Reisezüge.

Die Anfänge machten 1935 insgesamt 32 zweiteilige Triebzüge, die fest miteinander gekuppelt wurden und einen geschlossenen Wagenübergang besaßen. Motorisiert waren als Novum beide Fahrzeughälften, wobei jeder Wagen einen eigenen Stromabnehmer erhielt. Im Schnell- und Eilzugverkehr sollten die Züge bis zu 120 km/h erreichen. Zur Erhöhung der Fahrgastkapazitäten konnten jeweils einteilige Steuerwagen beigegeben werden, die dem Erscheinungsbild der Triebwagen entsprachen. Eine weitere Neuerung war die überregionale Verbreitung der Züge, die nach

Für die Strecke Leipzig – Halle waren die „Ferntriebwagen" der späteren Baureihe ET 41 gedacht; mit ihnen endete die Frühzeit der DRG-Konstruktionen Slg. Dirk Winkler

Nachschub für die Klimaanlage des ET 41; Eisblöcke sorgten für kühle Luft im Inneren Slg. B. Rampp

Eil- und Nahverkehr in hügeligem Gelände war das Aufgabengebiet des ET 31, hier um 1937 in Bad Cannstatt aufgenommen H. Maey/Slg. Dirk Winkler

Die offene Bühne war das Markenzeichen eines kräftigen Triebwagens, der in Schlesien fuhr und als „Rübezahl" berühmt wurde. Im Bild: 1014 Breslau, später ET 89.04, in Hirschberg Slg. H. Brinker

Recht archaisch zeigt sich der Führerstand des Reichsbahn-Triebwagens ET 89 Slg. B. Rampp

Basel (Badischer Bf)(2), Breslau (5), Esslingen (2), Leipzig Hbf West (2), Magdeburg (2), Nürnberg (3) und München (11) ausgeliefert wurden. Bis 1938 wurden 38 Züge als elT 1801 ff ausgeliefert, die 1941 die neue Bezeichnung ET 25 erhielten.

1936 erschien eine erste Variante in dreiteiliger Ausführung, die in elf Exemplaren gebaut wurde: Zwischen den beiden Endwagen wurde nun ein angetriebener Mittelwagen eingestellt, der dem Zug eine besondere Eignung für hügeliges Gelände gab. Die ab 1941 als ET 31 bezeichneten Züge wurden vor allem im Eilzugdienst auf den schlesischen Gebirgsstrecken eingesetzt, wobei Doppeleinheiten zwischen Breslau und Hirschberg rollten, um für die Weiterfahrten nach Polaun und Krummhübel zu „flügeln". Aber auch von Nürnberg und München aus wurden sie im Eil- und Nahverkehr eingesetzt.

Als dritte Variante entstand 1939 wiederum ein zweiteiliger Zug mit zunächst nur vier Einheiten (ab 1941: ET 55), bei dem das Übersetzungsverhältnis des Tatzlagerantriebs verändert wurde. Dadurch wurde die Höchstgeschwindigkeit der Züge zwar auf nur 90 km/h beschränkt, die Anfahrbeschleunigung konnte aber nochmals deutlich erhöht werden. Vorgesehen waren diese Züge für die steigungsreichen Strecken der RBD Karlsruhe, aber kurz darauf sollten noch weitere Züge, unter anderem bei der RBD Stuttgart, eingesetzt werden. Noch 1942 wurde der ET 25 024 zum ET 55 05 umgebaut.

Nur ein Teil der Einheitstriebwagen überstand den Zweiten Weltkrieg; dennoch bildeten mehrere Züge nach aufwändigen Umbauten in den 60er-Jahren das Rückgrat des Stuttgarter und Nürnberger Nahverkehrs bis in die 80er-Jahre hinein.

Schnelltriebwagen

Nachdem der Verbrennungstriebwagen als „Fliegende Züge" 1933 eine neue Ära im Fernverkehr zwischen Hamburg und Berlin eingeläutet hatten, stellte sich die Frage, ob angesichts der fortschreitenden Elektrifizierung auch schneller Fernverkehr mit Elektrozügen eingerichtet werden sollte.

1934 bestellte die DRG drei zweiteilige Versuchszüge, um erste Erfahrungen für einen angedachten Schnellverkehr Berlin – Leipzig/Halle – Nürnberg – München zu sammeln. Zwar wurde das äußere Erscheinungsbild nahezu gleich gehalten, doch überließ man den Herstellern für jeden Zug freie Hand bei der Wahl einzelner Bauteile, um die günstigsten Komponenten im Praxisbetrieb zu erproben.

Der erste Zug mit der Nummer elT 1900 wurde 1935 von Esslingen/BBC mit Buchli-Antrieb ausgeliefert und stolz im Dezember 1935 anlässlich des 100-jährigen Jubiläums der Deutschen Eisenbahnen in Nürnberg präsentiert. Bei ausgiebigen Probefahrten überzeugte das für 160 km/h ausgelegte Fahrzeug vollauf, wenngleich die Laufeigenschaften in hohen Geschwindigkeitsbereichen noch nicht befriedigten. Die beiden weiteren Züge wurden 1936/37 von MAN/SSW und MAN/AEG gebaut. 1941 wurde die Bezeichnung ET 11 für die Wagen vergeben.

Zu den Einsätzen in dem ihnen angedachten Einsatzgebiet kam es nicht. Ab Sommer 1936 pendelten zwei Züge in der Relation Stuttgart – München – Berchtes-

Verstaatlicht

Mit der Übernahme der Localbahn AG kam Triebwagen LAG 762 zur Reichsbahn; im Jahr 1938 steht der spätere ET 186 02 im Bahnhof Wörishofen Slg. B. Rampp

Dieser Überblick wäre nicht vollständig ohne die Erwähnung einiger Baureihen, die das „Merkbuch für die Fahrzeuge der Reichsbahn" in seiner 1941er-Ausgabe ebenfalls vorstellt. Die Rede ist etwa von einigen Gleichstromtriebwagen, die größtenteils von der 1938 verstaatlichten bayrischen Localbahn AG (LAG) stammten und die die Reichsbahn unter Bezeichnungen von ET 183 bis ET 198 in den Betriebspark einreihte. Meist handelte es sich um kleine zweiachsige oder vierachsige Einzelstücke der LAG, aber auch einige ÖBB-Wagen und Fahrzeuge im Sudetenland sind im Nummernplan berücksichtigt. Übersichtlicher zeigt sich der Fuhrpark der ÖBB-Elektrotriebwagen für Wechselstrom, die die DRB als ET 42, ET 83 und ET 94 einreihte. Nach dem Zusammenbruch des Deutschen Reichs verschwanden diese Fahrzeuge wieder aus den Reichsbahn-Bestandslisten. M. Werning

Zweiteiliger Triebzug mit optisch angeglichenem Steuerwagen – so sah das Betriebskonzept der Reichsbahn in den 30er-Jahren aus, hier exemplarisch mit 1823 Breslau (später ET 25 09) im Juni 1936 in Breslau
C. Bellingrodt/Slg. H. Brinker

gaden, ab 1937 nur noch zwischen Stuttgart und München. Im Zweiten Weltkrieg wurde das Trio kaum beschädigt, da man es aus München ausquartiert hatte. Zu einer Folgebestellung durch die Reichsbahn (nun DRB) kam es nicht mehr. In etwa zeitgleich mit dem ersten der drei Versuchs-Schnelltriebwagen wurden auch zwei spezielle Ausflugstriebwagen mit den Nummern 1998 und 1999 ausgeliefert. Man hatte sie für „Fahrten ins Blaue“ von München aus entwickelt. Die 20,6 Meter langen Wagen wurden so gestaltet, dass der Reisende von jedem Sitzplatz aus einen bestmöglichen und ungehinderten Blick auf die durchfahrene Landschaft erhielt. Dafür wurden der Dachbereich so klein wie möglich gehalten und die Seitenflächen sowie Teile der Dachpartie komplett verglast. 1941 wurden sie als ET 91 01 und 02 bezeichnet. Der ET 91 02 brannte bei einem Bombenangriff 1943 auf das Bw München Hbf vollständig aus, das Schwesterfahrzeug blieb als Einzelstück über den Zweiten Weltkrieg hinaus erhalten. Als „Gläserner Zug“ sollte es bei der DB noch große Popularität erlangen.

Malte Werning

In den 20er-Jahren begann der Siegeszug der Elektrotriebwagen in Berlin; die S-Bahn-Wagen wurden zum Synonym für schnellen und zuverlässigen Großstadtverkehr
Slg. B. Rampp

Der Gläserne Zug

Der beliebte Sonderling

Für Ausflugsreisen beschaffte die Reichsbahn in den 30er-Jahren zwei Elektro- und drei Dieseltriebwagen. Deren großzügige Glasfronten erlaubten den Reisenden einen fantastischen Rundumblick. Von den elektrischen Vertretern der Gläsernen Züge kam ET 91 01 zur Bundesbahn, wo er weiterhin bei Sonderfahrten begeisterte. Dann setzte ein Unfall im Dezember 1995 ein trauriges Ende; heute steht der Triebwagen schadhaft im Bahnpark Augsburg

Auf Tournee mit 491 001; beim Ausflug im Jahr 1983 griff sogar der Präsident der BD München, Peter Lisson, zum Mikrofon
Slg. B. Rampp

LINKS OBEN Reise ins Ausland: Im Juni 1971 macht ET 91 01 alias 491 001 im österreichischen Bahnhof Übelbach Station. Dort begegnet er ET 12 der Steiermärkischen Landesbahn T. Horn

LINKS UNTEN Häufig fuhr der „Gläserne Zug" in die Alpen. Im Juli 1990 ist 491 001, nunmehr in Dunkelblau, auf dem Weg von Mittenwald nach Innsbruck (Bild bei Scharnitz) G. Wagner

OBEN Bis in den Zweiten Weltkrieg hinein nutzte die Reichsbahn ET 91 02 für Sonderfahrten (Foto in Mittenwald). Danach wurde das Fahrzeug abgestellt und bei einem Bombenangriff zerstört Slg. B. Rampp

LINKS Von Rot zu Himmelblau: Im Olympia-Farbkleid und mit schweiztauglichem Einholm-Stromabnehmer zeigt sich 491 001 anno 1982 in Würzburg A. Schöppner

Die Elektrotriebwagen der Deutschen Bundesbahn

Von Restbeständen

zu Rennpferden

Wiederaufbau hieß die erste Devise der Bundesbahn bei den Elektrotriebwagen. Doch bald schuf sie eigene Entwicklungen: wegweisende Fahrzeuge für den Nahverkehr, den S-Bahn-Betrieb und den Fernverkehr

Elektrik aus Restbeständen, Wagenbau nach modernstem Design: Der ET 56 steht für den Übergang der DB-Elektrotriebwagen von der Wiederverwertung zum Neubau. Im Juli 1980 trifft 456 103/403 in Neckarsteinach ein (Strecke Neckarelz – Heidelberg) G. Wagner

Ein Erbstück der Localbahn AG war der ET 183 05; er fuhr zunächst auf der Isartalbahn bei München, zu DB-Zeiten dann zwischen Meckenbeuren und Tettnang. 1962 folgte die Ausmusterung Slg. T. Wunschel

Der Neubauzug ET 30 prägte jahrzehntelang den Nahverkehr im Ruhrgebiet. Optisch dem ET 56 ähnlich, war er diesem technisch weit überlegen (Bild: ET 30 in Bochum Hbf, 1957) H. Säuberlich (2)

Prüfender Blick aus dem ET 30; die Triebfahrzeugführer schätzten die Triebzüge wegen ihrer guten Beschleunigung

Im Juli 1963 steht ET 25 001 die Modernisierung noch bevor. Fast im Vorkriegsaussehen und als Zweiteiler mit separatem Steuerwagen wartet er in Nürnberg Hbf auf die Abfahrt A. Schöppner

Nach dem Zweiten Weltkrieg sah sich die Reichsbahn in den westlichen Besatzungszonen einem verwüsteten Fahrzeugpark gegenüber. Von den in den Vorkriegsjahren gebauten Elektrotriebwagen war nur ein Bruchteil einsatzbereit, die meisten Fahrzeuge fanden sich in unterschiedlichsten Schadzuständen abgestellt. Die Werkstätten, deren Kapazitäten durch den Krieg empfindlich geschrumpft waren, gaben erst einmal den Lokomotiven den Vorzug, um den Güterverkehr wieder in Gang zu bringen.

Bestandsaufnahme: Oberleitung im Westen

Das elektrifizierte „süddeutsche Netz“, das bis 1937 immerhin eine Ausdehnung von 1.156 Kilometern erreicht hatte, verblieb als einziges größeres Einsatzgebiet im Bereich der späteren Bundesrepublik. Davon deutlich isoliert befand sich die Hamburger S-Bahn, wo wegen des kriegsbedingten Abbruchs der Umstellungsarbeiten Wechselstrom- und Gleichstromzüge parallel fuhren, sowie die badische Wiesentalbahn. Damit war der Wirkungsbereich für die vorhandenen Elektrotriebwagen recht klar eingegrenzt.

Darüber hinaus befanden sich einige weitere isolierte „Sonderlinge“ im elektrischen Netz:

- *Höllentalbahn Freiburg (Breisgau) – Neustadt*
  1936 als Versuchsstrecke für 20 kV / 50 Hz Wechselstrom elektrifiziert
- *Isartalbahn München-Thalkirchen – Höllriegelskreuth-Grünwald*
  1938 von LAG übernommen, 600-V-Gleichstrom
- *Meckenbeuren – Tettnang*
  1938 von LAG übernommen, 650-V-Gleichstrom
- *Bad Aibling – Feilnbach*
  1938 von LAG übernommen, 550-V-Gleichstrom
- *Murnau – Oberammergau*
  1938 von LAG übernommen, 16-Hz-/5,5-kV-Wechselstrom
- *Ravensburg – Weingarten – Baienfurt*
  1938 von LAG übernommen, 700-V-Gleichstrom, Spurweite 1.000 mm

Während die Höllentalbahn keinen eigenen Triebwagenverkehr besaß, waren auf den ex-LAG-Strecken jeweils eigene, zumeist sehr alte Triebwagen vorhanden; die Reichsbahn hatte sie im Nummernbereich ET 183-197 eingereiht.

In den letzten Kriegsjahren, beim Rückzug der deutschen Truppen, waren Fahrzeuge über ganz Europa verstreut worden. So fanden sich in den westlichen Besatzungszonen mehrere Triebwagen des schlesischen Netzes, darunter ein ET 51 und je drei Triebzüge ET 87, ET 88 und ET 89. Auch eine Handvoll Fahrzeuge der Berliner S-Bahn war in den Westen gelangt. In den ersten Nachkriegsjahren waren die Eisenbahner für jedes fahrbereite Fahrzeug dankbar, und so prüften sie alles Rollmaterial intensiv auf eine Wiederinbetriebsetzung. Aus heutiger Sicht erscheint es erstaunlich, mit welchem Aufwand viele Triebwagen für neue Aufgabengebiete umgebaut und wiederinstandgesetzt wurden.

Die Isartalbahn und der ET 182 (1946–1950)

Ein schönes Beispiel dafür ist ET 182 01, der schon ab dem 31. Juli 1946 auf dem elektrifizierten Abschnitt der Isartalbahn zum Einsatz kam. Bei dem zweiteiligen Zug handelt es sich um einen eigentlich für die Berliner S-Bahn geplanten Viertelzug ET 167, der aber 1942 mit Ausrüstung für Oberleitungsbetrieb an das Oberkommando des Heeres für die mit 800-V-Gleichstrom elektrifizierte Werkbahn der Heeresversuchsanstalt Peenemünde geliefert wurde. Dort pendelte er zwischen Zinnowitz und der Raketenversuchsanstalt, bis die Anlage wenige Monate vor Kriegsende aufgegeben wurde. Vermutlich über Lauban in Schlesien kam der Zug nach Bayern und wurde 1945 bei einer Fahrzeugzählung im Bereich der RBD Nürnberg erfasst. Er eignete sich nach geringen Anpassungsarbeiten bestens für die Isartalbahn – so gut, dass man aus vier EB 167, die während des Krieges bei Wegmann in Kassel nicht mehr fertig gestellt wurden, zwei weitere ET 182 (11 und 12) baute. Aus dem ET/EB 165 636 wiederum, der sich nach 1945 im Bereich der RBD Köln einfand, wurde schließlich ein vierter Wagen (ET 182 21) gefertigt. Auch nach der Angleichung der Isartalbahn 1955 an das DB-übliche Wechselstromsystem blieben die vier Züge nach einem weiteren Umbau als ET 26 im DB-Bestand; sie fuhren noch bis 1978.

Aus vier mach sechs: Der ET 32 (1950)

Um den Fahrzeugengpässen zu begegnen, zeigte die junge Deutsche Bundesbahn beachtliche Kreativität: Die vier nach dem Krieg im Westen verbliebenen ET 31 waren dreiteilige Garnituren, bei denen neben den Triebköpfen auch der Mittelwagen einen Antrieb besaß. Auf der anderen Seite standen mehrere einteilige Steuerwagen ES 25 zur Verfügung. Hier bot sich ein Umbauprogramm an, das die DB 1950 durchführte: Allen vier ET-31-Garnituren wurde je ein Endwagen genommen und an seiner Stelle ein umgebauter ES 25 eingefügt, der einseitig einen Fahrzeugübergang und einen Stromabnehmer erhielt. Die vier gewonnenen Endwagen stellte man

In den frühen 50er-Jahren fand der ET 11 Verwendung im DB-Schnellverkehr. Als F 30 „Münchner Kindl" eilt ET 11 01 im April 1958 durch Esslingen; die Fahrzeuge trugen den Zugnamen teilweise auch als Schriftzug an der Seite C. Bellingrodt/Slg. B. Rampp

wiederum zu zwei neuen Einheiten zusammen, die zunächst zweiteilig blieben. Im Ergebnis gab es nun sechs Züge, die allesamt als ET 32 bezeichnet wurden, aber drei verschiedene Varianten beinhalteten. Die dreiteiligen Garnituren ET 32 001 und 002 besaßen jetzt ihr Gepäckabteil im Triebwagen, die ebenfalls dreiteiligen Einheiten ET 32 021 und 022 das Gepäckabteil im Steuerwagen. Die Zweiteiler wurden zur Unterscheidung als ET 32 201 und 202 bezeichnet, sie erhielten 1964 noch einen aus ES 25 gewonnenen Mittelwagen.

Richtig verwirrend wurden die Fahrzeugbezeichnungen ab 1968, als sich mit Einführung der UIC-Nummern die nachfolgenden Nummernreihungen ergaben:
432 101 + 432 401 + 832 601
432 102 + 432 402 + 832 602
432 121 + 432 421 + 832 621
432 122 + 432 422 + 832 622
432 201 + 832 201 + 432 501
432 202 + 832 202 + 432 502

Diese Umbauten waren nur der Auftakt für diverse weitere Arbeiten, die die DB an den Fahrzeugen der ET 25/31/55-Familie durchführte (siehe Kasten). Immerhin blieb eine Garnitur bis heute erhalten.

1950 – Eine kleine Übersicht

Wenige Monate nach der Gründung der Deutschen Bundesbahn hatte sich der Bestand an Elektrotriebwagen stabilisiert. Welche kompletten Garnituren es im Jahr 1950 gab, zeigt die nebenstehende Tabelle auf Seite 35 unten.

Neu in dieser Auflistung ist die Baureihe ET 90, bei der es sich um die drei 1949/50 umgebauten ET 85 13, 14 und 16 handelt; bei ihnen wurde die Getriebeübersetzung für den Einsatz auf der Königsseebahn abgeändert. Umgebaut wurden neben den bereits erwähnten Einheitstriebwagen ET 25/31/32/55

Im Jahr 1964 hält ET 55 06 als Nahverkehrszug in Esslingen. Anno 1942 aus dem ET 25 028 entstanden, wurde der Triebzug Anfang der 60er-Jahre modernisiert J. Krantz

Modernisierungen

Der Großteil der Altbau-Elektrotriebwagen der Baureihen ET 25, ET 32, ET 51, ET 55 und ET 65 wurde Ende der 50er-Jahre nicht mehr allen Ansprüchen gerecht. Da die Deutsche Bundesbahn die Elektrifizierung des Schienennetzes in erheblichem Maße vorantrieb, konnte sie trotz der Auslieferung neuer Elektroloks und der neuen Triebwagen ET 30 und ET 56 nicht auf die Oldtimer verzichten. Sie entschloss sich daher zu einer umfassenden Modernisierung. Von 1957 bis 1964 kamen die Triebwagen nach und nach in das für die Elektrotriebwagen zuständige Ausbesserungswerk Stuttgart-Bad Cannstatt.

Die Modernisierung lief bei den Triebwagen der Baureihen ET 25, ET 32 und ET 55 prinzipiell nach dem gleichen Schema ab: Bei den ET 25 und ET 55 sowie den beiden Triebwagen ET 32 201 und 202 handelte es sich bislang um zweiteilige Garnituren, denen bedarfsweise die einteiligen ES 25 bzw. ES 55 beigegeben werden konnten. Bei der Modernisierung wurden sie zu festen dreiteiligen Garnituren zusammengefügt. Dabei verloren die Steuerwagen (ES) beidseitig die Kopfenden. Stattdessen wurden an beiden Fahrzeugenden Gummiwulstübergänge eingebaut und die ehemaligen ES als Mittelwagen zwischen die Triebwagen eingereiht. Generell wurde bei den Triebwagen der alte Frontbereich abgeschnitten und durch die „Cannstatter Einheits-Führerkanzel" ersetzt, die den ebenfalls neu gestalteten Führerstand beinhaltete.

Vor allem die neue Front mit Doppellampen kennzeichnete die umgebauten DB-Triebwagen, hier mit 432 421 + 832 621 + 432 121 in Treuchtlingen, April 1976 A. Schöppner

Wie die anderen Einheitstriebwagen erhielten auch die ET 65 im Rahmen der Modernisierungsarbeiten neue, senkrechte Stirnwände mit zwei statt drei Fenstern. Im Innenraum wurden die Holzbänke durch mit blauem Kunstleder bezogene Polstersitze mit einer Platzteilung von 2+2 ersetzt. Im Vorfeld der Grundüberholung hatte man bereits damit begonnen, die offenen Übergänge zwischen den einzelnen Wagenteilen durch mit Rolläden gesicherte Gummiwulstübergänge zu ersetzen. Dies war eine Voraussetzung, um die alten kurzgekuppelten zweiachsigen Mittelwagen durch neue Mittelwagen der Reisezugwagenbauart B4yg zu ersetzen; die „Vierachser-Umbauwagen waren kurz zuvor im Ausbesserungswerk Karlsruhe hergestellt worden. Selbstverständlich wurden auch bei den ET 65 die Führerstände modernisiert und neu gestaltet.

Alle Einheitstriebwagen erhielten die Indusi-Zugbeeinflussung, später auch Zugbahnfunk. Durch den Umbau leisteten die modernisierten Einheitstriebwagen noch viele Jahre zuverlässig ihren Dienst, und zwar ausnahmslos im Süden der Republik. Die ET 65 (später 465) schieden 1977 bis 1980 beim Bw Stuttgart, Außenstelle Esslingen, aus dem Betriebsdienst aus, die ET 55 (455) waren noch bis 1984 von Heidelberg aus im Einsatz. Ebenfalls 1984 war für die letzten ET 32 (432) des Bw Nürnberg Hbf Schluss, ein Jahr länger hielten sich die artverwandten ET 25 (425) im Bw Tübingen. Andreas Kabelitz

auch die drei ET 11, bei denen man die elektrische Ausrüstung 1952 weitgehend einander anglich – dennoch wurden die zweiteiligen Züge bis Anfang der 1960er-Jahre nur noch mit mäßigem Erfolg eingesetzt.

Während die bewährten ET 85 bis Mitte der 70er-Jahre im Einsatz standen, musterte man die „Schlesier" ET 87/88/89 bereits bis 1958 vollständig aus. Gleiches galt für die Hamburger ET 99, die nach der endgültigen Umstellung der dortigen S-Bahn auf Gleichstrombetrieb überflüssig wurden. Zwei Garnituren wurden noch für den Stromschienenbetrieb umgerüstet und blieben als „Gepäcktriebwagen" bis 1967 unter der Bezeichnung ET 174 im Einsatz.

Ebenfalls keine große Zukunft mehr hatten die ehemaligen LAG-Triebwagen, die sich größtenteils bis Ende der 50er-Jahre aus dem Betriebsdienst verabschiedeten. Der ET 183 05 ist heute viel beachtetes Museumsstück im Deutschen Technikmuseum in Berlin. Für die 6,6 Kilometer lange meterspurige Strecke Ravensburg – Baienfurt beschaffte die DB 1954 sogar zwei Nachfolgefahrzeuge als ET 195 001 und 002, bei denen es sich um serienmäßige Straßenbahnwagen von Düwag handelte.

Elektrotriebwagen 1950

Baur.	Anzahl[1]	bekannte Beheimatung
ET 11	3	München Hbf (3)
ET 25°	15 (3)	München Hbf (6), Stuttgart (1), Tübingen (7), Basel (1)
ET 25'	5	München Hbf (5)
ET 31	3 (1)	Nürnberg Hbf (3)
ET 32	1	Nürnberg Hbf (1)
ET 51	1 (1)	Esslingen (19)
ET 55	5 (1)	Esslingen (5)
ET 65	23 (4)	Esslingen (23)
ET 85	23 (1)	München Ost (5), München Hbf (11), Nürnberg Hbf (3), Berchtesgaden (1)
ET 87	3 (3)	Nürnberg Hbf (3)
ET 88	3 (3)	Regensburg (3)
ET 89	1	München Hbf (1)
ET 90	2	Berchtesgaden (2)
ET 91	1	München Hbf (1)
ET 99	51	Hamburg-Ohlsdorf (51)
ET 171	47	Hamburg-Ohlsdorf (47)
ET 182	4 (2)	München-Thalkirchen (4)
ET 183	5	München-Thalkirchen (3), Rosenheim (1), Friedrichshafen (1)
ET 184	1	Friedrichshafen (1)
ET 185	1	Friedrichshafen (1)
ET 194	2	Rosenheim (2)
ET 196	5	Friedrichshafen (5)
ET 197	1	Friedrichshafen (1)

[1] abzgl. nicht einsatzfähiger Garnituren

Versuchsträger im Höllental (1950)

Auf Betreiben der französischen Besatzungsmacht, die sich sehr für die 1936 begonnenen Versuche der DRG mit 25-kV-/50-Hz-Wechselstrom auf der Höllentalbahn interessierte, wurde noch 1950 auf den ausgebrannten Resten des ET 25 026 a/b ein neuer Zug aufgebaut, der für dieses Stromsystem geeignet war und einen neuen elektrischen Teil erhielt. Der Grundriss wich danach stark vom ET 25/55 ab. Ab November 1950 begannen Tests, die große Bedeutung für die weitere Elektrifizierung der französischen Eisenbahnen bekamen.

1960 wurde die Höllentalbahn an das gewöhnliche Stromsystem der DB angeglichen, und das Gleiche geschah mit

Die S-Bahn-Triebwagen 420/421

Im Oktober 1969 wurden die ersten drei Prototypen des speziell für den S-Bahn-Dienst entwickelten Triebwagens der Baureihe 420 an die Deutsche Bundesbahn ausgeliefert. An der Entwicklung des dreiteiligen Fahrzeugs waren die Firmen MAN und WMD für den wagenbaulichen Teil sowie AEG, BBC und Siemens für den elektrischen Teil beteiligt. An die bis Februar 1970 erfolgte Abnahme der Züge schloss sich ein über ein Jahr dauernder Probebetrieb an, aus dem man Erkenntnisse für die Fertigung der ersten Bauserie (117 Einheiten) ableitete. Den Bau der Serientriebwagen übernahmen im wagenbaulichen Teil neben den Entwicklungsfirmen MAN und WMD auch LHB, Rathgeber, Orenstein & Koppel und DWM.

Bei den ersten Triebzügen (bis 420 130) wurden die Endwagen (420/420.5) in Stahl-Leichtbau gefertigt, die Mittelwagen in Aluminium-Leichtbauweise. Ab 420 131 verwendete man auch für die Endwagen Aluminium. Die mit allen Achsen angetriebenen Triebwagen verfügen über vier doppelte Taschen-Schiebetüren je Wagenseite. Ab der siebten Bauserie ersetzte man diese durch Schwenk-Schiebetüren. Ebenfalls ab der siebten Bauserie wurden die Mittelwagen der Baureihe 421 mit nur noch einem Pantographen ausgerüstet.

Die drei Prototypen bekamen, ausgehend von der Grundfarbe Kieselgrau, drei unterschiedlich lackierte Fensterbänder. Bei 420 001 war das Fensterband orange, bei 420 002 blau und bei 420 003 rot gehalten. Die für das Münchner Netz vorgesehenen Triebwagen erhielten nach einer Umfrage in der örtlichen Bevölkerung zunächst das blaue Fensterband, während für alle anderen Einsatzgebiete das Fensterband orange lackiert wurde. Die rote Farbe des 420 003 nutzte man bei den Serienfahrzeugen nicht mehr. Ab 1988 wurden die 420/421 lichtgrau mit einem Fensterband in Orange und einem darunter angebrachten gelben Zierstreifen lackiert, 1997 folgte das noch derzeit gültige Verkehrsrot. Die von 1992 bis 1998 auf der Flughafen-Linie S8 eingesetzten Triebwagen erhielten eine besondere Lackierung in Himmelblau mit großem weißem „M“. Während der gesamten Einsatzzeit wurden Triebwagen der Baureihe 420/421 aller Lackierungsvarianten häufig mit Teil- oder Ganzreklame versehen. Aktuell sind alle noch bei der DB Regio AG im Einsatz befindlichen 420/421 verkehrsrot lackiert.

Die Triebwagen der Baureihe 420/421 bewältigten über nahezu 30 Jahre in den drei Ballungszentren München, Frankfurt und Stuttgart den Gesamtverkehr im anstrengenden S-Bahn-Dienst. Dabei gingen durch Unfälle und Brandschäden einzelne Fahrzeugteile verloren. Daher waren Neuzusammenstellungen einzelner Triebwagen keine Seltenheit, was sich bei Fahrzeugen der ersten bis sechsten Bauserie auch problemlos machen ließ. Mit Beginn der siebten Bauserie wurden elf einzelne Wagenteile, vornehmlich Mittelwagen, zur Ergänzung abgestellter Einheiten ausgeliefert.

Nachdem die erste Bauserie einschließlich der Prototypen vollständig in München zum Einsatz kam, wurde mit Auslieferung der zweiten Bauserie erstmals das Bw Düsseldorf mit den 420/421 bedacht.

Bereits Ende der 70er-Jahre wurden die Triebwagen wieder aus dem Rhein-Ruhr-Gebiet abgezogen, als Wendezüge – bestehend aus Elloks der Baureihe 111 und neu entwickelten „x-Wagen“ – den Betrieb im S-Bahn-Netz Rhein-Ruhr übernahmen. Ab August 1975 kamen 420/421 auch im neuen S-Bahn-Netz in Frankfurt (Main) zum Einsatz. Ab Oktober 1978 wurde schließlich in Stuttgart der reguläre S-Bahn-Betrieb aufgenommen. 1981 endete dann mit Auslieferung des 420 390 zunächst die Beschaffung der 420/421. Der weitere Ausbau der S-Bahn-Netze machte schließlich noch einmal 90 Triebwagen erforderlich, die zwischen 1989 und 1997 geliefert wurden.

420/421 bei der DB AG

Besonders die Fahrzeuge der ersten und zweiten Bauserie wiesen gegen Ende der 90er-Jahre zunehmend Korrosionsschäden auf. Hinzu kamen Schwierigkeiten bei der Ersatzteilbeschaffung. Die vierteiligen Neubautriebwagen der Baureihe 423/433 wurden somit als Erstes nach München geliefert, um dort die ältesten im Einsatz stehenden 420/421 zu ersetzen. Bis Herbst 2003 hatte die Deutsche Bahn AG die Umstellung vollzogen; abgesehen vom Museumszug 420 001 ist München heute 420-frei. 15 Triebwagen der ersten Bauserie erlebten im Jahr 2003 eine kurze Renaissance in Stockholm. Die eigens hierfür gegründete Tochtergesellschaft „DB Regio Sverige AB“ setzte die mit neuem dunkelblauen Farbkleid versehenen Triebwagen im Vorortverkehr der schwedischen Hauptstadt ein. Nach nicht einmal drei Jahren wurde dieser spektakuläre Einsatz wieder beendet, alle Triebwagen wurden in Schweden verschrottet.

Auch Frankfurt (Main) und Stuttgart erhielten neue Triebzüge der Baureihen 423/433. Diese ersetzten allerdings nur einen Teil der 420/421, sodass hier beide Baureihen nebeneinander verkehren. Nach derzeitigen Planungen sollen in Frankfurt 70 Triebzüge des 420/421 – geringfügig modernisiert – noch bis zum Jahr 2014 im Einsatz bleiben; in Stuttgart werden die 90 Triebwagen der siebten und achten 420er-Bauserie auch weiterhin benötigt. Ferner sind seit 2004 wieder einige 420/421 an Rhein und Ruhr heimisch. Die nun im Bw Essen beheimateten Triebwagen der zweiten und fünften/ sechsten Bauserie unterstützen die Baureihe 423 und die nunmehr mit der Ellok-Reihe 143 bespannten Wagenzüge, nachdem bei den ersten „x-Wagen“ die Ausmusterungen begonnen haben. Hier soll allerdings in etwa zwei bis drei Jahren der 420-Einsatz enden.Zwei Triebwagen (420 400 und 420 416) wurden 2006 im Rahmen des Projektes „ET420 Plus“ umfassend modernisiert (siehe dazu auch S. 53). Markante Veränderungen an den Fahrzeugen sind digitale Zugzielanzeiger vorn und an den Seiten, Dachaufbauten für die Klimaanlage, LED-Scheinwerfer und Rückleuchten sowie automatische Türschließvorrichtungen.

An den Übergängen zwischen End- und Mittelwagen wurden Fenster eingebaut, um einen Blick durch den Zug zu ermöglichen. Seit April 2006 sind die beiden Triebwagen in Stuttgart im Einsatz. 2007 lief eine Ausschreibung für den Betrieb auf dem Stuttgarter S-Bahn-Netz. Nachdem DB Regio den Zuschlag für den Betrieb des Stuttgarter S-Bahn-Netzes erhielt – Mitbewerber gab es keine –, werden die 420-Triebwagen der siebten und achten Generation möglicherweise komplett zu „ET420 Plus“ umgebaut.

Andreas Kabelitz

Eine Straßenbahn in Bundesbahn-Diensten: Der ET 195 kam von Duewag und befuhr die Meterspurstrecke Ravensburg – Baienfurt; der hellgrünen DB-Tram war jedoch nur eine kurze Einsatzzeit vergönnt Slg. B. Rampp

Standorttreu: Der ET 65 fuhr während seiner gesamten Einsatzzeit Nahverkehrsleistungen im Stuttgarter Raum. Im April 1977 hält 465 019 in Tamm (Strecke Stuttgart – Bietigheim) H. Brinker

Mit seinem Spurtvermögen machte der 420 dem Begriff S-Bahn (für „Stadtschnellbahn") alle Ehre. Zwischenhalt von 420 134 in Düsseldorf-Wehrhahn, 1973 H. Brinker

Blick in den Führerstand von 420 003
Slg. B. Rampp

Ein ET 27 in Esslingen, März 1970. Technisch wie optisch konnte das Fahrzeug nicht überzeugen, es lieferte aber wichtige Erkenntnisse für den Bau des S-Bahn-Triebwagens 420
R. Hahmann

dem Triebwagen im AW Stuttgart-Bad Canstatt bis 1963. Als Komponentenerprobungsträger blieb der Zug mit der neuen Nummer ET 45 01 und 445 001 noch bis 1970 im Einsatz.

Die „Eierköpfe": ET 56 (1952) und ET 30 (1957)

Noch weitere Fahrzeuge haben ihren Ursprung in den ET 25/31/55: Anfang der 50er-Jahre waren aus zerstörten und verschrotteten Triebwagen sowie aus Reservebeständen auch noch andere verwertbare Bauteile auf Lager, für die sich eine Nutzung anbot. Die DB ließ daraufhin bei Fuchs und Rathgeber sieben dreiteilige Triebzüge mit einem antriebslosen Mittelwagen bauen, deren elektrische Ausrüstung sich weitgehend an den vorhandenen Lagerbeständen orientierte, während der wagenbauliche Teil den seinerzeit modernsten Designstudien folgte. Nach dem dieselbetriebenen Versuchsfahrzeug VT 92 501 waren die ET 56 die ersten elektrischen Vertreter der berühmten „Eierkopf-Züge". Den Kompromiss aus alter und neuer Technik sah man ihnen keinesfalls an. Die 1952 ausgelieferten Fahrzeuge konnten wegen des gegenüber dem ET 25 niedrigeren Gewichts in der Beschleunigung punkten und hatten ihre Heimat anfänglich in Nürnberg und Tübingen, ab 1970 dann in Heidelberg. 1986 wurden die letzten Züge ausgemustert, sie wurden allesamt verschrottet.

Das Ruhrgebiet war in den 50er-Jahren längst wieder zu einem bedeutenden Wirtschaftszentrum aufgestiegen, und das dichte Eisenbahnnetz hatte an diesem Umstand großen Verdienst. Noch hatte die Oberleitung das mittlere Rheintal nicht erreicht, als die DB im Ruhrgebiet am 2. Juni 1957 einen eigenen elektrischen Inselbetrieb zwischen Düsseldorf und Hamm eröffnete. Damit für den Städteschnellverkehr gleich zur Betriebsaufnahme leistungsfähige Triebzüge zur Verfügung standen, wurden bereits ab 1955 insgesamt 24 dreiteilige Elektrotriebwagen als Baureihe ET 30 be-

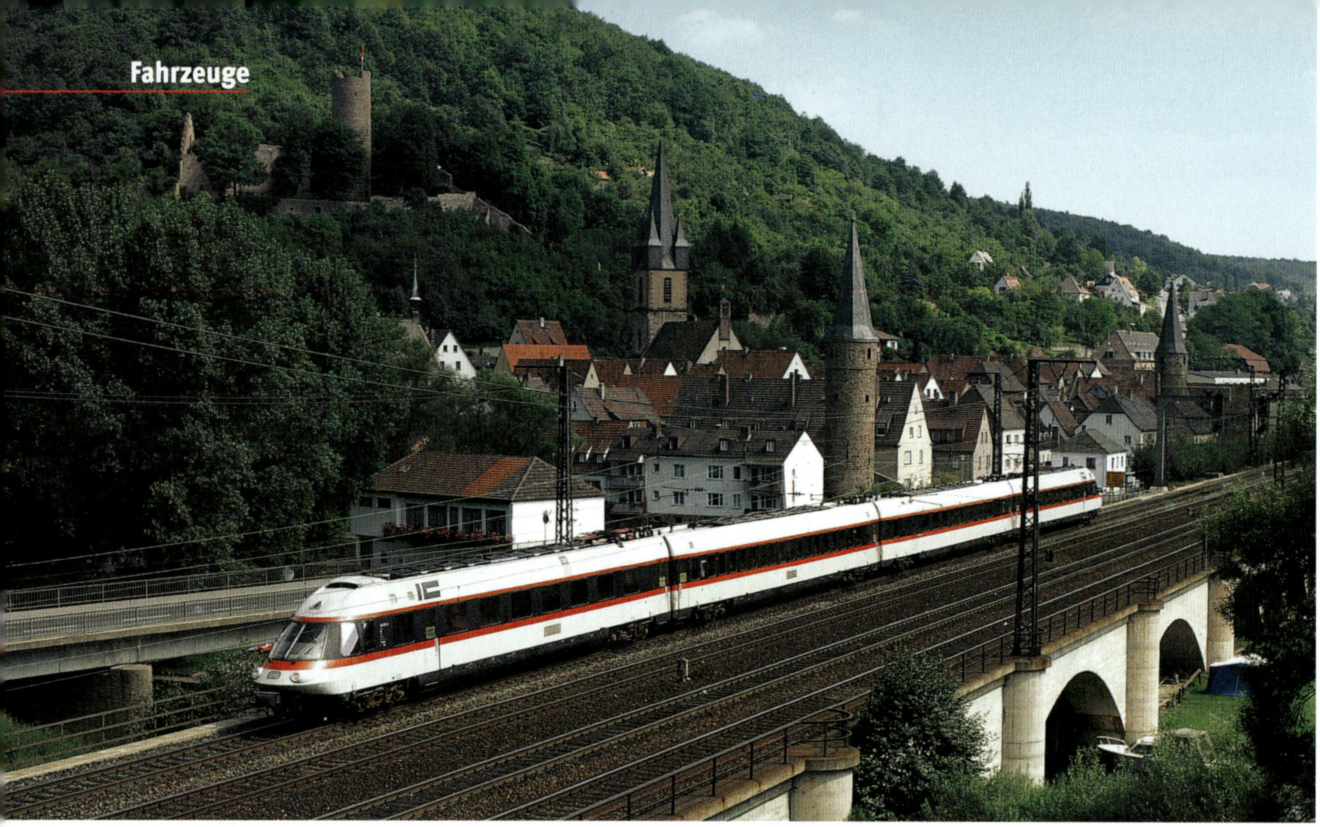

Als Intercity für schwach frequentierte Linien war der Triebzug 403/404 gedacht. Diese Rolle übernahm er aber nur für wenige Jahre. Im Bild: 403 005/006 bei Gemünden, August 1981
A. Schöppner

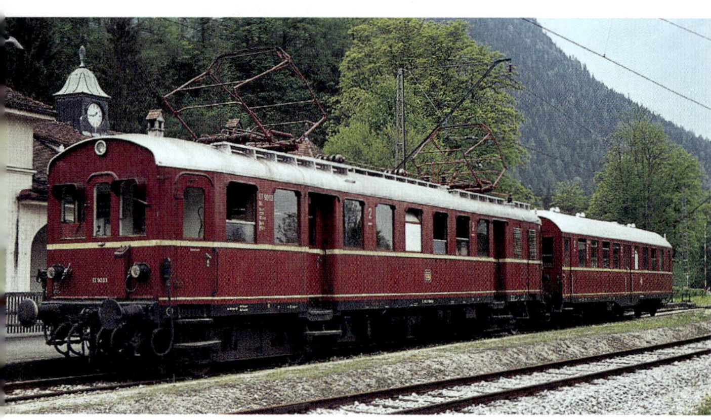

Am Königssee fahren im Juni 1965 ET 90 03 und ES 85 40. Für den Einsatz auf dieser Strecke hatte man 1949 drei ET 85 zu ET 90 umgebaut; der Steuerwagen ES 85 stammte von der Müglitztalbahn bei Dresden
P. Pekny/Slg. J. Krantz

schafft. Die Mittelwagen wurden wieder antriebslos konzipiert und als EM 30 bezeichnet. Als Hersteller zeichneten Westwaggon, Duewag, Fuchs (nur Triebköpfe) und WMD (nur Mittelwagen).

Äußerlich waren die Unterschiede zum vier Jahre zuvor gelieferten ET 56 nur gering, wenn man von den breiten Einstiegen mit achtteiligen Falttüren einmal absah. Der elektrische Teil dagegen stellte eine komplette Neuentwicklung dar; die Motoren boten im Vergleich zu vorher jetzt die doppelte Leistung. Für die damalige Zeit besaß der neue ET 30 ein ausgesprochen gutes Beschleunigungsverhalten, das ihn optimal für sein künftiges Einsatzgebiet qualifizierte.

1957 wurden 18 Einheiten in Dortmund stationiert und auf der Linie Düsseldorf – Duisburg – Essen – Bochum – Dortmund – Hamm (Westf) eingesetzt. Im Mai 1967 wurden sie nach Hamm umstationiert. Die übrigen sechs Einheiten standen dem Regionalverkehr rund um Nürnberg zur Verfügung. Ab 1972 wurden alle Züge beim Bw Hamm zusammengezogen, wo sie zwischen 1980 und 1984 auch als Folge großer Korrosionsschäden ausgemustert wurden. Nur der Triebkopf ET 30 014b blieb bis heute erhalten.

Auf dem Weg zur S-Bahn: Der ET 27

Nach der Beschaffung der ET 30 folgte ab 1959 die Auslieferung der modernen ET 170 für die Hamburger S-Bahn (siehe

Bild 2 Seitenansicht und Grundriß
Gattungszeichen: BDym/ABym/Bym
Achsfolge: Bo '2'+2'2' +2' Bo'
Betriebs-Nr. 430 101—124
830 001—024
430 401—424

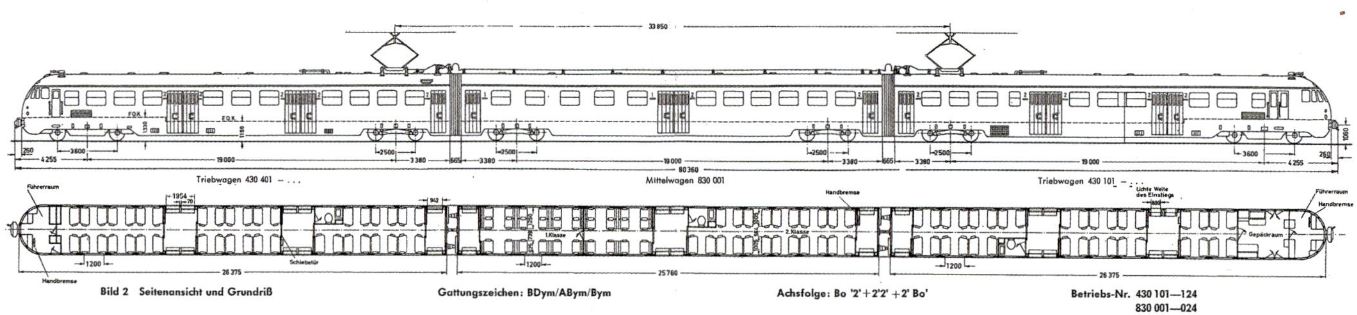

Das ICE-Zeitalter beginnt

Um den Verkehr auf den nachfragestarken Nord-Süd-Relationen Hamburg – Würzburg – München bzw. Hamburg – Frankfurt – Stuttgart (– München) zu beschleunigen, begann die DB in den 70er-Jahren mit dem Bau der Schnellfahrstrecken Hannover – Würzburg und Mannheim – Stuttgart. Während sie lokbespannte Züge favorisierte, setzte das Bundesforschungsministerium auf Triebzüge: Der Anfang für ein neues Hochgeschwindigkeitsfahrzeug war gemacht.

Auf Betreiben des Bundesministeriums erhielt die DB einen Prototyp „InterCityExperimental". Er sollte in Versuchsfahrten den neuartigen Geschwindigkeitsbereich ausloten – mit geplanten 280 km/h lag der kurz „ICE" genannte Zug deutlich über dem bisherigen Maximalwert von 200 km/h. Der Prototyp bestand aus zwei Triebköpfen und drei Mittelwagen. Die von Krupp (410 001) und Henschel (410 002) gebauten Triebköpfe wurden am 4. Juli 1985 an das AW München-Freimann geliefert; MBB in Donauwörth übergab am 31. Juli die Mittelwagen 810 001 bis 003.

Die Triebköpfe verfügten über die bereits bei der Ellok-Baureihe 120 erprobte Drehstromantriebstechnik. Die Vorteile dieser Antriebsart sind geringer Verschleiß bei geringem Gewicht, gute Regelbarkeit der Antriebsleistung sowie die Energierückspeisung beim Bremsvorgang. Jeder Triebkopf leistete 3.640 kW. In einem Mittelwagen war die für die Messfahrten erforderliche Technik untergebracht, die beiden anderen dienten als Muster für die Inneneinrichtung der Serienfahrzeuge.

Ende August 1985 begannen die Versuchsfahrten. Die offizielle Abnahme des dem BZA München zugeteilten Triebzugs erfolgte am 18. Oktober 1985. Bei einer der ersten Versuchsfahrten im November 1985 stellte der ICE mit 317 km/h einen neuen Geschwindigkeitsrekord auf deutschen Schienen auf. Am 1. Mai 1988 erzielte er mit 406,9 km/h sogar einen neuen Weltrekord – auch wenn dieser kurz darauf wieder vom französischen TGV übertroffen wurde (siehe Seite 29).

Der ICE in Serie

Nach umfangreicher Erprobung des Prototypzuges gab die DB im zweiten Halbjahr 1987 den Auftrag zur Lieferung von 60 Serienzügen („InterCityExpress") an die Herstellerfirmen. Die 120 Triebköpfe für den Serien-ICE (später ICE 1) wurden zu gleichen Teilen von Krupp, Krauss-Maffei und Henschel gebaut, den elektrischen Teil lieferten Siemens, BBC und AEG. Für die Herstellung der Mittelwagen zeichneten Duewag, DWA, Henschel, LHB, MAN, MBB und Waggon-Union verantwortlich. Die Triebköpfe des ICE 1 erhielten die Baureihenbezeichnung 401; jeweils zwei Triebköpfe bilden mit den zugehörigen Mittelwagen eine ICE-Einheit, wobei die Ordnungsnummer des zweiten Triebkopfes um 500 erhöht wurde.

Als Vorstufe zum ICE erprobte die Bundesbahn den Versuchszug ICE-V Z. Pillmann

Bei den Mittelwagen gibt es vier unterschiedliche Typen:

Baureihe 801: Mittelwagen 1. Klasse
Baureihe 802: Mittelwagen 2. Klasse
Baureihe 803: Mittelwagen 2. Klasse mit Spezialausrüstung
Baureihe 804: BordRestaurant

1989 begann die Auslieferung der Triebköpfe der Baureihe 401 an die DB. Auch hier fanden zunächst umfangreiche Probefahrten statt. Dazu verwendete man bis zur Auslieferung der Mittelwagen ausgemusterte Sitz- und Liegewagen, die mit entsprechenden Kupplungen versehen zwischen zwei Triebköpfen eingereiht wurden.

Die Triebköpfe 401 001-020 (501-520) laufen mit Thyristortechnik, während 401 051-090 (551-590) mit GTO-Technik ausgestattet sind. Da die Triebköpfe mit bis zu 14 Mittelwagen und einer Geschwindigkeit von bis zu 280 km/h auf den Schnellfahrstrecken verkehren sollten, wurde die Leistung eines Triebkopfes auf 4.800 kW gesteigert. Im Regelfall verfügt eine Einheit des ICE 1 über zwölf Mittelwagen (4 x 801, 6 x 802, 1 x 803, 1 x 804). Grundsätzlich sind aber auch Garnituren mit sieben bis vierzehn Mittelwagen denkbar. Nach Möglichkeit bleiben die Triebköpfe fest mit den Mittelwagen verbunden.

Mit Beginn des Sommerfahrplans am 2. Juni 1991 nahm der ICE 1 den Planbetrieb auf. Abgesehen von einigen kleineren Pannen, verlief der Einstieg in das Hochgeschwindigkeitszeitalter recht erfolgreich. So erfolgreich, dass die DB bereits 1992 die nächste Generation, den ICE 2, bestellte. Mit diesen kuppelbaren Halbzügen wollte sie das ICE-Netz ausbauen und auch effektiver gestalten (siehe auch S. 48-55).

Einige ICE-1-Triebköpfe wurden für den Einsatz in der Schweiz mit Stromabnehmern ausgerüstet, die das schmalere Profil der dortigen Strecken berücksichtigen. Damit waren Durchläufe über Basel hinaus in die Schweiz möglich, etwa nach Zürich, Chur und Interlaken Ost. Ferner erhielten die ICE 1 die Zulassung für Fahrten nach Österreich und fuhren unter anderem nach Wien. In anderen Ländern ist der ICE 1 bislang nicht zugelassen.

Zwei Triebköpfe mussten bislang nach Unfällen (401 551 Entgleisung bei Eschede, 401 020 Brandschaden in Offenbach) ausgemustert werden. Die beiden verbliebenen Triebköpfe kombinierte man zu einer neuen Garnitur, sodass heute noch 59 Einheiten im Einsatz stehen.

Für den ICE 1 beschloss die nunmehrige DB AG nach knapp 15 Jahren Einsatzzeit ein Redesign-Programm. Erster fertig gestellter Triebzug ist die Einheit 111 (401 011/511), bei der man die komplette Inneneinrichtung erneuerte. Darüber hinaus werden die Züge auch technisch wieder fit gemacht, sodass sie weitere 15 Jahre im Einsatz bleiben können.

Der Prototyp hingegen wurde nach Auslieferung eines neuen, moderneren Versuchstriebwagens (ICE-S) nicht mehr für Probefahrten benötigt. Der Triebkopf 410 001 steht mit dem Mittelwagen 810 001 als Denkmal im FTZ Minden, 410 002 steht in München im Verkehrszentrum des Deutschen Museums auf der Theresienhöhe. Der Mittelwagen 810 002 ist noch im Werk Nürnberg vorhanden, der Mittelwagen 810 003 ist verschrottet.

Andreas Kabelitz

eigenen Beitrag S. 42/43). Pläne für S-Bahn-Netze nach Hamburger und Berliner Vorbild kamen mittlerweile aber auch in anderen Metropolen bzw. Ballungsräumen wie München, Frankfurt (Main), Stuttgart und dem Ruhrgebiet auf die Tagesordnung.

Noch 1961 bestellte die DB fünf Versuchszüge bei MAN und Wegmann, die als Vorläufer künftig zu beschaffender S-Bahn-Fahrzeuge getestet werden sollten. Während sich die Innenraumgestaltung weitgehend an den Hamburger ET 170 anlehnte, orientierte sich das Außendesign entfernt an den zeitgleich ausgelieferten VT 24-Triebzügen. Wieder handelte es sich um dreiteilige Züge mit einem antriebslosen Mittelwagen. Sie besaßen eine geringe Fußbodenhöhe (905 Millimeter) – passend zu den niedrigen Bahnsteigen – und breite Schwenkschiebetüren. Vor allem aber der hohe Dachbereich, in dem viele Aggregate saßen, fiel aus dem Rahmen.

Letztlich konnten die Fahrzeuge die Verantwortlichen nicht begeistern: Die Beschleunigungswerte erreichten nicht die vom ET 30 gesetzten Standards. Im Großraum Stuttgart wurden die Züge daraufhin noch bis 1985 eingesetzt und 1986 ausgemustert. Eine Garnitur blieb erhalten.

Immerhin gaben die ET 27 wertvolle Hinweise für die Konstruktion des

Zu den bedeutendsten Elektrotriebwagen der Bundesbahn-Ära zählen die Akkutriebwagen der Baureihe 515 (im Bild: 515 535 und ein Bruderfahrzeug bei Weilburg, Mai 1980). Ihnen ist in diesem Heft ein eigener Beitrag gewidmet (siehe S. 86-93) G. Wagner

Zum Intercity gesellt sich im Juni 1991 der InterCityExpress: Die Hochgeschwindigkeits-Triebzüge der Baureihe 401 sind die neuen Premiumzüge der DB im Fernverkehr (Bild von der Neubaustrecke Fulda – Würzburg) G. Wagner

Triebzugs der Baureihe 420/421 (siehe Kasten S. 36), bei dem auch der Mittelwagen angetrieben wird.

Die Wende zum Schnellverkehr: Der Intercity-Zug 403/404

Die 1936 ausgelieferten drei Versuchszüge der Baureihe ET 11 blieben die einzigen deutschen elektrischen Schnelltriebwagen für den Fernverkehr – bis 1973. In diesem Jahr rollten bei LHB und MBB wiederum drei Versuchszüge aus den Werkhallen, deren elegante und windschnittige Form Maßstäbe setzte. Die neuen Züge der Reihe 403/404 hatten Allachsantrieb und waren für eine Höchstgeschwindigkeit von 200 km/h ausgelegt. Zum Einsatz kommen sollten sie auf schwächer frequentierten Linien des Intercity-Netzes, das nach einem Vorlaufbetrieb ab September 1968 im September 1971 bundesweit in Betrieb ging. Dazu hatte die DB 1970 die Baureihe 403/404 als reine 1.-Klasse-Kurzzüge für das IC-Netz bestellt. Eine ursprünglich geplante gleisbogenabhängige Wagenka-

Auch die 426er blicken auf ein bewegtes Leben zurück. Sie fuhren als Gleichstromzüge bei der Heeresversuchsanstalt Peenemünde, kamen nach 1945 zur Isartalbahn und wurden Mitte der 50er-Jahre auf Wechselstrom umgebaut. In den 70er-Jahren zeigten sie sich noch mit unterschiedlichem Äußeren: alt in Form des 426 003 (Bild S. 41: Urmitz-Rheinbrücke, Strecke Koblenz – Neuwied, 1975), neu in Gestalt von 426 004 (Bild unten rechts: Koblenz Hbf, August 1976) und von 426 001 (Bild unten links: nochmals Urmitz-Rheinbrücke, Mai 1978) H. Brinker (2), U. Kandler (1, Bild u. links)

stensteuerung entfiel. Viele elektrische Komponenten wurden parallel zum 420/421 gebaut. Die Fahrzeuge bewährten sich ausgezeichnet, doch stand eine Serienbeschaffung in weiter Ferne. Die DB setzte weiter auf das Konzept lokbespannter Wagenzüge. Das umso mehr, als das IC-System 1979 radikal geändert wurde: „Jede Stunde, jede Klasse", der IC mit 1. und 2. Wagenklasse, war mit den kurzen Triebzügen nicht zu machen. Mangels anderer Einsatzgebiete wanderten sie in den Sonderzugdienst, bis sie 1982 durch die Lufthansa gechartert wurden. Nach einer Aufarbeitung kamen sie fortan zwischen dem Düsseldorfer und Frankfurter Flughafen als «Lufthansa Airport Express» zum Einsatz, wo sie kilometerintensive Einsätze zu absolvieren hatten. 1993 endeten diese Einsätze, die arbeitslosen Fahrzeuge wurden daraufhin ausgemustert. Später kaufte die Prignitzer Eisenbahn alle Züge, arbeitete sie aber nicht mehr auf. Angesichts des sehr schlechten Zustandes ist heute die Verschrottung aller Wagen zu befürchten. Das längst totgesagte Triebzugkonzept für den Schnellzugverkehr bekam dann aber doch noch eine Chance: 1991 erschien der ICE (s. Kasten S. 273), der die mit dem ET 11 und dem 403 begründete Tradition der elektrischen Schnelltriebzüge in großen Stückzahlen mit einem flächendeckenden Verkehr fortsetzte.

Mit Erfolg: Der ICE fährt heute in dritter Generation und hat den lokbespannten Zug im Fernverkehr deutlich zurückgedrängt.

MALTE WERNING

Die Elektrotriebzüge für die S-Bahn Leipzig kamen über eine Vorserie nicht hinaus; die DR entschied sich für Wendezüge mit Doppelstockwagen (Foto in Leipzig Hbf)
Slg. H. Brinker

Die Elektrotriebwagen der Deutschen Reichsbahn der DDR

Gezielte Verstärkung

Zuerst schränkte der Abbau der Infrastruktur durch die UdSSR den elektrischen Betrieb ein. Als die DR in den 50er-Jahren die Elektrifizierung wieder angehen konnte, galt ihr Augenmerk der Ellok. Elektrotriebwagen erwarb sie meist nur in kleiner Zahl

Nach dem Ende des Zweiten Weltkrieges konnte schon im Juli 1945 wieder der elektrische Betrieb im mitteldeutschen Netz aufgenommen werden. Die Eisenbahner arbeiteten mit Hochdruck daran, die Verhältnisse zu normalisieren. Während bereits im August in der RBD Halle umfangreicher elektrischer Zugverkehr erfolgte, zogen sich die Inbetriebnahmen der Strecken im Bereich der RBD Erfurt länger hin. Erst im März 1946 konnte in Saalfeld der Lückenschluss zwischen dem süddeutschen und mitteldeutschen E-Netz vollzogen wurden.

Nicht ganz drei Wochen später war das wieder Geschichte: Befehl Nr. 95 der Sowjetischen Militäradministration ordnete die Abschaltung der Oberleitung an, und in den darauffolgenden Wochen wurden die gesamten elektrischen Anlagen rigoros abgerissen und als Reparationsleistung in die Sowjetunion abgefahren. Mit auf die Reise gingen auch nahezu alle elektrischen Fahrzeuge; so rollten neben den beiden ET 82 und vermutlich auch ET 41 01 die ET 25 005a/b, 009a/b, 011a/b im November 1946 Richtung Osten, wo die Fahrzeuge verschollen blieben. Zwischen Mai 1952 und Mitte 1953 trafen die von der UdSSR wieder zurückgegebenen Fahrzeuge und Ausrüstungsteile in der DDR ein, und am 1. September 1955 konnte der elektrische Zugbetrieb zwischen Magdeburg und Köthen erneut eingeweiht werden. Nun waren Triebfahrzeuge gefragt – das Raw Halle baute schnellstmöglich aus den vorhandenen Lokwracks betriebsfähige Maschinen, vornehmlich E 44, auf. In den Schadparks befanden sich aber auch der ET 25 012a/b sowie der ES 25 008, bei denen ebenfalls vermutet wird, dass sie als Reparationsgut in die UdSSR gingen. Das Raw Dessau entfernte 1958/59 die Kopfteile des Steuerwagens und setzte ihn als Mittelwagen zwischen die beiden Triebwagenhälften. Als ET 25 012 a/b/c war der Triebzug so bis 1972 im Einsatz und erhielt noch die UIC-Nummern 285 001-003. In Wurzen standen die beiden Kopfenden danach einige Jahre als Vereinsheim und Materiallager.

Ost-„Eierkopf" und Neubauten für die S-Bahn Leipzig

Der Neubau von elektrischen Triebwagen in der DDR unterblieb zunächst. Fast einem kompletten Neubau kam dafür ein Umbau von vier stark beschädigten, ehemals niederländischen Triebwagen gleich. Mit der elektrischen Ausrüstung ausgeschlachteter ET-25-Wracks wurden die Fahrzeuge komplett neu aufgebaut und erhielten gerundete Kopfformen, die stark an die „Eierkopf"-Triebwagen der DB (ET 30, ET 56) erinnerten. 1965 war der zunächst dreiteilig projektierte Zug als ET 25 201a/b/c/d fertig

In den 50er-Jahren versuchte die DR eine Modernisierung der Berliner S-Bahn. Der ET 170 ging aber nicht in Serie (Berlin Ostbahnhof) Slg. G. Schütze

Keine DR-Entwicklung war die heutige Baureihe 480. Sie fuhr ab 1987 für die West-Berliner S-Bahn; die DR erwarb nach 1992 weitere 40 Züge J. Hund

gestellt; er wurde vom Bw Leipzig Hbf West in Richtung Erfurt, Magdeburg und Zwickau gemeinsam mit dem ET 25 012 eingesetzt. Kuppelbar waren die beiden Züge aber nicht, denn der ET 25 201 erhielt Scharfenberg-Kupplungen. 1970 wurde er in 285 201-204 umgezeichnet und 1976 ausgemustert. Der Triebkopf 285 203 wurde als „letzter Rest" der Einheit erst im Dezember 2003 im Bw Leipzig West verschrottet.

1973 unternahm die DR einen weiteren Vorstoß zum Bau von Elektrotriebwagen, der allerdings im Sande verlief: Unter der Baureihenbezeichnung 280 stellte das Kombinat LEW Hennigsdorf einen vierteiligen 120 km/h schnellen Triebzug fertig, bei dem auch die beiden Mittelwagen zur Verbesserung der Anfahrbeschleunigung Allachsantrieb besitzen sollten. Nach der ersten Garnitur (280 001-004) wurde 1974 die zweite Einheit 280 005-008 ausgeliefert und zunächst auf der Leipziger Frühjahrsmesse präsentiert. Zwischen 1975 und 1978 testete die DR die beiden Züge ausgiebig im Fahrgasteinsatz zwischen Leipzig Hbf und Wurzen, konnte sich dann aber doch nicht zu einer Serienbeschaffung durchringen. Sie favorisierte doppelstöckige Wendezüge. Die beiden 280-Züge wurden daraufhin als Unterkunfts- und Aufenthaltsräume bei Elektrifizierungsarbeiten benutzt. Noch Mitte der 90er-Jahre waren einzelne Zugteile vorhanden.

ET 25 012 entstand als Wiederaufbau eines Vorkriegsfahrzeugs; bis 1972 fuhr er im Raum Erfurt/Magdeburg/Zwickau Slg. A. Knipping

Neubauten für die S-Bahn Berlin

Was in Leipzig nicht klappte, hatte in Berlin vielleicht bessere Chancen: 1978 erteilte die DR den LEW Hennigsdorf den Auftrag zur Entwicklung eines Baumusterzuges für einen neuen zweiteiligen Viertelzug für die Berliner S-Bahn, wiederum aus Trieb- und Beiwagen bestehend. Der Fahrzeugpark dort setzte sich immer noch aus Vorkriegs- und Kriegsfahrzeugen zusammen und musste abgelöst werden. Vier Versuchszüge einer Reihe ET 170 aus dem Jahre 1959, die wegen technischer Mängel und dem nach dem Mauerbau stark gesunkenen Fahrzeugbedarf nicht in Serie gingen, waren als Splittergattung zu diesem Zeitpunkt schon nicht mehr im Einsatz.

Das Design der neuen Züge wurde von der Hochschule für industrielle Formgestaltung in Halle entworfen. In ihren Abmessungen entsprachen die Fahrzeuge im Wesentlichen den vorhandenen Zügen, um dem Betriebsdienst „böse Überraschungen" zu ersparen. In technischer Hinsicht handelte es sich aber um Neuentwicklungen. Als 270 001/002 feierte der erste Zug am 25. Februar 1980 zwischen Hennigsdorf und dem märkischen Velten seine Premiere. Ihm folgten drei weitere Versuchszüge, die ausgiebig bei der Berliner S-Bahn erprobt wurden. Schon 1990 zog die DR die Triebwagen wieder aus dem Verkehr, da sie nicht mit den später gebauten Serienzügen kompatibel waren. Der erste Musterzug wird heute von der Historischen S-Bahn Berlin erhalten.

Im Jahr 1987 begann nämlich die Auslieferung der Serienzüge, beginnend mit der Nummer 270 009 (später: 485 005). In der Detailgestaltung unterschieden sie sich wieder deutlich von den Musterzügen. Bis 1992 entstanden 166 Serienzüge, wobei die letzten Lieferungen die zum Jahreswechsel 1991/92 eingeführten neuen Nummern (485/885) erhielten.

Trugen die Züge anfangs noch die dunkelrot-hellbeige „Hauptstadtlackierung", so wurden die Serienzüge in leuchtendem Rot ausgeliefert. Seit einigen Jahren erhalten sie wieder die traditionellen rot/beigen S-Bahn-Farben. Erste Abstellungen gab es zwar schon, doch die Einsatzplanungen sehen heute noch eine Nutzung bis in das Jahr 2013 vor.

Die Nachfolge der Reihe 270/485 trat ab 1996 die bereits von der Deutschen Bahn AG beschaffte Reihe 481/482 an.

Sonderlinge im Bestand

In der sowjetisch besetzten Zone gingen die Privatbahnen um 1949 schrittweise auf die DR und damit in „Volkes Hand" über. So bereicherten viele, teils exotische Strecken und Fahrzeuge die Reichsbahn.

Ein Beispiel dafür ist die 1897 als Schmalspurbahn gebaute und 1930 umgespurte Buckower Kleinbahn östlich von Berlin. Unter einer Fahrleitung mit 800-Volt-Gleichstrom pendelten drei zweiachsige Triebwagen mit drei bauartähnlichen Beiwagen zwischen Buckow und dem 4,9 Kilometer entfernten Müncheberg an der „Ostbahn" (Berlin – Küstrin). Die Fahrzeuge, von Hawa und der AEG gebaut, erhielten bei der DR die Bezeichnung ET 188 501-503 und EB 188 501-503.

Eine Umstellung des Stromsystems stand zu DR-Zeiten nicht zur Debatte.

Zu den Sonderlingen im DR-Bestand gehören die Triebwagen der Oberweißbacher Bergbahn. Im modernisierten Gewand sind 279 203 und 279 205 im Juli 1991 bei Lichtenhain unterwegs M. Werning

Der heutige 485 stellte mit 166 Stück den größten Bestand an DR-Elektrotriebwagen. Er soll bis 2013 bei Berlins S-Bahn fahren J. Hund

Zusammen mit dem ET 25 012 kam ET 25 201 zum Einsatz; er entstand aus niederländischen Triebwagen und ähnelte äußerlich den ET 30 und ET 56 der Bundesbahn (Bild in Leipzig Hbf) Slg. B. Rampp

Stattdessen wurden die drei Wagen 1980 im Raw Berlin-Schöneweide vollständig neu aufgebaut, wobei die Wagenkästen zahlreiche Elemente des damals laufenden Modernisierungsprogramms der Berliner S-Bahn erhielten. Bei den Quasi-Neubauten wurden aus den Beiwagen Steuerwagen. Gleichzeitig änderte man die elektrische Ausrüstung auf Betrieb mit 600-V-Gleichstrom.

Noch zu DR-Zeiten musste der elektrische Betrieb 1993 aufgegeben werden, weil das für die Stromversorgung notwendige Unterwerk nach aufwändigen Erneuerungen verlangte, die sich aber angesichts dramatisch sinkender Fahrgastzahlen nicht finanzieren ließen. Der Initiative des Eisenbahnvereins Märkische Schweiz e. V. ist es zu verdanken, dass die zuletzt als 479 601-603 eingereihten Triebwagen seit 2002 wieder im Ausflugsverkehr auf ihrer Stammstrecke rollen können.

Reservate in Thüringen und Sachsen

Dagegen stehen drei weitere, recht ähnliche Triebwagen auch heute noch im planmäßigern Einsatz: In Thüringen befindet sich die „Oberweißbacher Bergbahn“, bestehend aus einer Standseilbahn und einem 2,5 Kilometer langen, mit 600-V-Gleichstrom elektrifizierten „Flachlandabschnitt“ von Cursdorf nach Lichtenhain. Schon 1923 ließ die Bergbahn bei der Waggonfabrik Gotha einen zweiachsigen Triebwagen bauen, den die DR ab 1949 als ET 188 531 übernahm. Ab 1955 kam ein Reservefahrzeug hinzu, das die DR von der Leipziger Straßenbahn übernahm (ET 188 701).

1963 wurde der Reservewagen im Raw Schöneweide „rekonstruiert“, was auch hier einem Quasi-Neubau entsprach. 1968 folgte der 531, sodass 1970 zwei relativ moderne Triebwagen auf der Strecke zur Verfügung standen, nummeriert als 279 201 und 279 203. Als 279 202 diente ein Beiwagen von Wismar, der 1940 für die Niederbarnimer Eisenbahn gebaut wurde, als Ergänzung (DR VB 140 518). Zwischen 1981 und 1985 steckte das Raw Schöneweide noch einmal viel Aufwand in die drei Fahrzeuge, modernisierte sie und glich sie weitgehend einander an. Dabei erhielt auch der Beiwagen eine elektrische Ausrüstung und kehrte als dritter Triebwagen mit der Nummer 279 205 in den Einsatz zurück. 1992 wurden alle drei Fahrzeuge in die Baureihe 479 umgezeichnet.

Einige weitere „Sonderlinge“ übernahm die DR 1949 von der Schleizer Kleinbahn AG, die seit 1930 die Strecke Schleiz – Saalburg und einen Abzweig zur Bleilochtalsperre mit 1.200-V-Gleichstrom betrieb. Neben zwei Trieb- und vier Beiwagen, die untereinander mit einer straßenbahnartigen Stangenkupplung verbunden und von Waggonbau Weimar konstruiert worden waren, umfasste der Bestand zwei Gütertriebwagen mit einer originellen Holz- und Stahlkonstruktion mit gewöhnlichen Zug- und Stoßvorrichtungen. Die DR reihte die Personenfahrzeuge als ET 188 511-512 und EB 188 511-514 ein, während die Gütertriebwagen als ET 188 521 und 522 bezeichnet wurden.

Zum 31. Mai 1969 wurde der Betrieb von Elektro- auf Dieseltraktion umgestellt. Die arbeitslosen Wagen dienten noch einige Jahre als rollende Werkstätten in Reichenbach und Saalfeld, teilweise wurden sie zu Niederbordwagen umgerüstet. Erhalten blieben bis heute ET 188 511 und 521 sowie EB 188 514 im Bestand des Verkehrsmuseums Dresden sowie der EB 188 513 als Aufsetzwagen auf der Standseilbahn der Oberweißbacher Bergbahn.

Letztlich gab es noch vier Neubautriebwagen, welche die DR 1956 und 1958 als ET 198 03 bis 06 (mit ebenso nummerierten Beiwagen) für die Meterspurstrecke Klingenthal – Sachsenberg-Georgenthal bauen ließ. Dort fuhr man mit 650-V-Gleichstrom auf fünf Kilometern Länge. Die Fahrzeuge wurden vom VEB Waggonbau Gotha aus Straßenbahnlieferungen abgezweigt; sie ersetzten vier Vorgänger (ET 197 21, 22; ET 198 01, 02) aus den Jahren 1917 und 1903. Nach der Stilllegung der Bahn kamen die Triebwagen im August 1964 zu den Verkehrsbetrieben Plauen; Wagen 03 und 04 gelangten später noch nach Naumburg. Malte Werning

Bei den LAG-Fahrzeugen von der Vorseite handelt es sich um Trieb-Wagen, beim 425 der Bundesbahn dagegen um einen Trieb-Zug: Das Fahrzeug für 15 kV/ 16 2/3 Hz Wechselstrom besteht aus mehreren fest gekoppelten Wagen, von denen zwei angetrieben sind. Im August 1979 verlässt 425 121 als Nahverkehrszug Besigheim in Richtung Stuttgart G. Wagner

Die Elektrotriebwagen der Deutschen Bahn AG

Aufbruchstimmung

Die DB AG hegt eine Vorliebe für den ET. Zeigte sich der Fuhrpark bei der Gründung noch nicht sehr groß, so folgten bald stattliche Einkäufe. Elektrotriebwagen kamen für den Fernverkehr wie für den Nahverkehr

RECHTS Für den Regionalverkehr beschaffte die Deutsche Bahn AG die Baureihe 425. Im Juli 2006 bedient einer der Triebzüge die Strecke Hagen – Siegen (Aufnahme in Altena) C. Riedel

Im Juli 1995 präsentiert Siemens in Essen die ersten fertig gestellten Triebköpfe des ICE 2. Vom ICE 1 unterscheiden sie sich durch die Bugklappe mit der darunter verborgenen Scharfenbergkupplung M. Werning

Bei Gründung der Deutschen Bahn AG zum 1. Januar 1994 verfügte das Unternehmen über einen überschaubaren Bestand an elektrischen Triebwagen. Der Fuhrpark umfasste (ohne die S-Bahn Berlin):

Baureihe 401:	120 Triebköpfe (60 ICE-Triebzüge)
Baureihe 403/404:	12 Fahrzeuge (seit 23.05.1993 abgestellt)
Baureihe 410:	2 Triebköpfe ICE-Prototyp
Baureihe 420/421:	423 Triebzüge (8. Bauserie in Auslieferung)
Baureihe 470/870:	45 Triebzüge
Baureihe 471/871:	62 Triebzüge
Baureihe 472/473:	62 Triebzüge
Baureihe 479:	6 Triebwagen
Baureihe 491:	1 Triebwagen

Zusammenfassend kann man feststellen, dass außer den S-Bahn Triebwagen für die Netze in Frankfurt (Main), München und Stuttgart (420/421), Hamburg (470-473) und Berlin (475-478, 480 und 485) nur noch die 120 ICE-Triebköpfe der Baureihe 401 (ICE 1) eine wichtige Funktion in den Verkehrsleistungen der jungen DB AG einnahmen. Außerhalb dieser eng definierten Einsatzgebiete spielten Elektrotriebwagen nahezu keine Rolle. Das sollte sich jedoch in den Folgejahren ändern.

Jahre des Wandels (1994–1999)

Im Jahr 1994 wurden zunächst weitere Einheiten der achten Bauserie des S-Bahn-Triebzuges der Baureihe 420/421 beschafft. Diese Serie umfasste insgesamt 59 Einheiten (420 431 bis 489), die bis Oktober 1997 ausgeliefert wurden. Damit endete nach 27 (!) Jahren die Beschaffung dieser für die Entwicklung der S-Bahn-Netze in Deutschland so wichtigen Baureihe.

Im Jahr 1994 fand ferner eine neue Baureihe ihren Weg in die Statistik der DB AG. Für den Karlsruher Verkehrsverbund finanzierte die DB AG den Erwerb von vier Stadtbahnwagen für den gemischten Straßenbahn- und S-Bahn-Verkehr rund um Karlsruhe. Obwohl die vier von der DB AG beschafften Triebwagen gemeinsam mit den anderen Stadtbahnwagen in der AVG-Werkstatt Karlsruhe gewartet werden, gehören sie offiziell der DB AG und werden folgerichtig in der eigenen Statistik geführt. Dafür wurde ihnen die Baureihenbezeichnung 450 zugeteilt; die vier Triebwagen erhielten die Nummern 450 001-004, die jeweils auch am Fahrzeug – neben einem Logo der DB AG – steht.

1995 verabschiedeten sich zwei Exoten aus dem Bestand der DB AG. Während

Den Bestand der Berliner S-Bahn-Fahrzeuge verjüngte die Deutsche Bahn AG mit den Triebzügen der Baureihe 481 (Aufnahme in Berlin-Friedrichsfelde, Mai 2006) H. Focken

Komfortabel oder nicht? So erleben Reisende die Fahrt im ICE 2 (Baureihe 402) DB AG/Lautenschläger

Ein Versuch: Der „Meridian"

Einen klangvollen Namen suchten sich die Hersteller DWA, Adtranz und Siemens für den ersten doppelstöckigen Elektrotriebzug auf DB-Gleisen aus. Der „Meridian" wurde 1998 auf der „InnoTrans" vorgestellt und basiert im Wesentlichen auf den Doppelstock-Reisezugwagen von DB Regio. Die Hersteller bauten den Triebzug unter der Typenbezeichnung „DET 210" speziell für den Einsatz in Sachsen, da das Land den Prototypen finanziell förderte.

Der dreiteilige Triebzug besteht aus zwei angetriebenen Endwagen, die als 445 001 und 445 501 in den DB-Fahrzeugbestand eingereiht wurden. Der antriebslose Mittelwagen erhielt die Nummer 845 001. Die Einzelwagen wurden als selbsttragende Wagenkästen in Aluminium-Leichtbauweise hergestellt. Die Vollklimatisierung ist längst Standard, ebenso die Verwendung von Schiebetüren mit Überfahrbrücken für Rollstühle. Der Triebzug wurde für 140 km/h ausgelegt. Die Drehstrom-Asynchronmotoren sollten dem Zug S-Bahn-taugliche Beschleunigungswerte verleihen, erfüllten aber dem Vernehmen nach nicht die Erwartungen. Die Stromabnehmer wurden in das Wagendach versenkt, um den geschlossenen Gesamteindruck zu bewahren.

Wer die modernen Regio-Doppelstockwagen kennt, kann sich die Probleme der Unterbringung der Elektrik vorstellen. Hierfür wurden in den Endwagen eigene Geräteräume vor den Führerräumen eingerichtet.

Die Züge selbst sollten, abweichend von den lokbespannten Doppelstockzügen, über Scharfenbergkupplungen miteinander kuppelbar sein. Doch dazu bot sich keine Gelegenheit mehr: Nach einigen Testeinsätzen wurde es wieder ruhig um den einen gebauten Zug, der sich 2000 noch im DB-Bestand befand, kurz darauf aber schon wieder auf das Abstellgleis geschoben wurde. Neben der mäßigen Beschleunigung soll das Fahrzeug noch einige andere Kinderkrankheiten und konzeptionelle Schwächen gehabt haben, die eine Serienreife blockierten. Der Triebzug stand längere Zeit in Hennigsdorf abgestellt, später wurde er ins Bombardier-Werk Görlitz gebracht und wurde verschrottet.

MALTE WERNING

Zu teuer, zu unflexibel? Der „Meridian", hier in Leipzig West, blieb ein Einzelstück und kam nie in den Plandienst H. Focken

die Triebwagen der Baureihe 403 (Endwagen)/404 (Mittelwagen) des einstmals zwischen Düsseldorf und Frankfurt verkehrenden Lufthansa-Airport-Express bereits seit 1993 abgestellt waren und buchmäßig zum 31. Juli 1995 aus dem Bestand gestrichen wurden, kam das Aus für einen anderen Exoten im Fahrzeugbestand der DB AG plötzlich und überraschend. Ein Zusammenstoß mit einer ÖBB-Lok in Garmisch-Partenkirchen beendete am 12. Dezember 1995 jäh die Karriere des einzigen noch verbliebenen Aussichtstriebwagens der DB AG. Zwar wurde der auch als „Gläserner Zug" bezeichnete 491 001 noch bis Ende 1997 in der bahnamtlichen Statistik geführt. Der schwere Unfall im Jahr 1995 bedeutete dennoch das Einsatzende für das bei den Fahrgästen überaus beliebte Fahrzeug. Eine Aufarbeitung des schwer beschädigten Triebwagens wurde von der Führung der DB AG als nicht lohnenswert erachtet. Glücklicherweise blieb der Gläserne Zug erhalten und kann heute im Bahnpark Augsburg besichtigt werden.

Erhalten blieben bis heute auch die ehemaligen IC- und Lufthansa-Airport-Express-Triebwagen der Baureihe 403/404. Nach jahrelanger Abstellung im AW Nürnberg wurden die drei vierteiligen Garnituren 2004 an die Prignitzer Eisenbahn verkauft und nach Putlitz bzw. Meyenburg überführt. Außer dem Abstellort hat sich jedoch nicht viel verändert. Die einstigen Schnelltriebwagen gammeln heute noch vor sich hin, eine erneute Aufarbeitung und Inbetriebnahme erscheint von Tag zu Tag unwahrscheinlicher.

Der ICE als Flügelzug

Der Beginn der Auslieferung der zweiten ICE-Generation ist das herausragende Ereignis des Jahres 1996. Mit den

Neigetechnik-ICE im Einsatz: Zwischen Steinau (Straße) und Bad Soden-Salmünster legen sich der siebenteilige 411 002 und der fünfteilige 415 002 in die Kurve (Mai 2001)
G. Wagner

ICE 2 wurden einige Änderungen gegenüber dem ICE 1 umgesetzt. Die ICE-2-Garnituren verfügen nur noch über einen Triebkopf pro Einheit. Der zweite Triebkopf wurde durch einen neu entwickelten Steuerwagen ersetzt, der über die gleiche Kopfform wie die Triebköpfe verfügt. Eine ICE-2-Garnitur verkehrt im Regelfall in der Reihung:

402 Triebkopf
805.0 Mittelwagen 1. Klasse
805.3 Mittelwagen 1. Klasse
807 Bistro
806.0 Mittelwagen 2. Klasse
806.3 Mittelwagen 2. Klasse
806.6 Mittelwagen 2. Klasse
808 Steuerwagen 2. Klasse

Mit dem ICE 2 wurde das Flügelzugkonzept auf der Linie Berlin – Rhein-Ruhr/Rhein-Wupper – Köln umgesetzt. Dabei werden zwei Garnituren in der Regel mit den Steuerwagen zusammengekuppelt, um dann gemeinsam von Berlin bis zum Flügelbahnhof Hamm (Westf.) zu fahren. In Hamm erfolgt die Trennung der beiden Garnituren. Ein Triebzug fährt von Hamm durch das Ruhrgebiet über Dortmund – Essen – Duisburg nach Düsseldorf, der zweite über Hagen – Wuppertal nach Köln. Dazu verfügen die Steuerwagen und die Triebköpfe über eine öffnungsfähige Klappe an der Front, hinter der die selbsttätige Kupplung des Systems Scharfenberg verborgen ist.

Vom ICE 2 wurden 1996 und 1997 insgesamt 44 Einheiten in Dienst gestellt. Zwei Triebköpfe des ICE 2 wurden für Versuchszwecke als 410 101 und 102 bezeichnet. Diese kamen mit speziellen angetriebenen Mittelwagen zum Einsatz, um das Triebwagenkonzept des ICE 3 zu erproben. Dazu später mehr. Da zum planmäßigen Einsatzbeginn für den ICE 2 die dazugehörigen Steuerwagen der Baureihe 808 noch nicht ausgeliefert waren, verkehrten die ICE 2 vorübergehend als Langzüge, indem zwei Einheiten am 2. Klasse-Ende zusammengekuppelt waren. Dies änderte sich dann ab 1998, als genug Steuerwagen zur Verfügung standen. Alle ICE-2-Einheiten sind heute noch vollständig im Einsatz. Noch nicht entschieden ist, ob die ICE 2 nach Abschluss der Redesignarbeiten am ICE 1 ebenfalls entsprechend modernisiert werden.

S-Bahn-Züge für Hamburg und die ICE-Katastrophe

1997 endete wie oben beschrieben die Auslieferung bei den Baureihen 402 und 420/421. Im selben Jahr begann der Planbetrieb der neuen S-Bahn-Triebwagen der Baureihe 474/874 bei der S-Bahn Hamburg GmbH (siehe S. 42/43). Ende 1996 wurde der erste Triebwagen – damals noch im lichtgrauen Farbschema der DT4-Triebzüge der Hamburger Hochbahn AG – an die DB AG ausgeliefert. Diese Farbgebung konnte sich jedoch nicht durchsetzen, sodass die Triebwagen den im August 1997 aufgenommenen Planeinsatz im klassischen Verkehrsrot der DB AG absolvieren. Insgesamt 103 Einheiten dieser dreiteiligen Triebwagen verkehren seit 1999 auf dem Hamburger S-Bahn-Netz und ersetzten die Altbau-Triebwagen 470/870 bzw. 471/871. 2006 begann der Umbau von 33 Einheiten der Baureihe 474/874 auf Zweisystembetrieb Gleichstrom (1.200 Volt/Stromschiene) und Wechselstrom (15 kV, 16,7 Hertz/Oberleitung) für den Einsatz auf der S-Bahn-Linie Richtung Stade. Die Umbauten werden ergänzt durch neun Neubaufahrzeuge, sodass insgesamt 42 Triebwagen für den Verkehr mit beiden Stromsystemen zur Verfügung stehen werden.

Zurück in die späten 90er-Jahre: Als Tiefpunkt in der Geschichte des Hochgeschwindigkeitsverkehrs in Deutschland ist das Jahr 1998 in die Annalen eingegangen. Am 3. Juni 1998 entgleiste ein Mittelwagen des ICE 884 auf seiner Fahrt von München nach Hamburg kurz vor dem Bahnhof Eschede aufgrund eines Radreifenbruchs. An einer Weiche wurde der Mittelwagen zur Seite gerissen, die nachfolgenden Mittelwagen falteten sich regelrecht auf und prallten gegen eine Straßenbrücke, die daraufhin einstürzte und den Triebzug unter sich begrub. 101 Menschen verloren bei dem Unglück ihr Leben. Nach diesem schwe-

Ein Ausblick in die Zukunft der Regio-Triebwagen

Offenbar hat sich die neuere Triebwagengeneration bei DB Regio bewährt. Vor allem bei der Nahverkehrstochter der Deutschen Bahn gehen die Fahrzeugbeschaffungen der Zukunft weiterhin in Richtung Elektrotriebwagen und weg vom lokbespannten Wendezug. Zwar laufen die Serienbeschaffungen der 423-426-Familie nunmehr aus (von einigen noch für Hannover bestellten 425/435 einmal abgesehen), doch werden auch künftig Elektrotriebwagen beschafft werden. Ein kleiner Blick in die Zukunft:

1. Für das S-Bahn-Netz Rhein-Ruhr kommt eine neue Baureihe 422 als Weiterentwicklung der 423/433. Ab März 2008 wurden die ersten von 78 sechsteiligen Einheiten auf den Gleisen ausgeliefert. Die Beschaffung mit einem Volumen von 343 Millionen Euro zieht sich bis Oktober 2010 hin. Geliefert werden die Züge von Bombardier Transportation (Hennigsdorf) und Alstom (Salzgitter).
   Zur Beschaffung neuer Fahrzeuge hat sich DB Regio im Rahmen des 2003 geschlossenen Verkehrsvertrages (Laufzeit: 15 Jahre) verpflichten müssen. Damit sollen zumindest die 420/421- und 143-S-Bahn-Einsätze im Ruhrgebiet Geschichte sein. Ab 2008 werden die 422 zunächst auf den Strecken S 7 (Solingen – Düsseldorf) und S 9 (Haltern – Bottrop – Essen – Wuppertal) eingesetzt.

2. Auch das S-Bahn-Netz in Hannover, wo 2007 40 Einheiten der Baureihe 424/434 eingesetzt werden, bekommt Zuwachs. Ab Mitte 2008 wurden weitere 13 Triebzüge ausgeliefert: bereits Einheiten der Baureihe 425.2. Die jüngsten 425er zeichnen sich (als Folge der Bremsprobleme bei Herbstlaub) durch ihre Magnetschienenbremse aus und kommen vornehmlich im Verkehr zwischen Hannover und Hildesheim zum Einsatz. Einem gemeinsamen Einsatz mit den 424 staht bislang nichts im Wege. Finanziert wurden die Fahrzeuge im Wert von 63 Millionen Euro vom Land Niedersachsen, geliefert wurden sie von Bombardier Transportation und Siemens.

3. Und noch ein Auftrag an Bombardier: Der Hersteller verkündete im Februar 2007 gemeinsam mit der Deutschen Bahn AG, dass er einen Großauftrag von 321 Einheiten eines neuen Typs namens „Talent 2“ erhalten habe. Die Fahrzeuge wurden ab 2009 für verschiedene Regionalnetze in ganz Deutschland ausgeliefert. Der bisher vom Aachener Bombardier-Werk (ehem. Talbot) entwickelte Talent-Zug steht dabei offenbar Pate für das neue Fahrzeug, doch scheint man sich vom Konzept her bereits deutlich vom bewährten Triebzug zu entfernen.
   Eine elektrische Version des „Talent“ ist an sich nichts Ungewöhnliches, denn die wird aktuell von den ÖBB bereits in größeren Stückzahlen als Reihen 4023 und 4024 eingesetzt. Der „Talent 2“ hingegen sollte aus zwei bis sechs Wagen bestehen und nach einem „strikten Modularkonzept“ aufgebaut werden. Die Antriebsleistung ist je nach Zahl der angetriebenen Achsen wählbar. Zusätzlich kann eine Anpassung an andere Spannungssysteme für den Einsatz im europäischen Netz erfolgen (15- oder 25- kV-Wechselstrom oder 3-kV-Gleichstrom). Einstiegshöhen von 598 oder 800 Millimetern berücksichtigen unterschiedlich hohe Bahnsteigkanten an den Bahnhöfen. Für spätere Einsätze kann der Zug problemlos neu konfiguriert werden, was auch eine Abkehr von den bislang bei Talent-Triebzügen verwendeten Jakobs-Drehgestellen bedeutet.

4. Schon Anfang 2006 hat DB Regio auch fünf Einheiten eines Triebzuges bestellt, der gegenwärtig (noch?) eine Splittergattung im Fahrzeugpark darstellt: Ab Dezember 2007 kamen die Züge des Stadler-Typs FLIRT im Rügen-Verkehr auf den Linien Rostock – Stralsund – Lietzow – Sassnitz, Sassnitz – Stralsund sowie Binz – Lietzow/Bergen zum Einsatz. Zumindest bei DB Regio sind diese Fahrzeuge eine Neuerung, bei anderen Bahngesellschaften stehen sie bereits länger im Einsatz.

Malte Werning

OBEN In der Rhein-/Ruhr-Region verkehren die ICE 2 als Halbzüge; Steuerwagen voraus eilt eine Garnitur im April 1999 bei Wuppertal-Unterbarmen dahin Z. Pillmann

LINKS Nahverkehrsromantik am Niederrhein: Im Oktober 2003 ist ein 423 auf dem Weg von Mönchengladbach nach Wesel T. Feldmann

RECHTS LED-Scheinwerfer und eine Klimaanlage, zu erkennen an der Haube auf der Front – so sieht der DB-AG-Umbau des 420 aus J. Hund

ren Unfall wurden alle ICE-1-Triebzüge vorübergehend aus dem Betrieb genommen. Ersatzverkehr mit ICE-2-Einheiten und lokbespannten Zügen war die Folge. Nach dem Austausch der Räder kamen die ICE 1 bis November 1998 wieder in Betrieb.

Das Jahr 1999 war in zweierlei Hinsicht ein sehr bedeutsames Jahr in der Geschichte der Elektrotriebwagen bei der DB AG, wurden doch in diesem Jahr die ersten Vertreter zweier neuer Fahrzeuggenerationen für den Regionalverkehr und dem hochwertigen Fernverkehr erstmals planmäßig eingesetzt. Der besseren Übersicht halber teilen wir die Berichterstattung und die sich daraus ergebende Entwicklung des Fahrzeugparks an dieser Stelle auf.

ICE – die dritte Generation

Interessanterweise war es gerade der kleinste und in der geringsten Stückzahl beschaffte Vertreter der dritten ICE-Generation, der als Erstes in den Plandienst ging. Elf Exemplare der als Baureihe 415 bezeichneten fünfteiligen ICE-Triebzüge verkehrten ab Sommerfahrplan 1999 auf der Strecke Zürich – Stuttgart. Die 415 sind mit Neigetechnik ausgestattet, womit Fahrzeitverbesserungen auf herkömmlichen, kurvenreichen Strecken ohne größeren Umbau der Infrastruktur erreicht werden können.

Alle Triebwagen der dritten Generation verfügen gegenüber ihren Vorgängern über ein geändertes Antriebskonzept. Dabei wurde auf separate Triebköpfe verzichtet, die einzelnen Komponenten der Antriebstechnik verteilen sich nun über den ganzen Zug. Ein **415** besteht aus folgenden Wagen:

415.0 Endwagen mit Führerpult und Großraum 2. Klasse
415.1 Großraum 2. Klasse
415.7 Bordrestaurant und ein spezielles Kinderabteil
415.6 Sitzplätze für 1. und 2. Klasse
415.5 Endwagen mit Führerpult und Lounge (1. Klasse)

Dem 415 folgte ab 2000 die Baureihe 411. Technisch gesehen, handelt es sich bei der Baureihe 411 um die siebenteilige Variante des 415. Die beiden zusätzlichen Wagen beinhalten folgende Komponenten:

411.0 und **411.1** siehe 415
411.2 Großraum 2. Klasse mit Servicepoint
411.5, **411.6** und **411.7** siehe 415
411.8 Großraum 2. Klasse

Die ICE-Neigetechnikzüge der Baureihe 411 wurden in einer ersten Serie in 32 Exemplaren (411 001 – 032, etc.) im Jahr 2000 beschafft. 2004/2005 folgte eine geringfügig modifizierte Serie mit 22 Triebzügen (411 051 – 072, etc.).

Ebenfalls im Jahr 2000 begann die Auslieferung der speziell für die Neubaustrecke Köln – Frankfurt (Main) gebauten ICE 3 der (neu vergebenen) Baureihe 403 und der Mehrsystemvariante, der Baureihe 406. Die Neubaustrecke Köln – Frankfurt (Main) verfügt über extreme Steigungen von 40 Promille. Aufgrund der planmäßigen Höchstgeschwindigkeit von 300 km/h sind nur die ICE 3 für diese Strecke zugelassen. Bei ihnen handelt es sich um achtteilige Triebzüge, deren Antriebstechnik ebenfalls über den ganzen Zug verteilt ist. Ein **403** besteht aus folgenden Wagen:

403.0 Endwagen mit Führerpult und Lounge (1. Klasse)
403.1 Großraum/Abteil 1. Klasse
403.2 Großraum/Abteil 2. Klasse
403.3 BordBistro/Restaurant
403.8 Großraum 2. Klasse und ein spezielles Kinderabteil
403.7 Großraum 2. Klasse
403.6 Großraum 2. Klasse
403.5 Endwagen mit Führerpult und Lounge (2. Klasse)

Zunächst wurden 37 Einheiten des ICE 3 in Dienst gestellt, welche die Nummern 403 001-037 (etc.) erhielten. Hinzu kamen 17 mehrsystemfähige Triebzüge der Baureihe 406, die sich von der Inneneinrichtung her nicht von den 403 unterscheiden. Die 406, von denen vier Triebzüge (406 051-054) von der niederländischen

Bahngesellschaft Nederlandse Spoorwegen finanziert wurden und diesen gehören, kommen hauptsächlich auf der Relation Amsterdam – Köln – Frankfurt (Main) zum Einsatz. Fünf Triebzüge wurden 2006 für den Einsatz in der Relation Frankfurt (Main) – Paris für das französische Stromsystem 25 kV/50 Hz ertüchtigt. Die in 406 080-084 (etc.) umgezeichneten Triebwagen fahren dort seit dem Sommerfahrplanwechsel zum 11. Juni 2007.

Vom ICE 3 wurde zwischen 2005 und 2006 eine zweite Bauserie über 13 Triebzüge (Nummern 403 051-063, etc.) beschafft.

Neue Regionalbahntriebwagen: die Baureihen 423-426

Ende der 90er-Jahre wurde die Beschaffung von Ersatzfahrzeugen für die teilweise schon 30 Jahre alten S-Bahn-Triebwagen der Baureihe 420 immer dringlicher. Gleichzeitig schrieben Nahverkehrsträger immer mehr Leistungen aus und verlangten dabei moderne Fahrzeuge, sodass die DB auch an neue Regionalverkehrstriebwagen denken musste. Aus diesem Grund lag es nahe, auf der Basis einer einheitlichen Plattform verschiedene Triebwagen für den S-Bahn-Einsatz und den Einsatz im Regionalverkehr zu entwickeln. Letztendlich wurden vier Varianten bei den Herstellerkonsortien bestellt:

Baureihe 423/433
vierteiliger S-Bahn-Triebwagen mit einer Einstiegshöhe von 995 Millimetern (Konsortium ABB Henschel (Adtranz, später Bombardier)/LHB (Alstom LHB))

Baureihe 424/434
vierteiliger Regionalbahntriebwagen für Nahverkehr/S-Bahn Hannover mit einer Einstiegshöhe von 760 Millimetern

Baureihe 425/435
vierteiliger Regionalbahntriebwagen mit einer Einstiegshöhe von 760 Millimetern bzw. weniger

Baureihe 426
zweiteiliger Regionalbahntriebwagen mit einer Einstiegshöhe von 760 Millimetern bzw. weniger (alle Konsortium AEG (Adtranz, später Bombardier)/DWA (Bombardier)/Siemens)

Die für die S-Bahn-Netze in München, Frankfurt (Main), Stuttgart und Rhein-Ruhr vorgesehenen vierteiligen Triebwagen der Baureihe 423/433 wurden dabei mit drei doppelten Schwenkschiebetüren ausgestattet, die mit einer Öffnungsweite von 1.300 Millimetern einen schnellen Fahrgastwechsel ermöglichen. Damit konnten die Aufenthaltszeiten auf den Stationen verkürzt werden. Die anderen drei Baureihen erhielten zwei Doppeltüren je Fahrzeugseite.

Einsatzgebiete der 423/426-Familie: Der kleinste Vertreter, der zweiteilige 426, fährt auf kurzen Strecken wie zwischen Murnau und Oberammergau (oben: 426 030 in Oberammergau, Aug. 2002). Der 423 bedient vorrangig S-Bahn-Netze, beispielsweise das von Hannover (unten: 423 in der S-Bahn-Station Hannover Messe Laatzen, 2000) G. Wagner, Z. Pillmann

Ein Wort zur Nummerierung der Triebwagen: Bei den vierteiligen Einheiten erhielten die beiden Endwagen mit dem Führerstand die Baureihennummer 423 (424/425), während die Mittelwagen zur Baureihe 433 (434/435) wurden. Die Ordnungsnummern beginnen bei 001, die 423/433 am anderen Ende erhalten eine um 500 höhere Nummer. Die vierteiligen Triebwagen laufen also immer in der Reihung 42x.0+43x.0+43x.5+42x.5. Die zweiteiligen 426 werden einfach als 426.0+ 426.5 bezeichnet. Die einzelnen Triebwagenteile dieser Fahrzeugfamilie sind mittels zweiachsiger Jakobsdrehgestelle miteinander verbunden.

ET für die Ballungszentren

Nachdem am 30. November 1994 eine erste Serie über 100 Neubautriebwagen der Baureihe 423/433 bestellt worden war, erfolgte 1999 die Auslieferung des ersten für das S-Bahn-Netz München vorgesehenen Triebwagens. Zwischenzeitlich wurde die Zahl der bestellten 423/433 auf 300 erhöht. Die Inbetriebnahme der ersten Fahrzeuge ging indes nicht ohne Probleme vonstatten. Erst nach der Behebung einiger Softwarefehler konnten die 423/433 in den Planbetrieb gehen Bis 2003 wurden so viele 423/433 nach München ausgeliefert, dass die Neubautriebwagen den Gesamtverkehr auf dem Münchner S-Bahn-Netz übernehmen und die 420/421 im Jahr 2005 vollständig ablösen konnten.

Weitere Auslieferungen erfolgten an die S-Bahn-Netze Frankfurt (Main), Stuttgart und Rhein-Ruhr, der Gesamtbestand belief sich per 1. Januar 2007 auf 451 Einheiten. In den anderen Netzen wurden durch die Neubautriebwagen zwar zahlreiche ältere Fahrzeuge (420/421, x-Wagen) freigesetzt, zur Übernahme des Gesamtverkehres reicht der Bestand bis heute jedoch nicht aus. So fahren die 423/433 in Frankfurt (Main)

Neue Dimensionen erschließt die DB AG mit dem 330 km/h schnellen ICE 3. Im November 2002 steht ein „weißer Pfeil" für Personalschulungen in Köln Hbf (o.); Blick in den 406 (l.) und den Führerstand des 403/406 Slg. B. Rampp (1, l.), T. Feldmann (2)

und Stuttgart neben einigen 420/421, im Großraum Rhein-Ruhr teilen sie sich den S-Bahn-Dienst mit den mit Elloks der Baureihe 143 bespannten x-Wagen-Garnituren und einzelnen 420/421, die seit 2004 hier wieder heimisch sind.

Im Hinblick auf die im Jahr 2000 im Hannover stattfindende Weltausstellung „EXPO 2000" wurde in Hannover ein neues S-Bahn-Netz eingerichtet. Aufgrund der hier vorhandenen abweichenden Bahnsteighöhe von 760 Millimetern wurden auf Basis des 423/433 die Triebwagen der Baureihe 424/434 in 40 Exemplaren beschafft. Die Auslieferung der ersten 424/434 begann ebenfalls im Jahr 1999. Die 424/434 sind, obwohl für den S-Bahn-Einsatz vorgesehen, nur mit zwei Doppeltüren je Fahrzeugseite ausgestattet. Zur EXPO 2000 mussten aufgrund diverser technischer Probleme mit den „tiefer gelegten" 424/434 anfangs etliche 423/433 ihre Kollegen unterstützen, was aufgrund der abweichenden Fahrzeughöhe so nicht vorgesehen war.

Bei der Baureihe 425/435, die erstmals 2000 an die DB AG ausgeliefert wurde, handelt es sich im Prinzip um einen 424/434, der speziell für den Regionalbahnverkehr in Netzen mit unterschiedlichen Bahnsteighöhen konzipiert wurde. Dafür verfügen die 425/435 über eine zusätzliche Trittstufe je Einstieg. Ferner sind in den vorderen Einstiegsräumen Hubschwenklifte eingebaut. Von der Baureihe 425/435 wurden in einer ersten Serie 156 Einheiten geliefert, die von den Betriebswerken Essen, Hannover, Kassel, Köln, Ludwigshafen, Magdeburg, München, Plochingen und Trier im Regionalverkehr eingesetzt werden.

In den Folgejahren wurden weitere 425 in diversen Unterserien für bestimmte Einsatzgebiete beschafft. So lieferten die Hersteller 2003/2004 insgesamt 60 Triebzüge der Bauserie 425.2 bzw. 425.4 für den Regionalverkehr im Großraum Mannheim/Ludwigshafen. Dabei handelt es sich um die Triebwagen 425 201-240 und 250-269. Ebenfalls ab 2004 wurden 20 Triebwagen mit den Nummern 425 301-320 für den Regionalverkehr in und um Stuttgart und Bremen ausgeliefert.

Letztes und kleinstes Mitglied der Einheitstriebwagenfamilie ist der zweiteilige 426, der speziell für den Verkehr auf schwächer frequentierten Strecken und in Nebenzeiten beschafft wurde. Insgesamt 43 Triebzüge mit den Nummern 426 001-043 (etc.) wurden in den Jahren 2001 und 2002 ausgeliefert. Abgesehen von den fehlenden Mittelwagen, sind die 426 mit den 425 identisch. Eingesetzt werden die Züge von den Betriebshöfen Essen, Kassel, München-Steinhausen, Plochingen und Trier. Neben dem ursprünglich angedachten Einsatzgebiet verkehren die 426 häufig einzeln oder in Doppeltraktion als Ersatz für einen 425.

Andreas Kabelitz

Die Verbrennungstriebwagen der Deutschen Reichsbahn bis 1945

Experimente und Erfolge

Mit dem „Fliegenden Hamburger" feierte die DRG 1932 einen glanzvollen Einstieg in den Schnelltriebwagendienst. Dem SVT 877 folgte eine Reihe weiterer Fahrzeuge für den Fernverkehr von Berlin zu anderen deutschen Großstädten H. Maey/Slg. Dr. B. Rampp

Über 600 Triebwagen beschaffte die Reichsbahn von 1925 bis 1941. Selten handelte es sich dabei um Baureihen mit größeren Stückzahlen. Vielmehr erwarb man Typen für verschiedenste Zwecke: vom Testfall bis zum Flaggschiff des Fernverkehrs

Nur in wenigen Exemplaren beschaffte die Reichsbahn Verbrennungstriebwagen für den leichten und schnellen Güterverkehr. Im März 1938 stand VT 10 001 in Dresden Slg. J. Glöckner

Die Weiterentwicklung des Motoren- und Getriebebaus im Deutschen Reich während des Ersten Weltkrieges hatte den Eisenbahnen neue Impulse gegeben. Vor allem im Bereich des Baus von Triebwagen mit Verbrennungsmotoren kam es nach 1918 zu einem ungeahnten Aufschwung. Insbesondere die deutsche Waggonbauindustrie schuf Mitte der 20er-Jahre eine Reihe von Musterfahrzeugen, mit denen sie neue Märkte erobern wollte. Die Entwicklung der Verbrennungstriebwagen durchlief mehrere Abschnitte, die sich zum Teil überschnitten. Den benzin- oder benzolelektrischen Triebwagen folgten erste benzin- oder benzolmechanische Triebwagen.

Erste Probefahrzeuge

Die Eisenbahntechnische Ausstellung in Seddin 1924 spiegelte die Möglichkeiten der Nachkriegsindustrie wieder und zeigte die Wende hin zu mechanischer Kraftübertragung. Insgesamt stellten sieben Firmen, vornehmlich aus dem Bereich des Waggonbaus, acht verschiedene Triebwagen aus. Maßgeblich in Erscheinung traten die Deutschen Werke Kiel (DWK), die jedoch vorrangig an Privatbahnen liefern sollten, die Sächsische Waggonfabrik Werdau und die Gothaer Waggonfabrik. Die Eisenbahn-Verkehrsmittel-AG (EVA) zeigte als eine der ersten deutschen Firmen in Seddin einen vierachsigen Triebwagen, der in der Waggonfabrik Wismar gebaut und mit einem Maybach-Motor ausgerüstet war. Die Deutsche Reichsbahn-Gesellschaft (DRG) übernahm einige der ausgestellten Wagen und erprobte diese neue Fahrzeugart ausgiebig, so den EVA-Baumustertriebwagen, der als VT 851 eingereiht wurde.

Die Verwandtschaft zum Waggonbau war bei manchen Verbrennungstriebwagen der Reichsbahn unverkennbar Slg. A. Knipping

Bei der Verwendung des Dieselmotors hatte es lange gedauert, bis aus den Großdieselmotoren brauchbare kleinere Maschinen abgeleitet wurden. Erst Mitte der 20er-Jahre erschienen die ersten dieselmechanischen Triebwagen kleinerer Leistung. Ihnen folgten Anfang der 30er-Jahre dieselelektrische Triebwagen größerer Leistung; für sie reichte die mechanische Kraftübertragung nicht mehr aus, die hydraulische Kraftübertragung befand sich aber noch in der Entwicklung. Im Einzelnen beschaffte die DRG folgende Fahrzeuge:

Zweiachsige benzolmechanische Triebwagen: VT 701-704, VT 705-708, VT 709-712, VT 713/714+715/716

Vierachsige benzolmechanische Triebwagen: VT 751-754, VT 755-756, VT 757-760, VT 761-762, VT 763-765, VT 766

Zweiachsige dieselmechanische Triebwagen: VT 801-804, VT 805-806, VT 807-811, VT 812/813-818/819, VT 820

Vierachsige dieselmechanische Triebwagen: VT 851, VT 852, VT 853-861+866-871, VT 862-864, VT 865,

Die konstruktive Betreuung der Triebwagen oblag von 1921 bis 1929 dem Dezernat 35 der für den Waggonbau zuständigen Abteilung V des RZA Berlin. Hier wirkten Max Breuer als Dezernent und seit 1929 Friedrich Mölbert (1899-1969) als Zuarbeiter, beides Persönlichkeiten, die auch in den folgenden Jahren dem Triebwagenbau in Deutschland maßgeblich ihre Handschrift verleihen sollten.

Bis 1930 beschaffte die DRG insgesamt 65 Verbrennungstriebwagen (VT), die in 16 Bauarten sowie weiteren Unterbauarten zur Verfügung standen. Eine Randerscheinung blieben dabei die drei Gütertriebwagen VT 10 001–003, die für den Stückgut-Schnellverkehr gedacht waren. Alle damals an die DRG gelieferten VT zeichneten sich durch ihre schwere Bauart mit einem beblechten tragenden Kastenrahmen aus und waren so entworfen, dass sie uneingeschränkt in Züge eingestellt werden konnten. Nach einer durch die Weltwirtschaftskrise bedingten Beschaffungspause zwischen 1930 und 1932 erhielt die DRG dann noch einmal drei vierachsige dieselelektrische Triebwagen (VT 872–874). Sie verfügte damit über eine breite Palette an Fahrzeugen, mit denen sie ausreichende Erfahrungen sammeln konnte.

Das Schienenbus-Konzept

Der Gedanke, die Konstruktionsweise des Straßenbusses für die Eisenbahn zu nutzen, kam schon kurz vor dem Beginn des Ersten Weltkrieges auf. Noch vor 1918 setzte die Königlich Sächsische Staatsbahn probeweise einen Schienenomnibus im Verkehr von und nach Zittau ein. Das aus einem zweiachsigen Straßenomnibus umgebaute Fahrzeug erhielt Stahlscheibenräder mit Doppelspurkranz, ein Läutewerk und entsprechende Signaleinrichtungen und war damit bahntauglich.

Anfang der 20er-Jahre sahen sich viele private Nebenbahnen, aber auch die DRG vor die Tatsache gestellt, dass die lokbespannten Züge keinen wirtschaftlichen Betrieb mehr erlaubten. Deutlich gesunkene Fahrgastzahlen auf zahlreichen Nebenbahnstrecken zwangen die Verwaltungen, nach preiswerten und wirtschaftlichen Alternativen zu suchen. Die Weltwirtschaftskrise und die Konkurrenz von Kraftverkehrsbetrieben führten zu Beginn der 30er-Jahre zur Entwicklung von kleinen und leichten Verbrennungstriebwagen. Wegbereiter dieser Entwicklung war die EVA, die 1917 aus der Waggonfabrik Wismar und der Deutschen Waggonleihanstalt AG hervorging und ab 1936 wieder eigenständig als Triebwagen- und Waggonfabrik Wismar AG firmierte. Entsprechend den Forderungen des Landeskleinbahnamtes von 1928 entwickelte man einen leichten, durch zwei LKW-Motoren angetriebenen Schienenomnibus, der mit einem Beschaffungspreis von 23.000 RM noch unter der ursprünglichen Forderung lag.

Im Mai 1932 lieferte die EVA den ersten „Wismarer Schienenbus" der Bauart „Hannover" an die Kleinbahn Lüneburg – Soltau. Das kompakte und anspruchslose Fahrzeug bewährte sich dank der Verwendung von Standardbaugruppen aus dem Kraftfahrzeugbereich recht schnell, so dass weitere Aufträge folgten. Der „Wismarer Schienenbus" wurde auf vielen Nebenbahnen heimisch und von 1932 bis 1941 in 57 Exemplaren unterschiedlichster Ausführung gebaut. Zur DRG gelangten

1935 vier 1933/1934 an die Saar-Bahnen gelieferte normalspurige Fahrzeuge mit zwei 40-PS-Benzinmotoren von Ford, die als VT 133 009 bis 012 eingeordnet wurden. Entsprachen die VT 133 009-010 (ex. SAAR Nr. 71 und 72) im Wesentlichen dem Typ B des „Wismarer Schienenbus", so folgten die VT 133 011-012 (ex. Nr. 81 und 82) zwar auch diesem Typ, waren aber breiter ausgelegt worden. Weitere vier Fahrzeuge (Nr. 73-76) beschafften die Saar-Bahnen 1934 in verstärkter Ausführung des Typs A, der mit zwei 50-PS-Dieselmotoren von Deutz geliefert wurde. Die Fahrzeuge waren breiter und länger als die Fahrzeuge des Typs B. Sie wurden 1935 als VT 135 077 bis 080 von der DRG übernommen. Diese acht Fahrzeuge blieben bis Kriegsende die einzigen „Wismarer Schienenbusse" der DRG. Außenseiter waren auch die drei von Henschel 1933 beschafften Schienenbusse mit den Nummern VT 133 006 – 008.

Zwischen 1932 und 1934 an die DRG gelieferte Verbrennungstriebwagen

Bezeichnung	Gattung	Motorleistung	Art des Antriebs	LüP m	Beschaffungsjahr
133 000–002	CvT-31	120 PS	benzol-mech.	12,20	1932
133 003–005	CvT-32a	100 PS	benzol-mech.	12,10	1932
135 000–001	CvT-32	120 PS	diesel-el.	12,20	1932
135 002–011	CvT-32b	120 PS	diesel-mech.	12,20	1933
135 012–016	CvT-32c	150 PS	diesel-el.	12,10	1933
135 017–021	CvT-32c	150 PS	diesel-el.	12,10	1934
135 022–031	CvT-32b	135 PS	diesel-mech.	12,20	1934
137 000–002	BC4vT-31/32	175 PS	diesel-mech.	20,59	1932
137 003–004	BC4vT-31/32	175 PS	diesel-mech.	20,59	1932
137 005–009	BC4vT-31/32	175 PS	diesel-mech.	20,59	1933
137 010–024	BC4vT-31/32	175 PS	diesel-mech.	20,59	1933
137 025–027	BC4ivT-32	300 PS	diesel-el.	22,04	1933
137 028–030	BC4ivT-32a	410 PS	diesel-el.	21,87	1934
137 031–035	BC4ivT-32b	410 PS	diesel-el.	21,87	1934
137 036–054	BC4vT-33	210 PS	diesel-mech.	20,59	1934
137 055–057	BC4ivT-33	300 PS	diesel-el.	22,04	1934
137 058–067	BC4ivT-33a	410 PS	diesel-el.	21,87	1934
137 068–073	BC4ivT-33b	410 PS	diesel-el.	21,87	1934
137 074	BC4ivT-32b	420 PS	diesel-el.	21,87	1934

Einheitsbauarten für die Reichsbahn

Einen weiteren Entwicklungsschritt durchliefen die Verbrennungstriebwagen Anfang der 30er-Jahre, als man sich dem Leichtbau der Fahrzeuge zuwandte. Vorreiter war hier die Waggonfabrik Uerdingen: Mit dem 1927 an die Halberstadt-Blankenburger Eisenbahn gelieferten T1 (späterer VT 133 504 der DDR-Reichsbahn) fertigte sie einen Triebwagen in konsequenter Leichtbauweise mit einer selbsttragenden Kastenkonstruktion; auf den bis dato üblichen Fahrzeugrahmen hatte sie verzichtet.

Im ersten Jahrzehnt ihres Bestehens führte die DRG die Verbrennungstriebwagen aber nur zögerlich ein. Dies lag an der noch nicht ausgereiften Technik und den beschränkten Finanzmitteln. Die wenigen anfänglich bestellten Fahrzeuge wurden meist eingehend erprobt, um spätere Bauarten aus den erfolgreichsten Mustern ableiten zu können.

Nach Überwindung der wirtschaftlichen Krise begann die Reichsbahn ab 1932, einen größeren VT-Bestand mit verschiedenen Bauarten zu beschaffen. Unter Breuers Leitung strebte man eine weitgehende Vereinheitlichung zahlreicher Baugruppen oder der Wagenkästen an. Nach diesen Gesichtspunkten entstand eine Reihe zweiachsiger Nebenbahntriebwagen sowie vierachsiger Haupt- und Nebenbahn-Triebwagen.

In der ersten Hälfte der 30er-Jahre beschaffte die DRG eine größere Anzahl an Fahrzeugen, mit denen einerseits das Leichtbaukonzept, zum anderen die Entwicklungslinien im Motoren- und Kraftübertragungsbereich weiter verfolgt werden sollten. In diesem Zusammenhang ist die Entstehung der in der oben stehenden Tabelle aufgeführten Bauarten zu sehen.

Das Programm von 1934

Ende Mai 1934 beschloss der Verwaltungsrat der DRG ein umfangreiches Programm zur Beschaffung von Triebwagen. Den Ausschlag hierfür gaben

Nach der Eisenbahn-Ausstellung in Seddin 1924 übernahm die DRG diesen Triebwagen der Waggonfabrik Wismar. Das Bild zeigt den VT 851 noch im Anlieferungszustand
Slg. Dirk Winkler

die geringeren Personalkosten durch den Einmann-Betrieb, die geringeren Betriebskosten, die Verkürzung der Reisezeiten durch die höhere Beschleunigung und die größere Flexibilität gegenüber lokbespannten Zügen. Die Planungen sahen vor, den Bestand von rund 60.000 Reisezugwagen zu halbieren und den Personen- und Eilzugverkehr auf Hauptbahnen sowie den gesamten Nebenbahnpersonenverkehr künftig mit Triebwagen durchzuführen.

Allerdings führten die wirtschaftlichen Verhältnisse und die beginnende Aufrüstung nur zu einem verhaltenen Anlaufen des beschlossenen Programms. Organisatorisch unterstrich man die Bemühungen mit der Berufung von Breuer im Jahre 1935 zum Leiter der neu geschaffenen Triebwagenabteilung im Reichsbahn-Zentralamt für Maschinenbau (RZM). Als neuer Dezernent für den Bau von Triebwagen (Dez. 25) wurde Walter Hellberg (1899-1991) berufen. Unter diesem Zweigestirn wurde die Schaffung von Einheitsbauarten konsequent weiterverfolgt.

Hervorzuheben sind die beiden Vereinheitlichungslinien mit den VT der „Essener Bauart“, von denen 20 beschafft wurden (VT 137 031–035, 074, 080–093), sowie der „Einheitsbauart 1935“, von denen 85 beschafft wurden (VT 137 094-096, 097-110, 156-159, 160-161, 164-187, 188-190, 191-209, 210-223, 271-272). Allerdings wiesen diese Fahrzeuge teils unterschiedliche Motoren und Kraftübertragungsanlagen auf.

Für Ballungsräume und Nebenbahnen

Neben der wirtschaftlicheren Bedienung von Nebenbahnen suchte man vor allem den Nahverkehr in Ballungsräumen durch den Einsatz von Triebwagen effektiver zu gestalten. Besonders im Rhein-Main-Gebiet sowie im Ruhr-Schnellverkehr sollten sie verstärkt zum Einsatz kommen. Mit den Bauarten VT 137 283-287 und 288-295 wurden z. B. 13 mehrteilige Fahrzeuge für den Ruhrschnellverkehr angeschafft.

Weitere Fahrzeuge wurden speziell für die Belange auf Nebenbahnen bestellt. Auch bei diesen zwei- und vierachsigen Triebwagen unterschieden sich die Bauweisen oft deutlich voneinander, so dass zumindest von einer wirtschaftlichen Unterhaltung in den RAW keine Rede sein konnte.

Immerhin beschaffte die Reichsbahn zwischen 1934 und 1936 über 250 Verbrennungstriebwagen. Weiterhin erwarb sie von 1931 bis 1940 für eine einheitliche Zugbildung 407 zwei- und vierachsige Bei- sowie 392 zwei- und vierachsige

Der VT 865 war ein bayerischer Umbau und wurde 1933 ausgemustert Slg. Dr. B. Rampp

Steuerwagen (VB, VS) in leichter Stahlbauweise.

Die Verbrennungstriebwagen wurden anfänglich oft in den Bahnbetriebswagenwerken (Bww) betreut. Erst Mitte der 30er-Jahre wurden sie in den Unterhaltungsbestand der Bahnbetriebswerke (Bw) übernommen. Zu den größten und z. T. speziell auf die Belange des Triebwagenbetriebes zugeschnittenen Dienststellen gehörten das Bww Dortmund Bbf. sowie die Bw Hagen-Eckesey, Dresden-Pieschen, Berlin Anhalter Bahnhof und Berlin-Grunewald. Daneben beherbergten viele klassische Betriebswerke die neue Fahrzeuggeneration, z. B. die Bw Allenstein, Frankfurt (M), Friedrichshafen, Heydebreck, Neustrelitz, Nürn-

Der VT 137 032 entsprach dem „Essener Grundriss“, einem von zwei Typen der Mitte der 30er-Jahre entworfenen Einheitstriebwagen. Das Fahrzeug von 1934 ging im Zweiten Weltkrieg verloren Slg. M. Niedt

berg oder Wuppertal-Steinbeck. Die größten Ausbesserungswerke für die umfangreiche Flotte an Verbrennungstriebwagen waren die RAW Dessau, Nürnberg und Wittenberge, aber auch in Friedrichshafen und Opladen sowie in Kassel und Königsberg wurden Verbrennungstriebwagen ausgebessert.

Die „Fliegenden Züge“

Mit der zunehmenden motorisierten Konkurrenz im Straßen- und Luftverkehr sah sich die Bahn gezwungen, neue Ideen und Konzepte zu verfolgen. Ingenieure wie Scherl oder Kruckenberg ebneten mit ihren Visionen den Weg für einen motorisierten Schnellverkehr auf Schienen, der Maßstäbe in der Welt setzen sollte. Der „Schienenzeppelin“ von Franz Kruckenberg läutete 1930/31 das Zeitalter des Schnellverkehrs bei der DRG ein (s. Seite 28). Die nicht alltagstaugliche Konstruktion ließ die Reichsbahn 1931/32 zusammen mit der Industrie nach weiteren Lösungen suchen, die im Konzept der mehrteiligen Schnelltriebwagen realisiert wurde.

Mitte Mai 1933 begann der „Fliegende Hamburger“ SVT 877 mit seinem planmäßigen Einsatz zwischen Berlin und Hamburg und eröffnete damit den Triebwagenschnellverkehr der DRG. Nach langjähriger Planung und gründlicher Entwicklungsarbeit stand ein Musterfahrzeug zur Verfügung, das die Erwartungen erfüllen sollte. Mit dem kleinen, zweiteiligen Zug wurde der Anfang für den Aufbau eines ganzen Netzes von Schnellverbindungen zwischen Berlin und den Ballungszentren Deutschlands gelegt. Aufgrund der mit dem VT 877 gewonnenen Erfahrungen, wurden 1934 weitere, konstruktiv geänderte zweiteilige Schnelltriebwagen bei der Industrie in Auftrag gegeben.

Mit den in relativ schneller Folge von Juni 1935 bis April 1936 ausgelieferten 13 Fahrzeugen der später als Bauart „Hamburg“ bezeichneten SVT 137 149-152 und 224-232 war es der DRG möglich, zusätzlich zu der seit 1933 bestehenden Verbindung nach Hamburg die im Sommerfahrplan 1935 vorgesehenen Verbindungen nach Köln und Frankfurt (Main) einzurichten. Ebenfalls seit Oktober 1935 bediente die DRG die Strecke Köln – Hamburg-Altona mit einem Schnelltriebwagen mit Verbrennungsmotor (SVT); dabei fuhren der Berliner und der Hamburger SVT bis Duisburg gekuppelt.

Die Beliebtheit und die hohe Auslastung in den ersten Einsatzjahren bekräftigte die Richtigkeit der Entscheidung der Reichsbahn. Noch im Sommer 1936 folgte die Verbindung Berlin – Nürnberg – München/Stuttgart. Versuchsfahrten mit Einzel- und Doppelzügen über die Strecke

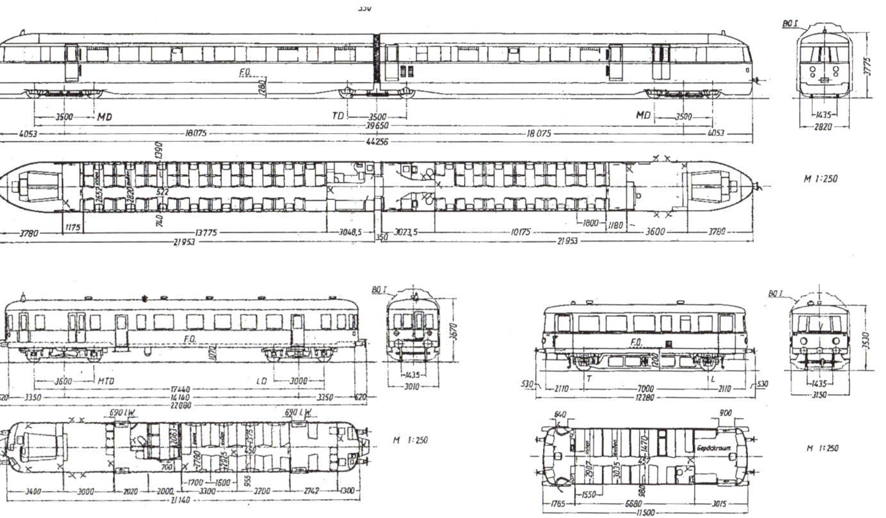

Reichsbahn-Triebwagen für Fern- und Nahverkehr: oben SVT 137 Bauart Hamburg, unten links VT 137 347-366, 377-396, unten rechts VT 135 061-064, 067-076, 083-132 Slg. Dr. D. Hörnemann

Saalfeld – Probstzella – Kronach hatten gezeigt, dass die SVT „Hamburg“ durchaus in der Lage waren, die Strecke über den Kamm des Thüringer Waldes zu meistern. Zusätzlich lief mit Beginn des Sommerfahrplans der Doppelzug von Köln nach Berlin bis Hamm mit Einzelzügen über die Strecken Köln – Wuppertal – Hagen – Hamm sowie Köln – Duisburg – Essen – Hamm auf getrennten Relationen.

Ausbau des Schnellverkehrs

Die stetig hohe Nachfrage im ersten Jahr veranlasste die Reichsbahn dazu, neue Züge in Auftrag zu geben, die eine größere Zahl an Fahrgästen aufnehmen konnten. Mit den im Mai bzw. November 1936 ausgelieferten dreiteiligen Triebwagen der Bauart „Leipzig“ besaß die DRG erstmals zwei SVT mit hydraulischer Kraftübertragung (SVT 137 153-154). Bei den zwei folgenden Fahrzeugen (SVT 137 233-234) behielt man die bewährte elektrische Kraftübertragung bei. Mit diesen Zügen nahm die Reichsbahn im Mai 1936 die Verbindung Berlin – Breslau – Beuthen auf.

Mit Beginn des Winterfahrplanes 1937 sah sich die DRG in der Lage, die Verbindung Berlin – Frankfurt (M) bis Karlsruhe zu verlängern. Im Jahre 1938 wurde die Verbindung nach Hamburg auf drei Zugpaare erweitert. Außerdem kam die Strecke Berlin – Bremen – Wilhelmshafen hinzu. Die Züge wurden rasch populär und waren als „Fliegender Kölner“, „Fliegender Frankfurter“ oder „Fliegender Schlesier“ in aller Munde. Mit den SVT bot die Reichsbahn für die damalige Zeit hervorragende Verbindungen insbesondere für Geschäftsreisende an, verbanden sie doch die Reichshauptstadt mit den deutschen Großstädten auf eine schnelle und angenehme Art und Weise.

Waren die bisherigen SVT als unteilbare Einheiten ausgebildet worden, beschritt man bei den dreiteiligen Zügen der Bauart „Köln“, die eine konsequente Weiterführung der ersten Bauarten darstellten, das Konzept der Einzelwagen. Die ersten Züge dieser dreiteiligen Bauart kamen im Sommer 1938 nach Berlin und ersetzten die SVT der Bauart „Hamburg“, die zum Teil dem Bedarf auf den Strecken nicht mehr gewachsen waren. Zwischen Mai und Dezember 1938 erhielten die Bw Grunewald und Anhalter Bahnhof zwölf Züge, die in den bestehenden Relationen eingesetzt wurden.

Nahezu zeitgleich mit den SVT „Köln“ erschien eine weitere Bauart auf den Schienen der Reichsbahn: der SVT „Berlin“. Er kann als Vorläufer einer Serie von Schnelltriebwagen mit neuem Konzept angesehen werden, bei denen die Reichsbahn vom klassischen Aufbau der bisherigen SVT abkommen wollte. Erstmals wurde die Antriebsanlage komplett in einem Wagen untergebracht, drei weitere Wagen waren für die Fahrgäste vorgesehen. Man versprach sich Vorteile bei der Instandhaltung der Züge, standen doch im Falle von Arbeiten an den Triebköpfen die Fahrgastwagen weiterhin zur Verfügung und waren mit einem Ersatztriebkopf nutzbar. Die Reichsbahn hatte 1936 eine Serie von 20 Fahrzeugen dieser Bauart geplant, die jedoch aufgrund des Kriegsbeginns nicht mehr gebaut wurden. Die Indienststellung des SVT „Berlin“ zog sich bis Mitte Mai 1938 hin. Ausführliche Testfahrten durch den Hersteller und die LVA Grunewald verzögerten den Einsatz weiter bis zum Februar 1939. Die wenigen verbleibenden Mona-

Dieselelektrischer Antrieb eines Schnelltriebwagens: Blick auf das Drehgestell mit Generator und Fahrmotor Slg. Dirk Winkler

te bis Kriegsbeginn wurden die Triebzüge SVT 137 901 und 902 vom Bw Anhalter Bahnhof in Berlin auf der Relation nach Karlsruhe – Basel eingesetzt.

Die neuen Züge der Bauart „Köln“ wurden den Berliner Bw sowie dem Bww Dortmund Bbf und dem Bw Hamburg-Altona zugewiesen, die beiden SVT „Berlin“ kamen zum Bw Anhalter Bahnhof; dies ermöglichte eine Umstationierung der SVT „Hamburg“ aus Berlin in die Bw Hamburg-Altona und Leipzig Süd. Die insgesamt vermehrte Zahl an Schnelltriebwagen gab der Reichsbahn die Gelegenheit, weitere Fahrplanrelationen mit den lukrativen Schnelltriebwagen bedienen zu können.

Als man 1937 die Zuständigkeiten zwischen dem RZA in Berlin und dem RZA in München neu ordnete, bündelte die DRG im RZA München in der Maschinentechnischen Bau- und Einkaufsabteilung den gesamten Sektor für Bau und Beschaffung von elektrischen und Verbrennungstriebfahrzeugen. Das neue Dezernat 24 „Bau und Einkauf von Verbrennungstriebwagen und Schiffen“ betreute vorübergehend Graßl, das Dezernat 25 „Bau und Einkauf von Verbrennungs- und Dampftriebwagen“ Schönherr. Bereits ein Jahr später übernahm Mölbert das Dezernat 24, das nunmehr für den Bau und Einkauf von Schnelltriebwagen und Triebwagen mit liegenden Motoren zuständig war und damit die modernen Bauarten betreute. Schönherr blieb in seinem Dezernat 25 für die Triebwagen mit stehenden Motoren sowie die Dampftriebwagen zuständig.

Vom Krieg gestoppt

Das im Jahr 1935 endgültig aufgestellte Vereinheitlichungsprogramm zur Verringerung der Typenvielfalt wurde 1937 nochmals überarbeitet. Aus dem ursprünglichen Programm sind u.a. die speziell für die Belange auf Nebenbahnen bestellten und ab 1937 gelieferten VT 135 061-076 und 083-132 herauszuheben. Eine Sonderbauart blieben die drei Aussichtstriebwagen VT 137 240/462-463, die man 1936/39 als Pendant zum elektrischen „Gläsernen Zug“ beschaffte.

Zwischen 1925 und 1941 beschaffte VT

Beschaffungsjahr	Anzahl	davon SVT
1925	7	–
1926	13	–
1927	22	–
1928	13	–
1929	8	–
1930	3	–
1931	0	–
1932	18	1
1933	42	–
1934	66	–
1935	125	13
1936	61	3
1937	71	–
1938	67	18
1939	27	–
1940	42	–
1941	16	–

Aus dem letzten Vereinheitlichungsprogramm wurden aufgrund des Kriegbeginns nur noch wenige Fahrzeuge umgesetzt. Dazu gehörten:

- VT 137 326-331, 367-376 für den Stettiner Vorortverkehr (16)
- SVT 137 273-278, 851-858 „Bauart Köln“ (14)
- SVT 137 901-902, 903 „Bauart Berlin“ (2+1 Maschinenwagen)
- VT 137 347-366, 377-396 mit 225 PS als Übergangsbauart (40)
- VT 10 004-005, Gütertriebwagen (2)

Ein neues Konzept wendete die Reichsbahn bei den Schnelltriebwagen der Bauart „Berlin“ an: Sie besaßen einen eigenen Maschinenwagen. Im Bild der SVT 137 901 Slg. M. Niedt

Gediegene Inneneinrichtung boten die SVT der Reichsbahn, hier SVT 877 „Fliegender Hamburger" von 1932 Slg. A. Gottwaldt

- VS 145 204-213, 221-223, 229-234, 322-326, 337-346, 384-403 (34)
- VS 145 224-228, 235-243, 244-321, 327-336, 347-366, 367-372, Einheitssteuerwagen (128)

Ein Teil dieser Fahrzeuge kam aufgrund der Ablieferung nach Kriegsbeginn vermutlich nicht mehr in den vorgesehenen Einsatz. In der Summe beschaffte die Reichsbahn zwischen 1925 und 1941 über 600 Verbrennungstriebwagen (siehe Tabelle Seite 26).

Mit Kriegsbeginn wurde der zivile Triebwagenverkehr im September 1939 weitgehend eingestellt; damit wurden auch alle geplanten Vorhaben Makulatur. Ende 1939 waren die Dezernate bereits aufgelöst, ihre Dezernenten mit anderen Aufgaben betraut worden. Die noch vor Kriegsbeginn in München aufgestellten Planungen griffen den ursprünglichen Ansatz auf und konkretisierten ihn weiter. Aus dem Reigen der nicht mehr ausgeführten VT seien u. a. die 30 geplanten zwei-+zweiteiligen SVT „Bauart München" erwähnt, zudem 300 Triebwagen (VT) und 600 Steuerwagen (VS), die im Grundriss den Berliner S-Bahn-Wagen folgend für den Einsatz im Ruhrgebiet als Kombination VT+VS oder VT+VS+VS vorgesehen waren. Zu erwähnen sind an dieser Stelle noch die Güterschlepptriebwagen, die in zwei Bauformen mit 450 PS Leistung und 90 km/h für Nebenbahnen sowie 650 PS und 110 km/h für Hauptbahnen geplant waren. Hierfür wurden nur zwei Fahrzeuge, die VT 10 004 und 005, als Probewagen im Jahre 1941 abgeliefert.

Neben vereinzelten Einsätzen im Weihnachtsverkehr 1939/40 wurden u.a. im Ruhr-Schnellverkehr sowie im Stettiner Vorortverkehr noch bis Anfang 1941 Triebwagen eingesetzt. Gleichzeitig verfolgte man die Umstellung von VT auf den Betrieb mit „heimischen" Kraftstoffen, so dass bis Ende 1941 von den Triebwagen mit Otto-Motoren 156 Fahrzeuge auf Flüssiggasbetrieb umgestellt wurden. Der weitaus größte Teil der Triebwagen wurde jedoch für Zwecke der Wehrmacht oder der Marine im Kriegseinsatz verwendet. DIRK WINKLER

Die Schnelltriebwagen der Reichsbahn zogen in den 30er-Jahren die Blicke auf sich. Eschen, Slg. Dirk Winkler

Die Dieseltriebwagen der Deutschen Bundesbahn

Schienenbusse – Schnelltriebwagen

Schon 1951 erprobte die Bundesbahn den ersten, neu entwickelten Dieseltriebwagen: den Schienenbus-Prototyp VT 95. Bald darauf stellte sie auch Schnelltriebwagen für den hochwertigen Fernverkehr auf die Gleise

Mit seinem Design und Komfort war der VT 11⁵ der Höhepunkt unter den Dieseltriebwagen der Bundesbahn. Als TEE „Rhein-Main“ hält ein Zug im August 1965 in Koblenz Hbf T. Horn

Für Vorkriegszüge wie den SVT 06 502 hatte die DB vor allem zu Anfang noch gute Verwendung (München Hbf, Februar 1952) Slg. A. Knipping

Als die westzonale Reichsbahn nach der Währungsreform wieder an die Beschaffung neuer Triebfahrzeuge denken konnte, war die Zukunft der Zugbespannung in aller Welt heftig umstritten. Die Dampflok galt noch als unentbehrlich, die Elektrotraktion hatte sich bestens bewährt. In den USA feierten dieselelektrische Lokomotiven Erfolge, in Europa gab es beim Dieselbetrieb zumindest Erfolg versprechende Ansätze. So hatten sich Rangierdieselloks auf kleinen Unterwegsbahnhöfen bestens eingeführt, ebenso die Dieseltriebwagen. Sie dienten als Hochgeschwindigkeitsfahrzeug im obersten Segment des Fernverkehrs, als flotte Ergänzung zum Dampfzug im Nah- und Bezirksverkehr sowie in bescheiden-sparsamen Ausführungen auf Nebenbahnen. Für die West-Reichsbahn gab es aber noch einen weiteren Grund, an dieser Traktionsart festzuhalten: Sie besaß rund 300 Triebwagen mit Verbrennungsmotor; eine hervorragende Substanz, die man nutzen und deren betriebliche Erfahrungen man für künftige Projekte auswerten konnte.

Neue Nummern für die Fahrzeuge

Nicht nur von symbolischem Wert, sondern für die Männer im Werkstätten- und Fahrdienst auch von großer praktischer Bedeutung war das vom Reichsbahn-Zentralamt München im September 1947 eingeführte übersichtliche Nummernsystem; damit verschwand das verwirrende Schema der Reichsbahn, das die Dieseltriebwagen als Abart der Personenwagen behandelt hatte. Bei diesem war die Nummerngruppe 137 alles andere als eine Baureihe gewesen; vielmehr konnte hier dem dieselelektrischen Schnelltriebwagen als unmittelbarer Nummernnachbar ein dieselhydraulischer Bezirkstriebwagen oder ein dieselmechanisches Nebenbahnfahrzeug mit Blindwelle und Kuppelstangen folgen!

Erster Bundesbahn-Neuling: der Prototyp des VT 95, Baujahr 1950 C. Bellingrodt/Slg. A. Knipping

Nun aber gab es hinter der Kurzbezeichnung VT eine zweistellige Baureihennummer, bei der in Anlehnung an Lokomotiven und elektrische Triebwagen aufsteigende Zehner- bzw. Zwanzigergruppen für Drehgestellfahrzeuge mit absteigenden Höchstgeschwindigkeiten und ab 70 für Zweiachser standen; die Gruppen 90 bis 99 waren für Sonderfahrzeuge vorbehalten. Eine dreistellige Ordnungsnummer verriet mit der ersten Ziffer die Art der Kraftübertragung: 0–4 standen für elektrische, 5–8 für hydraulische und die 9 für eine mechanische Kraftübertragung. Damit war dem Leser von Texten und Listen klar, dass es sich bei VT 04 und 06 um Schnelltriebwagen, bei den VT 20, 25, 30, 33, 36, 38 um kräftig motorisierte schnellere und bei VT 45, 50, 51, 60, 62, 63, 66, 69 um gemächlichere Vierachser handelte. VT 70, 72, 75, 78, 79, 86 muss-

Der VT 08^5 war der erste Neubau für den DB-Fernverkehr. Hier im Sommer 1953 als F 1 „Hanseat" Köln – Hamburg in Münster L. Rotthowe

ten dagegen Lenkachstriebwagen für Nebenbahnen sein. Keine Regel ohne Ausnahme: Das Einzelstück VT 85 903 war ein Vierachser. Das „Merkbuch für die Brennkrafttriebfahrzeuge" musste man allerdings heranziehen, um zu erfahren, dass die beiden VT 45 und das Einzelstück VT 72 zweiteilig waren, dass die jeweils drei VT 20 und 69 Gütertriebwagen waren und dass VT 62 und 69 Stangenantrieb besaßen. Als Sondertriebwagen waren zunächst nur zwei Aussichtstriebwagen VT 90 mit Rundumverglasung und Schiebedach eingereiht.

Sonderfahrzeug in großer Zahl: der Schienenbus

Die im September 1949 geschaffene Deutsche Bundesbahn (DB) ging zunächst daran, die Gruppe der Sondertriebwagen zu vergrößern. Im Jahr 1950 baute die Waggonfabrik Uerdingen elf Vorserien-Exemplare des Schienenbusses VT 95. Ihren speziellen Platz im Nummernsystem verdienten die VT 95 901–911 durch ihre besonders leichte, vom Straßenomnibus abgeleitete Bauart und die Scharfenberg-Kupplung, die eine Zusammenstellung mit anderen Fahrzeugen ausschloss. Eine Sondergenehmigung erlaubte es, beim anschließend gebauten VT 95 912 den für Lenkachsfahrzeuge bislang höchstzulässigen Achsstand von 4.500 auf 6.000 Millimeter zu erhöhen. Damit wurden eine eleganter gestreckte Bauart und eine großzügige Gestaltung des Innenraums mit 51 und bei der Serie sogar 63 statt nur 41 Sitzplätzen möglich. Weil sofort absehbar war, dass mehr als 100 Stück beschafft werden würden, ging man für die Hauptserie auf die vierstelligen Ordnungsnummern ab 9113 über. Mit „9" mussten die Nummern anfangen, weil ein robustes mechanisches Rädergetriebe für die Übertragung der Zugkraft vom sechszylindrigen 81-kW-Büssing-Motor auf den Antriebsradsatz genügte. Den bis 1958 von Uerdingen und MAN gebauten 669 Schienenbussen gesellten sich im Bundesbahn-Bestand 1957 noch die VT 95 9901–9915 hinzu, welche die eigenständigen Saar-Bahnen von Lüttgens beschafft hatten.

Bei den Beiwagen behielt die junge DB zunächst die Tradition der Wagennummern bei und gab der ebenfalls stolzen Flotte von nicht weniger als 581 Beiwagen die Reihenbezeichnung VB 142. Bei ihnen behielt man den kurzen Achsstand von 4.500 Millimetern bei und begnügte sich mit 35 Sitzplätzen. So alltäglich der Anblick eines VT 95 (oder 795 ab 1968) mit seinen zierlichen Stoßbügeln anstelle der Puffer und einem angehängten VB 142 (942 ab 1968) war, so exklusiv war der Anblick eines VB 141. Es handelte sich um einen halbhohen Anhänger für Gepäck und Fahrräder, der auf nur einem Radsatz lief! Mit 57 Exemplaren blieb das eigenartige Produkt aus Uerdingen und Donauwörth zwar nicht ganz ohne Verbrei-

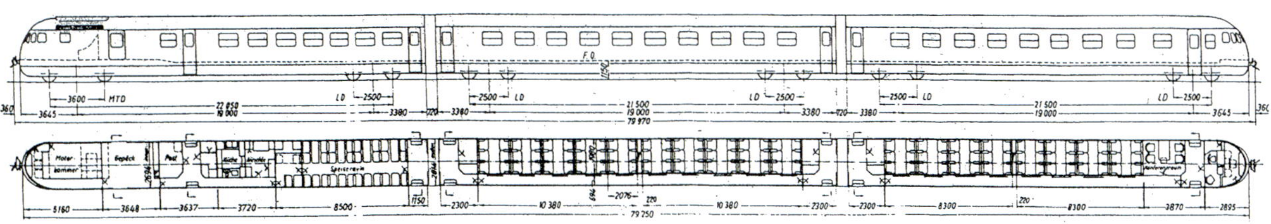

Der VT 08^5 bot in der dreiteiligen Variante 108 Sitzplätze Slg. D. Hörnemann

Der Schienenbus sparte Kosten und rettete so den Zugverkehr auf vielen Nebenbahnen. Auf manchen Strecken war er bis in die 90er-Jahre hinein anzutreffen. Im Mai 1983 hält eine Garnitur aus 798/998 in Distelhausen (Strecke Lauda – Wertheim – Miltenberg) A. Schöppner

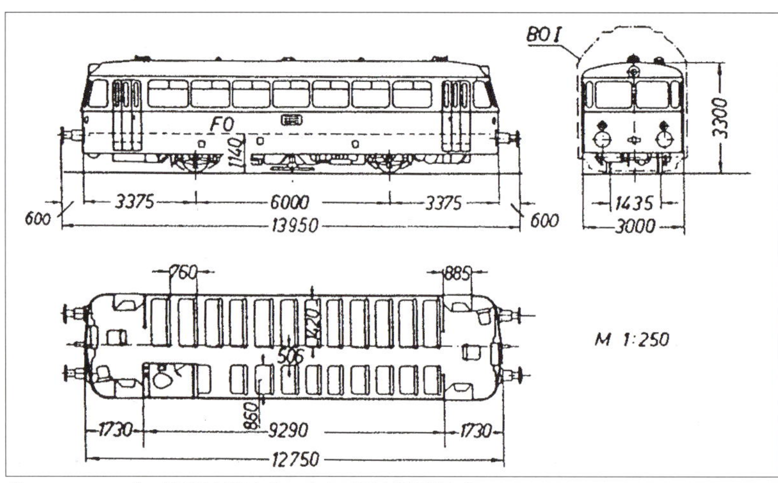

Abmessungen des VT 98/798 (o.) und des VT 11⁵/601 (u.) Slg. D. Hörnemann (2)

tung, doch die Zufriedenheit mit seiner Kapazität und Stabilität hielt sich in Grenzen – zumal es an jedem Wendebahnhof mit menschlicher Kraft und Geschicklichkeit umgesetzt werden musste. Schon Mitte der 60er-Jahre fanden sich viele in langer Reihe abgestellt; da sie alleine nicht gerade stehen konnten, ergab sich eine eigenartige Zickzack-Zusammenstellung. Um noch kurz das Thema der nach alter Ordnung eingereihten Bei- und Steuerwagen abzuschließen: Die Vorkriegsfahrzeuge verschiedenster Varianten waren in den Nummernreihen VS 144 und 145 sowie VB 140 und 147 versammelt.

Doch mit der 1964 abgeschlossenen Ausmusterung der Einachsbeiwagen sind wir der Zeit weit vorausgeeilt. Bis dahin war der Bestand an Schienenbussen gerade erst auf mehr als 900 Stück erweitert worden, nämlich nach drei Probeexemplaren 1953 mit den Nummern VT 98 901–903 um die Großserie VT 98 9501–9829. Es handelte sich um die zweimotorige Ausführung des Schienenbusses mit ausreichend Antriebskraft für steigungsreichere Strecken und längere Zugverbände mit den gleichzeitig beschafften 630 motorlosen Anhängern, die jetzt denselben Wagengrundriss aufwiesen. 310 davon waren Steuerwagen VS 98, sodass die lästige

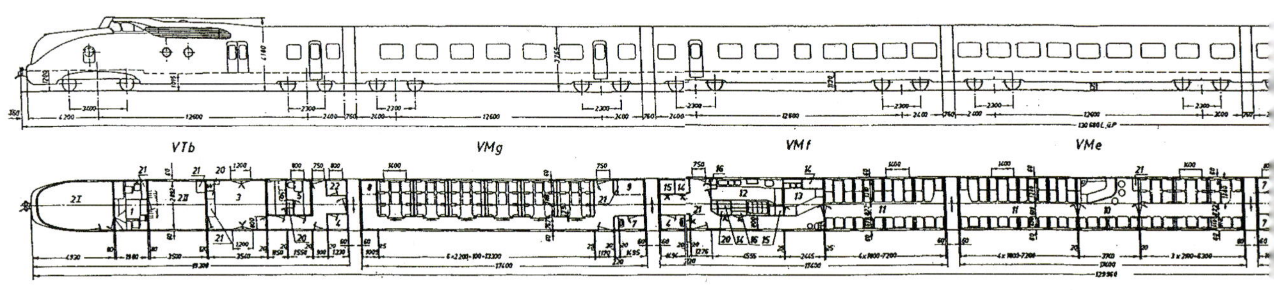

Vor allem in Niedersachsen und in Bayern kamen die 614er zum Einsatz; ihre erste Farbgebung entsprach dem „Popfarben"-Konzept der 70er-Jahre (Bild in Schwandorf) U. Kandler (2)

Umsetzung des Triebwagens am Wendebahnhof entfiel. Die nunmehr normalen Zug- und Stoßvorrichtungen erlaubten auch die Mitnahme des einen oder anderen Güterwagens. Die Entwicklungsgeschichte des Uerdinger Schienenbusses fand ihren Abschluss mit acht Fahrzeugen aus den Jahren 1961 bis 1965, die zusätzliche Antriebszahnräder für die letzten in der Schwäbischen Alb und dem Bayerischen Wald noch betriebenen kombinierten Reibungs- und Zahnradstrecken der Deutschen Bundesbahn besaßen. Entsprechend der Nummerntradition aus der Dampflokzeit liefen sie als VT 97 901–908. Ein wichtiger Abkömmling des zweimotorigen Schienenbusses war der für die Unterhaltung der Oberleitungen im wachsenden elektrifizierten Streckennetz unentbehrliche Turmtriebwagen. Ein Teil dieser von 1955 bis 1974 beschafften 167 Fahrzeuge ist noch heute vorhanden.

Im Zusammenhang mit dem Schienenbus gab es außerdem noch den – erfolglosen – Ausflug des echten Straßenbusses auf die Schiene: Von 1952 bis 1955 stellte die DB 57 Exemplare des „Schienen-Straßen-Omnibusses" auf die Gleise und die Straßen abgelegener Regionen. Die Mühsal des Untersetzens zweiachsiger Drehgestelle unter beide Enden des Fahrzeuges beim Wechsel der Fahrbahn und das Zusammenspiel der Gummireifen mit den schmalen Schienenoberflächen konnten jedoch nie befriedigen.

Vom „Kartoffelkäfer" zum Gliedertriebzug

Doch wiederum zurück ins Jahr des noch sehr schüchternen Wirtschaftswunders 1951 und in die Nummernreihe der Sonderfahrzeuge. Eigentlich gar kein echter Triebwagen war der damals auf dem Fahrgestell eines Vorkriegstriebwagens aufgebaute VT 92 501 – ihm fehlten die Sitzplätze für den öffentlichen Verkehr. Das Fahrzeug diente als Muster für die für neue Triebwagen vorgesehene Stromlinienform des „Eierkopfes" und zur Erprobung des damals als Einheitsausführung für mehrere Lokomotiven und Triebwagen vorgesehenen Antriebsmoduls; dieses bestand aus einem 800-PS-Motor (wahlweise von Daimler-Benz, MAN oder Maybach) und einem hydrodynamischen Getriebe (von Maybach oder Voith). Die eigenartige orange-braune Ursprungslackierung verhalf dem Triebwagen zu dem Spitznamen „Kartoffelkäfer".

Schon mit Beginn des Fahrplans 1951, also nur sechs Jahre nach Kriegsende, trat die DB wieder mit einem System hochwertiger Fernverbindungen auf den Verkehrsmarkt. Wichtigste Achse des F-Zug-Netzes waren die zwischen Köln und Mainz zur Rheinblitz-Gruppe gebündelten drei, ab 1954 sogar vier Schnelltriebwagenkurse mit im Norden bzw. Süden aufgefächerten Laufwegen. Weil noch mehrere Vorkriegs-Schnelltriebwagen VT 04 und 06 schadhaft abgestellt oder von den Besatzungsmächten beansprucht waren, musste 1951 für schnelle Ergänzung gesorgt werden. Dies gelang der DB im Zusammenwirken mit der Waggonfabrik Donauwörth; weil für die übrig gebliebenen Steuer- und Beiwagen die dieselelektrischen Triebköpfe der Bauart „Berlin" fehlten, baute der Hersteller zwei neue Antriebswagen, die bereits den dieselhydraulischen Einheitsantrieb erhielten. Die beiden dadurch gewonnenen alt-neuen Dreier-Einheiten wurden VT/VM/VS 07 501 und 502 genannt.

Doch Publikum, Betriebsdienst und nicht zuletzt die Industrie warteten auf die Inbetriebnahme von Neubautriebwagen für Vollbahnen. Ein Wunsch, dem die Bundesbahn 1953 nachkam. Die Normalverbraucher, im Alltag noch auf zugige Abteilwagen angewiesen, quittierten dankbar, dass die Deutsche Bundesbahn einen ersten neuen Stromlinienzug für den Bezirksverkehr vorstellte: den dreiteiligen VT 12, eine zweiklassige Garnitur. Mit zunächst nur vier

Die auf Gasturbine umgerüsteten 601er wurden als 602 bezeichnet; sie liefen unter anderem im TEE-Nachfolgeverkehr als Intercity

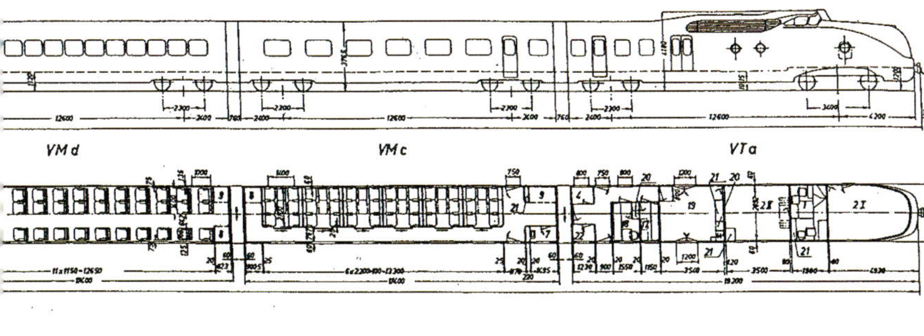

Dieseltriebwagen der Deutschen Bundesbahn

Bez. vor 1968	Bez. ab 1968	Bauart	Leistung kW	Höchstg. km/h	Zahl der Sitzplätze 1. Kl.	2. Kl.	Länge m	Gewicht t	Stückz.	Baujahre
VT 95^{9} (abweichende Maße für VT 95 912)	–	A1 dm	81	90	–	41	10,25	16	12	1950
VT 92^{5}	692	B'2' dh	736	90	–	–	21,85	115	1	1951
VT 07	–	B'2'+2'2'+2'2' dh	736	120	101	–	69,76	146	2	1951
VT 95^{91} (ab VT 95 9270: Länge 13298 mm)	795	A1 dm	81	90	–	63	12,75	18	572	1952–58
VT 12^{5}	612.5	B'2'+2'2'+2'2' dh	736	120	48	176	80,22	132	12	1953/57
VT 10 501	–	B'1'1'1'1'1'B' dm	472	120	135	–	96,70	114	1	1953
VT 10 551	–	B'2'2'2'2'2'B' dm	472	120	40 Bett	, 21 Speise	108,90	128	1	1953
VT 08^{5}	612.6	B'2'+2'2'+2'2' dh	736	120	108	–	79,97	132	20	1953/54
VT 98$^{9/95}$	798	Bo dm	162	90	–	60	13,95	27,8	332	1953–62
VT 11^{5}	601	B'2'+5 x 2'2'+2'B' dh	2.058	140	122	–	130,68	227	19	1957
VT 97^{9}	797	Bo zz dm	162	90	–	57	13,95	31,5	8	1961–65
VT 23^{5}	623	B'2'+2'2'+2'B' dh	662	120	12	212	79,42	129,5	4	1961
VT 24^{5}	624	B'2'+2'2'+2'B' dh	662	120	12	212	79,42	130,4	4	1961
VT 24^{6}	624	B'2'+2'2'+2'B' dh	662	120	12	212	79,42	112	40	1964–66
	614	B'2'+2'2'+2'B' dh	734	140	12	240	79,46	124	42	1971–76
	627.0	B'2' dh	213–294	120	–	64	22,50	34	8	1974/75
	628.0	2'B'+B'2' dh	426–442	120	–	144	44,35	59,5/64	24	1974/75
	627.1	B'2' dh	287	120	–	70	22,50	35,5	5	1981/82
	628.1	2'B'+2'2' dh	357	120	–	151	45,15	61	3	1981/82
	628.2	2'B'+2'2' dh	410	120	20	122	45,40	66,9	150	1987–89
	628.4	2'B'+B'2' dh	485	120	20	126	46,40	69,9	304	1992–95
	610	2'(A1)'+(1A)'(A1)' de	870	160	16	156	71,75	96	40	1991/92

Anmerkung: Bezeichnungen und Stückzahlen sind jeweils ohne Steuer–, Mittel– und Beiwagen gerechnet; bei VT 08 und 12 konnten mit VM und VS drei– und aus VT+VM+VM+VT vierteilige Garnituren gebildet werden. VT 11, 23, 24, 614, 628.0 und 610 mussten/müssen mit VT an jedem Ende eingesetzt werden, dadurch entspricht die Zahl der einsetzbaren Garnituren höchstens der Hälfte der vorhandenen VT; als Leistung ist hier die im Zuglauf zwingende Addition zweier VT–Motorleistungen angegeben.

Länge und Gewicht beziehen sich bei VT 07, 10, 628 und 610 auf die im Betrieb nicht veränderbare Zugzusammenstellung, bei VT 08, 12, 23, 24 und 614 auf die dreiteilige Garnitur mit einem Mittelwagen und bei VT 11 auf die siebenteilige Garnitur mit fünf Mittelwagen; das Gewicht schließt bei den Bauarten bis 1961 die Nutzlast ein

Exemplaren blieb der Neuling allerdings betrieblich bedeutungslos.

Dies galt trotz eines kaum zu überbietenden öffentlichen Aufsehens noch mehr für die beiden „Gliedertriebzüge" VT 10 501 und 551, ebenfalls von 1953. Beide waren in extremem Leichtbau ausgeführt, bestanden aus kurzen und dafür ungewöhnlich breiten Einzelgliedern zwischen den Triebwagen, die im Betrieb nicht getrennt werden konnten. Lief der mit Schlaf- und Liegeplätzen für den Nachtverkehr vorgesehene 551 immerhin auf zweiachsigen Jakobs-Drehgestellen, so imponierte der 501 mit innovativen Einachslaufwerken zwischen den Einzelgliedern. Auch antriebstechnisch war der VT 10 außerhalb jeder in Deutschland traditionell gepflegten Entwicklungslinie angesiedelt: In jedem Kopfteil arbeiteten zwei Lkw-Motoren über mechanische Getriebe auf die Treibachsen. Betriebliche Dauerbewährung blieb dem „Gliedertriebzug" versagt, in der langen Entwicklungslinie vom „Schienenzeppelin" bis zum ICE hat aber auch er seinen technikgeschichtlichen Rang.

Innovativ, aber im Alltag erfolglos: der Gliedertriebzug VT 10 501, hier als „Senator" 1954 in Hagen Hbf H. Säuberlich

Vorkriegsfahrzeuge im Nahverkehr: VT 60 529 und VS 145 387 als Personenzug Lauda – Heilbronn in Königshofen (August 1966) A. Schöppner

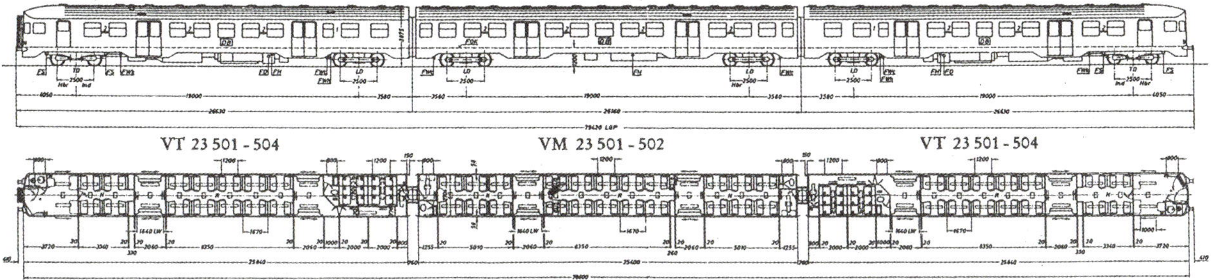

Anfangs war beim VT 23 noch ein Übergang zur nächsten Triebwageneinheit vorgesehen; darauf verzichtete die DB aber später Slg. D. Hörnemann

So attraktiv der VT 12 war: Für ein in geringer Stückzahl gebautes Fahrzeug des Bezirksverkehr hätten Bundesbahn, Waggonbau- und Motorenindustrie den hohen Entwicklungsaufwand nicht erbracht. Dieser Aufwand galt der wenig später vorgestellten Fernverkehrsvariante VT 08, die mit 20 Garnituren der Baujahre 1953 und 1954 sogleich eine Spitzenstellung im nunmehrigen Ft-Netz („t" für Triebwagen) eroberte. Obwohl die Vorkriegs-Schnelltriebwagen einen legendären Ruf genossen und in einem für stark beanspruchte Triebwagen beachtlichen Alter von fast 20 Jahren noch solide Qualität bewiesen, war ihnen der VT 08 als modernes Leichtbaufahrzeug in Laufruhe und Unterhaltungsaufwand doch überlegen. Ein Zugeständnis an die zeitgeschichtlichen Umstände war der Bau von sechs zweiteiligen VT 08 für die in Deutschland stationierten US-Truppen. Zwei Garnituren waren als Befehlsstationen eingerichtet, die anderen vier als Lazarettzüge. Die DB-Nummern lauteten VT/VS 08 801–806.

Der 624 503 war einer von zwei Uerdingen-Prototypen des VT 24. Im November 1972 legt er in Vienenburg einen Zwischenhalt ein J. Glöckner

Kurze Blüte der Schnelltriebwagen

Sowohl als drei- als auch später mit zusätzlichen Mittelwagen als vierteilige Garnitur stieß der VT 08 jedoch alsbald an Grenzen der Kapazität. 108 beziehungsweise 168 Sitzplätze genügten nicht mehr und standen auch in einem schlechten Verhältnis zum Gesamtaufwand für den Betrieb eines so anspruchsvollen Zuges. Probleme der Kapazität waren es denn auch, die den Stern des Schnelltriebwagens der Deutschen Bundesbahn recht bald sinken ließen. Schon Mitte der 50er-Jahre war klar, dass die Zukunft der Zugförderung auf hoch belasteten Hauptstrecken ausschließlich der elektrischen Traktion gehören würde. Die Rolle einer Aushilfe zwischen den Schnellzugdampfloks und der E 10 sollte nicht der Dieseltriebwagen, sondern die flexibler einsetzbare V 200 übernehmen.

Dennoch war dem deutschen Diesel-Schnelltriebzug in den 50er-Jahren ein weiteres Glanzlicht vergönnt. Um im zusammenwachsenden Europa die Leistungsfähigkeit des Bahnverkehrs zu demonstrieren, setzten verschiedene Bahnverwaltungen 1957 den „Trans-Europ-Express", kurz TEE, auf die Schiene. Das grenzüberschreitende Spitzenangebot im Fernverkehr erstreckte sich von der Nordsee bis Oberitalien; die europäischen Eisenbahnen knüpften damit an die Tradition der großen Luxuszüge aus den Jahren vor dem Ersten Weltkrieg und aus der Zwischenkriegszeit an. Gegenüber den Dieseltriebzugtypen der anderen Teilnehmerländer war der deutsche VT 11^5 das ambitionierteste und solideste Modell. Er setzte sich zusammen aus zwei dieselhydraulisch angetriebenen Endwagen und fünf überaus komfortablen Mittelwagen, alle in herausragendem Design. Nur der elektrische TEE-Zug der Schweiz, 1961 gefertigt und für vier Stromsysteme geeignet, zeigte technologisch und ästhetisch ein vergleichbares Niveau. Wer an den TEE zurückdenkt, sollte aber nicht außer Acht lassen: Die Fahrpreise waren fast so exorbitant wie in den Luxuszügen vor 1914 oder 1939, die Verbindungen wurden auf einem sehr schütteren Netz meist nur einmal pro

Der Charme der 50er-Jahre: die Inneneinrichtung des Gliedertriebzugs VT 10 501 Slg. Dr. B. Rampp

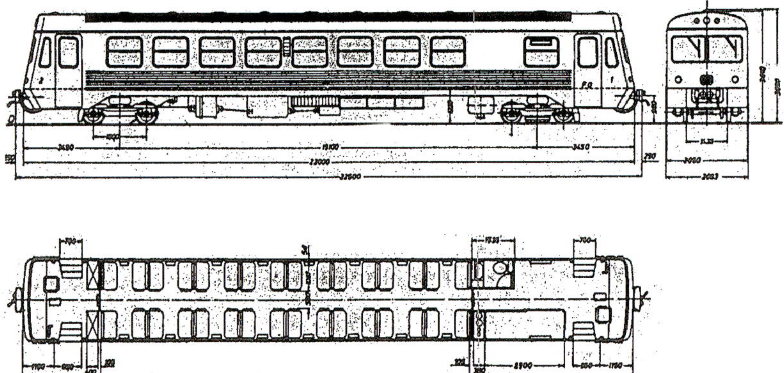

Der 627 war einer der Prototypen für die Schienenbus-Nachfolge Slg. D. Hörnemann

Tag angeboten. Betriebliche Breitenwirkung erlangte der ansonsten überaus beeindruckende VT 11^5 damit nicht.

Schlichtheit für die Provinz

Als die Elektroloks von Passau und Basel bis ins Ruhrgebiet durchliefen und (ab 1962) vor dem neuen „Rheingold“ auf 160 km/h beschleunigten, war die Zeit spektakulärer Dieseltriebwagen bei der DB vorbei. Die Vorkriegs-Schnelltriebwagen wurden ausgemustert bzw. in die DDR verkauft, die VT 08 zu VT 12 umgebaut. Die wirtschaftlich vertretbare Nutzungsdauer der ein- und zweiteiligen Trieb-, Steuer- und Beiwagen aus den 30er-Jahren lief ab; dabei gab außer dem Alter auch ihre Aufsplitterung in viele verschiedene Kleinserien den Ausschlag. Bei Fahrzeugen für den Nah- und Regionalverkehr berücksichtigte die DB in den frühen 60er-Jahren das Ziel, die Bahnsteigsperren abzuschaffen und den hohen Personalaufwand hierfür einzusparen. Die Ausmusterung der letzten Abteilwagen ermöglichte die durchgängige Kontrolle der Fahrkarten in Personenzügen. Die durch Um- bzw. Neubau seit Kriegsende entstandenen Reisezugwagen besaßen sämtlich wind- und wettergeschützte Übergangsmöglichkeiten. Lediglich bei den Schienenbussen blieb es bei der Separierung der Einzelwagen. Bei der Anfang der 60er-Jahre einsetzenden Modernisierung der elektrischen Triebwagen aus der Vorkriegszeit schuf man dreiteilige, durchgängig begehbare Garnituren. Auch beim Ersatz der alten Dieselfahrzeuge durch Neubauten entschied man sich für dieses Grundmodell. In beiden Fällen verzichtete die Bundesbahn auf die Möglichkeit, die Züge durch zusätzliche Wagen zu erweitern.

Nach dieser Vorgabe entstanden hingegen 1961 Baumuster für einen Regionaltriebzug. MAN und die Waggonfabrik Uerdingen fertigten jeweils zwei Probezüge mit den Reihennummern VT/VM/VT 23 und 24. Die Einreihung weiterer Mittelwagen war genauso vorgesehen wie die Übergangsmöglichkeit zu einer weiteren Garnitur. Bis zu drei Zugeinheiten konnten über Mehrfachsteuerung von einem Lokführer bedient werden. Von 1964 bis 1966 gingen 40 Serienzüge und 1968 noch 15 zusätzliche Mittelwagen in Dienst, von denen man zwei später für Ausflugszwecke zu Gesellschaftswagen umbaute – eher selten bei Regionaltriebwagen. Die Kopfpartie des VT 24^6 folgte dem kantigeren Muster des VT 23 von MAN und nicht dem rundlicheren Modell aus Uerdingen.

Neues Nummernsystem

Eine grundlegende Änderung nahm die Bundesbahn 1968 vor – weniger *in* ihrem Fahrzeugpark als *mit* diesem, denn ein neues, computergestütztes Nummernsystem trat in Kraft. Nun verschwanden die Buchstaben aus den Reihennummern der Triebfahrzeuge. Dieseltriebwagen erhielten nun die Kennziffer 6, Schienenbusse und Dienstfahrzeuge einschließlich der Turm-Triebwagen die 7

Gleich mehrere Baumuster erprobte die DB ab 1975 für ihren neuen Regionaltriebwagen. Zwei Vertreter, ein 627 und ein 628.1, sind im August 1979 auf dem Weg nach Kempten G. Wagner

und die nicht motorisierten Trabanten die 9. Aus Vorkriegslieferungen waren von diesen Neuregelungen nur noch wenige 633, 645 und 660 betroffen. Die weitere Umzeichnung von 25 Trieb- und 17 Steuerwagen von 624/924 auf 634/934 zwischen 1969 und 1972 erinnert an eine nachträgliche Innovation in diesen recht konventionellen Zügen, nämlich an die eingebaute Erstausführung einer „gleisbogenabhängigen Wagenkastensteuerung". Von einem von Zentrifugal- und Schwerkraft beeinflussten Pendel wurde über elektrische Kontakte und Magnetventile die Füllung von Luftfederbälgen gesteuert. Bereits 1978 wurde diese Vorrichtung abgeschaltet, die Bezeichnung 634/934 steht seitdem lediglich für Luftfederung.

Während der elektrische Triebwagen Ende der 60er-Jahre mit den S-Bahn-Planungen für München, Frankfurt (Main), das Ruhrgebiet und Stuttgart wieder aktuell wurde, blieb die Bedeutung des Dieseltriebwagens oberhalb von Nebenbahn und Schienenbus gering. Weder technik- noch betriebsgeschichtlich hatten die 42 Dreiteiler der nächsten Generation mit den Reihennummern 614/914 aus den Jahren 1971–76 größere Bedeutung. Von den 634/934 wurden Antriebskonzept und gleisbogenabhängige Wagenkastensteuerung übernommen, die Höchstgeschwindigkeit wurde von 120 auf 140 km/h gesteigert, die für Zugluft und Korrosion anfälligen Übergangstüren in den Stirnfronten entfielen. Um auch einmal typische Einsatzbereiche zu nennen: Lange Zeit fuhren in Niedersachsen besonders viele Dieseltriebzüge. In den 70er- und 80er-Jahren reiste man zwischen Ems und Harz oftmals im „Eierkopf" 612/912 oder in den moderneren Nachfolgern vom 624 bis zum 614.

Gasturbinenzug und Schienenbus-Nachfolger

Die nächste neue Reihennummer für einen Triebwagen mit Brennkraftantrieb war erstmals keinem Dieselfahrzeug gewidmet. Vier der seit 1968 als Reihe 601 bezeichneten TEE-Triebköpfe wurden 1971–1973 mit einer Gasturbine an Stelle des Motors ausgerüstet und als 602 bezeichnet. Die Zuverlässigkeit dieser Technologie im Schienenverkehr ließ jedoch zu wünschen übrig; überdies fiel ihre Erprobung bereits in die Zeit nach der Ölpreiskrise von 1973, in der die europäischen Bahnen alle Konzepte für den Fern- und Schnellverkehr ad acta legten, die auf Fahrzeuge mit hohem Treibstoffverbrauch ausgelegt waren.

Der jüngste Bundesbahn-Triebwagen: der Neigetechnikzug der Baureihe 610, hier schon im Dienst für den Nachfolger Deutsche Bahn AG in Marktleuthen (Oktober 1995) D. Lindenblatt

Die Erneuerungsarbeit im Bereich der Dieseltriebwagen konzentrierte sich denn auch auf Nachfolger für den Schienenbus. 1974 und 1975 wurden acht einteilige und zwölf zweiteilige, recht spartanisch ausgestattete Muster mit den Reihenbezeichnungen 627 und 628 gebaut, inzwischen entsprechend der DB-Tradition als Drehgestellfahrzeuge mit dieselhydraulischem Antrieb. Die Neulinge waren stabiler konstruiert als der Schienenbus – eine Konsequenz aus verschiedenen Unfällen, bei denen VT 95 und VT 98 den Insassen nur wenig Schutz geboten hatten.

Weil die Finanzierung des hoch defizitären Nebenbahnbetriebes lange Zeit nicht geklärt war, mündete die Erprobung dieser Fahrzeuge noch lange nicht in eine Serienfertigung. Erst 1981/82 wurden zunächst einmal in aktualisierter Version weitere drei bzw. fünf Einzel- und Doppelwagen 627.1 und 628.1/928.1 gebaut. Neu beim Doppelwagen war im Vergleich zur Vorserie die Konzentration des Antriebs auf einen Wagen und die Ausführung des anderen als Steuerwagen. Dieses Konzept wurde dann auch für die 1986 endlich aufgelegte Großserie 628.2/928.2 übernommen. Deren Beschaffung reichte dann bereits in die Zeit der DB AG hinein.

Letzter Diesel-Triebzug der alten Bundesbahn war der Pendolino 610 aus dem Jahre 1992. Für die nicht nur passiv im Gleisbogen der Fliehkraft folgende, sondern aktiv die Neigung des Wagenkastens steuernde Regelungstechnik wählte die DB das im italienischen Schnellverkehr bereits erprobte System von Fiat. Beim Antriebskonzept fiel die Wahl auf die moderne Drehstromtechnologie, mit der die Dieselelektrik gegenüber der Hydraulik entscheidend aufgeholt hat. Jahrzehnte nach Ausmusterung der letzten VT 06 und VT 33 besaß die DB nun also wieder dieselelektrische Triebwagen. Andreas Knipping

Mit dem 628.2 kam ab 1986 die neue Generation von Nahverkehrs-Triebwagen. Im September 1989 rollt ein Zug Richtung Pirmasens (Alsenz – Rockenhausen) G. Wagner

■ Die Dieseltriebwagen der DB AG

Der Generations-wechsel

Konsequent hat die Deutsche Bahn AG ihren Fahrzeugpark verjüngt. Dieseltriebwagen nehmen dabei eine wichtige Position ein, wenn auch Fehlschläge nicht ausblieben

Für Nahverkehrsstrecken mit größerem Aufkommen erwarb die DB AG die (neue) Baureihe 612; der „Regio-Swinger" ist aber nicht unumstritten. Im August 2004 kommt 612 014 in Bad Harzburg zum Einsatz G. Wagner

Nur in Nordrhein-Westfalen findet man den einteiligen LINT-Triebzug. Im Juli 2004 ist eines der als 640 eingereihten Fahrzeuge bei Altfinnentrop unterwegs C. Riedel

Auf der Strecke Weimar – Kranichfeld feierte der 670 seine Dienstpremiere; richtig zufrieden stellen konnte der Doppelstocktriebwagen allerdings nicht (Foto in Weimar Berkaer Bf) C. Müller

Innerhalb der vergangenen zehn Jahre ist auf den Strecken der Deutschen Bahn ein Generationswechsel eingetreten, der von seiner Heftigkeit her nur mit dem Traktionswechsel von Dampf auf Diesel in den 60er- und 70er-Jahren zu vergleichen ist. Mehr noch: Er vollzog sich in einem wesentlich kürzeren Zeitraum. Insbesondere im Bereich abseits der Magistralen wurden die Dieselloks, welche einst den Dampfern den Garaus machten, nun selbst aufs Altenteil geschickt. Ihre Nachfolger: kleine, flinke Triebwagen, bei der DB rot, bei den Mitbewerbern, die sich auch manche der Typen sicherten, in den jeweiligen Hausfarben. Die meisten von ihnen recken eine runde Nase in den Fahrtwind, als wollten sie sich als kleine Brüder des ICE ausgeben. Diese Triebwagen übernahmen das Terrain der Dieselloks mit einer Konsequenz, die dazu führte, dass es in manchen Gebieten Deutschlands – ob in der Lausitz oder im Nordschwarzwald – inzwischen gar keine lokbespannten Reisezüge mehr gibt.

Große Probleme und wiederholte Ausfälle begleiteten den Start des 611; erst in letzter Zeit hat sich die Lage stabilisiert (611 038 in Steinsfurt, Juni 1999) G. Wagner

Vorteile des Triebwageneinsatzes

Zweifellos bieten Triebwagen unbestreitbare Vorteile: Die vergleichsweise geringe Kapazität der Einzelwagen ermöglicht auf schwächer frequentierten Linien eine der Nachfrage angepasste Fahrzeuggröße und Motorisierung, ohne dass stets 2.000 PS für 20 Fahrgäste in Bewegung gesetzt werden müssen. Und wenn es doch mehr Fahrgäste werden, hängt man einfach einen zweiten oder gar dritten Teil an. Selbst vermeintlich unwirtschaftlich ausschauende Dreifachtraktionen sind unter dem Strich noch günstig: Nach dem Fahren des dreiteiligen Schülerzuges kann einer der drei Triebwagen beispielsweise zu Fristarbeiten einrücken, während die anderen beiden weiter ihren Dienst verrichten. Bei einer Lokomotive würde gleich der gesamte Zug stillstehen oder eine teure Ersatzlok müsste einspringen. Zudem kann durch einen einheitlichen Fahrzeugpark der Instandhaltungsaufwand reduziert werden. Parallel dazu hielt bei der DB in den 90er-Jahren die Neigetechnik im großen Stil Einzug, wofür spezielle Triebwagen mit hoher Leistung und 160 km/h Höchstgeschwindigkeit beschafft wurden.

Der Trend zum Triebwagen wurde von den Herstellern freudig aufgenommen. Fast alle Lokomotivfabriken entwickelten mit mehr oder weniger großem Erfolg eigene Modelle. Dies führte unter dem Strich zu einer verwirrenden Vielfalt vermeintlich identischer Triebwagen. Doch ist Eisenbahnpolitik auch immer ein wenig Wirtschaftspolitik, sodass das häufige Vorkommen des zweiteiligen LINT in Niedersachsen nicht verwundert, denn der LINT wird in Salzgitter produziert. Dessen Leistungen hätte zwar auch ein zweiteiliger Talent fahren können, aber der wird in Aachen gebaut. Unschwer ist es daher zu erraten, welcher Triebwagen in Nordrhein-Westfalen die fahrdrahtlosen Linien beherrscht.

Die deutsche Triebwagenlandschaft ist nach den vergangenen zehn wilden Jahren inzwischen ein wenig zur Ruhe gekommen. In den DB-Bestand rückten seit 1994 folgende neuen Modelle ein:

Einteilige Triebwagen:

- **Baureihe 640:** LINT aus dem Hause Alstom LHB. Er kommt derzeit nur in Nordrhein-Westfalen zum Einsatz.
- **Baureihe 641:** Spitzname „Wal“, Hersteller LHB De Dietrich. Die deutsch-französische Gemeinschaftsentwicklung fährt in Südthüringen und am badischen Hochrhein. Darüber hinaus fahren französische „Blauwale“ der SNCF nach Offenburg, Neustadt (Weinstraße) sowie ab Sommer 2006 nach Müllheim.
- **Baureihe 650:** Regio-Shuttle von Stadler. Die DB-Variante des RS 1 ist gegenüber der Privatbahn-Version geringfügig abgeändert; der 650 fährt aber nur in Baden-Württemberg.
- **Baureihe 670:** Doppelstock-Schienenbus der DWA Halle. Dem Dessauer Prototypen von 1994 folgte eine Kleinserie von sechs anfangs recht unzuverlässigen Triebwagen, die von der DB bis 2003 wieder ausgemustert wurden und heute unter anderem bei einer Privatbahn im Raum Dessau laufen. Bei den Fahrgästen beliebt, krankten die kleinen Fahrzeuge an einem grundsätzlichen Problem: Auf Strecken, wo einteilige Triebwagen ausreichen, muss man die Fahrgäste nicht stapeln.
- **Baureihe 672:** LVT/S der DWA Bautzen/Budysin. Nach dem Konkurs der Karsdorfer Eisenbahn übernahm die DB Regio deren Anteile an der gemeinsamen Tochter Burgenlandbahn im südlichen Sachsen-Anhalt. Damit gelangten die zweiachsigen Triebwagen der Burgenlandbahn zur DB, bei welcher sie als Baureihe 672 eingeordnet wurden. Interessant für Eisenbahnfreunde: die Sitzplätze mit freiem Streckenblick direkt neben dem Lokführer.

Zweiteilige Triebwagen:

- **Baureihe 611** von Adtranz. Mit dem 611 versuchte sich die deutsche Schienenfahrzeugindustrie an der Neigetechnik – zunächst mit mäßigem Erfolg. Erst nach vielen Pannen-Jahren sind die 50 in Ulm beheimateten 611 zu einem zuverlässigen Fahrzeug gereift, das allerdings zurzeit nicht bogenschnell fahren darf.
- **Baureihe 612** von Adtranz/Bombardier. Der in fast 200 Exemplaren beschaffte Nachfolger des 611 ist in Dortmund, Leipzig, Erfurt, Kaiserslautern, Hof und Kempten beheimatet. Seine zunächst höhere Zuverlässigkeit gegenüber dem 611 wurde mit einem Rückschritt in der Ausstattung erkauft. Auch hier gab es wiederholt Pannen mit der Neigetechnik; nur wenige Exemplare durften sich bei

Der Desiro ist inzwischen beinahe in ganz Deutschland für die DB unterwegs. Im April 2004 brummt ein Zug in der Nähe von Lindau durch das Voralpenland M. Niedt

RegioShuttle Marke DB AG: ein 650er in Metzingen B. P. Reichert

Nordrhein-Westfalen ist die Hochburg der DB-Talente. Im September 1999 hält ein Zug in Kottenforst an der Strecke Euskirchen – Bonn G. Wagner

Thüringen setzte als eines der ersten Bundesländer auf „Wale"; im Mai 2003 startet ein 641 in Rottenbach nach Katzhütte U. Miethe

Redaktionsschluss wieder in die Kurve legen.

- **Baureihe 642** Desiro von Siemens. Der Primus bei der Staatsbahn: Nach den 150 Fahrzeugen der ersten Serie orderte die DB weitere fast 70 Desiros, die in Rostock, Leipzig, Chemnitz, Dresden, Erfurt, Nürnberg und Kempten beheimatet sind. Auch bei Privatbahnen wurde das Fahrzeug heimisch.
- **Baureihe 643.2** Talent von Bombardier/Talbot. Für den Verkehr zwischen Nordrhein-Westfalen und den Niederlanden beschaffte die DB einige zweiteilige „Baby-Talente".
- **Baureihe 646** aus dem Hause Bombardier. Der deutsche Ableger des schweizerischen GTW 2/6 besteht aus zwei Steuerwagen, die von einem separaten, mittig angeordneten Motorsegment angetrieben werden. Sie fahren bei der DB in Nord- und Südhessen und im Großraum Berlin. Privatbahnen haben das Fahrzeug ebenfalls beschafft.
- **Baureihe 648** LINT von Alstom LHB. Der zweiteilige Bruder des 640 kam über mehrere Jahre hinweg in nur sechs Exemplaren beim Betriebshof Kiel zum Einsatz, bevor er für die Räume Dortmund, Siegen sowie den Nordharz in größeren Stückzahlen beschafft wurde.

Dreiteilige Triebwagen:

- **Baureihe 643** von Bombardier. Der 643 ist die „Überlandversion" des Talent, welche in Nordrhein-Westfalen und in Rheinland-Pfalz zum Einsatz kommt, während die etwas längere und stärker motorisierte
- **Baureihe 644** von Bombardier für den S-Bahn-ähnlichen Verkehr insbesondere im Kölner Raum konstruiert wurde. Der Talent ist auch bei Privatbahnen zu finden.

Vierteilige Triebwagen:

- **Baureihe 605:** ICE-TD von einem Herstellerkonsortium. Der Diesel-ICE ist der einzige Vertreter des Fernverkehrs in der neuen VT-Familie. Die 20 seit 1998 beschafften ICE-Züge kamen bis 2003 in Sachsen, Bayern sowie nach Zürich zum Einsatz. Technische Mängel und hohe Kosten führten zur Abstellung der Züge. Seit 2009 fahren die Triebzüge zwischen Kopenhagen und Berlin.

unten Als Lkw auf Schienen sollte sich der CargoSprinter profilieren, doch das Vorhaben schlug fehl C. Müller

GTW 2/6 im DB-Design; Blick auf das so genannte Powermodul, den Antriebsteil des Triebwagens U. Miethe

Fünfteilige Triebwagen:

- **Baureihen 690 und 691** Cargo-Sprinter von Windhoff bzw. Talbot. Ein Lkw auf Schienen: Auch im Güterverkehr hat die DB das Triebwagenkonzept ausprobiert. Auf dem Hauptlauf verkehren mehrere Cargo-Sprinter, beladen mit bis zu je fünf 40-Fuß-Containern, vereinigt. Dann übernehmen einzelne Fahrzeuge die Feinverteilung. Das Konzept brachte nicht den gewünschten Erfolg, die Fahrzeuge sind inzwischen zum Cargo-Mover oder nach Österreich abgegeben worden.

Sechsteilige Triebwagen:

- **Baureihe 618** von Alstom LHB. Der Lirex-Prototyp ist ein Gliederzug mit Einachsfahrwerken und einem dieselelektrischen Antrieb. Das bis 2004 in Sachsen-Anhalt eingesetzte Versuchsfahrzeug mit seiner opulenten Innenausstattung ist inzwischen beim Hersteller abgestellt. Folgeaufträge sowie der geplante Umbau auf Hybridbetrieb unterblieben in Deutschland bislang.

Die technischen Daten im Überblick

Baureihe	605	611	612	618	640
Kraftübertragung	elektr.	hydr.	hydr.	div.	hydrodyn.
Leistung (kW)	2.240	1.080	1.120	1.352	315
Höchstgeschw.(km/h)	200	160	160	160	120
Sitzplätze	196 (1)	148	146	230	73
Länge ü. Kupplung (mm)	106.700	51.750	51.750	68.490	27.260
Dienstgewicht (t)	217	116	116	137	40,9 (2)
1.Baujahr	1999	1996	1998	2000	1999

Baureihe	641	642	643	644	646.0/1
Kraftübertragung	hydrodyn.	hydrod.m.	hydrod.m.	elektr.	elektr.
Leistung (kW)	514	550	630	1.010	550
Höchstgeschw.(km/h)	120	120	120	120	120
Sitzplätze	80	123	96/137 (3)	161	93/108
Länge ü. Kupplung (mm)	28.900	41.700	43.860	52.160	38.660
Dienstgewicht (t)	47 (2)	66 (2)	72,7 (2)	75 (2)	55,6/56,1 (2)
1.Baujahr	2000	2000	2000	1998	2000

Baureihe	648	650	670	690	691
Kraftübertragung	hydrodyn.	hydrod.m.	hydromech.	mech.	mech.
Leistung (kW)	630	514	250	1.060	1.060
Höchstgeschw.(km/h)	120	120	100	120	120
Sitzplätze	98	71	78	–	–
Länge ü. Kupplung (mm)	41.810	25.500	16.332	91.400	89.570
Dienstgewicht (t)	63,5 (2)	40 (2)	34,25	120 (2)	113 (2)
1.Baujahr	1999	1999	1996	1996	1997

Anmerkungen:

(1) 42 Sitzplätze 1. Klasse, 154 2. Klasse; (2) Eigengewicht; (3) 137 Sitzplätze bei Baureihe 643, 96 Sitzplätze bei 643.2; technische Daten zur Baureihe 672 siehe Tabelle S. 75 unter LVT/S

Bahndienstfahrzeuge:

- **Verschiedene Triebwagen** nahm die DB hier in Betrieb. Der 711 ersetzt z.B. die Turmtriebwagen. HEIKO FOCKEN

Im August 2001 fährt ein Diesel-ICE über die Göltzschtalbrücke. Inzwischen wurden die Fahrzeuge abgestellt, sie sollen aber Mitte 2006 wieder zum Einsatz kommen U. Kandler

Zum Weiterlesen:
Noch mehr Lokomotiv-Porträts

ISBN 978-3-7654-7298-5

ISBN 978-3-7654-7085-1

ISBN 978-3-7654-7019-6

ISBN 978-3-7654-7279-4

Das komplette Programm unter www.geramond.de

Das Flaggschiff der DB

ISBN 978-3-7654-7320-3

DB
2